大腦百科
The Brain Book

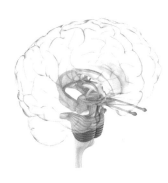 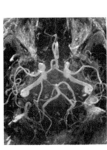 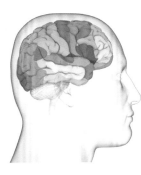 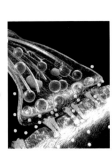 

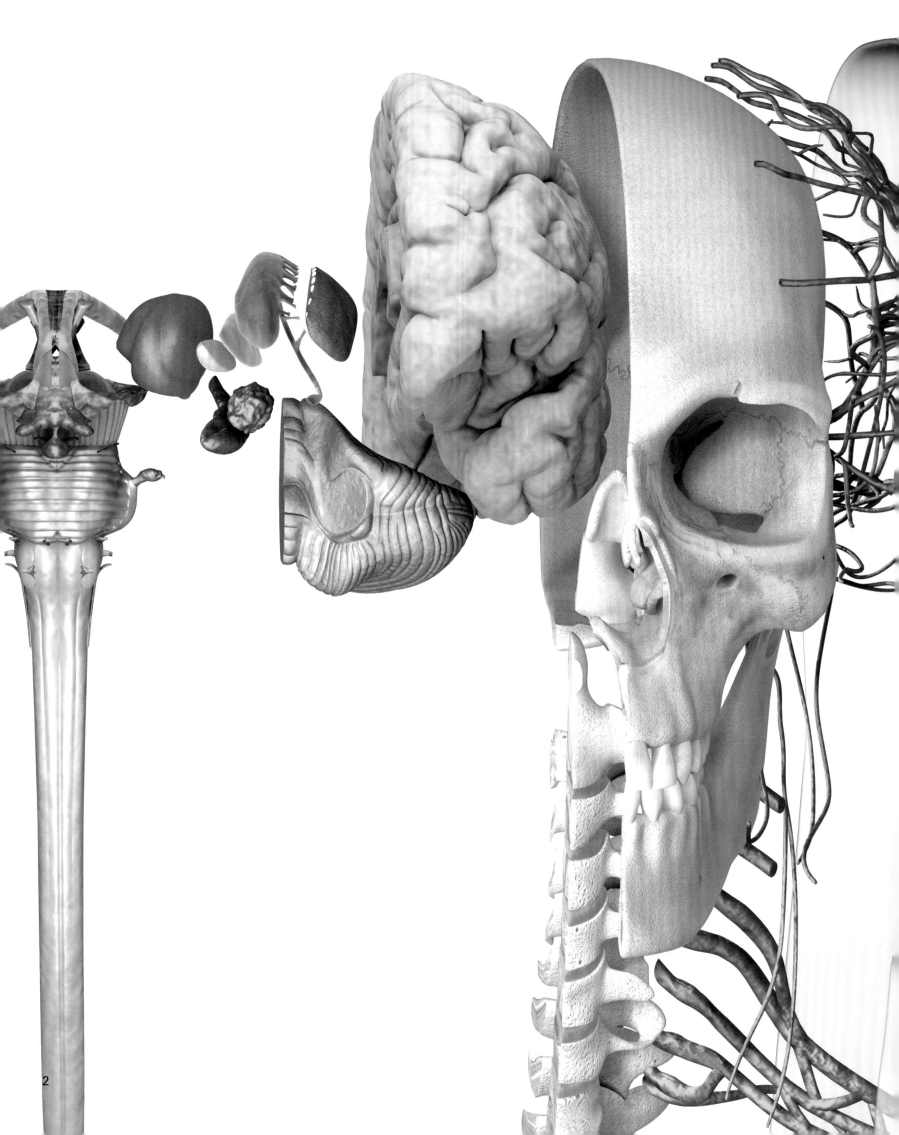

迷人的腦科學和生命每一刻息息相關

從一早我們被窗外耀眼的陽光喚醒，我們的大腦已經開始辛勤地工作著，視覺的刺激如何在大腦中運作，影響我們的日夜節律，讓我們從渾沌的睡夢中覺醒、充滿活力？大腦是如何醞釀著我們的慾望，主宰著我們的認知和抉擇？「腦科學」就是這樣細膩地存在我們每一天的日常點滴中，這也是為什麼，腦神經科學甚至成為了目前最熱門「AI人工智慧」的發展關鍵訊息！

如果你想成為駕馭和操控大腦的聰明人，而不是淪為大腦奴役的僕人，反而讓大腦控制和綁架了你的情緒、感官和思緒，那麼，跟著我一起探索大腦的奧祕吧！

「大腦」健康時，往往是我們最常忽略它的美好的時候，要等到它發出警訊時，我們才會關注大腦對日常生活的重要性。譬如大家最關心的「記憶力」，你能想像就連睡著了，大腦也在替你編輯跟鞏固記憶嗎？如果我們如此害怕得到「失智症」，那麼理解「記憶」如何在大腦中形成和儲存？了解大腦如何進行覺知、計畫，甚至大腦如何好好休息、放鬆？是不是都格外重要！這就是迷人的腦科學，其實它一點都不無趣及遙不可及，實際上，大腦和我們生命的每一刻息息相關！

身為腦科學和神經科學的知識普及使者，長時間在第一線臨床執業的生涯，都讓我深知：「大腦」絕不可能是無聊的，只怕我們沒有正確認識它的方法和途徑！

「如果我在初接觸腦科學的時候，就有這本圖鑑該有多好呀！」這是我第一眼看到《大腦百科》這本圖像書的讚嘆，它用大量的照片、插畫、電腦繪圖取代了艱澀難懂的文字，而「大腦」無論從結構上或功能性來說，本就是一個富含3D立體概念的美妙器官，能夠被具象的透過視覺影像、插圖和圖解來呈現，實在是太棒了！我一直都堅信：「醫學，不是診間的特權；腦科學也不是只有學者能懂！」謝謝英國DK和楓書坊文化出版的這部大腦圖鑑，讓這個理念得以再一次被完美地實現！

大腦神經系統的「可塑性」已經被各方研究高度證實，這意味著理解腦科學，很有可能幫助我們再變得更聰明些，思考、判斷再更精準些，反言之，若我們不理解自己的大腦，甚至長期忽視它的重要性，也有可能使我們越來越靠近腦神經系統的耗損、退化與疾病，舉凡中風、失智、巴金森氏症、頭痛等等，不正是我們最害怕的嗎？而這些實用的關鍵資訊，並不是只有腦科學專家能懂，它已經被整理成深入淺出又有趣的圖鑑，含括在這本《大腦百科》的作品中了！

一起來為我們的大腦充飽滿滿電力吧！祝福你和你的大腦！

腦科學博士暨神經科臨床醫師 **鄭淳予**

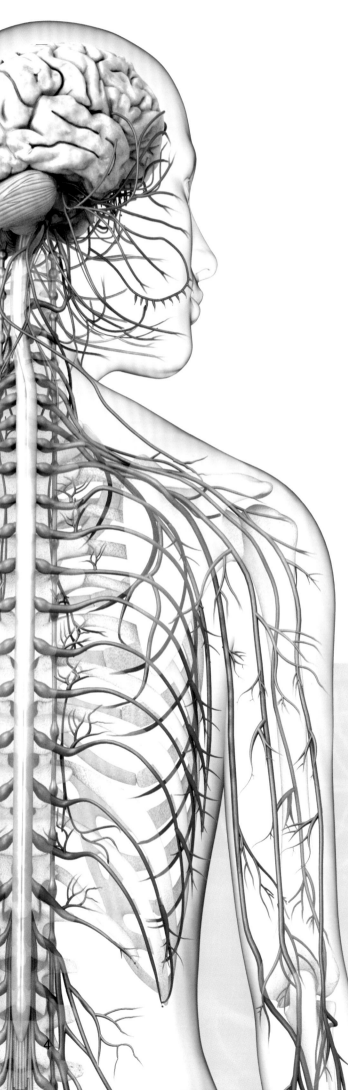

CONTENTS

最特別的器官	06
研究大腦的歷史	08
神經科學的里程碑	10
掃描大腦影像	12
探索大腦的旅程	14
大腦與身體	**36**
大腦的功能	38
神經系統	40
大腦與神經系統	42
腦的大小、能量來源	
與保護大腦的機制	44
大腦的演化過程	48
大腦的解剖構造	**50**
大腦的構造	52
大腦分區與分隔	56
大腦中的神經核	58
丘腦、下丘腦	
與腦下垂體	60

腦幹與小腦	62
邊緣系統	64
人腦皮質	66
各種腦細胞	70
神經衝動	72
繪製腦圖與人工大腦	74
感覺系統	**76**
我們如何感受這個世界	78
眼睛	80
視覺皮質	82
視覺路徑	84
視知覺	86
我們如何看見東西	88
耳朵	90
我們如何感受聲音	92
聽覺如何形成	94
嗅覺	96
嗅覺對我們的影響	98
味覺	100
觸覺	102
第六感	104
痛覺訊號	106
感受痛覺	108

Original Title: The Brain Book
Copyright © Dorling Kindersley Limited, 2009, 2014, 2019
A Penguin Random House Company

出　　　版／楓書坊文化出版社
地　　　址／新北市板橋區信義路163巷3號10樓
郵 政 劃 撥／19907596 楓書坊文化出版社
網　　　址／www.maplebook.com.tw
電　　　話／02-2957-6096
傳　　　真／02-2957-6435
作　　　者／瑞塔‧卡特
審　　　定／張宏名
　　　　　　任婷怡
翻　　　譯／黃馨弘
企 劃 編 輯／陳依萱
校　　　對／黃薇霓
港 澳 經 銷／泛華發行代理有限公司
定　　　價／900元
初 版 日 期／2020年6月

國家圖書館出版品預行編目資料

大腦百科 ／ 瑞塔‧卡特作；黃馨弘譯. --
初版. -- 新北市：楓書坊文化, 2020.06
　　面；　公分
譯自：The Brain Book
ISBN 978-986-377-595-9（平裝）

1. 腦部 2.神經生理學 3.腦部疾病
4.通俗作品

394.911　　　　　　　109004548

A WORLD OF IDEAS:
SEE ALL THERE IS TO KNOW
www.dk.com

動作與控制	**110**
調節基礎維生系統	112
神經內分泌系統	114
如何計畫特定動作	116
如何執行特定動作	118
無意識的動作	120
鏡像神經元	122

情緒與感覺	**124**
多愁善感的大腦	126
情緒與意識	128
渴望與獎賞機制	130

社交大腦	**132**
性、愛與生存	134
臉部表情	136
自我與他人	138
道德與大腦	140

語言與溝通	**142**
手勢與肢體語言	144
語言的起源	146
大腦語言區	148
人類對話時的大腦變化	150

閱讀與寫作	152

記憶	**154**
記憶的原理	156
形成記憶的網路	158
形成記憶的過程	160
回憶與辨識功能	162
不尋常的記憶力	164

思考	**166**
智力	168
創意與幽默	170
信仰與迷信	172
各種錯覺	174

意識	**176**
意識是什麼呢？	178
意識在哪裡？	180
專注力與意識	182
放鬆時的大腦	184
轉換意識狀態	186
睡眠與夢境	188
時間感	190
自我與意識	192

大腦的個體差異	**194**
先天與後天	196
影響大腦的因素	198
人格	200
如何監測大腦或給予刺激	202
異於常人的大腦們	204

大腦的發育與老化	**206**
嬰兒的大腦	208
童年與青少年時期的大腦	210
成人的大腦	212
老化的大腦	214
未來的大腦	216

大腦的疾病與疾患	**220**
當大腦出了問題	222
各種大腦疾病	224
腦部手術	232

專業術語表	250
索引	256
致謝	263

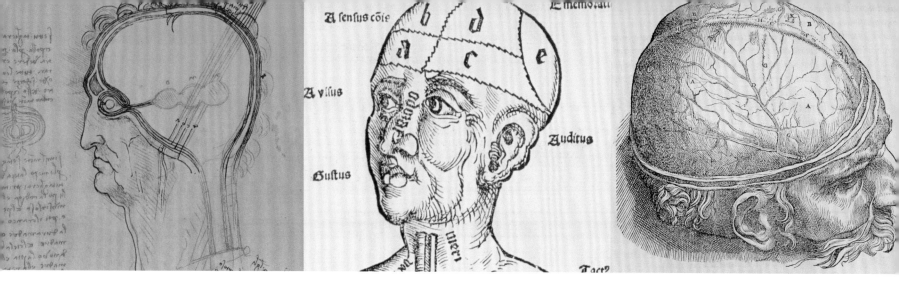

最特別的器官

與其他的器官相比，人類的大腦有著截然不同的特殊地位。就外觀而言，大腦並不是特別令人印象深刻的器官。大腦的重量只有 1.4 公斤（約 3 磅）左右，摸起來的質感有點像果凍或冷凍奶油，看上去像極了一球充滿皺褶的肉團。大腦並不像肺臟一樣伸縮自如，也不像心臟般需要拚命泵血，更不會像膀胱一樣，要釋放任何看得到的液體。就算你真的打開某個人的頭蓋骨，想要一探究竟，其實也很難用肉眼看出什麼端倪。

掌管知覺的大腦

基於以上的原因，你也許就不難了解，為什麼幾個世紀以來，人們並不重視頭骨裡所發生的變化。古老的埃及人在製作木乃伊的時候，總是細心地將心臟保存下來，卻往往把大腦挖出後直接丟掉。古希臘的哲學家亞里士多德甚至認為，大腦只是用來將血液降溫的散熱器。法國科學家勒內・笛卡兒對大腦的評價則較為重視，他認為大腦是靈魂與身體溝通時的某種天線。但直到最近，人類才開始全面地了解大腦的奧妙之處。

最基本的大腦功能，就是維持身體其他各區域的運作。在人類的大腦中，估計大約存有一兆個神經元，而正是這些神經元調節著你我的呼吸、心跳與血壓；其中某一部分的神經元則控制著你

的飢餓感、口渴、性衝動和睡眠週期。大腦位於最上層，負責產生情緒、知覺與思想，並引導著你的各種行為。另外也負責指揮並執行你所有的肢體運動，甚至負責形成意識與心智。

不斷變動的大腦

一直到百年前，大腦與心智相互連結的唯一依據，都往往得自「天災人禍」——藉由觀察在意外中頭部受到外傷的患者，後續產生的異常行為，所得出的結果。每個想要追根究柢的醫師們，得趁患者生前仔細觀察並記錄患者的症狀，將他們的症狀對應到大腦的各個區塊。這些科學家們得靜待患者離世後，才能進一步解剖大腦，取得生理上的證據，來驗證他們的想法。因此，研究大腦的過程極為緩慢。也因為這個理由，二十世紀初以前，人們只知道，能夠證明「心智」存在的生理證據，一定隱藏在大腦的某個角落，卻很難再繼續深究下去。後來，各種科學和技術大幅進步，也成為了推動神經科學前進的一大動力。有了功能強大的顯微鏡，人們得以觀察大腦內部細微的解剖構造。也因為對電的了解大幅增長，導入腦電波圖，使人們量測和觀察大腦動態變化的技術，也有所進步。最後，功能性大腦成像儀器的誕生，讓科學家終於可以直接觀察活體大腦，

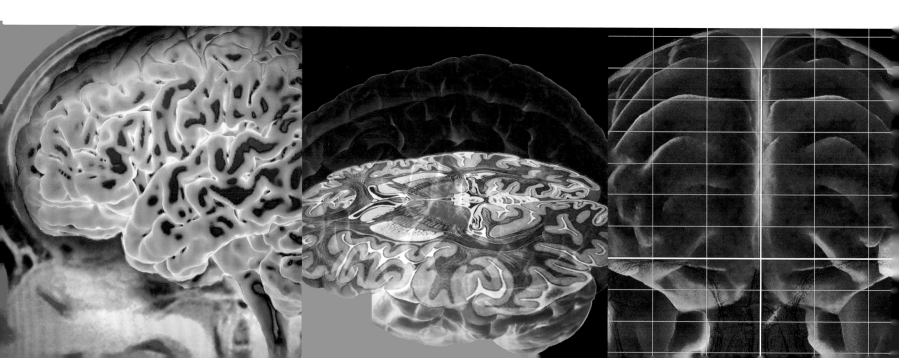

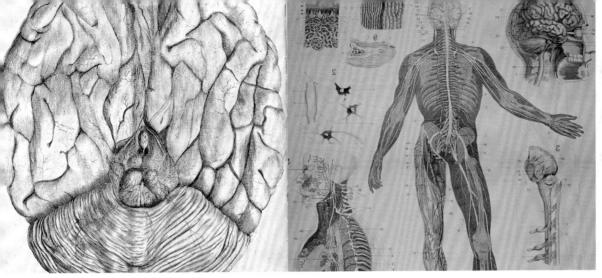
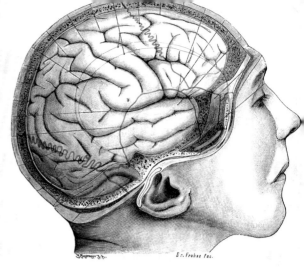

研究大腦運作的機制。近二十年內，正子造影、功能性核磁共振與最新的腦磁圖技術也陸續誕生，讓人們對大腦功能與腦區的分布，有了前所未有的了解。

永無止境

時至今日，我們已經可以清楚知道是哪些迴路維持著我們的生命跡象、哪些細胞負責製造神經傳導物質、哪些突觸在細胞間傳遞著訊號，又是哪些神經纖維負責傳遞痛覺，或是移動我們的肢體。我們不但已經了解感覺受器如何將光或聲波轉為神經電訊號，也能追蹤負責將這些訊號連結到特定腦區，或大腦皮質以回應訊號的各個神經路徑。我們也了解這些刺激都會經由杏仁核，這個毫不起眼的核桃狀組織，重新進行調整、評估與協調。我們可以觀察到海馬迴如何形成記憶，也可以看到前額葉皮質如何做出道德上的判斷。我們能夠辨識出歡愉、同理心，甚至是看到對手被擊敗後，幸災樂禍的刺激感，在腦中所形成的神經模式。在完成大腦分區的腦圖之後，無數大腦影像研究中，所觀察到大腦的不同樣貌，都顯示大腦是一個極其複雜、敏感的系統，每一個腦區間都在互相影響。例如由前額葉所負責的「高階」知覺功能，也同樣會影響感官體驗，對於某

一個物件來說，我們對於該物件的預期，與傳到視網膜上的光訊號也會互相影響。換句話說，大腦最基層的運作機制，也可以讓大腦生成最複雜的產物。看似大腦運用智慧做出的判斷，往往其實只是基於我們對情感的原始反應，再交由脆弱的腦幹所產生的反射所共同完成。事實上整個神經系統絕不只能影響頸部以上的區域，也一路從頭延伸到你的腳趾。甚至還有些人認為，大腦能做的絕對不只於此，甚至還能與周邊的「心智」，以某種方式進行互動。

神經科學對於大腦的研究還有很長的一段路，沒有人能知道，最終會有什麼樣的產出。也許，大腦根本複雜到我們永遠不可能全然地了解。因此這本書並不能被視為是對大腦的完整紀錄。這本書的內容，僅是從一個單一的觀點，盡可能收錄了當代對人類大腦各種既複雜又美麗的知識。希望能讓你耳目一新！

Rita Carter

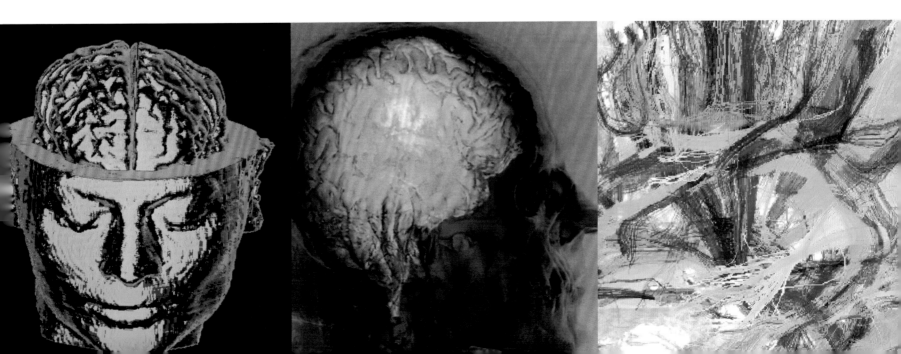

研究大腦的歷史

大腦是人類所知最少的人體器官。歷史上有很長一段時間，人們甚至完全不知道大腦的功能是什麼。近一千年以來，對於大腦的解剖構造、功能以及運作機制的了解，是相當漫長的過程，直到最近，人類對這個神祕器官的了解，才逐漸開展並有所累積。

研究大腦的歷史

由於大腦的結構多數相當微小，很多運作機制無法直接經由肉眼觀察，這讓大腦的研究變得相當困難。多數對大腦的各種問題，都環繞在大腦最令人感興趣的產品：「意識」。「意識」是不具實體的大腦運作機制，這也難怪我們的祖先們並不認為意識來自大腦。幾個世紀以來，哲學家和醫師們陸續深入地了解人類大腦。近二十五年以來，由於大腦成像技術的發展，神經科學家們對於大腦這一度全然神祕的領域，才逐漸建立了詳細的腦圖。

運用老鼠
老鼠的大腦結構與人類相當類似。在成像技術還沒發展前，科學家們唯有透過解剖老鼠或是其他動物的大腦，才得以直接觀察腦部組織。

莎草紙

西元前 1700 年
雖然埃及莎草紙上，對於大腦有著相當清楚的描述。但古埃及人對大腦，並沒有給予很高的評價。不像其他的器官，大腦總是在製作木乃伊的時候立即被移除，並直接丟棄，這似乎意味著，古埃及人認為大腦在將來轉世時沒有任何用處。

西元前 4000 年
古蘇美人記載了使用罌粟花種子，所帶來的愉悅感。

柏拉圖

西元前 387 年
古希臘哲學家柏拉圖在雅典教書，他認為大腦主掌心智運作。

西元前 450 年
古希臘人開始認定大腦掌管人類知覺。

大腦的素描

西元 1543 年
來自歐洲的醫師安德雷亞斯・維薩里，出版了第一本現代化的解剖書。書中有極具細節的人腦手繪圖。

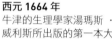
大腦全覽

西元 1664 年
牛津的生理學家湯瑪斯・威利斯所出版的第一本大腦全覽，標記了大腦各種不同模組的功能。

西元 1774 年
德國醫師法蘭茲・安東・梅斯梅爾記錄了「動物磁性」。「動物磁性說」之後也被稱為催眠。

西元 1848 年
費尼斯・蓋吉的大腦因為意外，被一根鐵棒穿過。（詳見第 141 頁）

| 4000 BCE | 3000 BCE | 2000 BCE | 1000 BCE | 1500 | 1600 | 1700 | 1800 |

西元前 2500 年
顱骨穿孔術，是在許多文化中都可以見到的外科技術。一般用在癲癇等腦部疾病的治療，也可能基於儀式或性靈上的目的，進行顱骨穿孔術。

西元前 335 年
古希臘哲學家亞里士多德再次確認古老的觀念，認為心臟才是最重要的器官，而大腦不過是避免身體過熱的散熱器。

亞里士多德

西元前 170 年
古羅馬醫師蓋倫認為，人的心情與性格是由四種體液（存放在大腦腦室中的液體）所組成。這個理論影響了後人將近一千年，蓋倫在解剖上的描述，雖然多數來自於猴子或豬的研究，卻影響了好幾個世代的醫師。

勒內・笛卡兒

西元 1649 年
法國哲學家勒內・笛卡兒認為大腦是一個控制人類行為的液壓系統。更「高等」的心智功能則是由靈魂所產生的，並藉由松果體與身體進行互動。

西元 1791 年
路易吉・伽伐尼是一位義大利物理學家，經由蛙腿的震顫，發現了神經活動與生物電的關係。

路易吉・伽伐尼

顱骨穿孔術

工作中的蓋倫

西元 1849年
德國物理學家赫爾曼・馮・亥姆霍茲量測出神經訊號傳導的速度，並逐漸發展出人類所謂的「感知」是基於「無意識推論」的觀念。

成像技術的到來

　　一直到不久之前，科學家對於大腦的運作，都還不完全清楚。唯一用來配對大腦功能（視覺、情緒或是語言功能等）和腦區位置的方法，都得要等他們遇到一位因為腦傷，而失去某些功能的患者去世後進行解剖，才能了解這些症狀，對應到哪個腦區受損的位置，以及腦區的受損程度。不然，科學家只能藉由觀察患者的行為，猜測大腦中發生的事情。現在，因為有了功能性核磁共振和腦電波圖（詳見第 12 頁）等現代化的成像技術，已經可以讓神經科學家，在受試者進行各種任務、在大腦中進行處理的時候，即時觀察腦中的電訊號變化。這使研究者能夠即時地將各種動作、情緒等行為，和腦中的活性變化相互連結。透過成像技術，研究者能夠更自由地觀察大腦，使神經科學的知識有了爆炸性的成長，也讓我們對於大腦和大腦的運作機制，有了更深的了解。

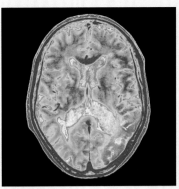

核磁共振成像
大腦掃描可以發現受損的組織，核磁共振影像中紅色的區域即為中風後腦損傷的區域。

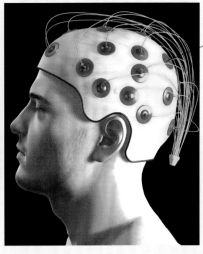

電極帽

電極
將電極貼在頭皮上，可以測量神經活動。這些電極將會擷取大腦中的電訊號，並轉成數位記錄。

西元 1889 年
聖地牙哥・拉蒙卡哈在神經元學說（The Neuron Doctrine）中發表，認為神經細胞是大腦中獨立運作的基本單位，並於 1906 年獲得諾貝爾獎。

西元 1900 年左右
西格蒙德・佛洛伊德放棄研究神經學，轉為研究心理動力學。佛洛伊德所發明的心理分析獲得大舉成功，讓以往以生理為成因的心理學派有將近半世紀都黯然失色。

西格蒙德・佛洛伊德

西元 1862 年到 1874 年
布洛卡和韋尼克（詳見第 10 頁），發現了大腦裡兩個主要的語言區。

西元 1906 年
聖地牙哥・拉蒙卡哈描述了神經細胞如何相互溝通。

某齧齒動物海馬迴中的神經細胞

西元 1874 年
卡爾・韋尼克出版了「論失語症（腦傷後的語言疾患）」。

西元1859年
查爾斯・達爾文出版了「物種起源」。

西元 1919 年
愛爾蘭神經學家戈登・摩根・霍姆斯，將紋狀皮質標記為初級視覺皮質。

西元 1934 年
葡萄牙神經學家安東尼奧・埃加斯・莫尼斯進行了第一例腦葉切除術（詳見第 11 頁）。他也同時發明了血管造影術，是史上第一個讓科學家得以取得活體大腦影像的技術。*

安東尼奧・埃加斯・莫尼斯

西元 1953 年
布倫達・米爾納記錄了一位名叫 H.M. 的患者（詳見第 159 頁），該患者在接受移除海馬迴的手術後失去記憶。

西元 1981 年
羅傑・沃爾科特・斯佩里因研究左右大腦的不同功能，獲得諾貝爾獎（詳見第 11 頁與 205 頁）。

西元 2013 年
歐盟與美國開始進行人類大腦模擬計畫。其中全世界共同合作的「連結體計畫」，製作了全球第一張顯示各個神經元間如何連結的影像。

西元 1983 年
本傑明・利貝研究意識進發的時間點，挑戰自由意識的存在（詳見第 11 頁）。

1900

2000

西元 1850 年
弗朗茲・約瑟夫・加爾發明了顱相學的概念（詳見第 10 頁），該學說認為不同的人格特質，頭骨的各部位會表現不同形狀。

西元 1873 年
義大利科學家卡米洛・高爾基發表了硝酸銀染色法，讓人類可以觀察到完整的神經，並於 1906 年獲得諾貝爾獎。

神經細胞

西元 1906 年
愛羅斯・阿茲海默描述了早衰性退化（詳見第 231 頁）。

西元 1909 年
科比尼安・布洛德曼基於神經結構不同，記錄了 52 個相互獨立的皮質區。至今神經科學都還在使用此分類（詳見第 67 頁）。

皮質地圖

西元 1914 年
英國生理學家亨利・哈利特・戴爾分離出乙醯膽鹼，這是第一個被分離出來的神經傳導物質（詳見第 73 頁）。並於 1936 年獲得諾貝爾獎。

西元 1924 年
漢斯・伯杰製作出史上第一張腦電波圖。

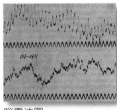
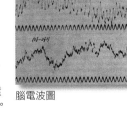

腦電波圖

西元 1970 到 1980 年
大腦掃描技術開始成形，正子造影、單光子電腦斷層掃描、核磁共振與腦磁圖，都在這十年間陸續誕生。

西元 1957 年
懷爾德・潘菲爾德和西奧多・拉穆森繪製了運動小人圖與體感小人圖（詳見第 10 頁與 103 頁）。

西元 1973 年
蒂莫西・布利斯與泰耶・勒莫發現了突觸的長時程增益作用（詳見第 156 頁）

西元 1991 年
賈科莫・里佐拉蒂在帕爾馬發現了鏡像神經元（詳見第 11 頁與 122 － 123 頁）。

早期磁振共振成像設備

＊【審定註】莫尼斯於 1949 年獲得諾貝爾獎。

神經科學的里程碑

所有我們對大腦的了解，都來自既漫長且痛苦的研究，其中也有許多大型團隊的集體貢獻。在神經科學史上，偶爾會出現一些極具戲劇化的發現或想法，成為科學發展的里程碑。這些想法，往往一開始都只是來自某一位科學家的小發想。這些想法有的隨著時間被證明為極具價值的突破，也有某些想法，儘管一度很有影響力，最終卻被證明為一條沒有出口的死路。

顱相學
弗朗茲 · 約瑟夫 · 加爾

加爾認為人的性格，可以經由頭骨上的突起加以解讀。他假定了大腦中有許多不同的機能，而最強的大腦機能，就應該對應到頭骨上能測量到的最大突起。顱相學這個理論，在十九世紀的美國與歐洲極為盛行，幾乎每一個城鎮都至少有一個研究顱相學的機構。難以置信的是，加爾對於大腦各功能的相對位置，卻幾乎無誤。現代大腦的影像研究也專注於定位大腦各區的功能，所以也被稱為是「現代顱相學」。

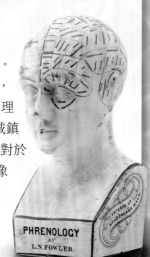

顱相學的人頭模型
這樣的模型宣稱頭骨上的突起與人的性格有關。例如用「性格平實」、「善良」來做分類。

再也認不得自己的男人
費尼斯 · 蓋吉

費尼斯 · 蓋吉本來是美國一位彬彬有禮、人見人愛的鐵道拓荒者，卻在一次意外，造成腦部受傷後，性格變得「相當粗俗」（詳見第 141 頁）。他是第一位讓人們得以將社交能力與道德判斷等功能，連結到前額葉的案例。

命中注定的創傷
這張圖重建了費尼斯 · 蓋吉的頭骨，展示了鐵棒是如何穿過他的前額葉。

大腦語言區
布洛卡和韋尼克

保羅 · 布洛卡　　　　　卡爾 · 韋尼克

西元 1861 年，法國醫師保羅 · 布洛卡描述了一位叫做「Tan」的患者，因為「Tan」是這位患者所唯一能發出來的字。當「Tan」去世後，布洛卡解剖了他的大腦，然後發現了他左額葉皮質上有部分創傷。這塊腦區後來變成了「布洛卡區」（詳見第 148 頁）。西元 1876 年，德國神經科學家卡爾 · 韋尼克發現，另一個腦區（也就是之後的韋尼克區）的損傷，也會導致語言上的症狀。這兩位科學家分別都是第一位，明確定義大腦腦區功能的先驅者。

早年的大腦植入物
荷塞 · 戴爾嘎多

西班牙神經科學家荷塞 · 戴爾嘎多醫師，發明了一種可以用電波遠端操控的大腦植入物。他發現，僅僅只是按下幾個按鈕，就可以控制動物和人類的行為。在西元 1964 年，他舉行了一場非常有名的實驗，戴爾嘎多正面面對一隻蓄勢待發的公牛，在按下按鈕啟動大腦植入物後，便停在了他的腳跟前。在另外一個實驗中，他將大腦植入物放進一隻攻擊夥伴的猩猩腦裡。他也迅速地控制了這隻猩猩，「關掉」猩猩攻擊夥伴的行為。

荷塞 · 戴爾嘎多與公牛

建立大腦腦圖
懷爾德 · 潘菲爾德

世界上第一張詳細地在各大腦腦區，標記各種腦功能的影像，是由加拿大腦外科醫師懷爾德 · 潘菲爾德所繪製的。他和接受癲癇控制手術的患者合作。進行手術時，讓患者保持清醒，潘菲爾德用電極，輕輕地測試各腦區的皮質，並記錄下患者的反應。潘菲爾德是第一個發現顳葉在回憶機制中的角色，以及標記大腦運動區與感覺區的醫師。

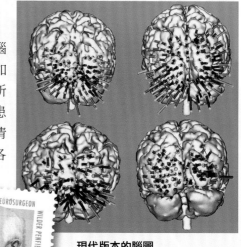

現代版本的腦圖
今日的高階大腦造影（上圖為例）能將各種神經活動和心智事件相互連結。目前多數腦圖的原型，都是由懷爾德 · 潘菲爾德醫師在半個世紀前所繪製的。

加拿大郵票上的懷爾德 · 潘菲爾德醫師

腦葉切除術

世界上第一例腦葉切除術，是在西元 1890 年代左右開始的。但一直到了 1930 年代，才由葡萄牙神經外科醫師安東尼奧 · 埃加斯 · 莫尼斯發現，切斷從額葉皮質到丘腦（視丘）間的神經連結，似乎有助於減輕他的病人所表現出來的精神症狀。發明「冰錐腦葉切除術」的美國外科醫師華特 · 費里曼，承繼了莫尼斯醫師的研究。 1936 年到 1950 年代期間，他持續推廣此方法來解決各種問題，期間約莫有四萬到五萬名患者被切除腦葉。這項手術後來被過度濫用，如今已經是違反醫學倫理的手術。但這項手術的確也減輕了不少患者的症狀。有一項研究追蹤了在英國接受過這項手術的患者，有 41% 的患者在術後「徹底復原」或是「有極大進步」、28% 的患者感到「些微進步」、25%「沒有改變」、4% 死亡，以及 2% 的人覺得比術前更糟糕。

顱骨穿孔術
自史前時代以來，顱骨穿孔術就已經應用在治療各種疾病。類似於現代的開顱手術，該手術用於減輕顱內壓力。

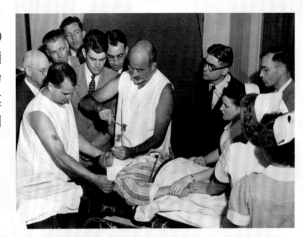

「冰錐」腦葉切除術
圖中的華特 · 費里曼醫師發現，僅需讓病人接受局部麻醉後，他就可以經由病人的眼球上方，像是雨刷一樣來回揮舞著槌子，完成腦葉切除術。

冰鑿

形成記憶
亨利 · 莫萊森

西元 1953 年，27 歲的 H.M. 為了治療嚴重的癲癇，在美國接受了手術治療。當時還並不清楚海馬迴的功能，因此為他進行手術的外科醫師，移除了他腦中一部分的腦組織（詳見第 159 頁）。手術過後，旁人發現他終其一生，再也無法形成新的記憶。這個悲劇性的結果，告訴我們海馬迴對於形成記憶，所擔任的重要角色。

凍結在時間裡
亨利 · 莫萊森，一般稱為「 H.M. 」，是近代醫學史上被研究得最徹底的患者之一。

自由意識下的決定
本傑明 · 利貝

在 1980 年代，美國神經科學家本傑明 · 利貝進行了一系列的實驗來證明，我們原本以為由自由意識所發動的決定，其實大腦早就在無意識之下開始啟動。利貝的實驗在哲學上有著很深層的意義，實驗結果似乎暗示著，我們並未擁有主觀意識來做出選擇。也因此，我們似乎並不具備自由意志。

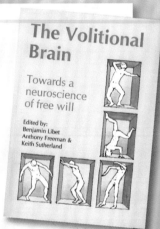

The Volitional Brain

Towards a neuroscience of free will

Edited by:
Benjamin Libet
Anthony Freeman &
Keith Sutherland

探索自由意志

裂腦實驗
羅傑 · 沃爾科特 · 斯佩里

神經生物學家羅傑 · 沃爾科特 · 斯佩里，對那些為了治療癲癇，而接受外科手術切除左右大腦連結的患者，進行了裂腦實驗（詳見第 204 頁）。這些患者證實了在特定狀況下，左右大腦能夠有不同的想法與意念。這讓人不禁想到，一個人是否只有單一「自我意識」的問題。

羅傑 · 沃爾科特 · 斯佩里於西元 1981 年獲得諾貝爾獎。

鏡像神經元

1991 年，人類「意外」發現鏡像神經元（詳見第 122 – 123 頁）。是由賈科臭 · 里佐拉蒂所領導的一群義大利研究人員，當他們正在監控猴腦中的神經活動時所發現的。有天一名研究人員在猴子看著他的時候，無意間模仿了猴子的動作。此時發現，雖然猴子僅僅是觀察動作，但與猴子真的做出動作時，猴腦所發出的腦電波是相同的。現今認為，鏡像神經元很有可能是心智、模仿和同理心發展理論的基礎。

模仿恆河猴
鏡像神經元會誘發大腦自動模仿，藉由觀察動作所產生的腦波，與真的執行動作時所產生的腦波相當類似。

掃描大腦影像

大腦造影成像可以被大略分為兩大類：一類是了解解剖結構的影像，這讓我們看清楚許多大腦的構造；另一類是功能性影像，這讓許多研究者了解大腦如何運作。結合這兩類技術，在神經科學界掀起了革命性的發展。

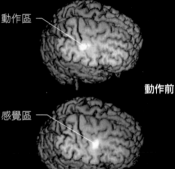

正子掃描
這些影像是在自願的受試者身上，注射放射性標定物後所取得。這些放射性標定物會與大腦中的葡萄糖結合。圖中高度活性的紅色區域，表示腦細胞極需葡萄糖作為燃料。這些放射性標定物呈現了大腦的哪些部分正在運作中。

觀察大腦的一道窗

大腦裡的結構早就為人所知，但一直到現在，大腦如何產生想法、情緒與感知的問題，也還有許多猜測。如今影像科技的發展，已經讓人能直接觀察活體大腦如何運作的過程。大腦的運作主要是仰賴極微弱的電荷變化。而功能性成像技術，能夠顯示出大腦最活躍的區域在哪。這可以透過直接測量腦波變化（腦波圖）、擷取大腦在磁場下的電訊號變化（腦磁圖）或是測量醣分新陳代謝過程（正子攝影）的副產品或血流變化（功能性核磁共振）得到。

正子攝影掃描裝置
正子攝影掃描機能偵測到，放射性標定物從組織裡所發出來的訊號，呈現大腦的活動情形。

大腦的功能

人類的大腦是由許多可執行特定功能的特異模組所組成。功能性腦部造影的研究，則大都是在了解這些模組所對應的功能。這讓神經科學家能夠繪製相當精細的大腦功能分布圖。現在我們已經知道，感覺、語言、記憶、情緒以及動作相關的腦區。藉由呈現這些不同的功能如何一起運作，大腦影像讓我們得以一窺某些人類心理上相當複雜的面向。舉例而言，當你觀察一個人在做決定時的大腦活動，我們可以看到許多看似理性的抉擇，其實是被相當情緒化的大腦所驅動的；觀察西洋棋高手的大腦影像，也解釋了為什麼不斷練習，能夠讓我們提升專業；觀察一個人看到一張驚恐的臉孔的反應，則證明了情緒是具感染性的。

腦波

腦波圖顯示由神經細胞活化所造成的電荷變化。這會轉為明顯的腦波，反映出在不同的階段下，電荷變化的速度差。

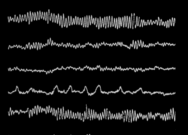

動作區

動作前

感覺區

動作中

偵測即時活性

腦磁圖能夠擷取大腦活動在磁場下的即時變化。腦磁圖並不適用於了解大腦活躍區的位置，但能夠精確地取得神經活動啟動的時間。圖中顯示大腦計畫手指動作的過程，在動作發生後40毫秒之內，大腦活躍的區域便由動作區切換到感覺區。

大腦的解剖結構

隨著觀察的角度不同，大腦所呈現的樣貌也相當不一樣。電腦斷層影像結合電腦與精密的X光，將身體切成了許多不同的切片。這讓我們能夠觀察各種體內的組織，例如大腦內部的各個角度、深度，以及各種一目瞭然的內部結構。如果用顏色加以後製，則更能進一步釐清不同的大腦區塊。不過電腦斷層單純只針對結構，呈現了器官的樣貌，卻不能呈現它們的運作方式。電腦斷層還能夠呈現軟組織與骨頭間的對比（密度差異），也因此相當適用於診斷腫瘤或血栓。

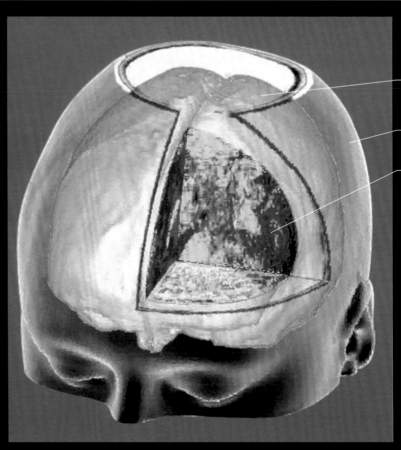

三度空間的大腦

電腦生成的頭部影像

內部的組織

三度空間的大腦
電腦斷層讓大腦能夠以立體方式呈現、也能以「切片」的方式呈現內部結構。圖中右前方的區域，已經移除了覆蓋在大腦上的表皮與顱骨，並露出顱腔內部的組織。

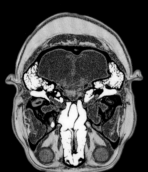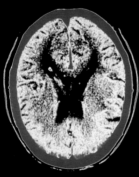

大腦結構的細節
這些電腦斷層影像，清楚地顯示了不同的細節。左圖的紅色部分為小腦與眼球，藍色與綠色部分為骨頭，亮黃色部分則為耳道與鼻竇等空間。右圖為健康大腦的掃描影像（下方為額頭方向）。黑色區域為充滿了液體的腦室。

核磁共振影像

比起電腦斷層，核磁共振對於不同軟組織間的對比度差異更好。比起電腦斷層用的是 X 光，核磁共振的成像原理是利用高強度磁場，來重新排列人體內氫原子而得。原子核所產生的磁場，會被掃描儀「讀」到，經由電腦轉為立體圖像。大腦被以極高的速度掃描（大約每兩到三秒一次），生成類似電腦斷層一樣的影像切片。神經活性增加的時候，也會導致腦血流增加，便會改變某個區域的氧氣含量，造成該區域磁場的改變。功能性核磁共振則會將大腦每個層級的電訊號活動，同時疊加到解剖結構的影像上。

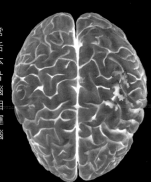

大腦中的神經路徑

擴散張量影像（Diffusion Tensor Imaging）是一種改良自核磁共振的成像方式，會收集神經纖維周邊的水所產生的訊號。就像是圖片中由上往下的藍色纖維、由前往後的綠色纖維以及連結左右大腦半球的紅色纖維。

動作

功能性核磁共振非常適合用於定位大腦活躍區域的位置。本圖中（額葉位於圖片底部）紅色區域的腦區，則與移動右手相關。人類的肢體運動，都是由對側的腦區所支配。

內部結構

這張圖結合了核磁共振與 X 光掃描頸部與頭骨的結果。核磁共振呈現了大腦組織內部的皺褶。

神經纖維的細節

這張擴散張量影像，用另一個角度來呈現神經纖維。綠色纖維連結著不同部位的邊緣系統。從大腦散發出來的藍色纖維，則投射到脊髓上。紅色纖維則連結著左右大腦半球。

融合式影像

每一種類型的成像方式都有優點。核磁共振適合呈現結構細節，但卻不適合呈現快速變化的事件。腦電波與腦磁圖反應相當快速，但卻不適合用於定位。為了同時獲得位置與快速的反應，研究人員結合了兩種以上的方式來產生融合式影像。右圖的灰色部分是花了將近 15 分鐘才取得的高解析度核磁共振影像，和解析度較低、僅花幾秒就產生的功能性核磁共振影像結合，呈現出人類大腦聽到語言時所使用的腦區位置。在同一個任務中，有許多大腦區塊的功能必須共同合作，發亮的區域會不斷變動。

發亮的腦區位置也會有個體差異，所以這類的研究通常需要從受試者的資料中，取得平均值。

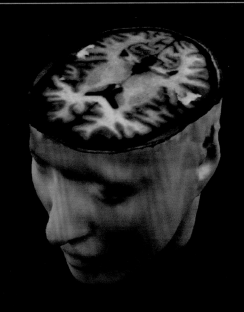

研究語言

對於大多數人來說，大腦主要的語言區通常位於左大腦半球，因此這個區塊會在我們聽到對話的時候顯示活性。完整的聽覺流程中，右大腦半球則扮演辨識語調和節奏的角色。

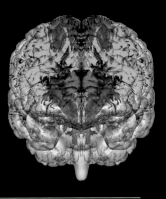

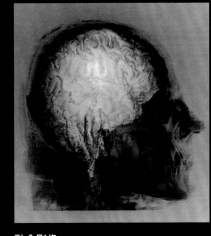

融合影像

上圖融合了電腦斷層與核磁共振的大腦影像，清楚地看到了大腦表面上的皺褶。圖中也同時呈現了一部分的頭骨與頸椎。

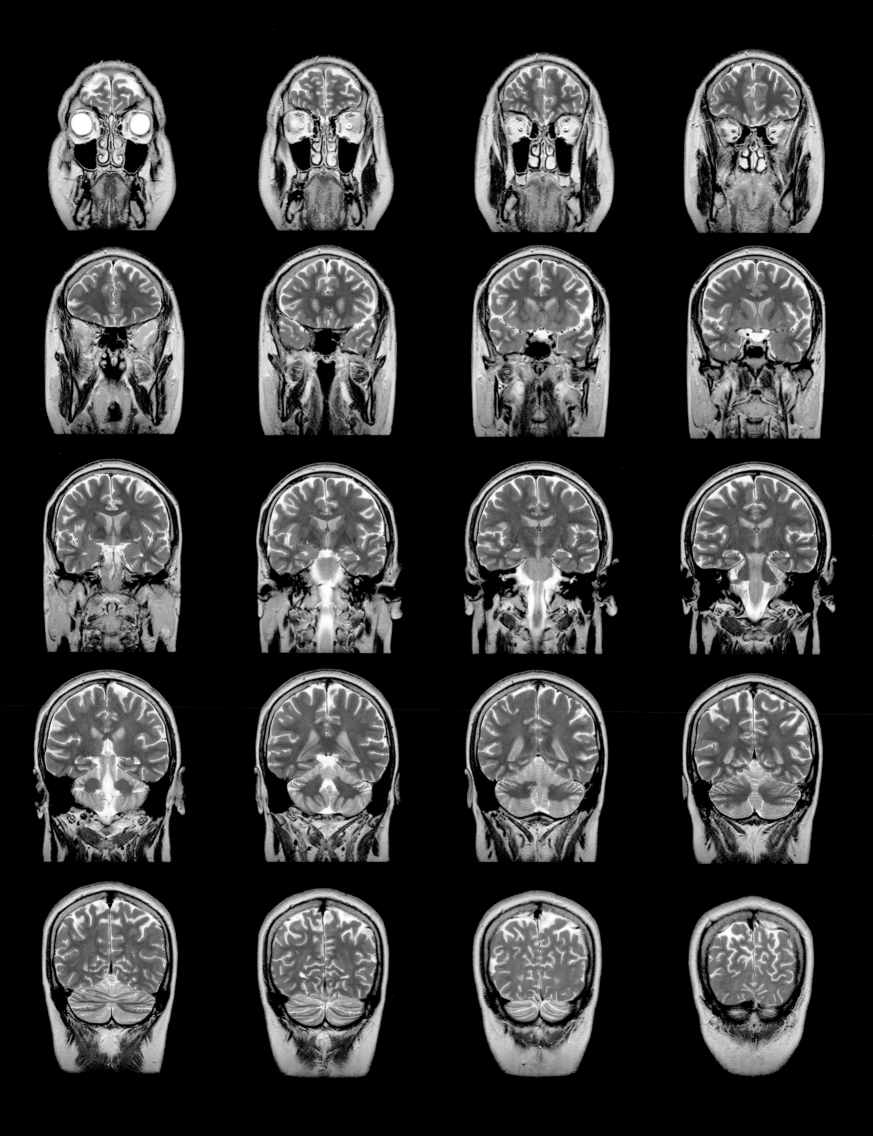

探索大腦的旅程

大腦是身體中最複雜的器官，而且很有可能是人類所知最複雜的系統。我們的大腦由數十億，不斷互相發送訊號的神經元組成。正是這些訊號，形成了我們的心智。在現代化掃描技術的協助下，我們現在很清楚地了解大腦的結構。

在十九世紀，人類對於大腦結構的了解，只能仰賴解剖大體時取下的大腦組織。當時對於活體人腦的相關知識，只能透過研究受到腦損傷的患者，例如費尼斯 · 蓋吉（詳見第 141 頁）才能取得。但一直到患者離世前，都無法進行解剖，自然也就不知道腦損傷確切的位置。直到二十世紀，大腦掃描儀的發明才改變了一切。在這個章節，我們將會透過一位 55 歲健康男性的核磁共振影像，來進行一場大腦之旅。從這些影像中，我們可以看到許多大腦的不同區塊。我們將會開始慢慢了解某些區域的功能，不過這還只是這趟知識之旅的起點。

在後面幾頁影像周邊的注解，標記了不同的腦區最常見的功能。但是這些區域往往有許多功能，而這些功能往往相當仰賴與其他腦區的互動。多數在腦中的結構都成對出現，在左右大腦有著相似，卻互為鏡像的結構。這些影像皆經過後期上色處理，所以大腦以紅色呈現、小腦為淺藍色，而腦幹為綠色。

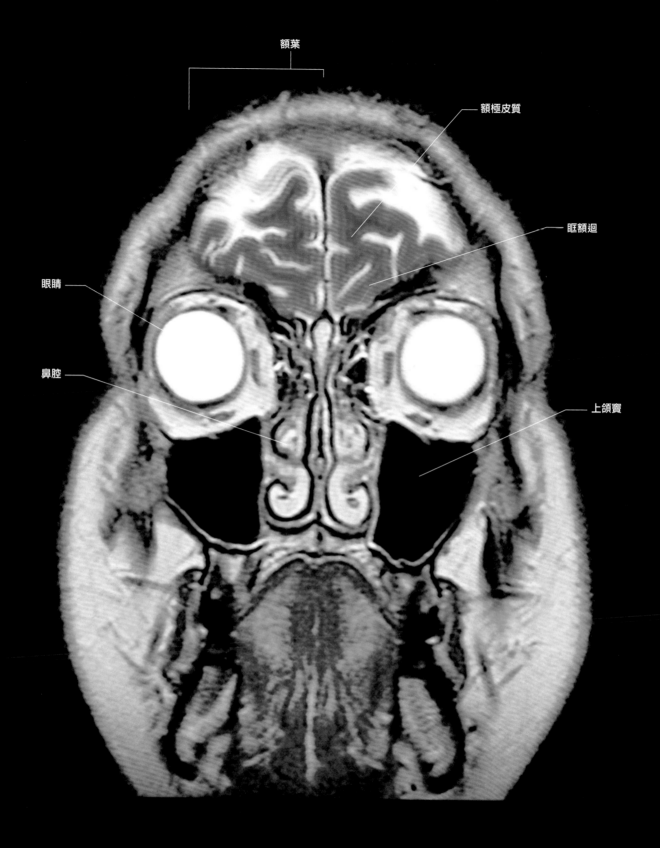

額葉

額極皮質

眶額迴

眼睛

鼻腔

上頜竇

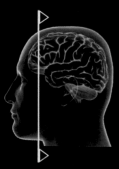

1 額極皮質
額極皮質是前葉皮質中最後演化出來的部分，目前認
為與事前計畫的能力有關，能控制其他腦區。在這張切
片，額葉的右邊，也呈現了其他像是頭骨、眼睛、鼻腔、
上頜竇與舌頭等特徵。

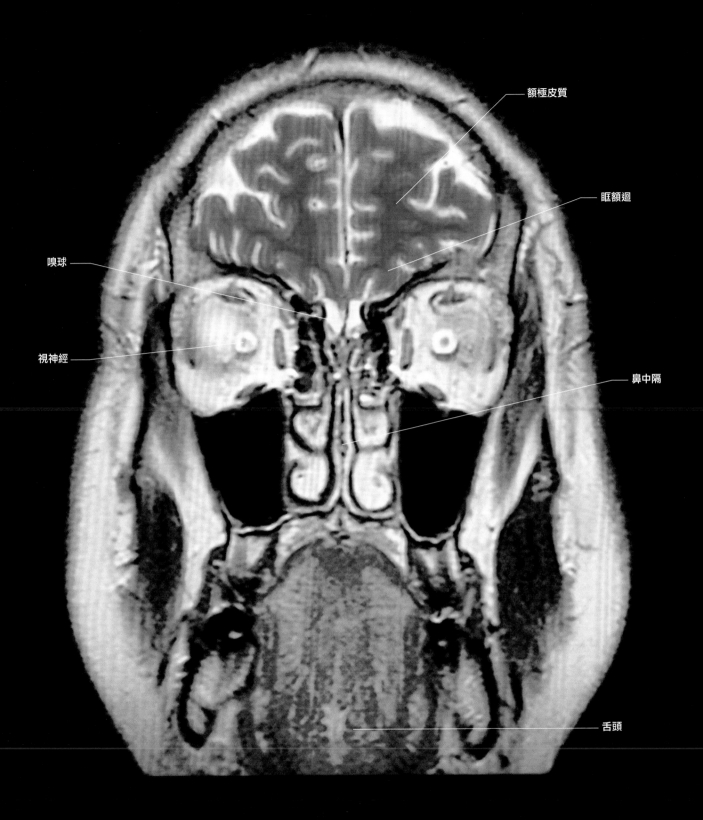

額極皮質

眶額迴

嗅球

視神經

鼻中隔

舌頭

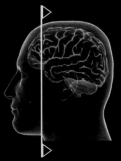

2額葉
前額葉位於額葉前端，額葉是最大也是最後才演化出來
的腦葉。額葉後方的功能是負責肌肉的精確控制，前方則負
責高階的計畫能力。在這張切片中，可以清楚看到視神經。
視神經則負責將視覺資訊，從眼睛傳遞到大腦。

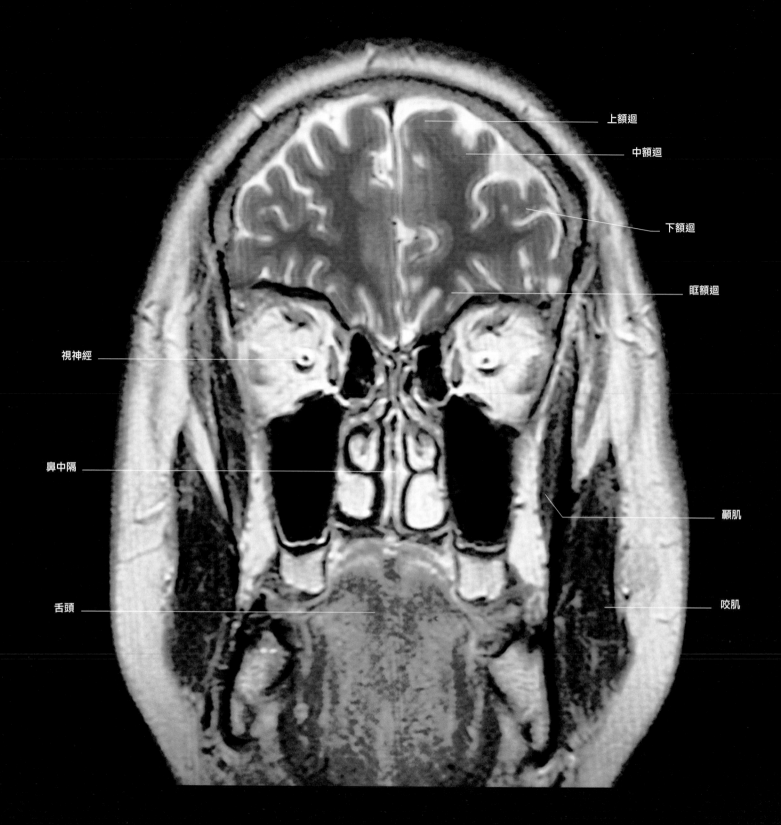

上額迴

中額迴

下額迴

眶額迴

視神經

鼻中隔

舌頭

顳肌

咬肌

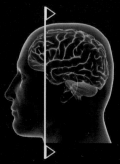

3大腦皮質
大腦皮質指的是在這些圖像中亮黃色的地方，由於充滿了皺褶，因此其實攤開後表面積相當大。主要幾個凹陷處（即腦溝）被用來作為區分大腦各區域的標記。在凹陷間的突起，則稱為腦迴。額葉主要由上額迴、中額迴與下額迴所組成。

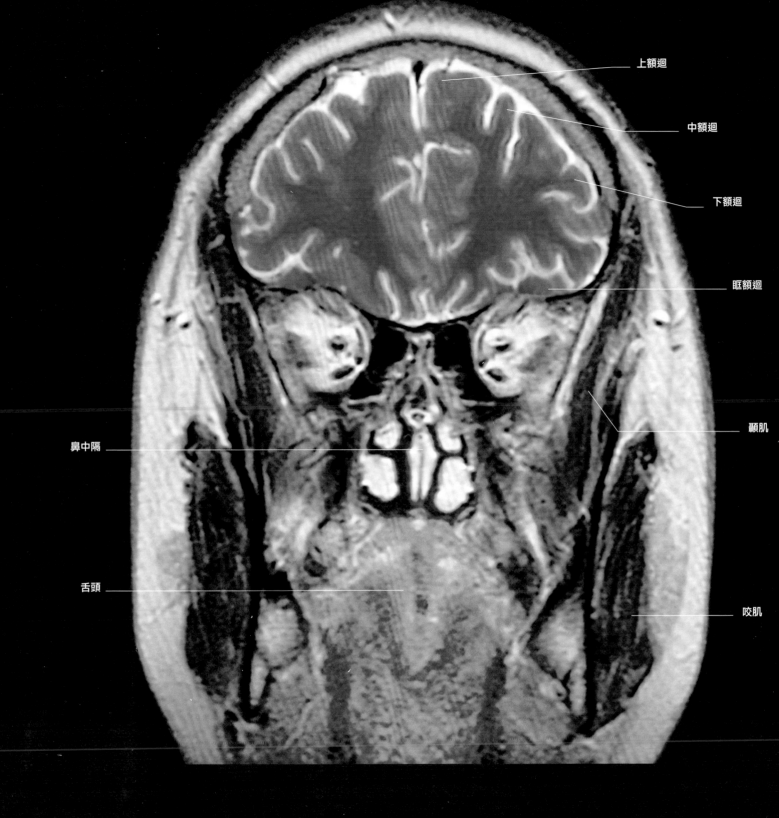

上額迴

中額迴

下額迴

眶額迴

顳肌

鼻中隔

咬肌

舌頭

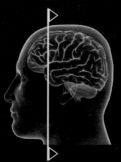

4 眶額迴
眶額迴位於大腦底部，負責接收嗅覺與味覺相關的訊號。如同前額葉皮質的其他部分，這個區域也被認為與預知功能相關，特別是預知即將到來的獎勵與懲罰，和伴隨的情緒反應。這個區域也和杏仁核相互連結（詳見第 9 片切片，第 24 頁 ）。

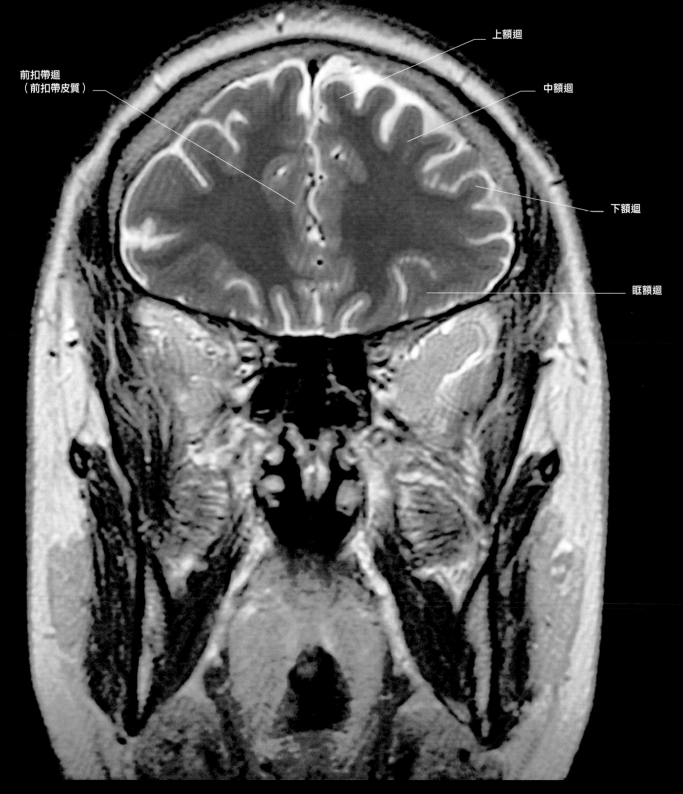

前扣帶迴
（前扣帶皮質）

上額迴

中額迴

下額迴

眶額迴

5 前扣帶迴（前扣帶皮質）

這張圖片中我們看到前扣帶迴的起點，剛好位在緊鄰左右大腦半球的交界處，沿著邊緣系統走。前扣帶迴主要的功能是連結情緒與反應動作，並預期做出動作所帶來的效果。前扣帶迴的後端則直接連接運動系統。

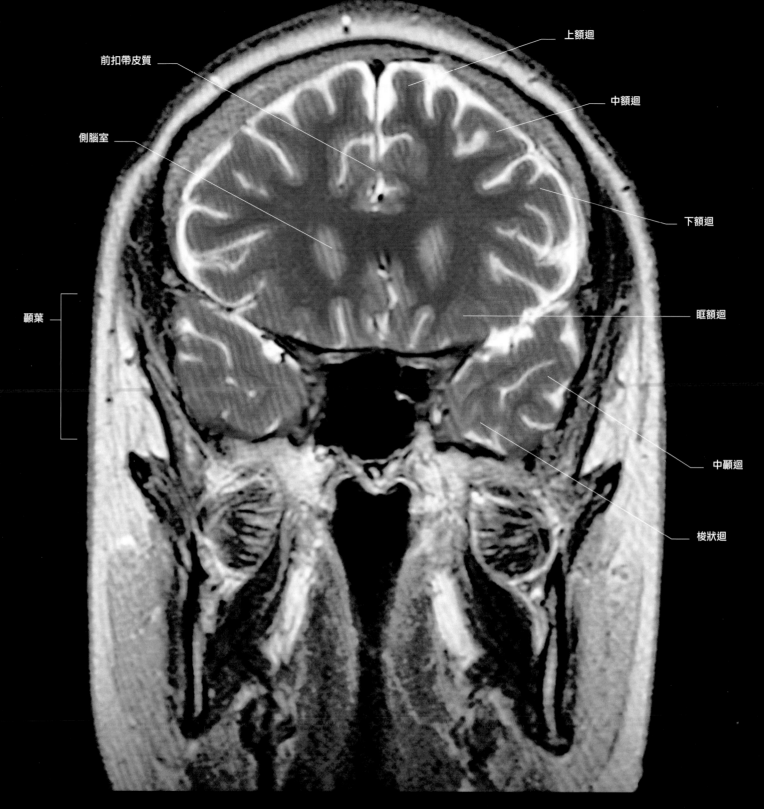

前扣帶皮質

側腦室

顳葉

上額迴

中額迴

下額迴

眶額迴

中顳迴

梭狀迴

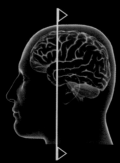

6 顳葉
在這張圖中，是我們第一次在這一系列的切片裡看到顳葉的出現。大腦所接受到的所有感覺資訊都會匯集到顳葉的最前端（顳極），並結合情緒的變化。我們還能在圖片正中間看到側腦室。大腦的腦室空腔中充滿腦脊髓液，側腦室則是這個腦室系統中的一個部分。

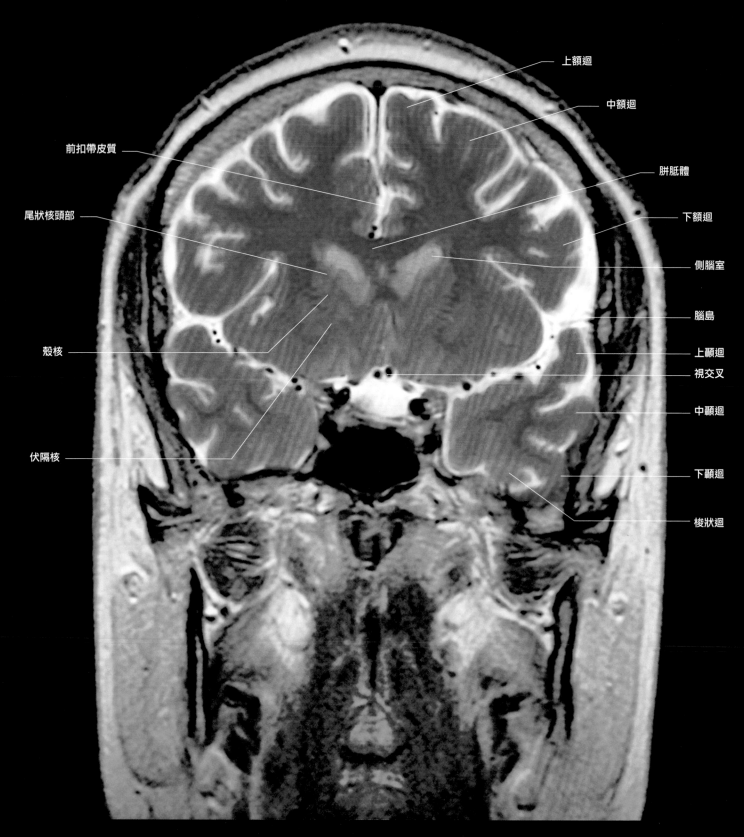

腦島是深埋在大腦額葉與顳葉間的大腦皮質。腦島負責接收與身體內在狀態相關的各種訊號，像是心跳速率、體溫以及疼痛等。這張圖中也能看到胼胝體。胼胝體是一大束神經纖維的集合，是連結左右大腦的主要通路。

上額迴

中額迴

前扣帶皮質

胼胝體

尾狀核頭部

下額迴

側腦室

腦島

殼核

上顳迴

視交叉

中顳迴

伏隔核

下顳迴

梭狀迴

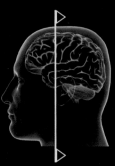

7 腦島
腦島是深埋在大腦額葉與顳葉間的大腦皮質。腦島負責接收與身體內在狀態相關的各種訊號，像是心跳速率、體溫以及疼痛等。這張圖中也能看到胼胝體。胼胝體是一大束神經纖維的集合，是連結左右大腦的主要通路。

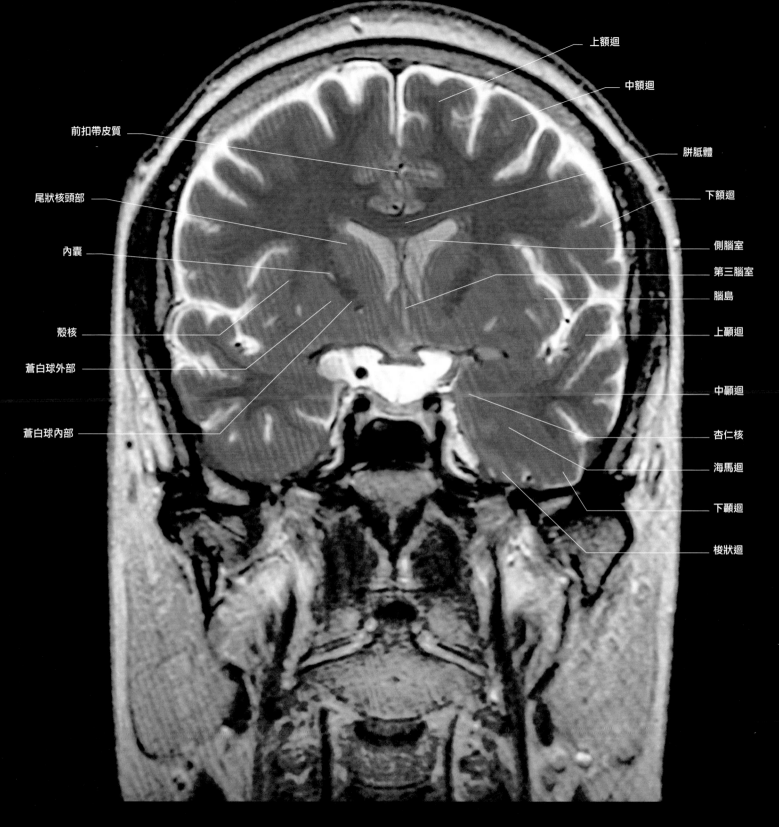

上額迴

中額迴

前扣帶皮質

胼胝體

尾狀核頭部

下額迴

內囊

側腦室

第三腦室

殼核

腦島

蒼白球外部

上顳迴

中顳迴

蒼白球內部

杏仁核

海馬迴

下顳迴

梭狀迴

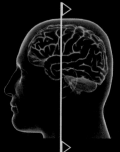

8 基底神經節（基底核）
基底神經節位在大腦中間，由尾狀核、殼核和蒼白球組成。現在也稱為基底核，是一群被白質包圍的灰質（神經細胞聚集處）。基底核連結大腦皮質、丘腦（視丘）與腦幹，負責控制動作與決策。

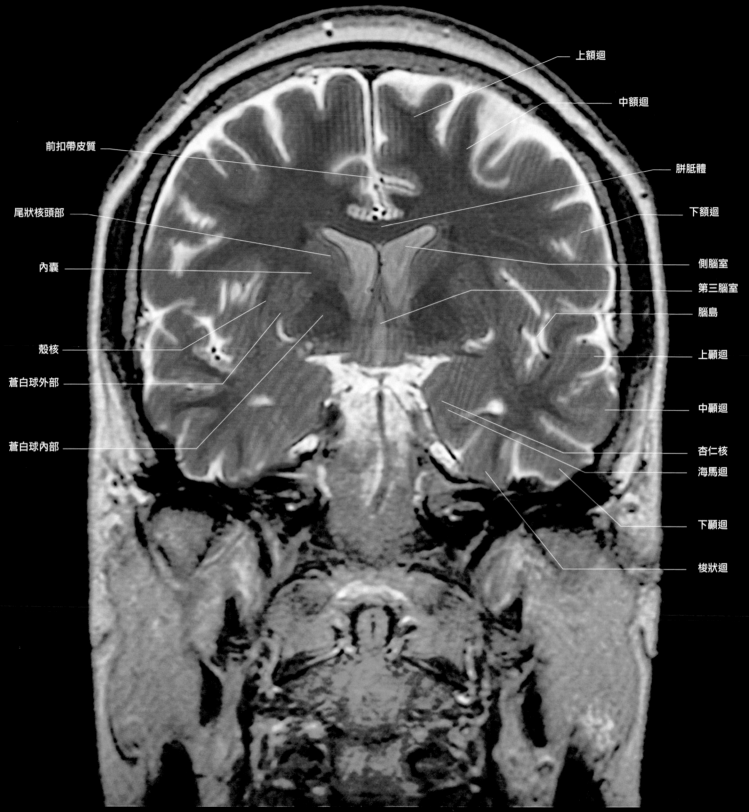

上額迴
中額迴
前扣帶皮質
胼胝體
尾狀核頭部
下額迴
內囊
側腦室
第三腦室
腦島
殼核
上顳迴
蒼白球外部
中顳迴
蒼白球內部
杏仁核
海馬迴
下顳迴
梭狀迴

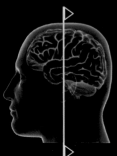

9 杏仁核與海馬迴

在這張圖片，可以看到杏仁核與海馬迴的前端。這兩個結構都位在顳葉內側。杏仁核的功能主要是在接觸或是迴避事物的時候，加入情緒反應。海馬迴則在空間導航功能與記憶形成扮演關鍵性的角色，例如：記住每個地點間的路要怎麼走，就需要海馬迴的參與。

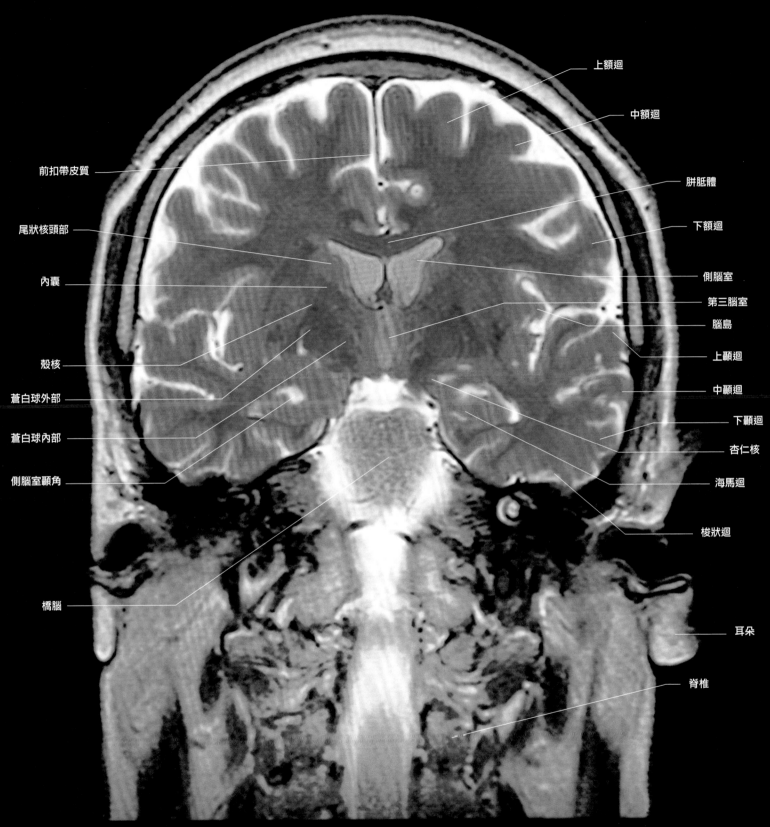

在這張切片我們看到了額葉的後端。左大腦半球
可以看到下額迴的後端，剛好位於腦島的上端，是布洛卡
區的位置。布洛卡區是控制說話跟語言功能的重要腦區。
在這張圖片的底部，我們看到了腦幹的前端，也就是連結
大腦與脊髓的橋腦。

上額迴

中額迴

胼胝體

下額迴

側腦室

第三腦室

腦島

上顳迴

中顳迴

下顳迴

杏仁核

海馬迴

梭狀迴

耳朵

脊椎

前扣帶皮質

尾狀核頭部

內囊

殼核

蒼白球外部

蒼白球內部

側腦室顳角

橋腦

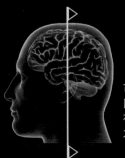

10 **布洛卡區**

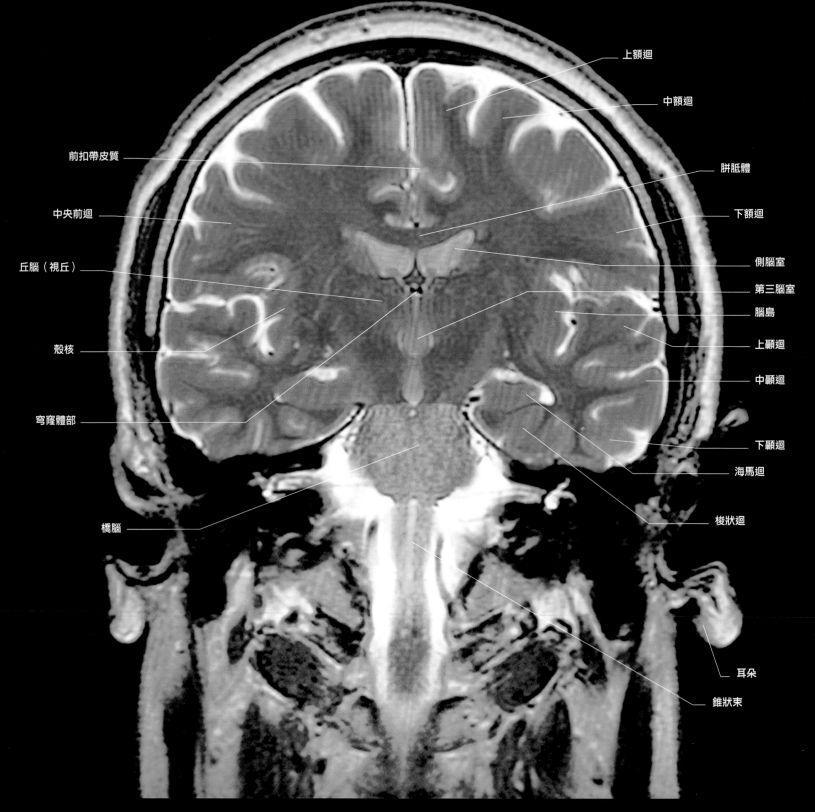

上額迴

中額迴

前扣帶皮質

胼胝體

中央前迴

下額迴

丘腦（視丘）

側腦室

第三腦室

殼核

腦島

上顳迴

穹窿體部

中顳迴

橋腦

下顳迴

海馬迴

梭狀迴

耳朵

錐狀束

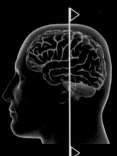

11 丘腦（視丘）

這張切片中，我們看到了在大腦與腦幹之間的丘腦（視丘）。丘腦（視丘）的組成相當複雜，是由將近 20 個以上的神經核所組成的（詳見第 60 頁）。丘腦（視丘）的運作模式像個資訊轉運站，統合了所有感覺（嗅覺除外），並轉送到大腦皮質的各個不同區域。

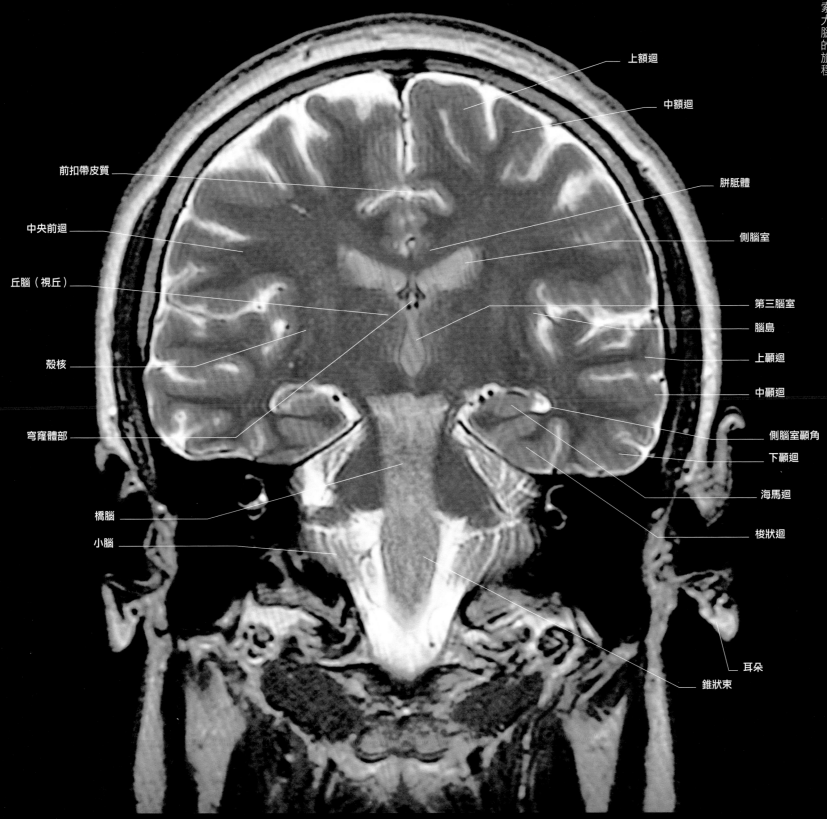

上額迴

中額迴

前扣帶皮質

胼胝體

中央前迴

側腦室

丘腦（視丘）

第三腦室

腦島

上顳迴

殼核

中顳迴

穹窿體部

側腦室顳角

下顳迴

橋腦

海馬迴

小腦

梭狀迴

耳朵

錐狀束

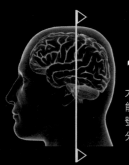

12 腦幹
腦幹（圖中綠色區塊）的位置連結大腦與脊髓，可
大概分成像是橋腦等幾個結構＊。腦幹擔任控制身體基礎機
能的重要工作，控制了心律與呼吸等。由腦中所發出的訊
號會在此匯集後，再下行至脊髓並前往各區塊的肌肉，部
分感覺訊號也會透過這裡中繼，才送往大腦。

＊【審訂註】腦幹分成中腦、橋腦與延腦等三個結構

後扣帶皮質

中央前迴

上額迴

中央後迴

中額迴

胼胝體

頂葉

側腦室

腦島

上顳迴

丘腦（視丘）枕部

中顳迴

側腦室顳角

下顳迴

內嗅皮質

梭狀迴

小腦

耳朵

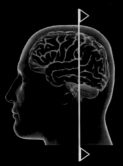

13 頂葉

頂葉包含緣上迴和角迴（詳見第 14 到 20 片切片，第
29頁到第35頁）頂葉整合了許多感覺訊號（例如經由背側路
徑進入的視覺資訊，詳見第 82－83 頁），用來評估身體的姿
勢以及肢體在空間的位置。這些資訊在我們試圖要拿取或抓
住某些東西時，相當重要。

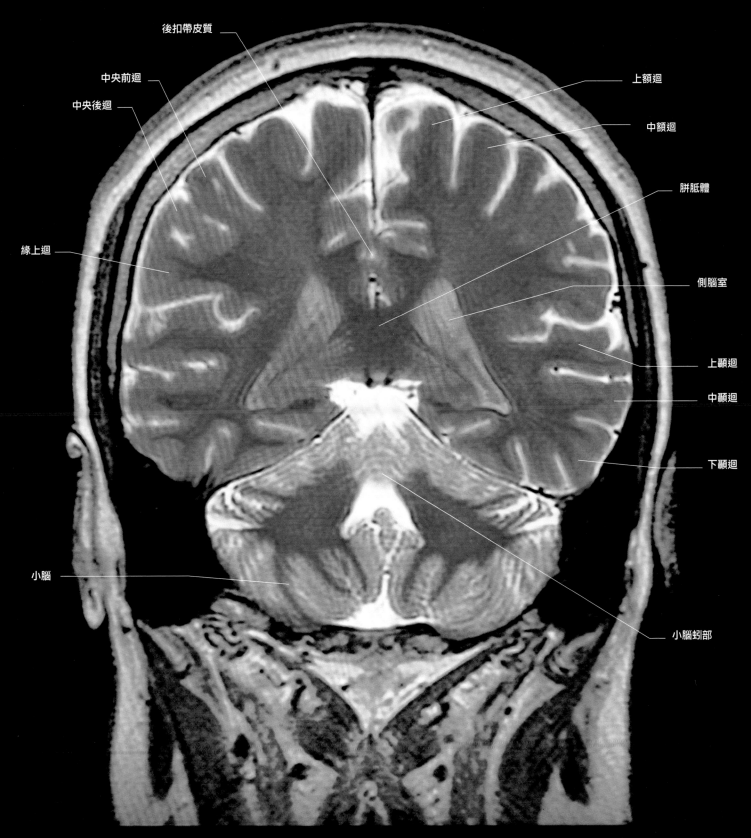

後扣帶皮質

中央前迴

中央後迴

緣上迴

小腦

上額迴

中額迴

胼胝體

側腦室

上顳迴

中顳迴

下顳迴

小腦蚓部

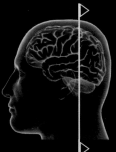

14 **中央前迴與中央後迴**
中央前迴是額葉的最後一個部分，是負責運動功能的
長條狀區域，專門發送訊號控制身體的不同區塊。緊鄰在一
旁的是位於頂葉皮質的中央後迴，對應的是與感覺功能相關
的長條狀區域，負責收集來自身體各區域的感覺訊號。*

*【審訂註】隔開中央前迴與中央後迴的腦溝就是中央溝，
中央溝同時也是區分額葉與頂葉的分界線。

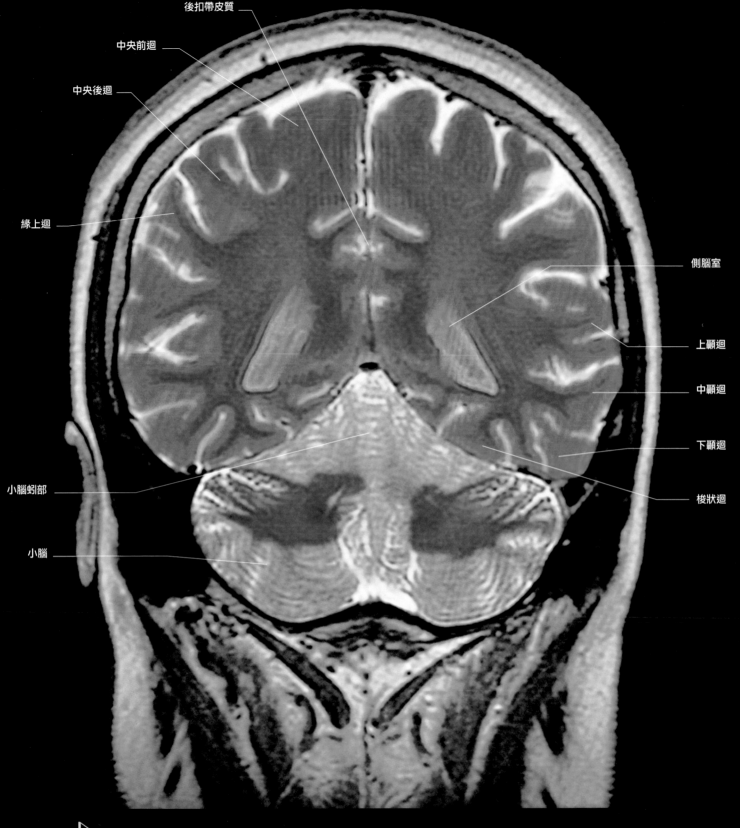

後扣帶皮質

中央前迴

中央後迴

緣上迴

側腦室

上顳迴

中顳迴

下顳迴

小腦蚓部

梭狀迴

小腦

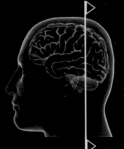

15 初級聽覺皮質

初級聽覺皮質位於上顳迴的頂端，負責收集來自耳朵、通過丘腦（視丘）最後抵達大腦的聽覺訊號，剛好夾在顳葉和頂葉間的縫隙中。初級聽覺皮質旁就是韋尼克區，該區負責將聲音轉換成文字。

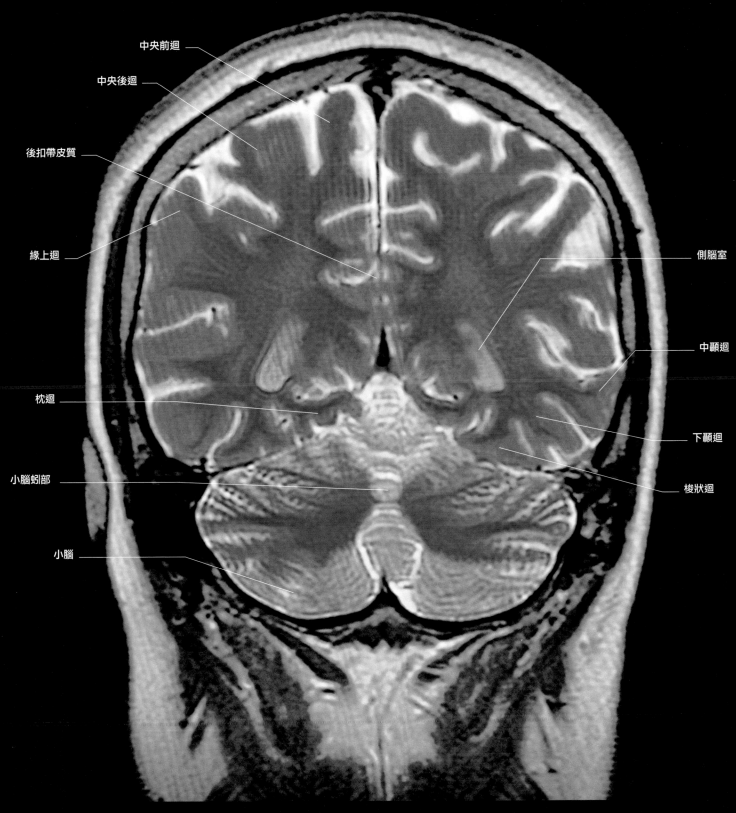

中央前迴

中央後迴

後扣帶皮質

緣上迴

側腦室

中顳迴

枕迴

下顳迴

小腦蚓部

梭狀迴

小腦

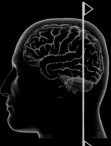

16 梭狀迴

下顳迴與梭狀迴是位於顳葉底部的兩個區域，負責物體
辨識。某部分的梭狀迴會特化，專門負責進行臉部辨識。這裡
所謂的臉部辨識，不單單只是辨識臉部特徵，還會尋求背後的
相關意義，因此對社交行為來說相當關鍵。

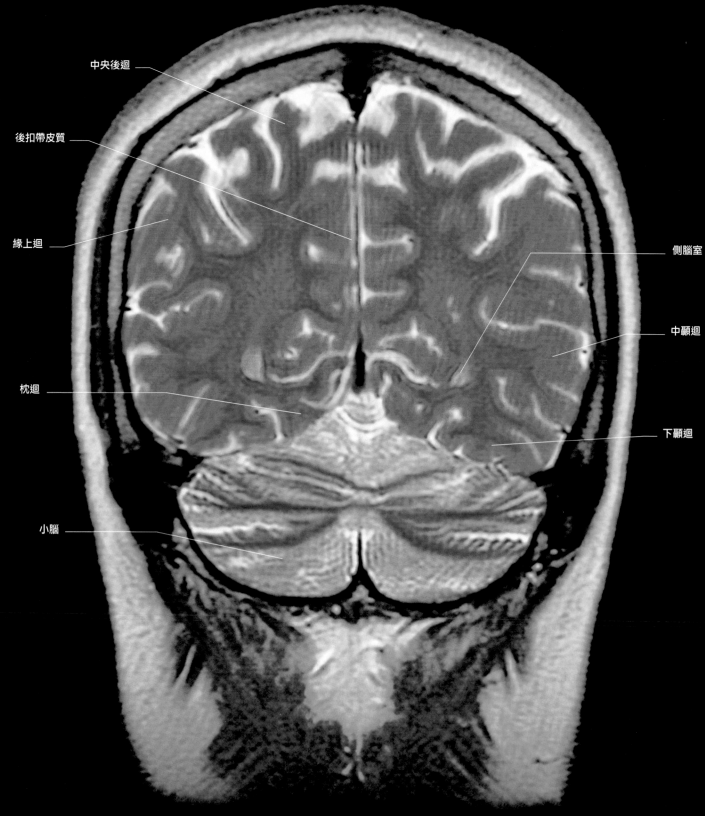

中央後迴

後扣帶皮質

緣上迴

枕迴

小腦

側腦室

中顳迴

下顳迴

17 小腦

小腦（圖中亮藍色區域）位在大腦的後下方，相對
大腦雖「小」，卻極度複雜。小腦負責控制精細動作和發起
動作的時機點，與運動皮質之間有許多連結。

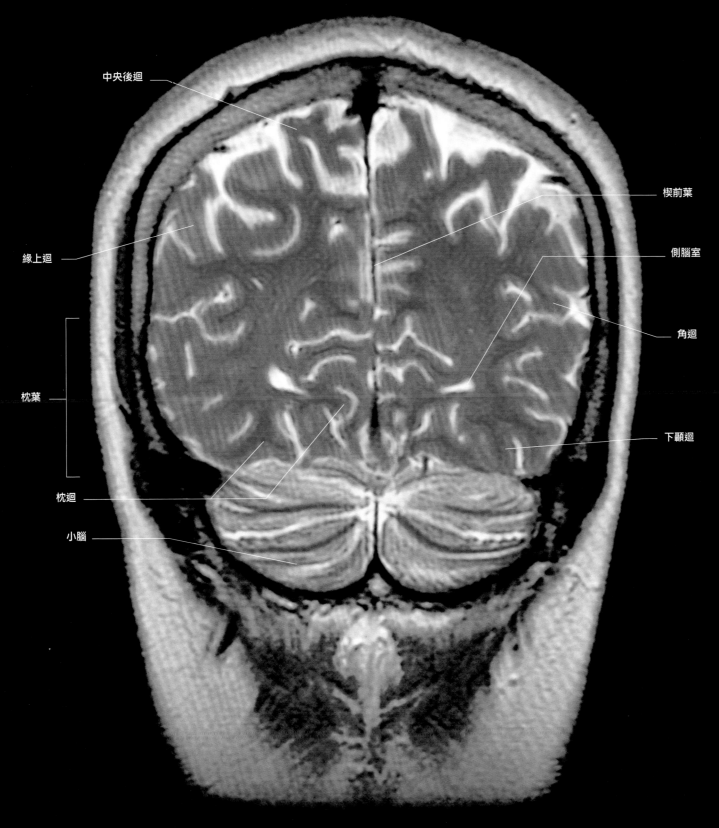

中央後迴

楔前葉

緣上迴

側腦室

角迴

枕葉

下顳迴

枕迴

小腦

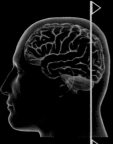

18 枕葉
枕葉與視覺功能有關。枕葉最前方的區域（參見第 20 張
切片，第 35 頁）負責分析物體的形狀和顏色。這些資訊再透過
腹側路徑往前送到顳下皮質（參見第 16 張切片，第 31 頁），
以進行物體辨識。

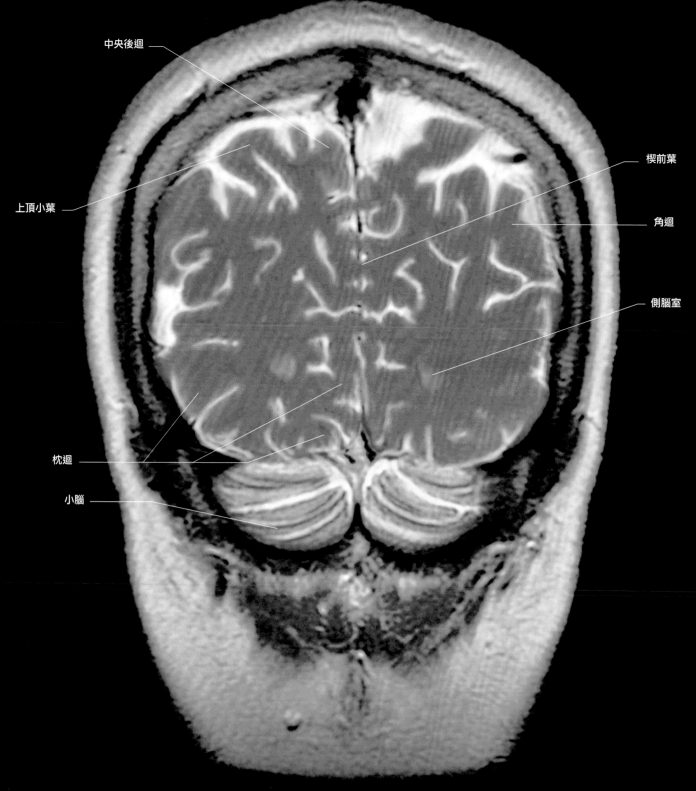

中央後迴

楔前葉

上頂小葉

角迴

側腦室

枕迴

小腦

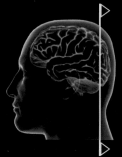

19 **楔前葉與後扣帶皮質**
位於頂葉後方的楔前葉與後扣帶皮質（參見第 17 張切片，第 32 頁），剛好位於左右大腦半球的中間。我們現在對這個區塊的了解，也還不夠透澈。目前認為這個區塊也許與記憶有關，尤其是關於自我的記憶。

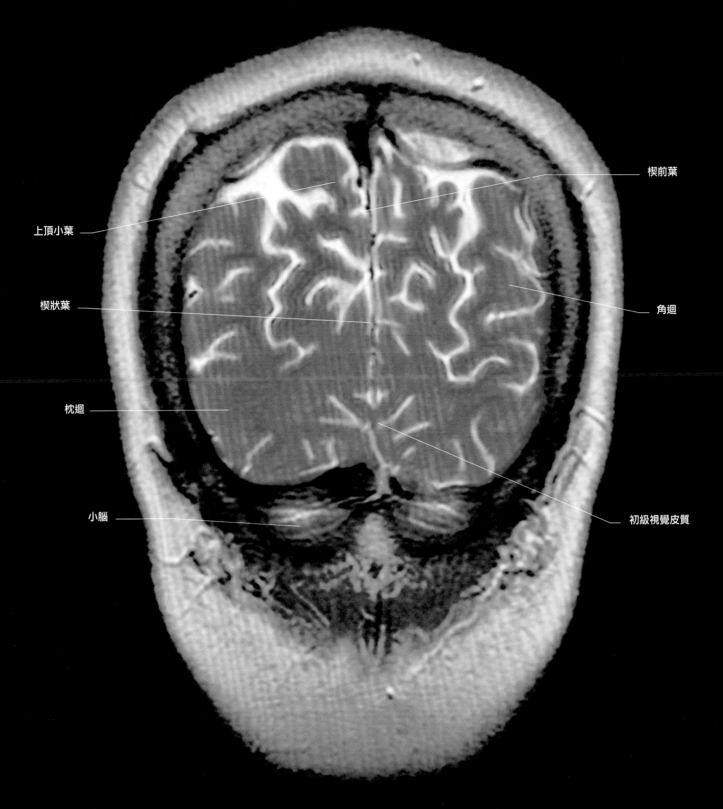

上頂小葉

楔狀葉

枕迴

小腦

楔前葉

角迴

初級視覺皮質

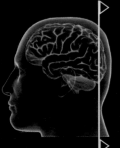

20 初級視覺皮質

初級視覺皮質就正好位於大腦的最後方，且多半是位於左右大腦半球的內側。眼睛所收集到的視覺訊號，抵達丘腦（視丘）後，就會再進一步送到初級視覺皮質。所有對應到視網膜上某一點的視覺訊號，也會對應到初級視覺皮質上的某一個點。

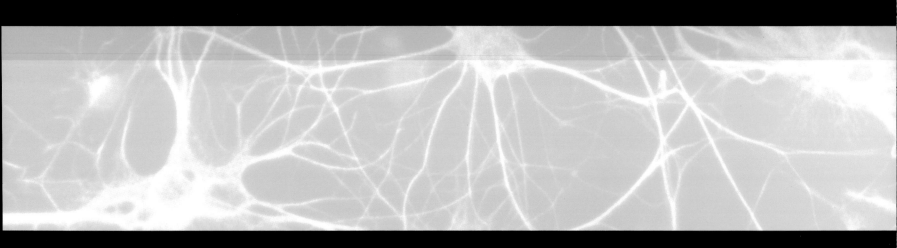

我們的大腦讓我們在應對這個世界的時候，得以回應各種狀況。大腦有如在一個廣大且複雜的溝通網路中，擔任著樞紐的角色，持續地尋找和收集各種來自身體各處，與外在世界的各種資訊。重新消化了這些資訊後，大腦便產生了屬於自我的經驗：例如看到的各種影像、各種聽見的事物、各種情緒與想法。大腦最重要的工作，其實是讓身體能隨著環境變化，做出各種相對應的改變。這也包括維持基礎維生系統，例如：讓心臟能正常、規律地收縮，甚至是做出一系列複雜的動作，以發展出某種行為。

大腦與身體

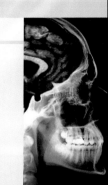

大腦最重要的功能就是讓身體無論面對何種環境，都能運作良好，使生存機率放到最大。大腦藉由記錄各種來自環境的刺激，並回以特定反應來達到這個目的。在這個過程中，也同時產生許多主觀經驗。

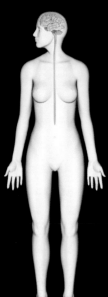

大腦做了哪些事

大腦會不斷從位於各種感覺器官裡的神經元，陸續接收到一系列的電刺激訊號。處理訊號的第一個步驟，就是要先釐清這些資訊是否值得回應。如果這個資訊無關緊要，或僅僅只是回報目前並無大礙的訊息，那麼我們通常會讓這些資訊自動消失，不會特別花費心思回應。但如果這些資訊過去從未出現，或是對我們非常重要，大腦就會放大這個訊號，將這個訊號丟到許多腦區。這樣的反應，如果持續的時間夠久，那麼就會喚醒意識參與。在某些狀況下，為了加速反應時間，詳盡的思考會稍晚加入，大腦會直接讓身體先做出反應，送出訊號，讓肌肉直接收縮。

大腦與身體

大腦與脊髓組成中樞神經系統，是控制身體的指揮中心，負責統整身體所有的運作流程與各種動作。

關於大腦的幾個關鍵能力

關鍵能力	敘述
處理資訊	大腦負責處理許多的資訊，但只有某一小部分的資訊，會真的需要意識的參與或是往上通報。單純只是經歷一個事件，並不一定需要意識的參與。無意識的狀態下，也能引導或是誘發各種反應發生（詳見第116頁與第191頁）。
送出訊號	人類大腦約由十兆個細胞所組成，其中約有百分之十左右（約一兆個），特化為可處理電訊號的細胞，又稱為神經元*。神經元會送出電訊號給其他細胞，這種傳輸訊號的方式正是大腦與其他生理反應相當不同的地方。雖然這些訊號以「電」的方式傳遞，細胞間傳遞訊號的方式卻是相當的「化學」，這些訊號是透過神經傳導物質在細胞間傳遞的。
模組與相互連接	大腦是以模組化的方式運作的，不同的區塊做不同的事情。這些模組間相互緊密地連結著彼此，沒有任何一個區塊能夠不靠其他區塊（以及身體其他部位）就能獨立運作。一般而言，較低階的功能，例如接收感覺，就會集中在單一區塊，而較高階的功能，例如記憶和語言，就會需要跨腦區的連結。
個體差異	大腦的基本「藍圖」早就存在我們每個人的基因裡。就如同其他生理功能一樣，每個人的大腦有著類似的解剖構造，但同時也有獨一無二的地方。由於大腦對於環境的影響相當敏感，即便是雙胞胎的大腦，也都有顯著的差異。這些個體差異，讓每個人有著獨特的人格特質。
可塑性	根據大腦使用的方式不同，大腦組織也可以像肌肉一樣被「伸展」和雕塑。如果一個人不斷地學習和練習某個技能，例如演奏樂器或是算數學，那些相關的腦區，也會真的變得相對較大。這也會讓人做起某件事情更加有效率、更具技巧。

活經驗。這是迄今為止相當出名、但尚未被破解的難題（詳見第179頁）。然而我們對於大腦如何將接收到的資訊，構成我們的主觀經驗，例如思考或是情緒，已經了解得相當深入。這往往和這些資訊被接收到的方式有所相關。每一種感覺器官，都已經特化成只對特定的刺激有所反應：例如眼睛只對光有反應、耳朵只對聲波有反應等等。這些感覺器官，對於回應刺激的反應也相當類似，感覺器官在接受刺激之後，會發出電訊號，送到其他地方進行後續的處理。但每一種感覺受器接收到的資訊，會送到不同的腦區，並在一系列不同的神經路徑中加以處理。這些感覺資訊經過處理之後，才會對外界產生各種不同的體驗。

運動

某些腦區專門特化為運動區，負責讓身體做出動作。腦幹中的某些模組，則負責控制自律性的內在反應，例如：為了維持呼吸，肺部與胸部的自律運動；為了要保持血壓，血管的收縮與舒張，維持心臟的跳動。在意識介入下，初級運動皮質會透過小腦與基底核，發送訊息給頭部、軀體、四肢的肌肉，然後完成動作。

有的時候隨著時間，我們的經驗記憶會有所改變，我們會修改神經活性的模式，影響原本生成該經驗的神經細胞。這個過程刺激我們去回想並運用記憶，把過去的經驗當成一種參考，讓我們知道現在可以做出什麼樣的反應。

語言功能包括兩大部分：說出話來，以及對他人所說的內容進行分析和理解。這非常仰賴大腦連結真實事物與抽象意涵的能力，然後再進行轉化，產生不同的點子，最後透過文字的方式表達。當人們想要相互溝通的時候，透過語言，人們可以表達他們的各種想法。

*【審訂註】其餘約九兆個細胞為神經膠細胞

情緒

有些刺激（像是一些想法或是純然的想像）因為會活化邊緣系統，尤其是杏仁核，也會對身體造成影響。當來自邊緣系統的訊號，傳進位於前額葉皮質、負責處理意識的聯合區，我們就能意識到某種「感覺」。青春期時，多數的情緒資訊主要都會先集中在杏仁核進行處理，前額葉皮質要一直到二十多歲之後，才會逐漸成熟。

關於大腦的真相

特徵	真相是……
大腦結構	大腦的構造相當緊實。如果你攤開大腦皮質上的所有皺褶，大腦將能夠覆蓋將近 2300 平方公分（約 2.5 平方英尺）大的範圍。
大腦的連結	大腦由將近一兆個神經元構成，理論上大腦中的神經元連結，比宇宙間的原子數量還多。
大腦的成長	人類胎兒每分鐘新生 25 萬個神經元。人類在出生後，幾乎不會再有新生的神經元，但神經元間的網路尚未完全成形。
神經訊號的速度	不同神經元傳遞資訊的速度不同，傳輸的速度從每秒 1 公尺（約 3 英尺）到每秒 100 公尺（約 330 英尺）不等。
全腦運作	有迷思說人類只有用到 10% 的大腦，並不正確。我們會用到大腦中的所有區域。有些像是記憶這種複雜的功能，就同時包含了許多複雜的腦區。
神經再生	雖然人們有些大腦功能，的確會因為年紀而退化，但並不會因為老化而失去腦細胞。人總是可以透過動腦，維持或形成新的神經網路。
大腦沒有痛覺	大腦組織並沒有痛覺受器，所以即便大腦能接收並處理來自身體各處的痛覺訊號，但大腦本身並無法感受痛覺。

計畫　動作　觸覺　空間感知

思考

判斷

感受　說話　理解　聲音　視覺處理

味覺

嗅覺　情緒　記憶　識別　視覺

動作協調

喚醒機制

感覺

來自環境的各種資訊，透過各種感覺器官進入大腦，然後被投射到叫做「主要感覺區」的大腦皮質上。這些資訊也混雜了部分來自身體的訊號。即便缺乏外界的刺激，感覺區還是可以保持活躍狀態，然後製造出許多我們稱為夢境、幻覺或是想像的體驗。

思考

大腦會綜合各種感覺、知覺與情緒，產生適當的反應。但有些反應完全來自大腦內部的活動與思考。例如：在心裡說話，實際上是由大腦運動區所產生，但是外界卻看不出來。有些活動僅發生在海馬迴，例如回憶。

感知

大多數時間我們會從各個感覺區，同時接收所有訊號，例如在煙火現場，我們會同時接收視覺訊號跟聽覺訊號。這些訊號可能會送到聯合皮質，然後由聯合皮質將所有訊號整合在一起。如果有意識參與整合這些訊號，那麼就形成了所謂的「多重感官知覺」。目前已經有許多神經科學研究，希望了解「多重感官知覺」的形成機制，但至今還尚未釐清。

神經系統

神經系統是人體最主要用來溝通與控制的網路。各種資料以電訊號的形式，不斷從感覺器官傳送到大腦。最終形成了一個由神經元組成、時間尺度以毫秒計算的複雜網路。

雖然神經網路是一個高度統合的溝通網路，不過還是可以依照不同解剖位置或功能，區分為三個階層。第一階層為中樞神經系統：由大腦和脊髓組成，負責統合全身的各種訊號。中樞神經系統被頭骨與脊椎的椎管所保護著。再來是周邊神經系統：是分布全身的神經纖維網路，由 12 對腦神經和 31 對脊神經開始向外延伸。周邊神經系統負責讓大腦與身體間，能夠以神經衝動的形式互相溝通。其可以再細分為傳入神經系統（負責將訊息傳送往腦部，即感覺神經系統）與傳出神經系統（負責將腦部的訊息傳送往身體，即運動神經系統）。最後是自律神經系統。自律神經系統和中樞神經系統與周邊神經系統，共享一部分的神經構造。自律神經不需意識的參與，就能自動控制體內基礎的生命律動。例如：體溫、血壓和心律等。

感覺訊號由感覺受器輸入大腦，經由周邊神經系統的輸入神經，將訊號送到大腦。並在幾分之一秒內處理、將整合和解讀成為資料。當大腦做出決策後，這個命令會經由周邊神經系統的傳出神經，傳送到肌肉，肌肉會立即做出應對環境變化的反應。

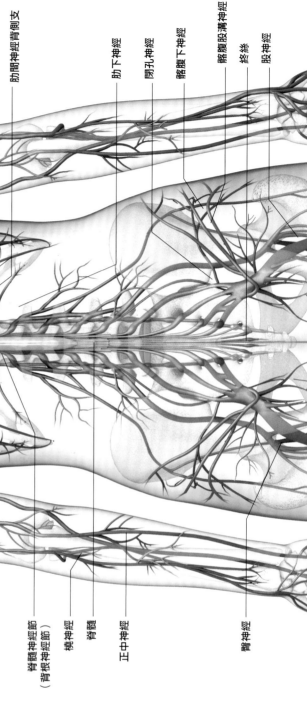

大腦
顏面神經
鎖骨上神經
腋神經
膈神經
臂神經叢
迷走神經
胸外神經
三角肌神經
尺神經
肌皮神經
肋間神經外側皮支
肋間神經
肋間神經內側皮支
肋間神經背側支
肋下神經
閉孔神經
髂腹下神經
髂腹股溝神經
終絲
股神經

脊髓神經節（背根神經節）
橈神經
脊髓
正中神經
臀神經

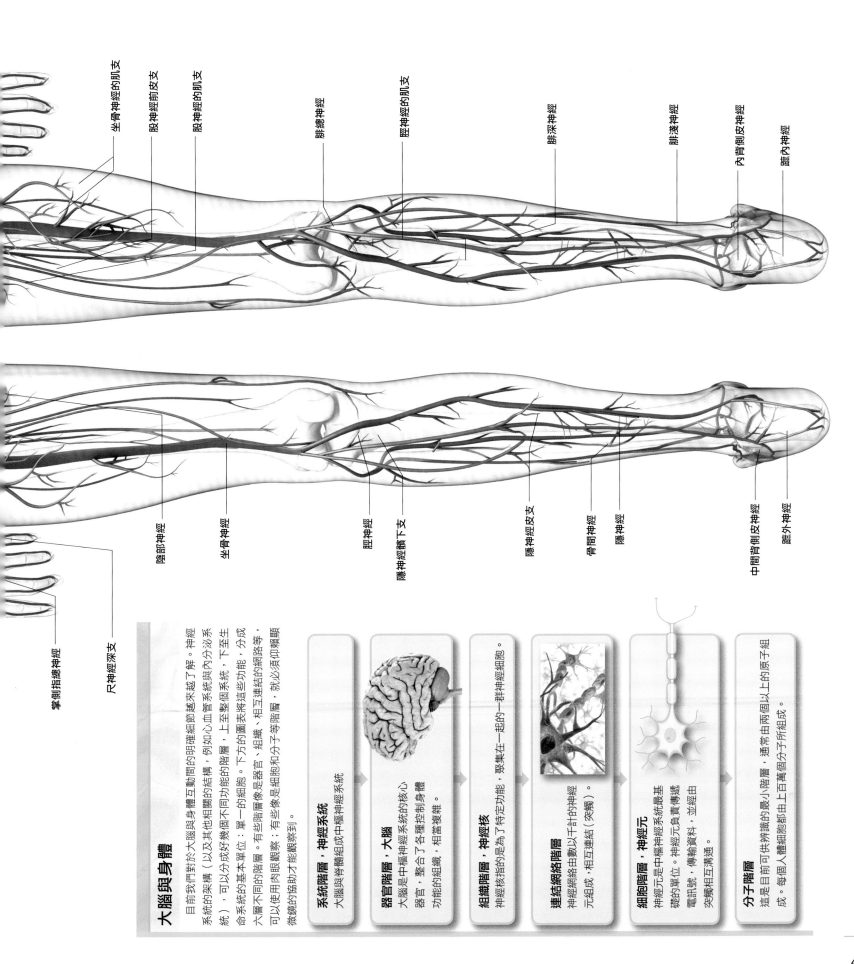

坐骨神經的肌支

股神經前皮支

股神經的肌支

腓總神經

脛神經的肌支

腓深神經

腓淺神經

內背側皮神經

蹠內神經

掌側指總神經

尺神經深支

陰部神經

坐骨神經

脛神經

隱神經髕下支

隱神經皮支

骨間神經

隱神經

中間背側皮神經

蹠外神經

大腦與身體

目前我們對於大腦與身體互動間的明確細節瞭解了越來越。神經系統的架構（以及其他相關的結構，例如以心血管系統與內分泌系統），可以分成好幾個不同功能的階層，上至整個身體，下至生命系統的基本單位：單一的細胞。下方的圖表將這些功能，分成大層不同的階層。有些階層像是器官、組織，相互連結的網路等，可以使用肉眼觀察；有些像是細胞和分子等階層，就必須仰賴顯微鏡的協助才能觀察到。

系統階層，神經系統
大腦與脊髓組成中樞神經系統

器官階層，大腦
大腦是中樞神經系統的核心器官，整合了各種控制身體功能的組織，相當複雜。

組織階層，神經核
神經核指的是具特定功能，聚集在一起的一群神經細胞。

連結網絡階層
神經網絡由數以千計的神經元組成，相互連結（突觸）。

細胞階層，神經元
神經元是中樞神經系統最基礎的單位，神經元負責傳遞電訊號，並經由突觸相互溝通。

分子階層
這是目前可供辨識的最小階層，通常由兩個以上的原子組成。每個人體細胞都由上百萬個分子所組成。

大腦與神經系統

大腦位於身體最頂端的位置，藉由脊髓和由脊髓各處發出的神經與分支，形成一個遍及全身的網路，指揮和協調身體所有的動作與運作。

脊髓

除了頭部的資訊是由顱神經負責之外，脊髓會將身體其他資訊，送往大腦或是傳送到身體的其他部位。這些沿著脊髓傳送的訊號被稱為神經衝動。脊髓主要由許多束神經纖維組成，所謂的神經纖維，可被視為是神經細胞遠距離的投射。這些神經纖維由腦部底部發出，一直延伸到脊髓尾端。脊髓的寬度大約只有鉛筆那麼粗，從腦幹基部開始不斷縮小成為一束狹長的神經纖維束（終絲）。來自身體各區，不同感覺器官所接收到的資訊，都會經由脊髓收集後，沿著脊髓上行回傳到大腦。脊髓也往下傳送源自大腦的運動訊息，大腦可透過脊髓的神經網路，向身體各處傳遞動作指令。

脊髓的延伸
腦幹沿著脊髓向下延伸到第一腰椎的椎體，脊髓在那裡形成長長的絲狀物，也就是終絲，並一路延伸至尾骨。

脊髓的解剖結構
脊髓的中心由灰質構成，而灰質由神經細胞（神經元）組成。外層的白質，則是由神經細胞延伸出來的神經纖維（軸突）組成。

神經纖維
神經纖維束將訊號帶往或帶離脊髓或是大腦特定區域。

白質

灰質

中央溝
充滿供應養分的腦脊髓液

脊神經
介於大腦與身體之間，負責傳遞感覺或運動的資訊。

中央前溝
脊髓正前方沿著脊髓延伸的深溝

運動神經小根
由脊髓前方發出的神經纖維，會將訊號傳到肌肉。

脊神經根　**脊神經**
脊髓
椎體　**身體後側**

脊神經如何進入脊髓
脊椎的每個椎體間有小小的空間*¹，讓脊神經得以穿過，回到脊髓。這些神經進入椎間孔後，會分化成神經根與脊髓相接。神經根由位於背側的感覺神經小根與位於腹側的運動神經小根所組成。

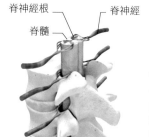

感覺神經節*²
由每支脊神經上的神經細胞聚集而成，主要處理的是傳入訊號。

感覺神經根
由感覺神經小根組成，由脊髓後方進入脊髓，往大腦傳遞類似觸覺等訊號。

蛛網膜下腔

軟腦膜

蛛網膜

硬腦膜

身體前端

腦膜
三層相連的組織，用於保護脊髓，蛛網膜下腔中充滿腦脊髓液。

脊髓
終絲
尾骨
腰椎（共五塊）
大腦皮質
腦幹

脊神經

人類有 31 對脊神經。這些脊神經由脊髓分支後，再不斷分支，形成了將身體與脊髓相互連結的網路系統。脊神經也會將全身各處感覺受器收到的資訊，送到脊髓，再將這些資訊往上送到大腦進行處理。部分脊神經也負責傳遞從大腦出來的運動訊號，送到肌肉和腺體，以迅速地執行大腦的命令。

脊神經分區
31 對脊神經必定分別屬於下列四個分區其中之一：頸神經、胸神經、腰神經、薦神經。

頸神經
共有 8 對頸神經，支配胸部、頭部、頸部、肩膀、手臂與手。

胸神經
共有 12 對胸神經，支配背部、腹部肌肉和肋間肌肉。

腰神經
共有 5 對腰神經，形成支配下腹部、大腿與腳的網路。

薦神經
共有 6 對薦神經，支配腳、足部、肛門以及會陰部。*³

皮節

脊神經中有一種特殊的纖維，稱為背根神經，負責收集皮膚上的訊號回傳到大腦。每一對脊神經都負責某一個特定的皮膚區域（圖中一條區塊由一對脊神經負責），稱為皮節。與皮膚感覺受器相連結的神經纖維，集合成特定的背根神經，形成皮節。這些背根神經進入脊髓後，再繼續將這些由皮節來的神經衝動，往上送到大腦。

皮節圖
這張圖中繪製了全身 30 個皮節，每一個區塊都有對應的一對脊神經。

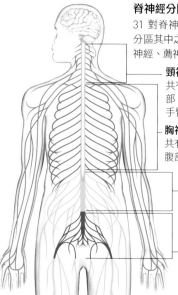

*¹【審訂註】即所謂的椎間孔
*²【審訂註】又稱脊髓神經節或是背根神經節
*³【審訂註】部分解剖學家分為五對薦神經，外加一對尾神經。

顱神經

　　人類有 12 對直接從大腦發出的顱神經，這些顱神經並不會進入脊髓。顱神經負責接收來自頭部，像是眼睛或是耳朵等各感覺器官收集到的訊號到大腦。也負責從大腦傳送運動訊號給這些器官。例如：移動嘴巴或是嘴唇，進行說話的動作。顱神經是以它們所支配的身體部位來命名的，像是支配眼睛的視神經。也同時會按照解剖學上發出的順序，給予相對應的羅馬數字編號。

嗅神經
（I，感覺神經）
鼻腔中的小分子，會誘發神經衝動，沿著嗅神經將訊號傳遞到嗅球，然後送到大腦中的邊緣系統（詳見第 64 - 65 頁）。

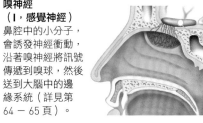

三叉神經（V，兩分支為感覺神經，一分支為同時包含感覺與運動纖維的混合神經）
眼神經與上顎神經負責收集來自眼睛、牙齒與臉部的訊號，其他感覺纖維也收集一部分源自下顎區域的神經衝動。運動纖維則負責控制咀嚼相關的肌肉。

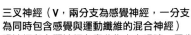

顏面神經（VII，混合神經）
感覺纖維負責收集來自舌頭前三分之二區域味蕾的訊號；運動纖維則控制表情肌、唾液腺與淚腺的分泌，使淚腺分泌淚液滋潤眼球表面和眼皮下的結膜。

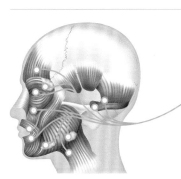

顱神經的連結
第一對與第二對顱神經直接連結到大腦，而第三對到第十二對顱神經連結腦幹。顱神經的感覺資料都由位於大腦外的細胞本體發出，這些細胞本體或位於神經節，或是直接位於顱神經的神經幹上面。

視神經（II，感覺神經）
視網膜上的視覺訊號會經由眼睛後方的視神經，將訊號傳到大腦。兩側的視神經會在視神經交叉交會，然後兩側的視覺訊號都會被送往對側大腦。

動眼神經、滑車神經、外旋神經（III、IV、VI，運動神經）
這三條神經負責控制眼球外肌群的運動，使眼球和眼皮可以移動，動眼神經也負責瞳孔的收縮。

前庭耳蝸神經（VIII，感覺神經）*¹
前庭耳蝸神經的前庭支負責收集來自內耳的資訊，用於控制頭部的平衡與方向感。耳蝸支則負責收集來自耳朵的聲音和聽覺訊號。

舌咽神經與舌下神經（IX、XII，皆為混合神經）
這兩條神經的運動支控制了舌頭運動與吞嚥的多數肌肉。感覺纖維則負責傳遞來自舌頭*² 與咽喉的味覺、觸覺與溫覺。被刺激後，能夠誘發嘔吐反射。

副神經（XI，混合神經）
副神經的運動纖維除了負責支配頭、頸部與肩膀的運動之外，也支配咽喉吞嚥的運動。感覺纖維的功能則還不清楚。

迷走神經（X，混合神經）
迷走神經是最長且最多分支的顱神經，由自律神經、感覺神經纖維以及運動神經纖維構成。負責頭部下方、喉嚨、頸部、胸部與腹部，在許多生理機能中都擔任重要角色，例如：吞嚥、呼吸、心跳與製造胃酸。

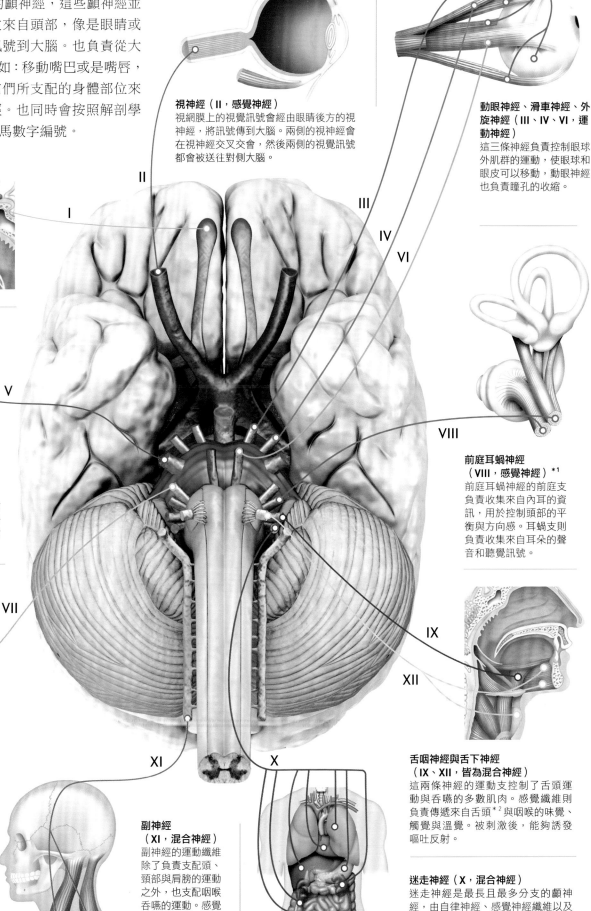

*¹【審訂註】又稱聽神經
*²【審訂註】後三分之一區域

腦的大小、能量來源與保護大腦的機制

大腦的重量約莫只佔了體重的百分之二，但卻消耗了非常多的能量，用以支持大腦進行許多活動。大腦的周邊有許多形式的保護機制：有好幾層的腦膜、堅硬的頭骨和腦室製造的液體環繞大腦，以吸收衝擊力的影響。

重量與體積

　　成人大腦的平均重量大約是 1.5 公斤（約 3.25 英磅）。大腦的體積與形狀就有如一朵極其一般的花椰菜；軟硬程度則比果凍稍硬。人腦的尺寸與聰明的程度，關聯性並不大。無論大腦的尺寸多大，每個人神經元和突觸的數量都相差不多。20 歲之後，大腦的質量每年將會減少一克（1/32 盎司）左右。雖然終其一生，人類都會不斷生成新的神經元，但並不足以填補神經元死去的速度。不過，倒也不需要特別擔心，因為剩下的神經元已足以接管大腦的所有功能。

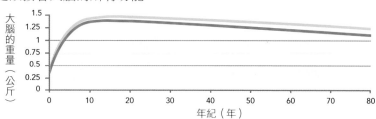

大腦的重量
大腦的重量從出生後會開始增加，大約在青春期時達到高峰。隨著身體長大，神經元的大小和連結數量也持續增加。一般而言，男性大腦終其一生都比女性大腦要來得重。

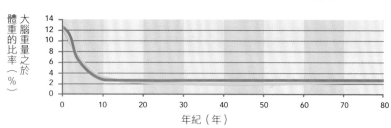

大腦重量與體重
這張圖片顯示了隨著時間發展，大腦之於體重的比例。比例上來說，嬰兒的大腦大約是成人大腦的六倍。雖然女性的大腦比男性的大腦要稍輕，但女性在 13 歲後大腦之於體重的比例，要比男性來得高。

顏色說明
女性
男性

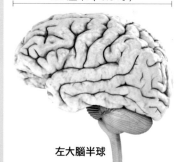

80 % 的腦組織

頭顱內含物的比例（%）

10 % 的血液
10 % 的腦脊髓液

頭顱內含物
大腦組織由灰質和白質構成，分別由神經元和支持性的神經膠細胞所組成。大腦中有一系列的腦室，裡頭充滿了腦脊髓液，也有豐富的血液供應。

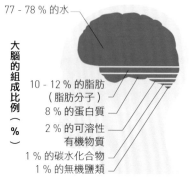

77 - 78 % 的水

大腦的組成比例（%）

10 - 12 % 的脂肪（脂肪分子）
8 % 的蛋白質
2 % 的可溶性有機物質
1 % 的碳水化合物
1 % 的無機鹽類

大腦的組成比例
大腦主要由水分組成，大多來自神經元和神經膠細胞的細胞質，以及流經腦部的血液。大腦的脂肪含量也相當豐富，脂肪分子主要來自細胞膜。

大腦的長寬高

　　大腦位於顱腔，因此量測頭骨可以有效推測大腦的尺寸。現在更可以使用核磁共振成像技術，來量測大腦的實際長度、寬度與高度。每個成人的大腦尺寸都不太一樣，以下提供幾個相關的平均值。值得特別注意的是，因為大腦表面有許多皺褶，大腦攤開後的表面積，顯然比目測要大上許多。

167 釐米（6.5 吋）

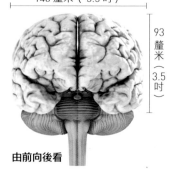

左大腦半球

140 釐米（5.5 吋）

93 釐米（3.5 吋）

由前向後看

大腦體積與生活模式的關係

　　最近有研究認為喝酒與大腦萎縮有關。研究人員事先調查受試者是否有喝酒的習慣，並用核磁共振量測每一個人的大腦體積與顱腔的比率。結果發現沒有喝酒習慣的人，比過去有喝酒習慣、喜歡小酌、常喝酒或是酗酒的人，大腦佔顱腔比都要來得高。一般而言，沒有喝酒習慣的人與酗酒者相比，大腦佔顱腔比例要高 1.6 %。有意思的是，這樣的效應在年長女性身上更為明顯。另一個研究，受試者多半介於 60 到 79 歲之間，研究者要求他們在未來的六個月養成做有氧運動、輕量運動或是伸展運動的習慣。試驗開始前，會先取得每一個受試者的腦部核磁共振掃描影像，結果有做有氧運動的那一組，大腦體積顯著地增加。這似乎意味著長者從事有氧運動，能夠維持大腦的健康。

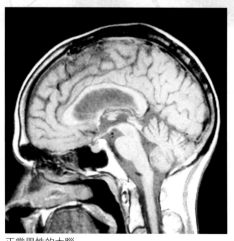

正常男性的大腦

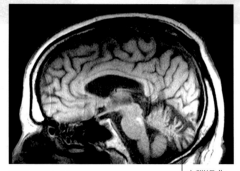

酗酒者的大腦　　　　　　　小腦退化

酗酒與大腦萎縮
酗酒者的大腦會像圖中一樣，小腦退化。圖片的品質不佳是因為患者出現戒斷症狀，讓他甚至無法維持不動。

氧氣與葡萄糖的供給

除非處於飢餓狀態，大腦才會開始裂解蛋白質，作為熱量來源，否則葡萄糖才是大腦唯一的能量來源。大腦是身體最飢餓的器官。雖然大腦的重量只有體重的百分之二，但大腦需要大約全身百分之二十左右的葡萄糖供應。這些葡萄糖一般由日常飲食中的碳水化合物分解得來，然後經由血管送到大腦。大腦每天消耗約 120 公克（ 4 盎司）的葡萄糖，換算後約 420 大卡的熱量。由於大腦無法儲存葡萄糖，所以必須隨時維持大腦的血液供應。如果缺乏氧氣或葡萄糖長達十分鐘以上，大腦將會遭受不可逆的傷害。這也就是為什麼心臟驟停時，立即施行生命復甦術是相當重要的。

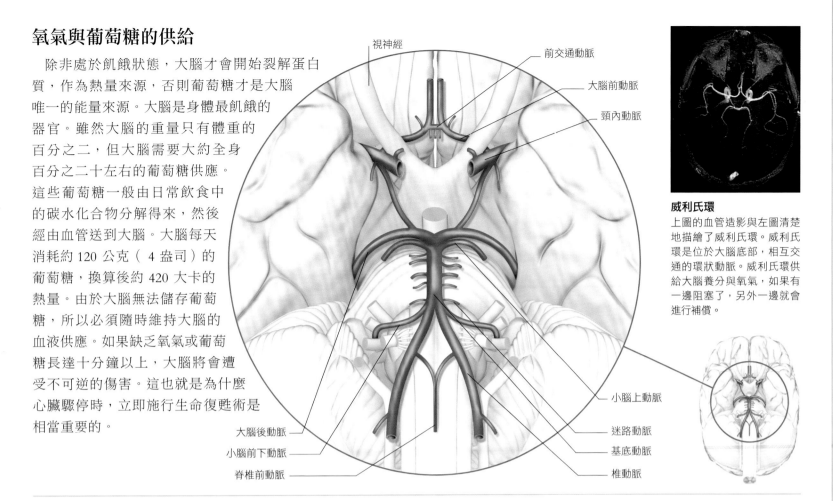

視神經
前交通動脈
大腦前動脈
頸內動脈
小腦上動脈
迷路動脈
基底動脈
椎動脈
大腦後動脈
小腦前下動脈
脊椎前動脈

威利氏環
上圖的血管造影與左圖清楚地描繪了威利氏環。威利氏環是位於大腦底部，相互交通的環狀動脈。威利氏環供給大腦養分與氧氣，如果有一邊阻塞了，另外一邊就會進行補償。

保護大腦

大腦有許多道防衛機制，以保護大腦免受傷害。頭骨就像一個盒子一樣，可作為緩衝、吸收衝擊，提供大腦最堅固的保護。頭骨之下還有三層腦膜，包覆著大腦，使大腦與頭骨間有更多保護。最後由脈絡叢分泌的腦脊髓液在大腦內流動著，除可滋養大腦組織外，更可在大腦受到衝擊的時候，吸收多餘的衝擊力。

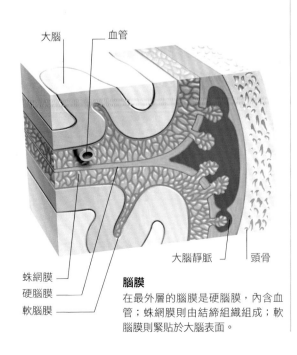

大腦
血管
蛛網膜
硬腦膜
軟腦膜
大腦靜脈
頭骨

腦膜
在最外層的腦膜是硬腦膜，內含血管；蛛網膜則由結締組織組成；軟腦膜則緊貼於大腦表面。

腦脊髓液的流動

大腦藉著腦脊髓液漂浮在頭骨裡。腦脊髓液會吸收對大腦的各種衝擊。腦脊髓液是由大腦中相連的腦室中所生成的，平均每天會更新四到五次左右。腦脊髓液中含有蛋白質與葡萄糖，能滋養大腦細胞，也能帶來白血球，以對抗可能的感染。腦脊髓液會在不同的腦室間流動，由大腦動脈的搏動所推動。

1 腦脊髓液生成的位置（脈絡叢）
腦脊髓液由一群沿著腦室內襯、管壁較薄的微血管群所生成。

2 流動方向
腦脊髓液由側腦室流往第三腦室後，再往第四腦室去，如箭頭所示，接下來會流向大腦後方、往下流向脊髓或是往前流向大腦前方等處。

3 沿著脊髓流動
借助於脊椎的運動，腦脊髓液可向下流向脊髓後方，或進入中央管，然後沿著脊髓前方，向上流動。

4 重新吸收的位置（蛛網膜顆粒）
在環繞大腦一周之後，腦脊髓液會經由蛛網膜顆粒（由蛛網膜延伸入矢狀竇的微小突起），再次被吸收，回到血管中。

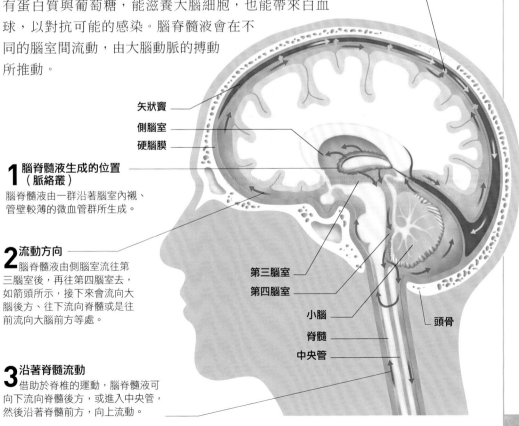

矢狀竇
側腦室
硬腦膜
第三腦室
第四腦室
小腦
頭骨
脊髓
中央管

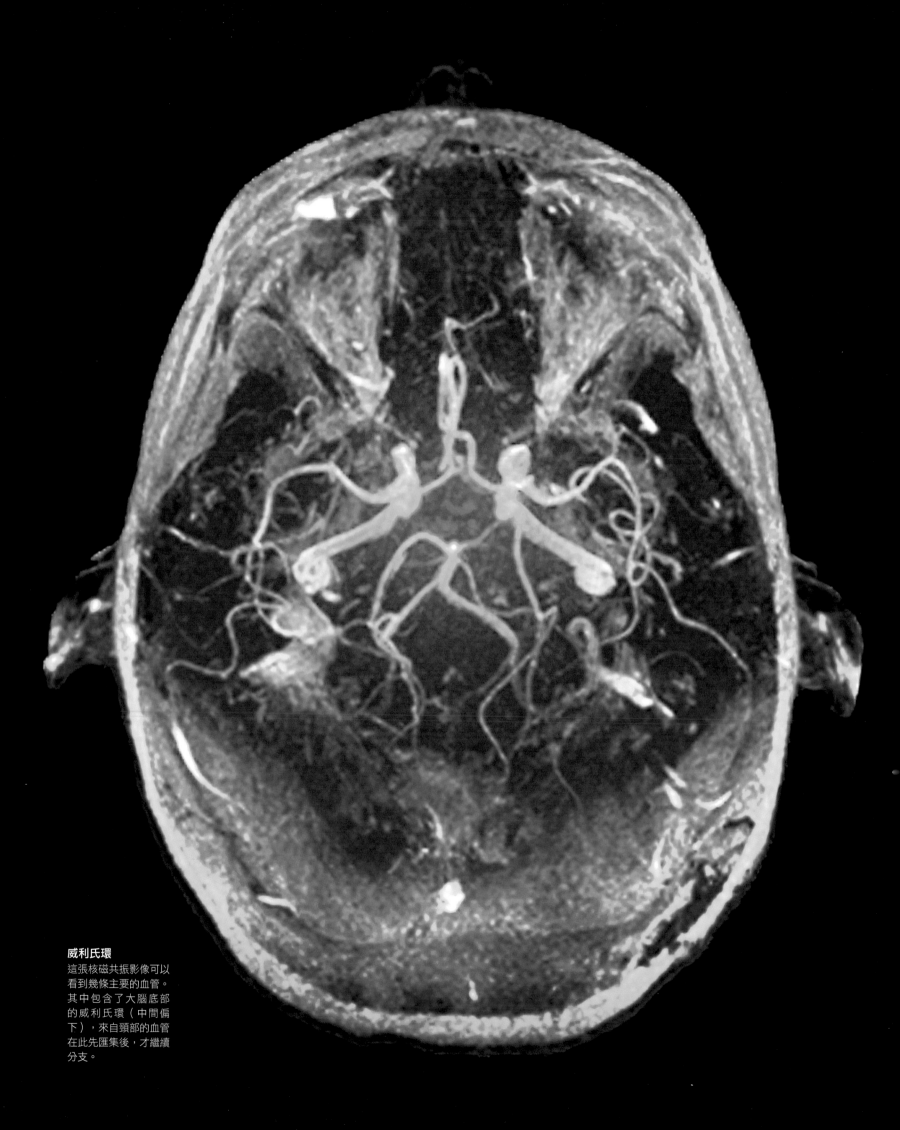

威利氏環
這張核磁共振影像可以
看到幾條主要的血管。
其中包含了大腦底部
的威利氏環（中間偏
下），來自頸部的血管
在此先匯集後，才繼續
分支。

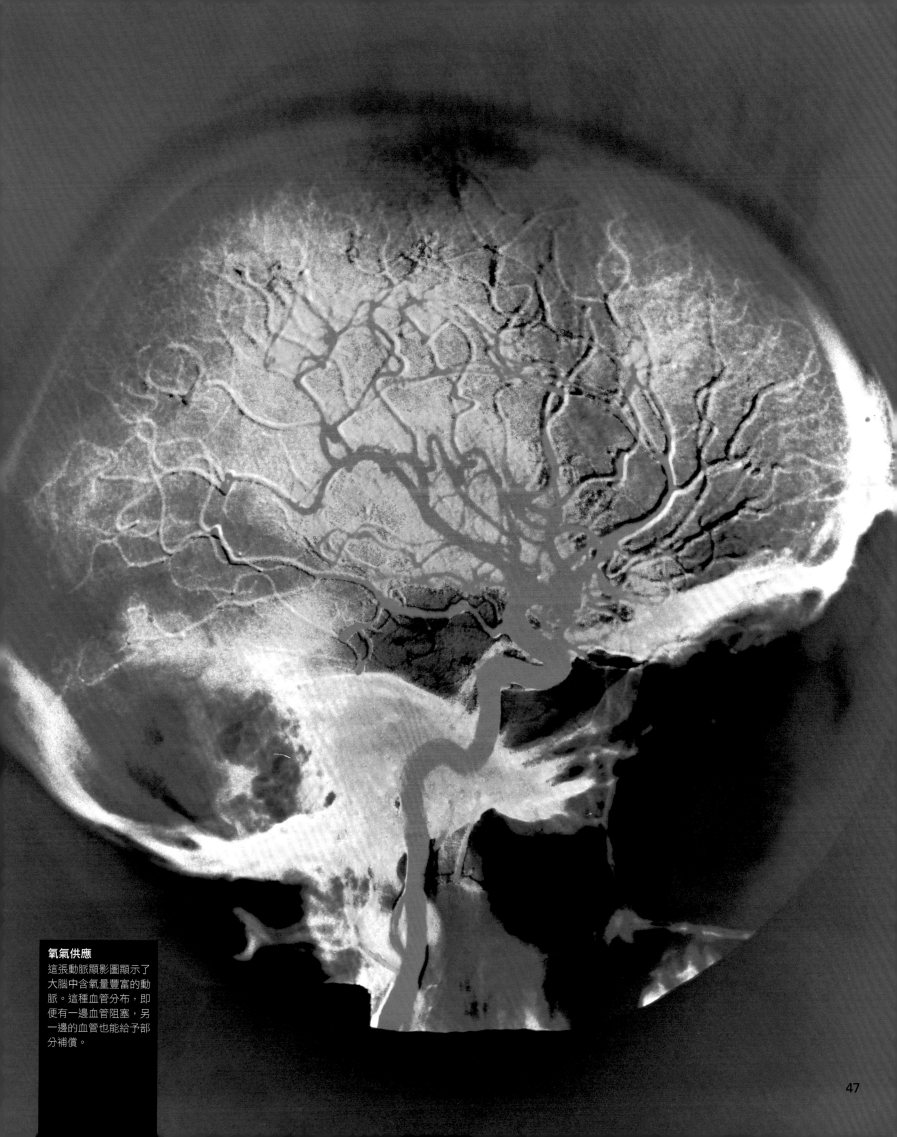

氧氣供應
這張動脈顯影圖顯示了大腦中含氧量豐富的動脈。這種血管分布，即便有一邊血管阻塞，另一邊的血管也能給予部分補償。

47

大腦的演化過程

動物為了能夠更加適應環境，大腦會不斷演化。人類大腦經過了許多階段，才演化成現今的複雜程度。其他動物也發生了不少類似的變化，所以我們還是可以在相對原始的生物上，觀察到大腦較為原始的樣貌。

無脊椎動物的腦部演化

所有的動物為了生存，都需對內在和外在環境有所回應。為了達成這個目的，他們會演化出某些細胞，對光或震動等刺激特別敏感。這些感覺細胞，當然也會連結到其他細胞，來移動生物本體或是改變狀態，以回應環境刺激。這些相互連結的神經組織，正是大腦的原型。對於像渦蟲這樣的無脊椎生物，以鬆散的活性纖維，形成分布全身的神經系統。在這樣的網路中，會出現一小群的神經元聚集成團，也就是神經節。這已經相當於其他物種的中樞神經系統或是大腦，是相當前衛的結構。

原始的神經系統
圖中描述的是最簡單的神經系統，就如同在這隻水螅（一種微小的水生無脊椎動物）身上，鬆散的感覺細胞所形成的網路，與幾個相互連結的細胞所形成的神經節。

腦部組織
食道
腹側神經索
神經節

蚯蚓的腦
蚯蚓具備原始的腦部組織：腦部神經節（咽上神經節），會沿著身體相互連結，形成長條狀神經組織（腹側神經索）。自腹側神經索延伸出來的神經纖維，會進入每一個體節，以協調全身的肌肉收縮，做出動作，以回應環境的刺激。

脊椎動物的腦部演化

綜觀演化的歷程，大腦經歷了許多的改變。相較於無脊椎動物較原始的神經系統，脊椎動物的大腦是一個高度發展、高度連結的器官。中樞神經系統經由周邊神經系統連結到身體的其他部位，也包括進出感覺器官的神經纖維。最原始的脊椎動物大腦，也被稱為「爬蟲類大腦」，功能上可對應到人類腦幹上群聚的

各個神經核。這其中包含了喚醒、感覺和對刺激做出反應的各種模組。但只有這些神經核，並不足以生成所謂的「人類意識」。如此原始的大腦，並不具備「邊緣系統」或「大腦皮質」等較為進階的功能。只有哺乳類的大腦，才具備這些進階的功能。

脊椎動物大腦的關鍵區塊
- 小腦
- 視覺腦葉
- 大腦
- 腦下垂體
- 延腦
- 嗅球

▶ 魚類

魚類的大腦由感覺器官接收感覺訊號，然後與內在器官所取得的資訊統整後，經由神經做出相對應的動作。魚類有發達的小腦，用於平衡動作與調節壓力。

▶ 兩棲類

兩棲類的大腦與魚類的大腦類似，只是大腦的神經組織開始覆蓋在其他區塊上。此時主要的功能是接收嗅覺訊號，這也解釋了嗅球的尺寸相對膨大。前腦甚至比小腦還要來得大。

▶ 爬蟲類

現在的爬蟲類在前腦底部的發展相當良好，大腦也比視覺腦葉要來得大。另外相對於其他區塊，嗅球的體積也相對較大且發展得很好。

魚類

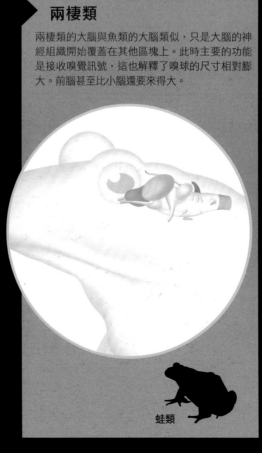

蛙類

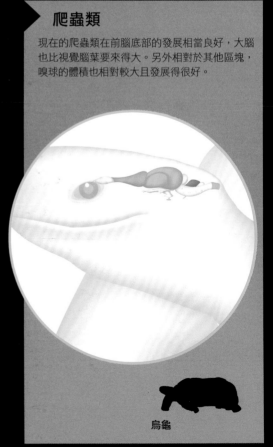

烏龜

哺乳類動物的大腦

哺乳類動物的大腦在原有的脊椎動物原始大腦之外，又發展出許多我們現在稱為「邊緣系統」的大腦構造。然後就在邊緣系統旁邊，上頭罩了充滿皺褶的大腦皮質。邊緣系統是大腦用來產生情緒的區塊。這讓人們對環境刺激的回應，不再像脊椎動物的原始大腦，只有「抓」或「放」的簡單反應，還另外加入了許多細微、複雜且多半無法預測的反應。邊緣系統中也有部分構造，與經驗和記憶相關，等著未來需要的時候能夠回憶起來。加入情緒和記憶功能之後，由於不再只是憑藉本能來做出反應，因此大大增加哺乳類在行為表現上的複雜度。

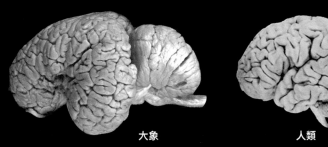

大象　　人類

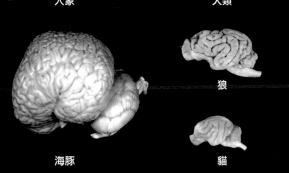

海豚　　狼　　貓

大腦的尺寸與形狀
哺乳類大腦最重要的演化，就是形成大腦皮質。最外層隨著需求不同，會演化成該物種最需要的功能，所以不同動物間的差異相當的大。相對於其他的哺乳類，人類、大象、海豚等的大腦皮質佔比相對較高。

人類祖先的大腦

人類祖先的大腦在演化上，歷經極大改變，導致即便和演化關係上相當接近的近親，例如：黑猩猩或金剛相比，都有著極大差異。人類和其他哺乳類動物大腦的最大差異，就是大腦尺寸和大腦皮質密度的變化。尤其是負責複雜思考、意識判斷與自我反思的額葉差異最大。目前還沒有人真的了解，為何人類大腦會演化成現在的樣貌，有可能是因為環境變遷，飲食習慣不得不改變所導致；或是為了生存，群體生活密切的依賴關係也有影響。

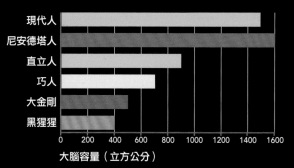

大腦容量（立方公分）

大腦的尺寸重要嗎？
隨著演化歷程不斷成長的人類大腦，被認為是人類為何得以主宰世界的主因。但是大腦的尺寸，絕非是影響智力或存活最重要的因素，大腦裡如何相互連接看起來是更為重要的課題。尼安德塔人比起現代人類有更大的大腦，但卻更缺乏創新，最終被其他人類祖先取代。

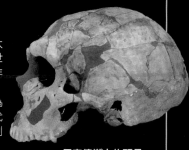

尼安德塔人的頭骨

鳥類

鳥類的大腦與爬蟲類類似，但由於需要控制飛行中的平衡與位置，因此小腦高度發展。雖然嗅球並不小，可是多數的鳥類嗅覺都不發達，但紐西蘭國鳥鷸鴕是個例外。

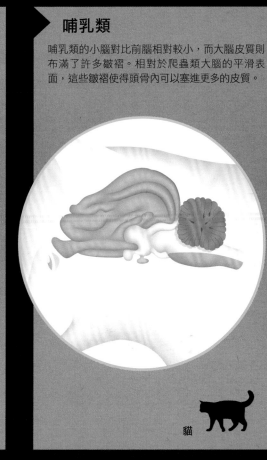

黑儷鳥

哺乳類

哺乳類的小腦對比前腦相對較小，而大腦皮質則布滿了許多皺褶。相對於爬蟲類大腦的平滑表面，這些皺褶使得頭骨內可以塞進更多的皮質。

貓

人類

人類的神經系統幾乎完全由大腦主導，而且大腦皮質為了取得最大的容量，以相當複雜的方式塞進頭骨裡。小腦的大小還是佔了一定的比例，且相當活躍，用來控制各種複雜的動作。

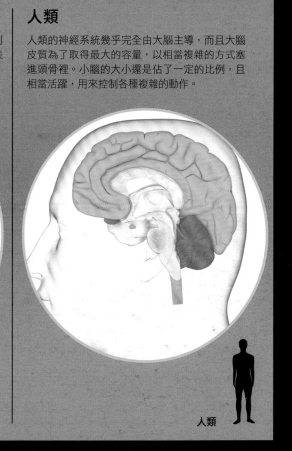

人類

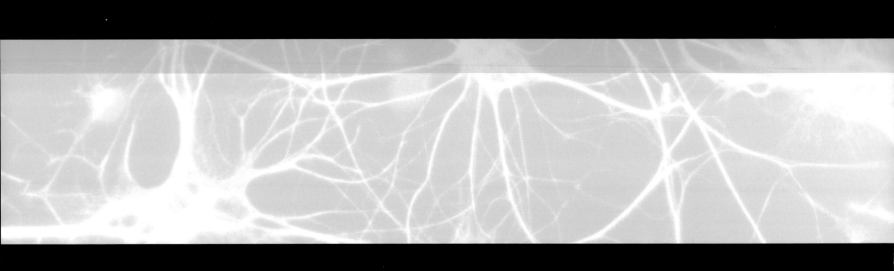

大腦的解剖構造既神祕又難以理解，比起身體的其他部位都要複雜許多。而腦細胞是組成大腦的最小單位。這些負責發出訊號的細胞，又稱為神經元。神經元會聚集成各種神經核，以執行各種特殊功能。神經元也會聚合成一層厚厚的灰質，覆蓋在大腦的外層，也就是大腦皮質。大腦表面有一道很深的腦溝，將大腦分為左大腦半球和右大腦半球，每個半球又可再細分為五個不同的腦葉。這幾個主要的分區，各自負責處理不同的事務，但又維持高度的聯繫與連結。

大腦的解剖構造

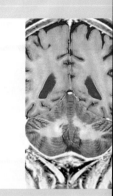

大腦的構造

人類大腦由相當複雜且多層次的構造組成。將大腦皮質剝離後，就能更進一步地看到更多內部細節。
有一些結構是各自分散的實體組織，例如小腦和丘腦（視丘）；有些區域則是由神經纖維和附加在大
型結構下的神經細胞所組成，往往只能透過顯微鏡才能觀察得到。

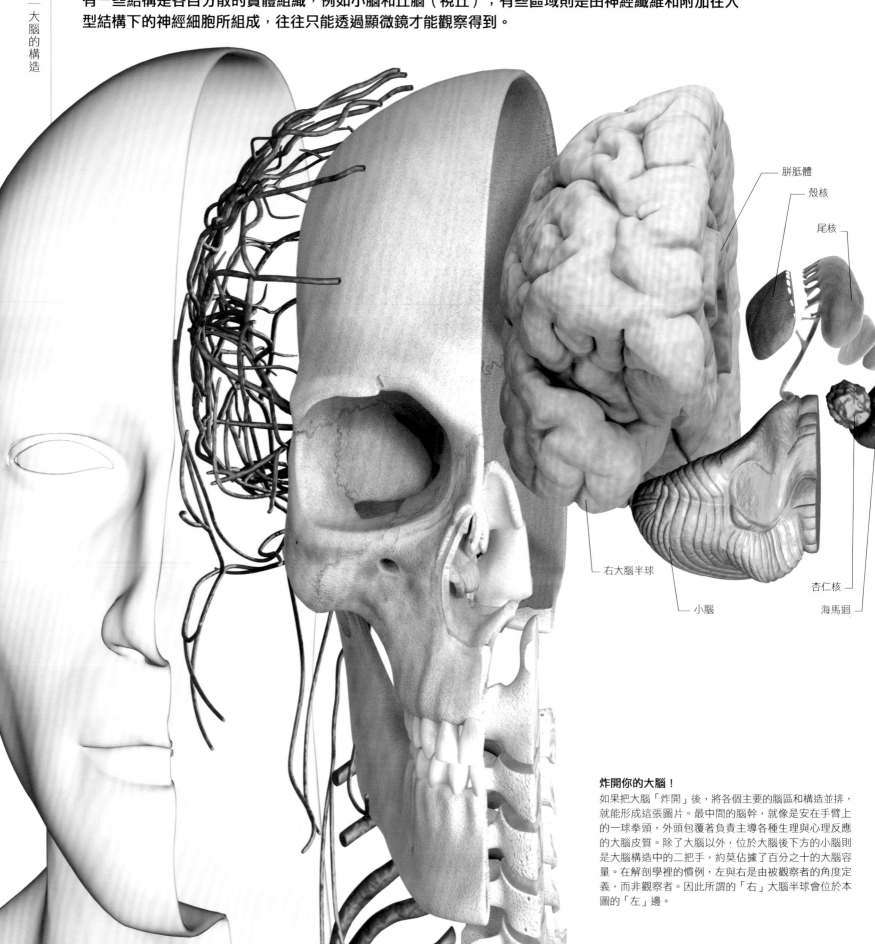

胼胝體

殼核

尾核

右大腦半球

小腦

杏仁核

海馬迴

炸開你的大腦！

如果把大腦「炸開」後，將各個主要的腦區和構造並排，
就能形成這張圖片。最中間的腦幹，就像是安在手臂上
的一球拳頭，外頭包覆著負責主導各種生理與心理反應
的大腦皮質。除了大腦以外，位於大腦後下方的小腦則
是大腦構造中的二把手，約莫佔據了百分之十的大腦容
量。在解剖學裡的慣例，左與右是由被觀察者的角度定
義，而非觀察者。因此所謂的「右」大腦半球會位於本
圖的「左」邊。

大腦的階層性

人類腦部的主要構造，可以用許多方式拆解成不同的類別。這些拆解出來的個別系統，最主要的部分是大腦。大腦是一個充滿皺褶、顏色介於粉紅和灰色之間，體積佔了將近整個腦部四分之三的構造。大腦可被分為左大腦半球與右大腦半球，並由胼胝體這一大束神經纖維負責橋接。大腦內含海馬迴與杏仁核，而大腦也常常被稱為端腦。端腦周邊則環繞著丘腦（視丘）、下丘腦（下視丘）等區塊，統稱為間腦。端腦與間腦則統稱為「前腦」。在前腦下方，為中腦所在的位置，這塊小區域富含了許多神經細胞本體，形成基底核等神經核。中腦的下方是後腦（菱腦），後腦最上方為橋腦，位於小腦前方與延腦上方之間，延腦則向下延伸，逐漸和脊髓融合。

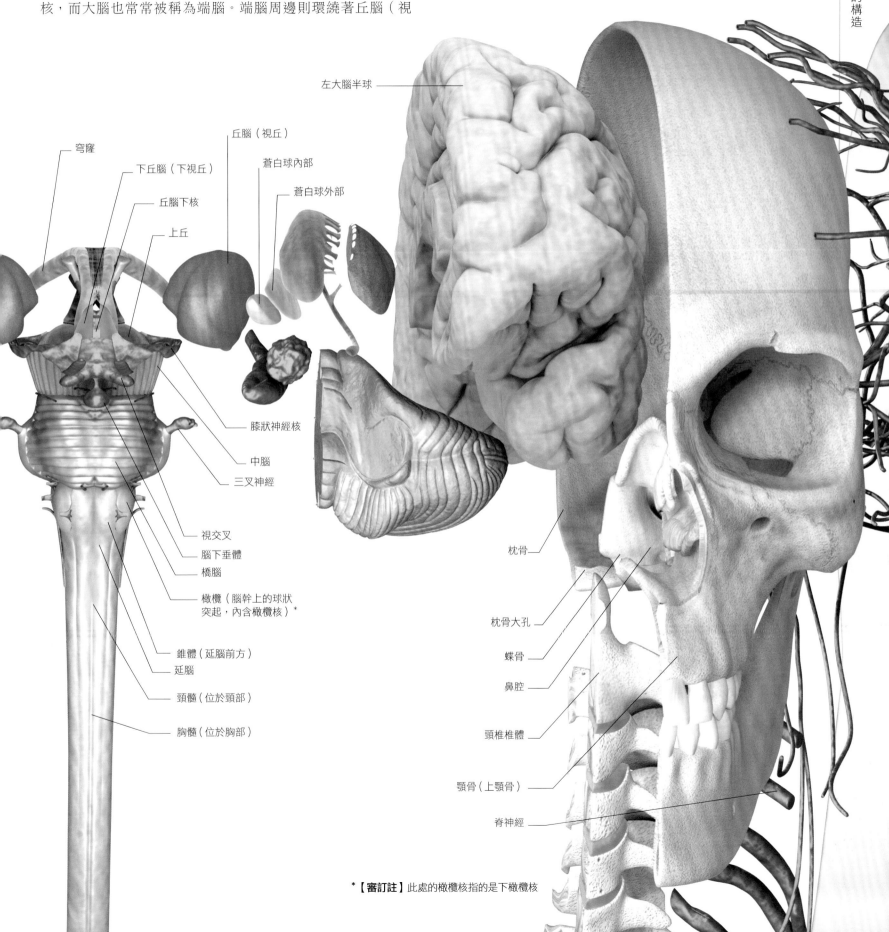

左大腦半球

穹窿

丘腦（視丘）

下丘腦（下視丘）

蒼白球內部

丘腦下核

蒼白球外部

上丘

膝狀神經核

中腦

三叉神經

視交叉

腦下垂體

橋腦

橄欖（腦幹上的球狀突起，內含橄欖核）*

錐體（延腦前方）

延腦

頸髓（位於頸部）

胸髓（位於胸部）

枕骨

枕骨大孔

蝶骨

鼻腔

頸椎椎體

顎骨（上顎骨）

脊神經

*【審訂註】此處的橄欖核指的是下橄欖核

頭皮
頭皮覆蓋在頭骨上，僅具備一層相當薄的皮下脂肪層，所以相當容易受傷並大量出血。

頭皮神經
頭皮底下有許多來自第五對腦神經所發出的周邊神經，能夠感應到極輕微的力道，讓我們能有足夠的時間做出反應、避免受傷。

頭骨
頭骨頂端的區域又被稱為顱骨，形成一個保護腦部的箱狀空間，以防止腦部遭受撞擊與敲打。腦膜也具備了類似的保護功能（詳見第 56 頁）。

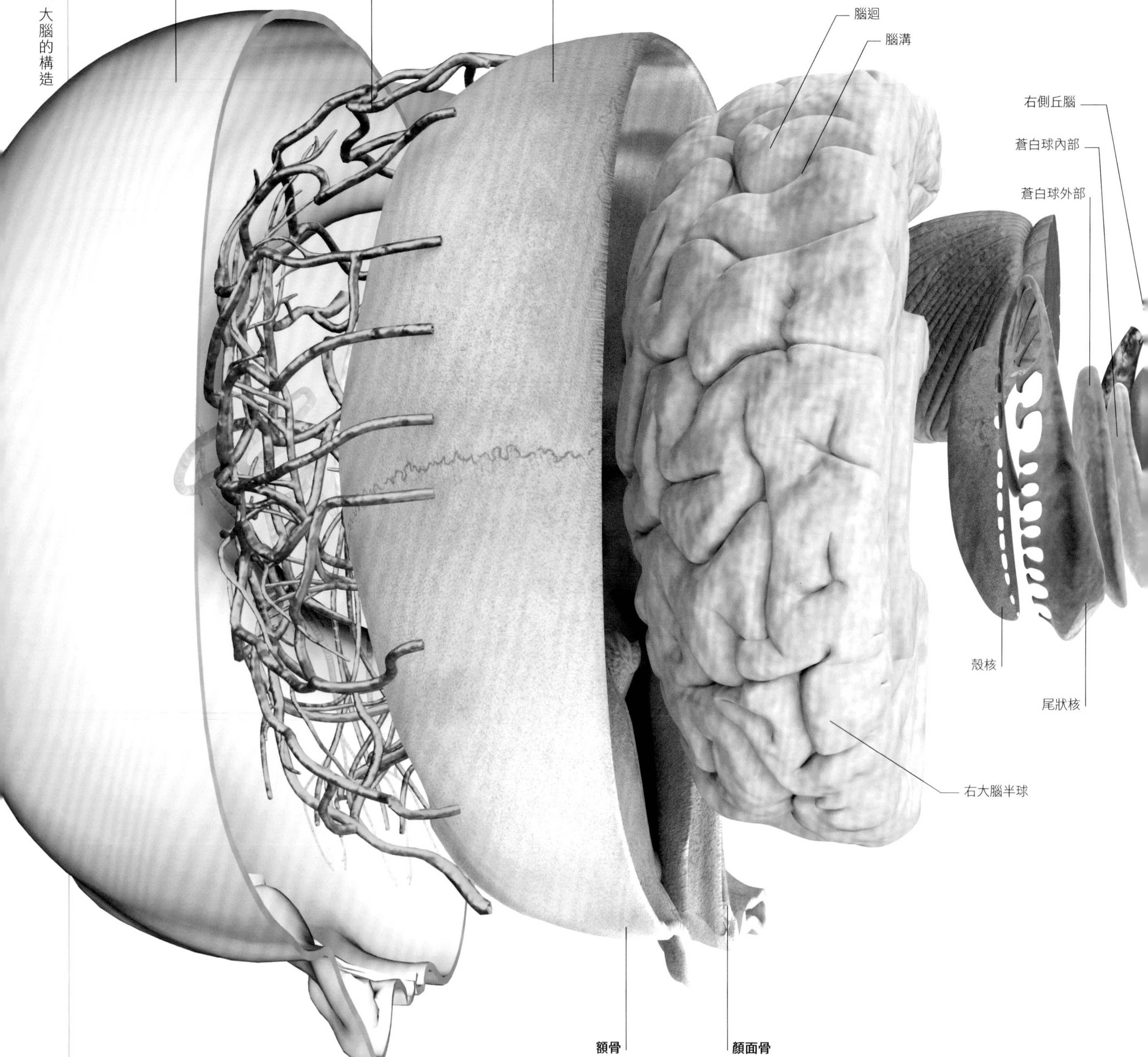

腦迴

腦溝

右側丘腦

蒼白球內部

蒼白球外部

殼核

尾狀核

右大腦半球

額骨
顱骨由八塊骨頭組成，其中最主要的骨頭就是前額下的額骨，後方緊接著左右頂骨，和後下方的枕骨，以及側邊的兩塊顳骨。蝶骨和篩骨則位在顱骨前下方，鼻腔後方。

顏面骨
顏面骨的形狀組成相當複雜，骨頭間有許多裂隙跟孔洞，這些空間讓腦部延伸出來的顱神經得以穿過顱骨，進入鼻腔的嗅上皮、眼窩裡的眼球、內耳以及其他的感覺器官。血管也運用類似的方式穿過顱骨上的孔洞。

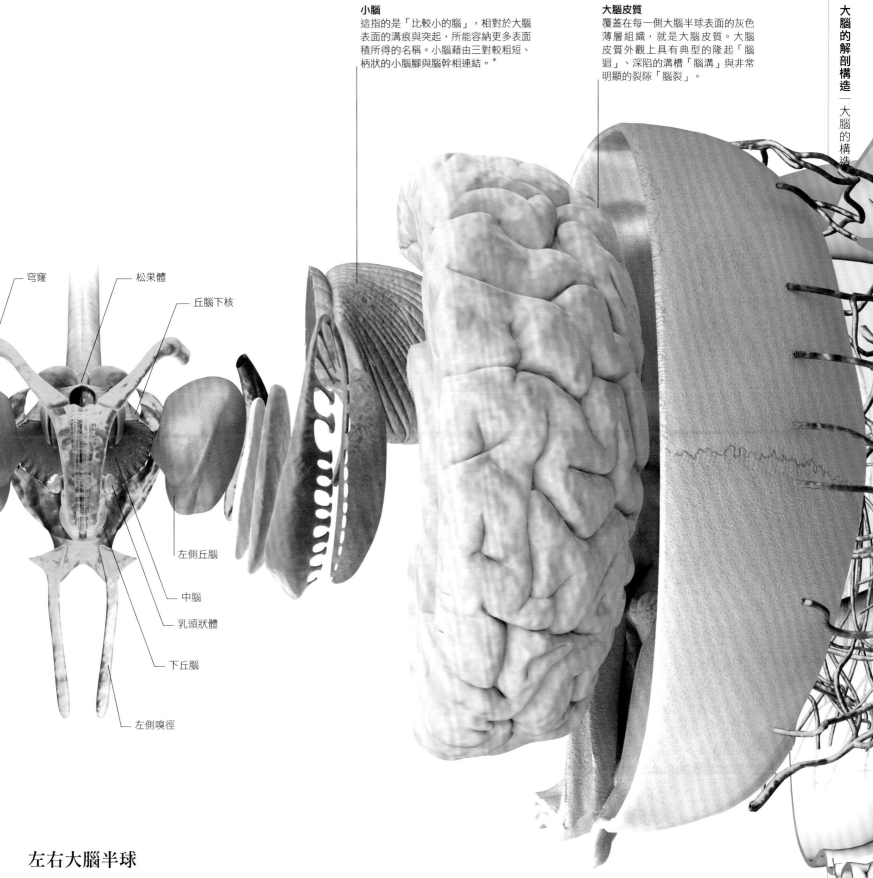

小腦
這指的是「比較小的腦」，相對於大腦表面的溝痕與突起，所能容納更多表面積所得的名稱。小腦藉由三對較粗短、柄狀的小腦腳與腦幹相連結。*

大腦皮質
覆蓋在每一側大腦半球表面的灰色薄層組織，就是大腦皮質。大腦皮質外觀上具有典型的隆起「腦迴」、深陷的溝槽「腦溝」與非常明顯的裂隙「腦裂」。

穹隆

松果體

丘腦下核

左側丘腦

中腦

乳頭狀體

下丘腦

左側嗅徑

左右大腦半球

　　此圖中展示的是大腦「炸開」後，依序陳列各區塊的俯視圖。圖中清楚展示切開胼胝體後的樣子。大腦中許多區塊都是成對存在，像是丘腦就常被形容為「緊鄰的兩顆雞蛋」。在大腦後下方的小腦，則安置在一個碗狀的空間裡，此空間被稱為後顱窩。所有的顱神經（共有 12 對，詳見第 43 頁）都不經由脊髓，直接與大腦相連。

*【審訂註】小腦腳即為進出小腦的神經纖維束

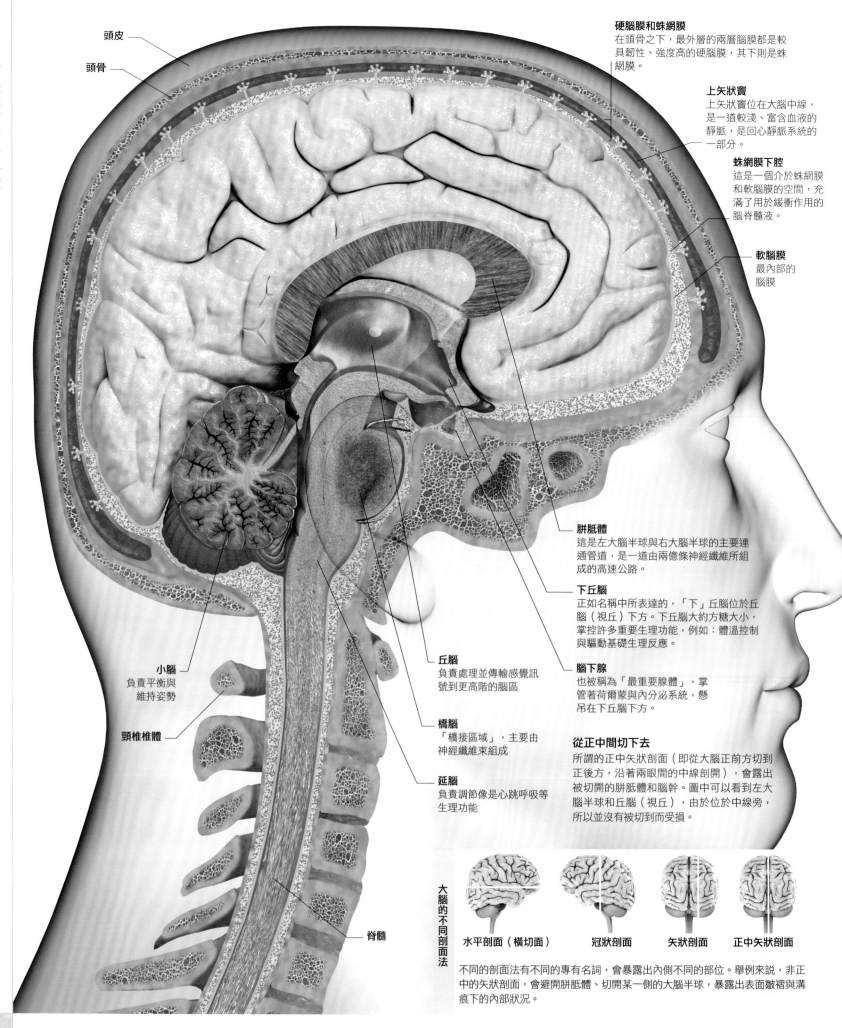

頭皮

頭骨

硬腦膜和蛛網膜
在頭骨之下，最外層的兩層腦膜都是較具韌性、強度高的硬腦膜，其下則是蛛網膜。

上矢狀竇
上矢狀竇位在大腦中線，是一道較淺、富含血液的靜脈，是回心靜脈系統的一部分。

蛛網膜下腔
這是一個介於蛛網膜和軟腦膜的空間，充滿了用於緩衝作用的腦脊髓液。

軟腦膜
最內部的腦膜

胼胝體
這是左大腦半球與右大腦半球的主要連通管道，是一道由兩億條神經纖維所組成的高速公路。

下丘腦
正如名稱中所表達的，「下」丘腦位於丘腦（視丘）下方。下丘腦大約方糖大小，掌控許多重要生理功能，例如：體溫控制與驅動基礎生理反應。

腦下腺
也被稱為「最重要腺體」，掌管著荷爾蒙與內分泌系統，懸吊在下丘腦下方。

小腦
負責平衡與維持姿勢

頸椎椎體

丘腦
負責處理並傳輸感覺訊號到更高階的腦區

橋腦
「橋接區域」，主要由神經纖維束組成

延腦
負責調節像是心跳呼吸等生理功能

脊髓

從正中間切下去
所謂的正中矢狀剖面（即從大腦正前方切到正後方，沿著兩眼間的中線剖開），會露出被切開的胼胝體和腦幹。圖中可以看到左大腦半球和丘腦（視丘），由於位於中線旁，所以並沒有被切到而受損。

大腦的不同剖面法

水平剖面（橫切面）　　冠狀剖面　　矢狀剖面　　正中矢狀剖面

不同的剖面法有不同的專有名詞，會暴露出內側不同的部位。舉例來說，非正中的矢狀剖面，會避開胼胝體、切開某一側的大腦半球，暴露出表面皺褶與溝痕下的內部狀況。

大腦分區與分隔

從大腦各分區的實體結構，就可以稍微窺探該結構的功能。一般而言，位置較高的大腦區塊，處理的功能也較為高階，位置較低的大腦結構則負責處理相對更為基礎的維生功能。

大腦的垂直分階

大腦皮質是大腦最高階的區域，負責處理知覺感官、抽象思考、推理歸納、計畫、工作記憶等等的高階知覺能力。位於大腦內側、腦幹周邊的邊緣系統（詳見第 64 – 65 頁），則負責處理大量情緒、直覺行為與反應和長期記憶的功能。丘腦則是一個進行訊號前處理與中繼的中心，收集了所有來自腦幹的感覺訊號，再往上轉送給左右大腦半球。沿著腦幹往下走，會抵達延腦。延腦又被稱為是大腦的生命中樞。只要延腦保持完整，即便失去意識，人也能繼續維持基本生理功能。

| 大腦皮質 |
| 邊緣系統 |
| 中腦 |
| 腦幹 |

減少意識參與，提升自動化的程度
大腦由上而下的階層式結構，由大腦皮質的高階功能，逐漸降階為較基本或原始的功能，像是延腦就是自動化的中心，負責處理最基礎的生理機能，例如：呼吸和心律。

左腦與右腦

以大腦結構而言，左大腦與右大腦極為相似。但就功能上來說，多數人說話和分析推理、溝通的能力都位於左腦。由於左腦與右腦的神經纖維，會在大腦底部交錯，因此左側的優勢大腦半球可接收到源自身體右側的感覺訊號，同時也能將訊息送往右側的肌肉（例如右手）。同理，右大腦半球更重視感覺訊號的輸入、聽覺訊號與視覺訊號的感知、發想創意的功能與對空間的感知（也就是身體周邊每秒鐘所發生的事情）。

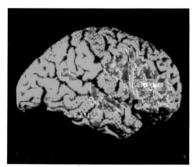

左撇子
觀察大腦的正子掃描影像，可以清楚看到黃色與紅色的區塊為活躍區域，顯示左撇子忙於處理文字的腦區，多數位於右大腦額葉皮質。

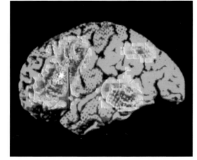

右撇子
如果在右撇子身上做同樣的試驗，左大腦皮質會有相同的反應，額葉、顳葉和頂葉顯示高度活躍。

異手症

異手症患者無法有意識地控制自己的手，總覺得自己的手會具有自主意識，自己亂動，就像是被外星人操控一樣。這是由於操控患者患肢對側大腦皮質上的運動區出現異常所導致。這些運動區發出的異常神經訊號，會在意識沒有參與的狀況下讓肢體做出動作。

奇愛博士
在這部 1964 年的電影《英雄》中，奇愛博士就深受此症苦惱。電影中，奇愛博士戴著皮革的右手，甚至試圖想要殺死奇愛博士。

左右不對稱的大腦

最近幾年，有許多更新、準確率更高的成像技術陸續出現，例如：核磁共振（詳見第 13 頁）。在核磁共振的腦部影像中可以看到，人類的大腦多半並不如我們一度認為的那樣對稱。影像掃描的電腦可以用程式設定，突顯出左右大腦和各自的鏡像有所差異的地方。例如位於顳葉側腦溝（薛氏裂）附近的區域，負責語音辨識的功能，左腦的這塊區域就比右腦來得大。左腦的側腦溝通常也比右腦的側腦溝，要來得長且直。這可能與俗稱雅科夫列夫扭轉效應，導致右大腦半球較為往前的緣故有關。

前方
右外側溝
右大腦半球
左大腦半球
左側枕葉
後方

由下往上觀察大腦
此圖為一張經非對稱增益處理過後的核磁共振影像，可以由下往上觀察大腦底部。仔細觀察可以注意到，右大腦半球比左大腦半球更往前突出，也因此左大腦半球的枕葉往右扭轉，甚至跨過中線。

中空的大腦

大腦內部有好幾個空腔，稱為腦室。腦室內則充滿了由脈絡叢製造的腦脊髓液。位於最上方的兩個腦室稱為側腦室，左大腦半球與右大腦半球各有一個側腦室，且形成前後較尖的形狀。側腦室下方有一個小開口，通往位於間腦的第三腦室，以及位於橋腦和延腦的第四腦室。腦脊髓液會緩慢地在各個腦室間循環，然後經由一些小的開口，通往大腦和脊髓周邊的蛛網膜下腔。

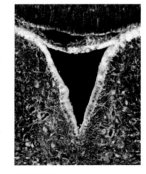

腦脊髓液
腦脊髓液由排列在腦室壁上的脈絡叢（綠色區塊）所分泌。腦脊髓液為大腦提供緩衝、運送所需的養分，並收集、帶走代謝廢物。

大腦腦室
兩個主要的側腦室，經由室間孔連通位於下方的第三腦室（圖片中間上方的黃色區域）

大腦中的神經核

在大腦裡有許多神經元（神經細胞）本體，會聚集在一起形成神經核。神經纖維或是軸突會從神經核向外延伸、連結到大腦的其他區塊。大腦中有超過 30 組以上的神經核，多半都左右成對。

主要的神經核與這些神經核掌控的功能	
基底核	一組神經核系統（以下有些神經核也包含在這個系統裡），負責運動控制與學習相關的功能。
尾核	負責運動控制與學習相關的功能，特別是處理回饋訊號。
丘腦下核	與衝動行為有關，例如強迫症。
丘腦（視丘）	主要負責感覺訊號的整合，向上傳遞到大腦（詳見第 66 − 67 頁）
杏仁核	邊緣系統的一環，與學習、記憶和情緒有關。
顏面神經核	顱神經在腦幹的其中一個神經核（以顏面神經為例）

基本構造

如果直接以肉眼觀察，多數的神經核只是一群散布在白質（神經纖維）間的灰質（神經細胞本體）。多數神經核並未具有明顯的界線，也沒有被某種膜覆蓋，所以通常也難以和周邊組織有明顯差異。過去，神經核曾被稱為神經節。但現在神經節一詞，多半用在周邊神經系統，指的是一群聚集在中樞神經系統之外的神經細胞本體，而且神經節的外圍通常會有結締組織將其包覆。

基底核

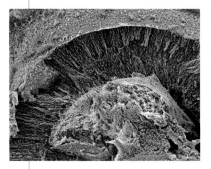

紋狀總體
顯微圖片下可以看到神經細胞體（黑色）與神經纖維（白色），讓表面看起來看似有紋路，故得此名。

位於大腦底部的一群神經核，統稱為基底神經核（之前被稱為基底神經節）。位置坐落於大腦半球內側、丘腦下方附近。包括殼核、尾核、蒼白球、丘腦下核以及黑質。尾核和殼核合稱背側紋狀體（因為外觀上有條狀紋路，又稱為紋狀體）。加上蒼白球的話，整個稱為紋狀總體。

丘腦下核與蒼白球

丘腦下核正如其名，左右成對位於丘腦下方，且同時緊接黑質上方。每一個神經核的大小和形狀，都大約像一棵被壓扁的豆子一樣大，周邊環繞著許多神經纖維穿梭其中。最主要的傳入纖維來自蒼白球，有些則來自大腦皮質和黑質。最主要的傳出纖維，則是再投射回黑質和蒼白球。蒼白球和殼核有時也合稱為豆狀核。

黑質

黑質是相對位置最低的一對神經核，位在丘腦下核下方。由於黑質含有黑色素（皮膚上也有），所以被命名為黑質。黑質也是合成神經傳導物質多巴胺的重要位置。黑質內的神經元退化就是帕金森氏症的重要導因。（詳見第 234 頁）

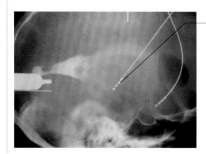

電極

刺激
圖中以黑質為例，對位於大腦深處的基底核進行深度腦刺激，進行研究的同時也是治療帕金森氏症的一部分。

神經核間的連結與功能

多數的神經核都有許多傳入與傳出的神經連結，而且具備多種功能。C 形的尾核位於基底核上方，緊挨在丘腦上方與側腦室旁，具有頭部、體部以及細細的尾部。尾核主要參與動作控制，也能調控記憶與學習。

呈圓形的殼核，位於基底核的最外側，其弧度絕大部分與呈 C 形的尾核相契合，並與尾核有非常密集的神經纖維相互聯繫。殼核負責動作控制、運動與學習。殼核同時也與蒼白球及黑質有高度密切的聯繫。整個基底核可視為一個高度整合的系統，其功能在確保運動能夠平順且協調地進行。基底核內一個或多個核區損傷都將導致運動功能失常，譬如震顫、抽搐、帕金森氏症（詳見第 234 頁）、妥瑞氏症（詳見第 243 頁）或亨廷頓舞蹈症（詳見第 234 頁）。丘腦下核亦在調控動作的衝力與張力上，扮演重要的角色。

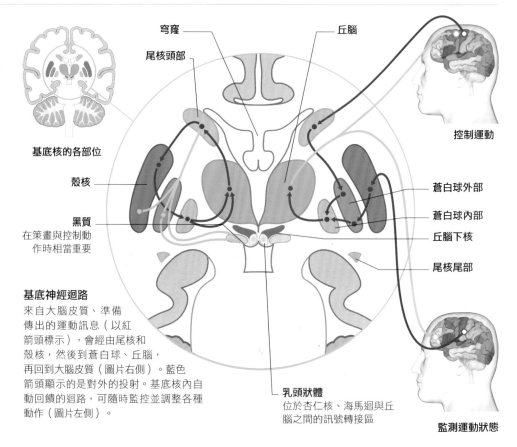

穹窿

尾核頭部

丘腦

基底核的各部位

殼核

黑質
在策畫與控制動作時相當重要

蒼白球外部

蒼白球內部

丘腦下核

尾核尾部

乳頭狀體
位於杏仁核、海馬迴與丘腦之間的訊號轉接區

控制運動

監測運動狀態

基底神經迴路
來自大腦皮質、準備傳出的運動訊息（以紅箭頭標示），會經由尾核和殼核，然後到蒼白球、丘腦，再回到大腦皮質（圖片右側）。藍色箭頭顯示的是對外的投射。基底核內自動回饋的迴路，可隨時監控並調整各種動作（圖片左側）。

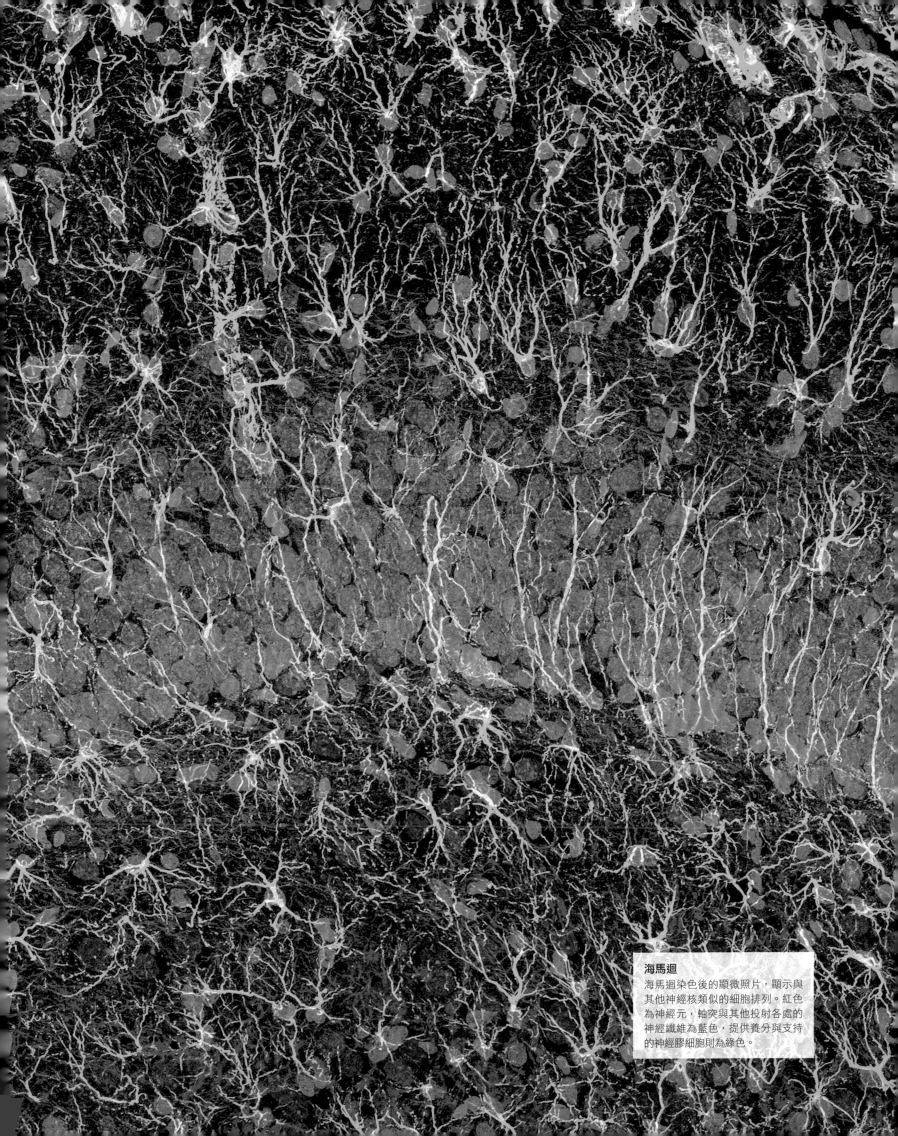

海馬迴

海馬迴染色後的顯微照片，顯示與其他神經核類似的細胞排列。紅色為神經元，軸突與其他投射各處的神經纖維為藍色，提供養分與支持的神經膠細胞則為綠色。

丘腦、下丘腦與腦下垂體

丘腦位於大腦結構的中心位置。丘腦的所在位置，讓其得以在感覺器官和大腦間擔任中繼站的角色。下丘腦與腦下垂體則坐落在丘腦前下方，連結了中樞神經系統與內分泌系統。

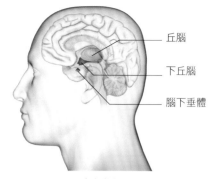

各部位標記

丘腦
下丘腦
腦下垂體

丘腦

丘腦是成對的蛋狀實體結構。一般而言，丘腦長約 3 公分（1.25 吋）長，橫徑約 1.5 公分（0.5 吋）。左右丘腦間並沒有直接的神經連結，事實上，左右丘腦中間還夾了充滿腦脊髓液的第三腦室。除了嗅覺以外，丘腦是負責接收其他感覺訊號的中繼站。丘腦對這些感覺訊號，進行掃描、分類與前處理後，再向上送至大腦皮質。

深入探索丘腦
左右丘腦都各有二十多個以上由灰質組成的神經核，也就是神經細胞本體的集合區。這些神經核，有時稱為丘腦體，被一束又一束的白質（髓鞘化的神經纖維，又稱為板），層層分開。整個丘腦也被類似的白質所包覆。

丘腦前方

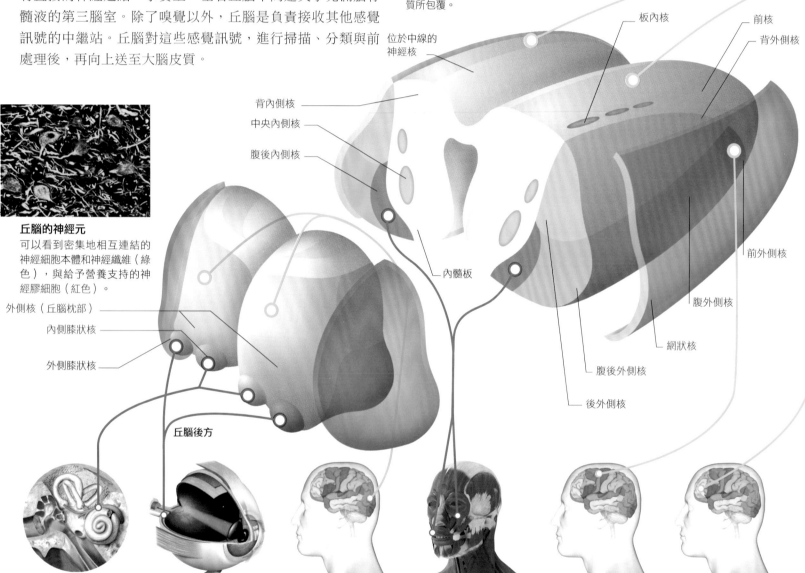

丘腦的神經元
可以看到密集地相互連結的神經細胞本體和神經纖維（綠色），與給予營養支持的神經膠細胞（紅色）。

外側核（丘腦枕部）
內側膝狀核
外側膝狀核

丘腦後方

位於中線的神經核
背內側核
中央內側核
腹後內側核
內髓板

板內核
前核
背外側核

前外側核
腹外側核
網狀核
腹後外側核
後外側核

內耳

內耳耳蝸的神經衝動多數都會送往內側膝狀核，然後再轉送聽覺皮質（布洛卡第 41 與 42 區，詳見第 67 頁）。

視網膜

來自視網膜的所見所得，會直接送往外側膝狀核，再轉往主要的視覺皮質（第 17 區）和視覺聯合皮質。

視覺皮質

外側核（丘腦枕部）比外側膝狀核體積更大，和外側膝狀核一同合作，將周邊的感覺訊號送到視覺皮質的不同部位（詳見第 82 - 83 頁）。

臉與嘴巴

來自臉部皮膚和口腔內部的感覺訊號，會沿著三叉神經和三叉丘腦徑，送到腹後內側核。

前運動皮質

丘腦同時有神經傳入與神經傳出，例如前運動皮質會經神經連結到前外側核。

前額葉皮質

有很多傳入背內側核的訊號都來自前額葉皮質，涉及情緒相關訊號，也有可能來自下丘腦。

下丘腦

下丘腦其實比小指的最後一節還要來得小，重量只有 4 克（5/32 盎司），體積也僅僅只佔了 0.4% 的大腦體積。但下丘腦卻在許多地方，扮演重要且多變的角色，影響意識行為、情緒、本能反應以及對體內各種系統和流程的自動化。下丘腦由將近二十個左右、成對的神經核（相互緊密連結的一群神經細胞本體）所組成，構成了間腦的底部，位置介於左右側腦室之間。下丘腦內含神經內分泌細胞，可以製造荷爾蒙（又稱為釋放因子），並釋放到血液中；其神經內分泌細胞也能製造與荷爾蒙類似的物質，經由軸突送到腦下垂體（如下圖）。

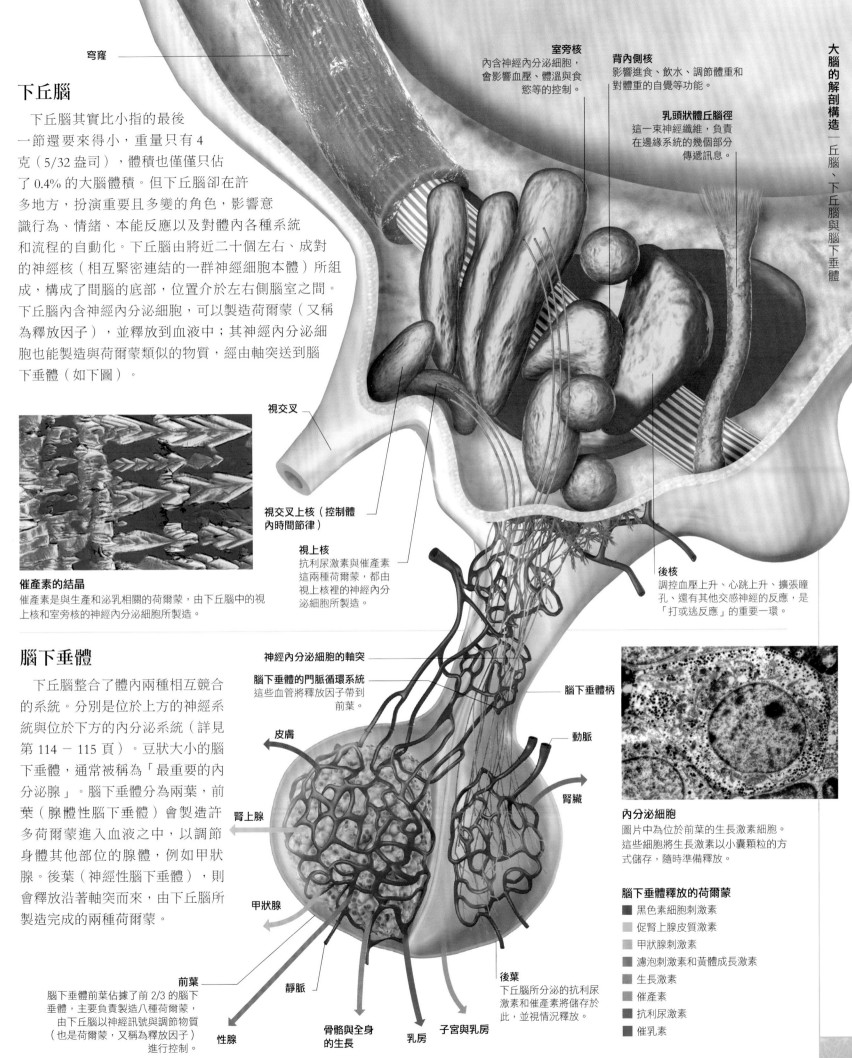

穹窿

室旁核
內含神經內分泌細胞，會影響血壓、體溫與食慾等的控制。

背內側核
影響進食、飲水、調節體重和對體重的自覺等功能。

乳頭狀體丘腦徑
這一束神經纖維，負責在邊緣系統的幾個部分傳遞訊息。

視交叉

視交叉上核（控制體內時間節律）

視上核
抗利尿激素與催產素這兩種荷爾蒙，都由視上核裡的神經內分泌細胞所製造。

後核
調控血壓上升、心跳上升、擴張瞳孔、還有其他交感神經的反應，是「打或逃反應」的重要一環。

催產素的結晶
催產素是與生產和泌乳相關的荷爾蒙，由下丘腦中的視上核和室旁核的神經內分泌細胞所製造。

神經內分泌細胞的軸突

腦下垂體的門脈循環系統
這些血管將釋放因子帶到前葉。

腦下垂體柄

皮膚

動脈

腎上腺

腎臟

內分泌細胞
圖片中為位於前葉的生長激素細胞。這些細胞將生長激素以小囊顆粒的方式儲存，隨時準備釋放。

甲狀腺

腦下垂體釋放的荷爾蒙
- ■ 黑色素細胞刺激素
- ■ 促腎上腺皮質激素
- ■ 甲狀腺刺激素
- ■ 濾泡刺激素和黃體成長激素
- ■ 生長激素
- ■ 催產素
- ■ 抗利尿激素
- ■ 催乳素

腦下垂體

下丘腦整合了體內兩種相互競合的系統。分別是位於上方的神經系統與位於下方的內分泌系統（詳見第 114 － 115 頁）。豆狀大小的腦下垂體，通常被稱為「最重要的內分泌腺」。腦下垂體分為兩葉，前葉（腺體性腦下垂體）會製造許多荷爾蒙進入血液之中，以調節身體其他部位的腺體，例如甲狀腺。後葉（神經性腦下垂體），則會釋放沿著軸突而來，由下丘腦所製造完成的兩種荷爾蒙。

前葉
腦下垂體前葉佔據了前 2/3 的腦下垂體，主要負責製造八種荷爾蒙，由下丘腦以神經訊號與調節物質（也是荷爾蒙，又稱為釋放因子）進行控制。

靜脈

性腺

骨骼與全身的生長

乳房

子宮與乳房

後葉
下丘腦所分泌的抗利尿激素和催產素將儲存於此，並視情況釋放。

腦幹與小腦

「腦幹」或許應該要換個更好的名字。腦幹其實並非真正發號施令的中心，位在腦幹上方的大腦才是。腦幹更像是一個資訊的整合中心。腦幹柄狀的上端膨起，其上方為丘腦，外頭有大腦半球覆蓋。小腦則坐落在腦幹的後下方，大腦的後端。

腦部解剖學

除了大腦與間腦（詳見第 52 頁）組成的前腦外，腦幹幾乎囊括了腦部其他所有區塊。最上方的區塊為中腦，形成類似屋頂的頂蓋。後方則由上丘與下丘兩組突起組成，位於頂蓋與後方之間的區域則為被蓋（或稱蓋膜）。中腦下方為後腦（菱腦），後腦的前方膨出形成橋腦。腦幹最後下方則是延腦，延腦會逐漸收細並與脊髓相接。小腦則藉由三對小腦腳，與腦幹相接。

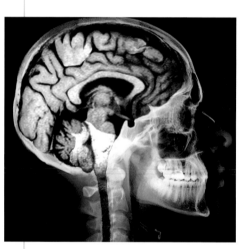

連接大腦
從核磁共振中可以看到，腦幹的位置大約與眼球齊平，而且延腦最下方融入脊髓的位置，大約是在頭骨底部、枕骨大孔的位置。

腦幹的內部結構

腦幹裡富含各種神經核（神經細胞本體的集合，詳見第 58 － 59 頁）與神經纖維或是軸突（也就是神經路徑）。例如位於橋腦前方的橋腦核，就與學習和運動記憶有關。這些神經核所扮演的角色如同中繼站一般，將運動皮質傳下來的訊號，繼續轉向位於橋腦後方的小腦（如圖所示）。

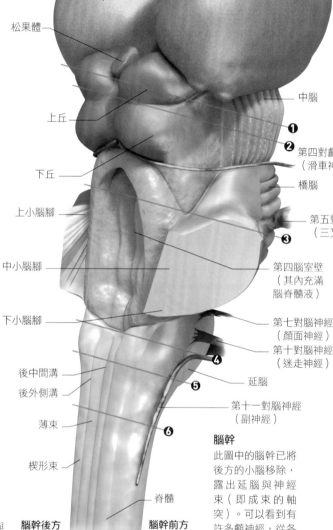

丘腦
松果體
上丘
下丘
上小腦腳
中小腦腳
下小腦腳
後中間溝
後外側溝
薄束
楔形束
腦幹後方

中腦
❶
❷ 第四對顱神經（滑車神經）
橋腦
第五對顱神經（三叉神經）
❸
第四腦室壁（其內充滿腦脊髓液）
第七對腦神經（顏面神經）
第十對腦神經（迷走神經）
❹
延腦
❺
第十一對腦神經（副神經）
❻
脊髓
腦幹前方

腦幹
此圖中的腦幹已將後方的小腦移除，露出延腦與神經束（即成束的軸突）。可以看到有許多顱神經，從各方向匯入腦幹。

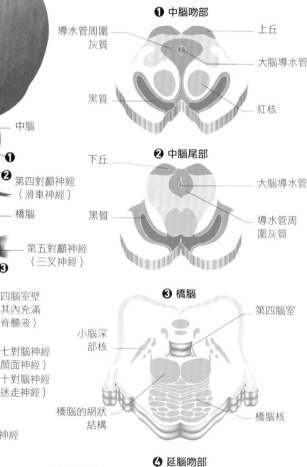

❶ 中腦吻部
導水管周圍灰質
黑質
上丘
大腦導水管
紅核

❷ 中腦尾部
下丘
黑質
大腦導水管
導水管周圍灰質

❸ 橋腦
小腦深部核
橋腦的網狀結構
第四腦室
橋腦核

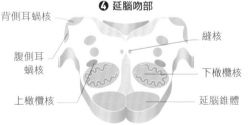

❹ 延腦吻部
背側耳蝸核
腹側耳蝸核
上橄欖核
縫核
下橄欖核
延腦錐體

❺ 延腦中段
孤立徑核
下橄欖核
延腦錐體
前庭核
延腦的網狀結構

❻ 延腦與脊髓交接處
背柱核
內側蹄系
椎管
延腦錐體

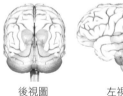

前視圖　　右視圖　　後視圖　　左視圖

腦幹的結構位於丘腦（綠色位置）的下方。圖中可以辨識出橋腦（藍色）、小腦（淺褐色）、延腦（米色）等主要構造。有些分類，也會將丘腦視為腦幹的一部分。

360度視圖

腦幹的切片
左上方圖中每一個數字所在區域的橫切面，都顯示在右上方圖中。綠色標記的是神經核的位置，白色區域則為神經纖維組成的白質。圖片的上方為後側。

腦幹的功能

腦幹高度參與中階到低階的各種腦功能，例如：當我們看到有東西經過的時候，眼睛會自動進行掃描，但無法進行較高階的抽象思考。形成潛意識和自律神經的運作，也和腦幹有關，這些通常是無意識的動作。而延腦則富含了許多神經核，這些神經核負責監控與控制我們的呼吸、心跳與血壓，甚至是嘔吐、打噴嚏、吞嚥或是咳嗽。

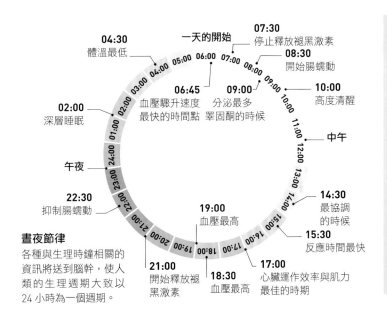

晝夜節律
各種與生理時鐘相關的資訊將送到腦幹，使人類的生理週期大致以 24 小時為一個週期。

04:30 體溫最低
一天的開始
07:30 停止釋放褪黑激素
08:30 開始腸蠕動
10:00 高度清醒
02:00 深層睡眠
06:45 血壓驟升速度最快的時間點
09:00 分泌最多睪固酮的時候
中午
午夜
22:30 抑制腸蠕動
14:30 最協調的時候
15:30 反應時間最快
21:00 開始釋放褪黑激素
19:00 血壓最高
18:30 血壓最高
17:00 心臟運作效率與肌力最佳的時期

閉鎖症候群

如果腦幹的某些部分受傷，例如像是橋腦等位於前方的結構，可能會導致閉鎖症候群（又稱為腹側橋腦症候群）。患者對於身邊發生的事情一清二楚，看與聽都沒有問題，卻無法運用任何隨意肌，無法做出任何動作和反應。起因有可能是中風後缺乏血液供應該處所導致。

也有一些患者的眼睛肌肉還能做出反應，能夠運用眼睛的動作進行溝通。

小腦

小腦位於腦部的最後下方，表面和大腦一樣充滿皺褶，但小腦的每個溝痕與突起較淺，且較具規律。小腦最主要的解剖學特徵，是位於中間，又細又長的的蚓部，與伴隨在兩側的小葉結狀葉。小腦外圍還有兩個比較大的小腦葉，而每一個小腦葉又各自分成許多不同的小葉。這兩個比較大的小腦葉，讓人想起大腦的左右大腦半球，因此又稱為小腦半球。小腦的主要功能是藉由整合身體各部位的動作、控制肌肉、協調全身的肢體動作，以取得姿勢的平衡。

內部結構

小腦也有類似於大腦的顯微結構。最外層稱為小腦皮質，主要為細胞本體（灰質）與樹突所構成。下方髓質區域由大量的神經纖維（白質）構成。核心則是由更密集的神經細胞組成，又稱為小腦深部核。這些神經核所發出的神經纖維，可向上投射至對側的丘腦，再由丘腦投射至大腦皮質。從小腦的任一角度切片中，都可以看到介於小腦深部核和小腦皮質之間的白質，形成一種複雜的分支模式，又稱為「小腦髓樹」。

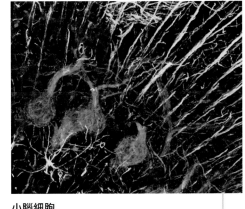

小腦細胞
小腦皮質裡的主要神經細胞為浦金氏細胞（紅色），並由神經膠細胞（綠色）所供養。

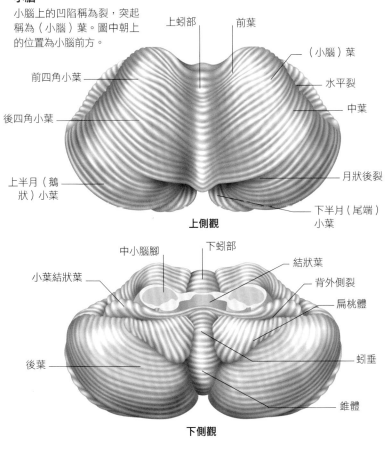

小腦
小腦上的凹陷稱為裂，突起稱為（小腦）葉。圖中朝上的位置為小腦前方。

上蚓部　前葉
前四角小葉
後四角小葉
上半月（鵝狀）小葉
（小腦）葉
水平裂
中葉
月狀後裂
下半月（尾端）小葉

上側觀

中小腦腳　下蚓部
小葉結狀葉
後葉
結狀葉
背外側裂
扁桃體
蚓垂
錐體

下側觀

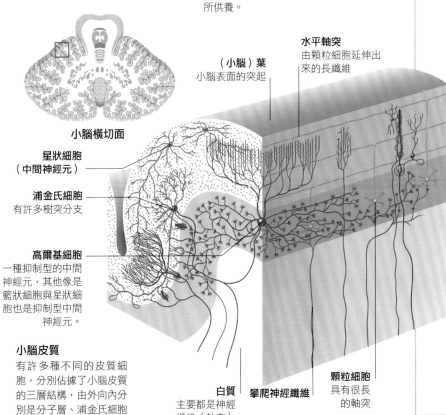

小腦橫切面

星狀細胞（中間神經元）

浦金氏細胞
有許多樹突分支

高爾基細胞
一種抑制型的中間神經元，其他像是籃狀細胞與星狀細胞也是抑制型中間神經元。

小腦皮質
有許多種不同的皮質細胞，分別佔據了小腦皮質的三層結構，由外向內分別是分子層、浦金氏細胞層與顆粒細胞層。

白質
主要都是神經纖維（軸突）

攀爬神經纖維

水平軸突
由顆粒細胞延伸出來的長纖維

（小腦）葉
小腦表面的突起

顆粒細胞
具有很長的軸突

邊緣系統

邊緣系統參與了許多本能行為、深層情緒與原始衝動的運作。例如性、憤怒、愉悅等與基礎生存相關的功能。邊緣系統也與處理高層意識的大腦，和調節生理系統的腦幹都有相互連結。

邊緣系統的組成

邊緣系統包括了周邊的大腦皮質「邊緣葉」與伴隨的結構（詳見次頁），是由杏仁核、下丘腦、丘腦、乳狀體以及其他更核心的大腦結構組成的系統。邊緣系統也是感覺系統的一部分，尤其是嗅覺。這些結構不只相互以神經纖維緊密連結，也與大腦其他區域有所連結，特別是額葉皮質下方與期待、獎賞機制和決策相關的區域。

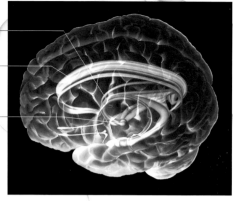

穹窿
胼胝體
乳狀體

深入大腦核心
邊緣系統約位於大腦解剖結構的正中核心位置，由許多不同的結構組成，一路由大腦向內、向下延伸到腦幹。

穹窿
此神經纖維連結了乳狀體與海馬迴

扣帶迴
位於胼胝體上方，也是邊緣葉的一部分。

穹窿柱

乳狀體
由神經細胞組成的小突起，傳往丘腦的訊號會在此中繼，與警覺和形成記憶有關。

嗅球
內含許多感覺神經細胞發出的神經路徑，負責將接收自鼻腔的訊息傳入大腦，有一部分的訊號在進入有意識的處理前，就已經做了部分處理。

邊緣系統的結構
邊緣系統的名字，其實是來自於拉丁文limbus，指的是「邊緣」。邊緣系統的主要結構，皆坐落於一個呈弧形、扣帶狀的交界區域，位於看起來相對平板的大腦皮質，與大腦內側下方較容易辨識的神經纖維與神經核之間。

下丘腦
主管並調節神經系統與荷爾蒙（內分泌）系統（詳見第 61 頁）

橋腦

海馬迴
海馬迴的名稱是因為其 S 形的形狀酷似海馬所得來的，負責掌管記憶形成與空間知覺。

中腦
邊緣系統負責延伸來自丘腦（視丘）或是其他高層中樞的神經纖維，到腦幹的最上端（即中腦），以及基底核。

前視圖　　右視圖　　後視圖　　左視圖

360度視圖

從不同角度觀察邊緣系統可以發現，邊緣系統位於腦部的正中心位置，佔據了部分內側的大腦皮質。扣帶迴、海馬迴與海馬旁迴同時也是大腦皮質的一部分，就靠在胼胝體旁形成一道弧形。

海馬旁迴
這塊負責協助海馬迴的大腦皮質，會在我們觀看各種場景與地方的時候活化。

杏仁核
外型為杏仁核狀，是神經元聚集的區域，與記憶和情緒反應極為相關。

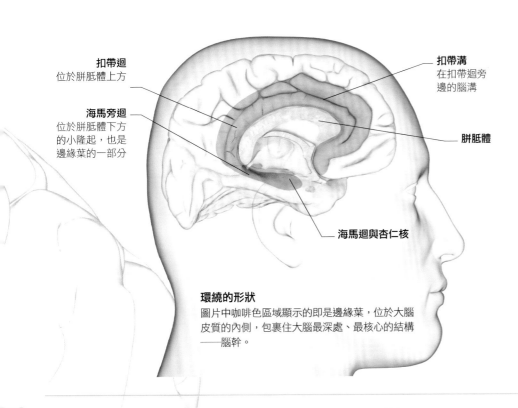

扣帶迴
位於胼胝體上方

海馬旁迴
位於胼胝體下方
的小隆起,也是
邊緣葉的一部分

扣帶溝
在扣帶迴旁
邊的腦溝

胼胝體

海馬迴與杏仁核

環繞的形狀
圖片中咖啡色區域顯示的即是邊緣葉,位於大腦
皮質的內側,包裹住大腦最深處、最核心的結構
——腦幹。

邊緣葉

　　邊緣系統周邊所環繞著的大腦皮質,又被稱
為邊緣葉。邊緣葉位在大腦半球內側的表面,
形成類似衣領或是戒指般的形狀,包覆在胼胝
體旁。胼胝體上方的是扣帶迴,正好挨在扣帶
溝旁邊。在胼胝體下方的是海馬旁迴,下方為
側副溝與鼻溝。扣帶迴與海馬旁迴又統稱為弓
形腦迴。邊緣葉埋在所有腦葉(顳葉、頂葉與
額葉)的內側。海馬迴與杏仁核雖然並不位於
這個裂開的戒指形狀中,但在解剖上也被視為
是邊緣葉與邊緣系統的一部分。

海馬迴

　　海馬迴在海馬旁迴的上緣與另外一道隆
起——齒狀迴,纏在一起形成海馬齒狀
迴。雖然海馬齒狀迴也是大腦皮質的一部
分,但相較於其他多數、較晚才演化出來
的大腦皮質區有六層腦細胞,海馬齒狀迴
卻只有一到三層的細胞。

　　海馬迴的主要功能包括:空間知覺、記
憶形成以及回憶。海馬迴也會幫忙挑選短
期記憶,送到長期記憶區儲存。如果海馬
迴受傷,會使患者無法形成新記憶,但並
不影響(受傷前即已形成的)過去的記憶。

神經元
圖片是用特殊光學方法拍攝的顯微照片,將
海馬迴的神經元以綠色螢光標記。金色標記
的地方則是離子通道,允許鈉、鈣等離子能
夠藉此通過細胞膜,成為傳遞神經衝動的電
生理基礎。

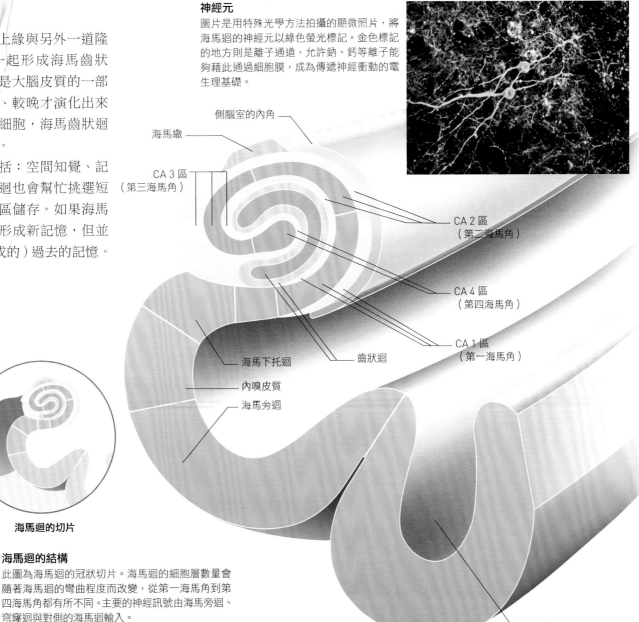

側腦室的內角

海馬繖

CA 3 區
(第三海馬角)

CA 2 區
(第二海馬角)

CA 4 區
(第四海馬角)

CA 1 區
(第一海馬角)

海馬下托迴

齒狀迴

內嗅皮質

海馬旁迴

白質

海馬迴的切片

海馬迴的結構
此圖為海馬迴的冠狀切片。海馬迴的細胞層數量會
隨著海馬迴的彎曲程度而改變,從第一海馬角到第
四海馬角都有所不同。主要的神經訊號由海馬旁迴、
穹隆迴與對側的海馬迴輸入。

海馬迴的位置

大腦皮質

大腦皮質是大腦外層最主要的部位。當我們從任何角度觀看大腦時，那些突起與皺褶就是大腦皮質。因為皮質的顏色相對於下方的神經纖維（白質）較暗，因此又稱為灰質。

大腦腦葉

藉由大腦表面的突起和凹陷，依照不同的解剖系統，我們可以將大腦分為四到六組腦葉。最深也最重要的腦溝，就是分開左右大腦半球的大腦縱裂。腦葉與周邊結構多以覆蓋在上方的骨頭，也就是顱骨來命名。例如兩側的額葉都緊靠在額骨旁，而枕葉就在枕骨下方。也有些命名系統將邊緣葉（詳見第 65 頁）、腦島與中葉等從其他結構獨立出來。

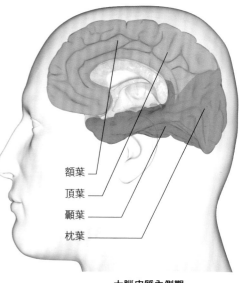

額葉
頂葉
顳葉
枕葉

大腦皮質內側觀

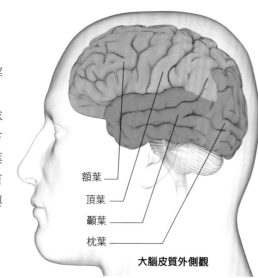

額葉
頂葉
顳葉
枕葉

大腦皮質外側觀

大腦分葉
可被分為四個不同區域，稱為腦葉（如此圖顯示）。在某些分類中最前面的額葉還會再被細分為「前額葉」，但「前額葉皮質」是更被廣為接受的命名方式。

大腦皮質上的重要標的

在大腦皮質上的突起，稱為腦迴；較淺的凹陷稱為腦溝，較深的凹陷則稱為腦裂。多數腦迴與腦溝看起來差異不大，但不同的大腦間，腦溝與腦迴的形狀存在個體差異，很少會完全一樣。單一個體的左右大腦結構幾乎相似，但並非完全對稱（詳見第 57 頁）。

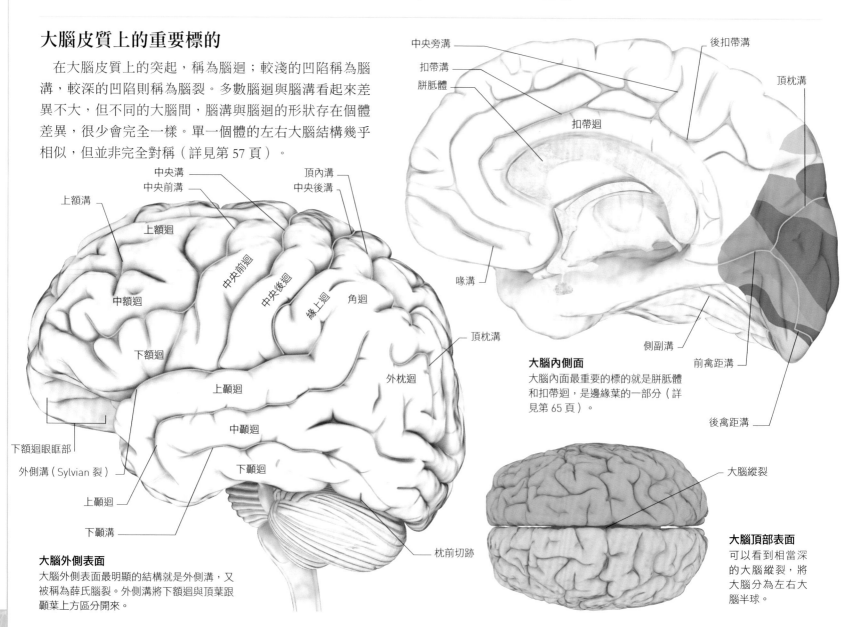

上額溝
中央溝
中央前溝
頂內溝
中央後溝
上額迴
中央前迴
中央後迴
緣上迴
角迴
中額迴
下額迴
頂枕溝
上顳迴
外枕迴
中顳迴
下額迴眼眶部
外側溝（Sylvian 裂）
下顳迴
上顳溝
下顳溝
枕前切跡

大腦外側表面
大腦外側表面最明顯的結構就是外側溝，又被稱為薛氏腦裂。外側溝將下額迴與頂葉跟顳葉上方區分開來。

中央旁溝
扣帶溝
胼胝體
扣帶迴
後扣帶溝
頂枕溝
喙溝
側副溝
前禽距溝
後禽距溝

大腦內側面
大腦內面最重要的標的就是胼胝體和扣帶迴，是邊緣葉的一部分（詳見第 65 頁）。

大腦縱裂

大腦頂部表面
可以看到相當深的大腦縱裂，將大腦分為左右大腦半球。

功能區

大腦皮質被以三種不同的方式，標記分區與定位。第一種是依據大體解剖學來定義，以腦迴和腦溝來辨識（上頁圖）。第二種方式是以顯微解剖學來定義，以神經細胞的形狀與連結來區分，科比尼安・布洛德曼醫師正是這個領域的先驅者（下方照片）。此頁的大腦分區圖片，正是以他的名字命名的。第三種方式是以神經學的功能來區分，將各個小區域和所涉及的相關功能連結。例如位於大腦後方的區域，多半與視覺有關，裡頭就有許多負責不同視覺辨識功能的區域，例如辨識顏色、形狀或是動作等等。早期這樣的功能性配對，是經由觀察腦部受傷的患者所得到的——在生前記錄他的神經功能缺損，等到患者死後才進行解剖，對應到腦部受傷的位置。現在則是透過對腦部的小區域進行刺激，然後記錄下其所產生的效應，或是透過功能性腦部掃描影像取得。這三種定位大腦的方式，僅有少部分重疊。

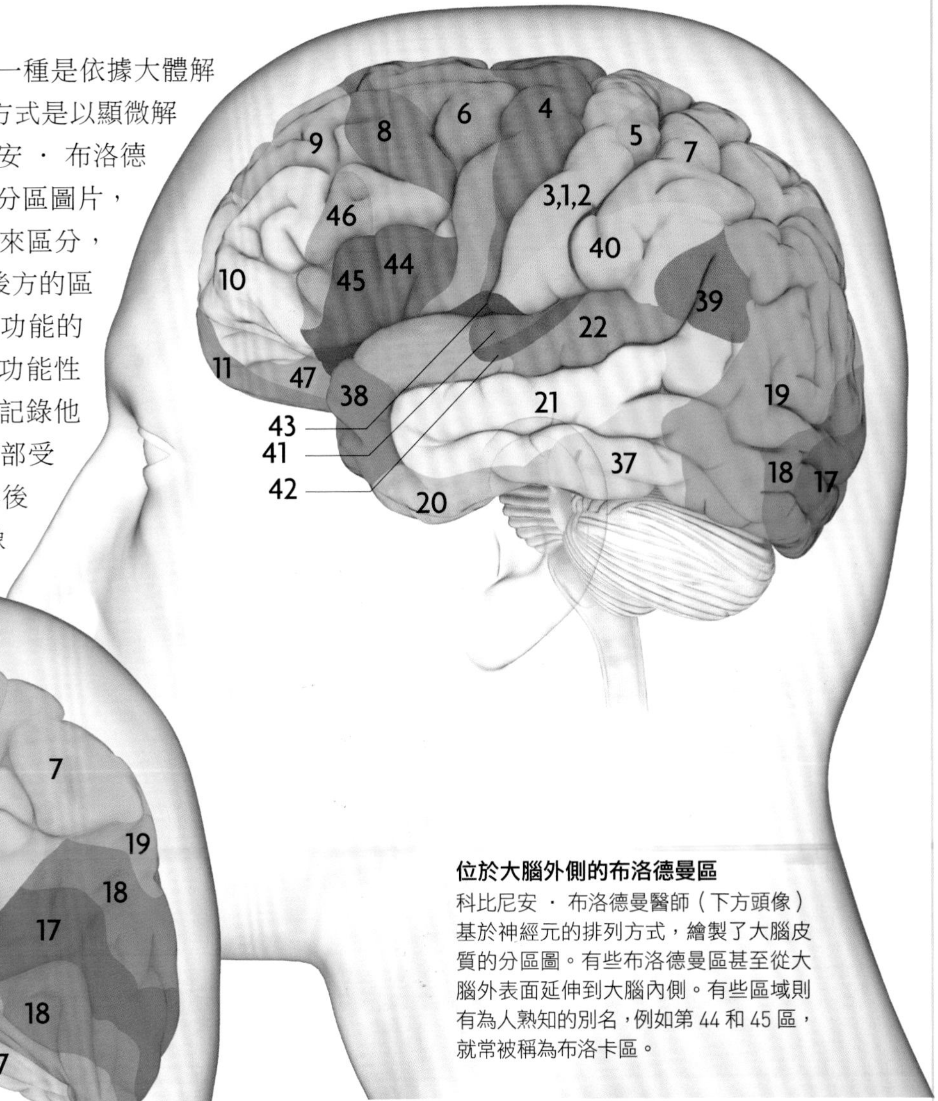

位於大腦外側的布洛德曼區

科比尼安・布洛德曼醫師（下方頭像）基於神經元的排列方式，繪製了大腦皮質的分區圖。有些布洛德曼區甚至從大腦外表面延伸到大腦內側。有些區域則有為人熟知的別名，例如第 44 和 45 區，就常被稱為布洛卡區。

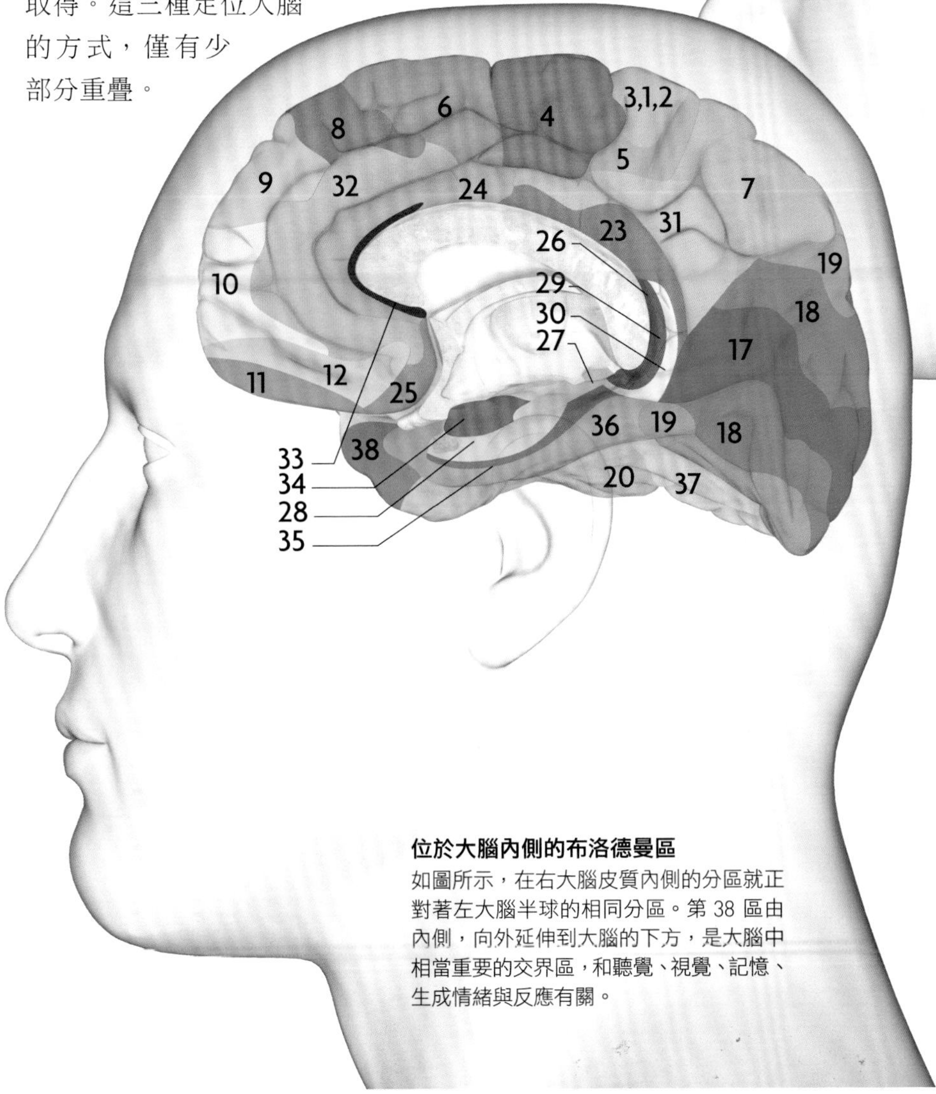

位於大腦內側的布洛德曼區

如圖所示，在右大腦皮質內側的分區就正對著左大腦半球的相同分區。第 38 區由內側，向外延伸到大腦的下方，是大腦中相當重要的交界區，和聽覺、視覺、記憶、生成情緒與反應有關。

各區大概的功能

聽覺
顳葉

- 22
- 38
- 41
- 42

身體感覺
頂葉

- 1, 2, 3
- 5
- 7
- 31
- 39
- 40

情緒
前扣帶與眶（額）皮質

- 11
- 12
- 24
- 25
- 32
- 33
- 38

味覺
腦島

- 43

嗅覺
內側顳葉皮質

- 28
- 34

記憶
內側顳葉
後扣帶皮質

- 23
- 26
- 27
- 29
- 30
- 35
- 36

運動
額葉

- 4
- 6
- 8
- 9
- 10
- 44
- 45
- 46
- 47

視覺
枕葉與顳葉皮質

- 17
- 18
- 19
- 20
- 21
- 37
- 38

科比尼安・布洛德曼醫師

科比尼安・布洛德曼（1868 − 1918）是一位德國神經學家，對大腦皮質有非常詳盡的研究，分析了大腦皮質的分層、組織、單一神經元和其他細胞在結構與大小的變化。他在人類、猴子以及其他哺乳類的大腦上，劃出不同區域並給予編號，終結了長久以來對命名大腦皮質區域的困擾。

大腦聯合區

　　某些部分的大腦皮質稱為大腦聯合區，是由一些同時連結兩個或更多功能區域的神經元所組成。這表示這些神經元同時接收了不同種類的訊息，例如視覺與聽覺。它們的角色是負責整合這些資訊。這是一個理解的過程，讓我們能夠不只理解獨立的字母，也能理解單字的意義。例如視覺皮質與頂葉的交界處，就需統整視覺資訊和體感，才能理解看到的東西與身體間的相關性。因為額葉皮質收集並統合了來自大腦其他部位的資訊，所以也常被視為大腦聯合區，從而產生了我們的思想、判斷以及有意識參與的感覺。

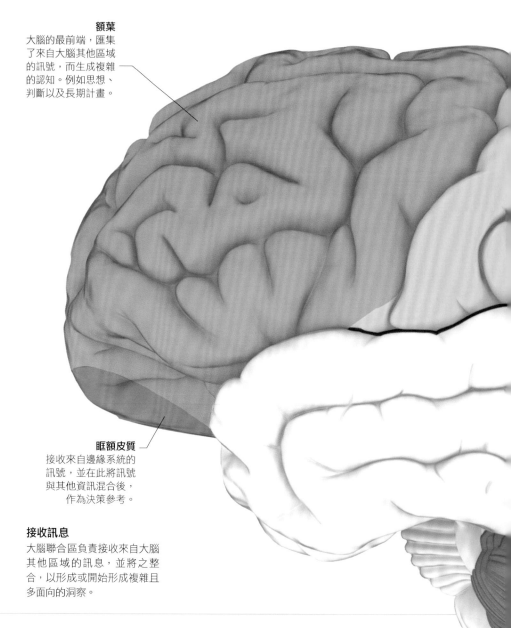

額葉
大腦的最前端，匯集了來自大腦其他區域的訊號，而生成複雜的認知。例如思想、判斷以及長期計畫。

眶額皮質
接收來自邊緣系統的訊號，並在此將訊號與其他資訊混合後，作為決策參考。

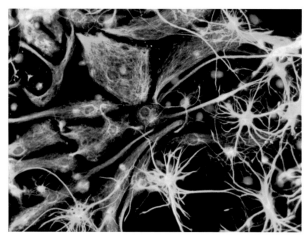

神經膠細胞
在這張螢光染色的顯微照片下，可以看到星狀的星狀細胞（淺綠色）與其他支持性細胞。神經膠細胞組成了大腦的支持性組織，並提供神經元保護。支持性組織可支持神經元得以在不同的皮質區之間傳遞訊息。

接收訊息
大腦聯合區負責接收來自大腦其他區域的訊息，並將之整合，以形成或開始形成複雜且多面向的洞察。

大腦皮質的結構

　　高度複雜的灰質層形成了大腦皮質，厚度約為 2 到 5 mm（1/16 到 3/16 吋）。根據估計，大概有 100 億到 500 億以上的神經元組成，而負責支持神經元的神經膠細胞和其他細胞，數量則大約是神經元的五到十倍以上。大腦皮質的神經元大概分成六層，由外到內分別是分子層、外顆粒層、外錐狀層、內顆粒層、內錐狀層以及多形層（下頁圖片）。每個布洛德曼分區（詳見第 67 頁）神經元的形狀都顯著不同。例如第 4 區的初級運動皮質就富含錐狀細胞。大腦皮質裡的神經元，通常細胞本體在上，軸突則向下延伸。細胞本體的顏色偏暗，而軸突由於被富含脂肪的髓鞘包裹，所以看起來偏白。這使得灰質得以與大腦內部較多的白質做出區別。

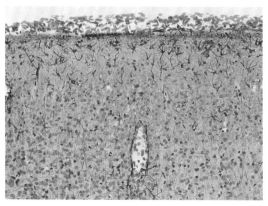

大腦皮質的組織

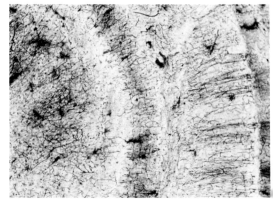

神經纖維

大腦皮質的分層

頂葉
負責接收視覺、聽覺與情緒等訊號的區域，以了解本體與周邊環境的關係。

顳葉與頂葉交界處
這個區域負責將知覺訊號整合，在任何時候讓身體對外界的狀況有較全面的了解。

小腦
位於大腦後方，整合來自知覺區的訊號，以調校精細的動作。

大腦皮質的功能

人類大腦多數的皮質都分為六層，每一層所包含的神經元都和其他層不同。大腦皮質的神經元負責接收並傳送神經訊號，給其他腦區甚至是其他區域的大腦皮質。這種不斷往返的訊息傳送流程，讓每一個腦區都能知道其他腦區的狀況。大腦皮質中的神經元通常為「倒立」狀態，接收訊息的樹突端，會指向表面，而攜帶訊息給其他細胞的軸突，則指向下方。有些軸突在皮質下方會一路延伸，負責投射訊息到較遠端的腦區，這些軸突束就構成了白質。有些軸突則在較深層的皮質間橫向延伸，相互連結其他皮質的細胞。

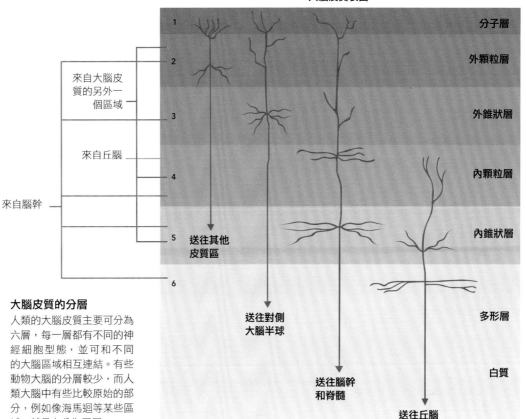

大腦皮質表面

| 1 | 分子層 |
| 2 | 外顆粒層 |

來自大腦皮質的另外一個區域

| 3 | 外錐狀層 |

來自丘腦

| 4 | 內顆粒層 |

來自腦幹

| 5 | 送往其他皮質區 — 內錐狀層 |
| 6 | 多形層 |

送往對側大腦半球

送往腦幹和脊髓

送往丘腦

白質

大腦皮質分層

大腦皮質的分層

人類的大腦皮質主要可分為六層，每一層都有不同的神經細胞型態，並可和不同的大腦區域相互連結。有些動物大腦的分層較少，而人類大腦中有些比較原始的部分，例如像海馬迴等某些區域，就只有分為三層。

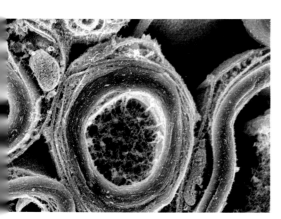

寡樹突細胞

大腦皮質的組成

在較低倍數下觀察大腦皮質組織的話，可以看到神經元（前頁最左邊，灰藍色），被支持性神經膠細胞（紅色）所包圍。在較高倍數下，就可以清楚看見位在大腦皮質底部的單一軸突（由左數來第二張圖）[1]。實驗室用不同的染色，就可以顯示四到六層不同的皮質分層（由左數來第三張圖），以及圍繞在軸突周邊，富含脂肪細胞的髓鞘[2]。

大腦的皺褶

大腦皮質充滿皺褶的結構，是人類大腦明顯與其他物種不同的特徵之一。多數的皮質表面都塞進了腦溝裡，如果可以完全攤開的話，那麼大腦應該可以攤開成差不多一塊小桌布的大小。人類從四足著地進化成雙足行走的過程，也許是人類大腦具有密集皮質皺褶的理由。為了要維持站立的姿勢，人類祖先的骨盆變得狹窄，這使得生產變得較為困難，這也讓頭比較小的孩子較有可能生存，因為要配合頭的大小，因此產生基因突變，導致大腦能夠產生皺褶，讓其置入相對變小的頭骨中。為了要放進更多的神經元，大腦皮質的皺褶也讓彼此之間的神經路徑縮短、資訊的處理流程變快。

將大腦皮質撫平

電腦程式能夠將大腦的表面撫平，可以看得到平常大腦有多少面積藏在腦溝中。綠色的區域是腦迴的面積，紅色區域則為大腦平常塞在腦溝中的面積。

*[1]【審訂註】此圖為單一軸突的橫切面
*[2]【審訂註】位於中樞神經系統內的髓鞘，都是由寡樹突細胞（左方圖，橫切面中墨綠色的部分）所組成。

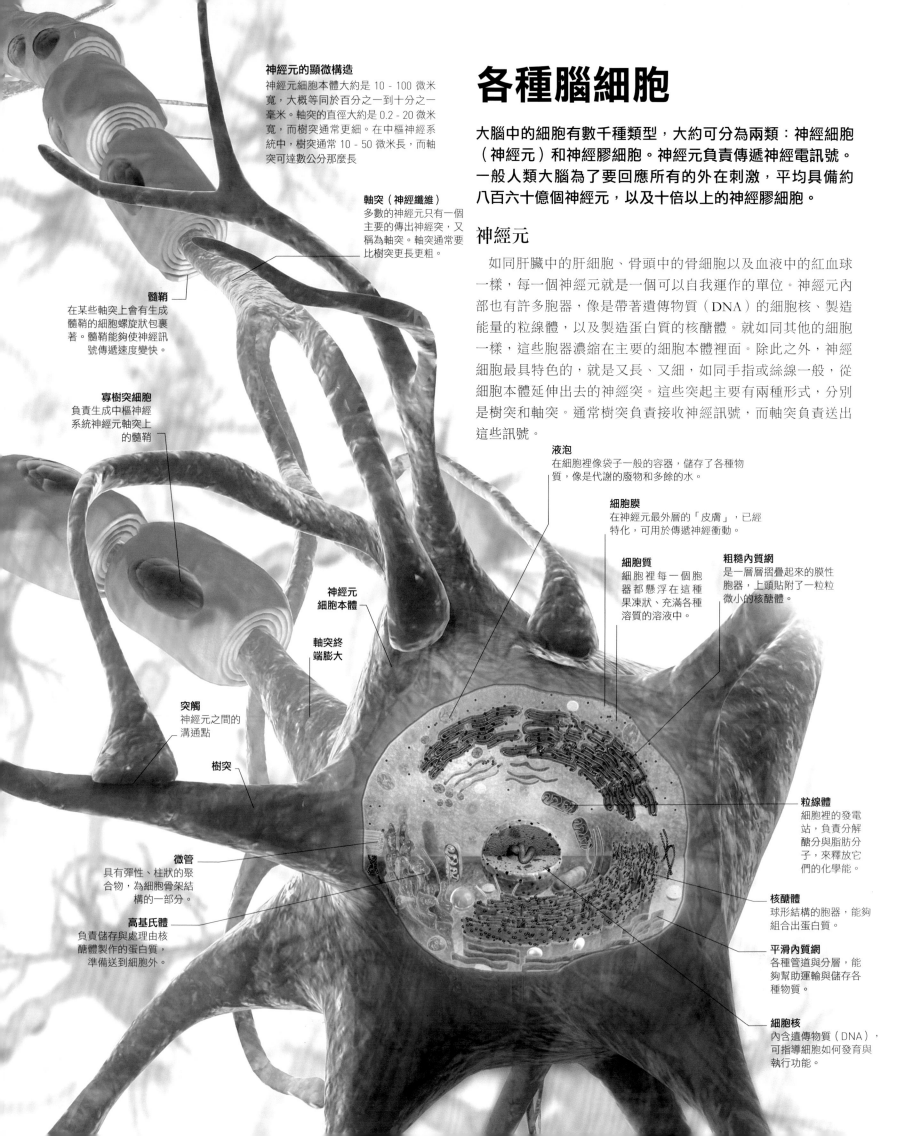

各種腦細胞

大腦中的細胞有數千種類型,大約可分為兩類:神經細胞(神經元)和神經膠細胞。神經元負責傳遞神經電訊號。一般人類大腦為了要回應所有的外在刺激,平均具備約八百六十億個神經元,以及十倍以上的神經膠細胞。

神經元

 如同肝臟中的肝細胞、骨頭中的骨細胞以及血液中的紅血球一樣,每一個神經元就是一個可以自我運作的單位。神經元內部也有許多胞器,像是帶著遺傳物質(DNA)的細胞核、製造能量的粒線體,以及製造蛋白質的核醣體。就如同其他的細胞一樣,這些胞器濃縮在主要的細胞本體裡面。除此之外,神經細胞最具特色的,就是又長、又細,如同手指或絲線一般,從細胞本體延伸出去的神經突。這些突起主要有兩種形式,分別是樹突和軸突。通常樹突負責接收神經訊號,而軸突負責送出這些訊號。

神經元的顯微構造
神經元細胞本體大約是 10 - 100 微米寬,大概等同於百分之一到十分之一毫米。軸突的直徑大約是 0.2 - 20 微米寬,而樹突通常更細。在中樞神經系統中,樹突通常 10 - 50 微米長,而軸突可達數公分那麼長

軸突(神經纖維)
多數的神經元只有一個主要的傳出神經突,又稱為軸突。軸突通常要比樹突更長更粗。

髓鞘
在某些軸突上會有生成髓鞘的細胞螺旋狀包裹著。髓鞘能夠使神經訊號傳遞速度變快。

寡樹突細胞
負責生成中樞神經系統神經元軸突上的髓鞘

神經元細胞本體

軸突終端膨大

突觸
神經元之間的溝通點

樹突

微管
具有彈性、柱狀的聚合物,為細胞骨架結構的一部分。

高基氏體
負責儲存與處理由核醣體製作的蛋白質,準備送到細胞外。

液泡
在細胞裡像袋子一般的容器,儲存了各種物質,像是代謝的廢物和多餘的水。

細胞膜
在神經元最外層的「皮膚」,已經特化,可用於傳遞神經衝動。

細胞質
細胞裡每一個胞器都懸浮在這種果凍狀、充滿各種溶質的溶液中。

粗糙內質網
是一層層摺疊起來的膜性胞器,上頭貼附了一粒粒微小的核醣體。

粒線體
細胞裡的發電站,負責分解醣分與脂肪分子,來釋放它們的化學能。

核醣體
球形結構的胞器,能夠組合出蛋白質。

平滑內質網
各種管道與分層,能夠幫助運輸與儲存各種物質。

細胞核
內含遺傳物質(DNA),可指導細胞如何發育與執行功能。

神經元的種類

神經元可以以細胞本體和軸突與樹突的相對位置、以及樹突與軸突的分支數量,做結構性的分類(參見下圖)。在大腦的某些區域、周邊神經系統以及感覺器官,神經元的類型非常統一且容易辨識。例如眼睛的視網膜就包含了許多雙極神經元(詳見第 80 頁)。不過在其他的區域,各種不同形狀的神經元多半相互混雜,並形成一個複雜且相互連結的網路。在大腦皮質,一個神經元可能經由眾多的樹突分支,接收來自一千個其他神經元的訊號。神經衝動會先傳到細胞本體,然後再經由軸突送出。這些神經衝動都是存在細胞膜上,並不在細胞質裡。

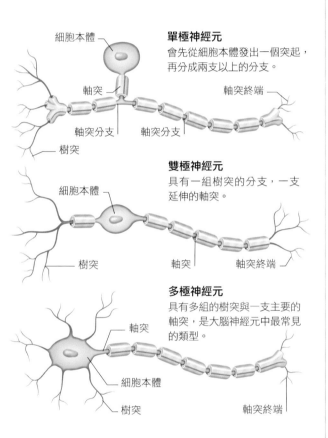

單極神經元
會先從細胞本體發出一個突起,再分成兩支以上的分支。

雙極神經元
具有一組樹突的分支,一支延伸的軸突。

多極神經元
具有多組的樹突與一支主要的軸突,是大腦神經元中最常見的類型。

神經再生

每一個神經元都極為複雜,具有完全不同的形狀,藉由突觸和其他神經元,建立特有的連結關係。這些連結是經年累月所累積而成的,有些連結隨著時間會弱化,有些連結則隨著時間會更加強化。這樣的獨特性,使任何對神經元的疾病和傷害的影響都相當嚴重。這些神經元不太可能再重新形成同樣的分支與連結。即便再次重生,生長速度不但極為緩慢,且一開始為隨機發展,直到樹突和軸突依據收到與送出的神經衝動,「察覺」到該去的方向。

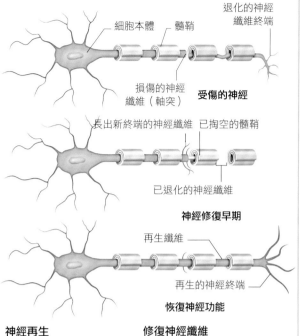

受傷的神經

神經修復早期

恢復神經功能

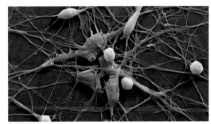

神經再生
大腦可以生成新的神經細胞。神經前驅細胞(如顯微照片中所示)是幹細胞特化到成熟神經細胞過程中的一個階段。在這個階段,可以選擇特化為神經元或是支持細胞。

修復神經纖維
神經細胞的修復是一個非常緩慢的過程。多處軸突終端被破壞時,如果給予神經生長因子,會促使生成新的分支。新的分支甚至會鑽進空的髓鞘中。

神經膠細胞

神經膠細胞給予神經元實質的協助(glia 在希臘文裡就是膠的意思),但也被認為能夠影響神經元的電氣活動。神經膠細胞可支持細瘦的樹突和軸突,協助這些突起在複雜的神經網絡中蜿蜒行進,並以糖與其他原料提供養分,讓神經元能持續成長與修復。神經膠細胞有許多不同的種類。在中樞神經系統內,由寡樹突細胞負責製造髓鞘,在周邊神經系統的話則是由許旺氏細胞來負責。微小神經膠細胞負責破壞入侵的微生物,和清除神經退化後所遺留的細胞碎片。星狀細胞被認為會影響神經行為,並在記憶與睡眠功能扮演重要角色。

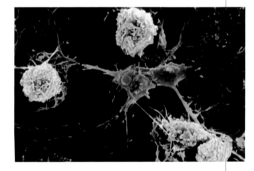

寡樹突細胞遭受攻擊
位於中樞神經系統的寡樹突細胞(紫色),最主要的功能就是製造髓鞘,包圍大腦與脊髓中的軸突。但罹患多發性硬化症的患者,寡樹突細胞會被微小神經膠細胞攻擊,甚至摧毀。

突觸

突觸是神經元間傳遞神經衝動的溝通區域。許多神經元並不直接地碰觸另一個神經元,而是透過化學物質(神經傳導物質),穿越極小的突觸間隙,來傳遞神經訊號(詳見第 72 − 73 頁)。從顯微結構上,可以依突觸前後對接的位置不同,分成幾種類型。對接的位置有可能是細胞本體、樹突、軸突,甚至是在某些樹突上發現,稱為樹突棘的微小突起(見右圖)。軸突樹突棘性的突觸最多,大腦中半數的突觸都為此類型。軸突樹突性的突觸大約佔了 30%。

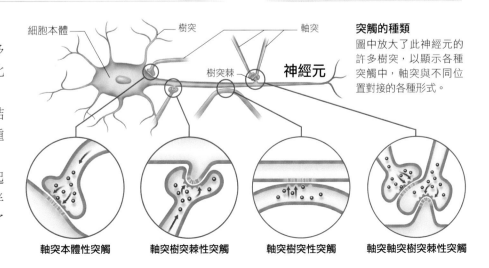

神經元

突觸的種類
圖中放大了此神經元的許多樹突,以顯示各種突觸中,軸突與不同位置對接的各種形式。

軸突本體性突觸　**軸突樹突棘性突觸**　**軸突樹突性突觸**　**軸突軸突樹突棘性突觸**

神經衝動

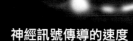

蘭氏結
髓鞘包覆的神經纖維

神經衝動或神經訊號是一種在神經元間的小電波和電訊號。從更基礎的方面來說，這個過程包含了化學小泡從軸突終端的細胞膜釋放，釋出神經傳導物質並抵達另一個細胞的過程。

如何形成神經衝動

神經訊號由一連串夠強大的神經衝動組成，又稱為動作電位。神經衝動是四處傳遞的「波」，這些「波」與離子進出細胞膜有關，通常是鈉離子、鉀離子與氯離子。無論是在大腦或是身體其他地方，多數神經衝動的強度是一樣的，都大約是 100 毫伏特（0.1 伏特）。時間長度多半是 1 毫秒（千分之一秒）左右，但前進速度則不盡相同。神經衝動的頻率、發起的地方與目標位置，決定了傳遞的資訊內容。

神經訊號傳導的速度

取決於不同神經纖維的類型，神經衝動傳遞的速度差異相當大，速度可從每秒鐘 1 公尺到快於每秒鐘 100 公尺（每秒 3 到 330 呎）。通常具有髓鞘的軸突速度最快。神經衝動會在具有髓鞘的軸突快速傳遞，在蘭氏結（沒有髓鞘包覆的小間隙）之間快速跳躍。

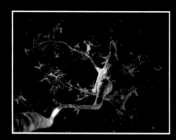

前往突觸的神經衝動

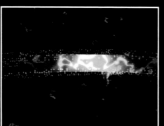

軸突的細胞膜在一般狀態下為極化狀態

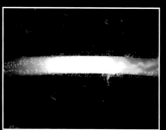

軸突去極化傳遞神經衝動

神經衝動抵達突觸

改變靜止型態

因為神經細胞中化學顆粒的移動，才會產生神經衝動。神經衝動是由移動的電位變化構成，然後通過樹突與軸突，直達突觸。但在突觸，神經衝動的傳遞，主要仰賴的是神經傳導物質的化學結構。

帶正電的離子被送往細胞外，恢復靜止膜電位。

細胞內帶正電的離子過量，相對於細胞外，膜電位從 -70 毫伏特，最高達到 +30 毫伏特。

神經衝動的方向

細胞膜外多餘的正電荷離子

軸突外（含有細胞外液）

軸突的細胞膜

正電荷離子被打入細胞膜內

軸突內（含有細胞內液的區域）

神經元的細胞膜能夠經由離子通道，主動運輸帶有電荷的離子。

橫跨細胞膜的動作電位

電波訊號
帶有正電荷的鈉離子與鉀離子，穿過細胞膜的時候會形成神經衝動。神經訊號以電波的形式，沿著反覆去極化與再極化的細胞膜前進。

3 再極化
為了回復細胞膜上的電荷平衡，帶有正電的鉀離子和鈉離子被送往相反的方向。這將會影響周邊被去極化的區域，將其回復到靜止膜電位。

2 去極化
神經訊號抵達時，細胞膜電位會去極化。帶有正電的鈉離子會經由鈉離子幫浦，由神經元軸突的細胞膜外側，迅速流進內側。現在細胞內相對於細胞外，帶有更多正電。

1 靜止膜電位
當沒有任何神經衝動通過時，神經元軸突細胞膜內側的鉀離子與負電荷離子較多，細胞膜外的鈉離子和其他正電荷離子較多。這讓細胞膜內外產生電荷差，形成了膜外相對於膜內帶正電的靜止膜電位。

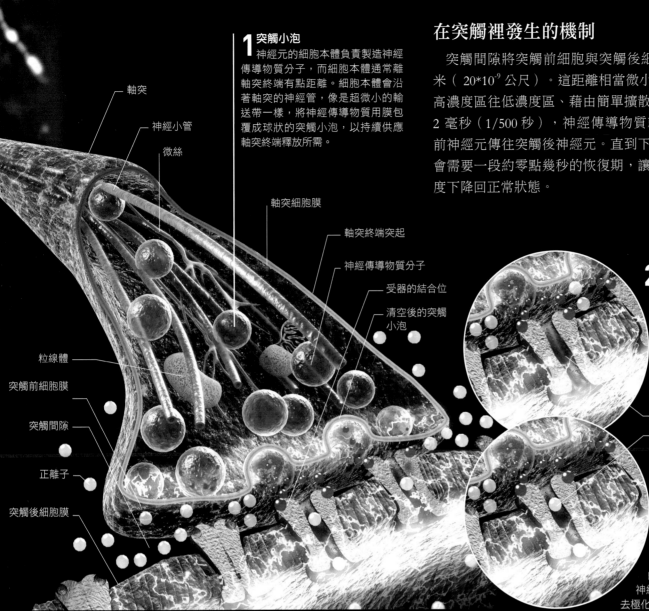

在突觸裡發生的機制

突觸間隙將突觸前細胞與突觸後細胞分開，間隔約為 20 奈米（20*10⁻⁹公尺）。這距離相當微小，使神經傳導物質可以由高濃度區往低濃度區、藉由簡單擴散跨過突觸間隙。只需不到 2 毫秒（1/500 秒），神經傳導物質就能將神經衝動，從突觸前神經元傳往突觸後神經元。直到下一次能夠傳送神經衝動，會需要一段約零點幾秒的恢復期，讓突觸裡的神經傳導物質濃度下降回正常狀態。

1 突觸小泡
神經元的細胞本體負責製造神經傳導物質分子，而細胞本體通常離軸突終端有點距離。細胞本體會沿著軸突的神經管，像是超微小的輸送帶一樣，將神經傳導物質用膜包覆成球狀的突觸小泡，以持續供應軸突終端釋放所需。

2 排出神經傳導物質
當神經衝動或是動作電位抵達軸突終端，突觸小泡會與突觸前神經元的細胞膜融合。接著釋放神經傳導物質，通過突觸間隙，與突觸後神經元細胞膜受器上的結合位結合。

3 興奮突觸後神經元
神經傳導物質的分子，會與突觸後神經元（也就是下一個神經細胞的樹突）細胞膜上，像關卡一樣的受器結合。神經傳導物質卡進相同形狀的結合位後，會打開離子通道，讓正離子由突觸後細胞膜外流向膜內。如果神經衝動夠強，這將會誘發新的一波去極化，讓神經衝動可以繼續往下傳。

圖中標示：
- 軸突
- 神經小管
- 微絲
- 軸突細胞膜
- 軸突終端突起
- 神經傳導物質分子
- 受器的結合位
- 清空後的突觸小泡
- 粒線體
- 突觸前細胞膜
- 突觸間隙
- 正離子
- 突觸後細胞膜
- 打開細胞膜上離子通道
- 離子通過離子通道

神經傳導物質

神經傳導物質指的是在神經元與其他細胞間傳遞訊息的化學物質。有許多不同種類的神經傳導物質。第一種為乙醯膽鹼，第二種為生物胺或單胺類，例如：多巴胺、組織胺、正腎上腺素以及血清素。第三種為胺基酸，例如：γ-氨基丁酸（GABA）、麩胺酸、天門冬氨酸以及甘胺酸。許多神經傳導物質在身體其他部位，也扮演重要的角色。例如組織胺就是發炎反應中的關鍵物質。除了γ-氨基丁酸以外，胺基酸在其他地方也相當普遍，是組成數百種蛋白質的基礎模塊。

γ-氨基丁酸（GABA）分子
γ-氨基丁酸（GABA）是在人腦與神經系統中主要的抑制性神經傳導物質。

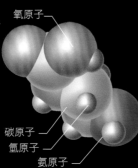

圖中標示：
- 氧原子
- 碳原子
- 氫原子
- 氮原子

神經傳導物質的小分子

下表列出常見的神經傳導物質，與它們在突觸的功能

神經傳導物質的化學名稱	一般在突觸後神經元的作用
乙醯膽鹼	多數為興奮性
γ-氨基丁酸（GABA）	抑制性
甘胺酸	抑制性
麩胺酸	興奮性
天門冬氨酸	興奮性
多巴胺	興奮性與抑制性*
正腎上腺素	多數為興奮性
血清素	抑制性
組織胺	興奮性

興奮性與抑制性突觸

特定的神經傳導物質，有可能會興奮接收訊號的神經細胞，讓軸突丘（軸突與細胞本體交界）去極化，將神經衝動繼續往下傳。但也有可能是抑制性的、抑制去極化的發生。至於是興奮還是抑制，則取決於接收訊號的細胞，細胞膜上是哪一種受器。

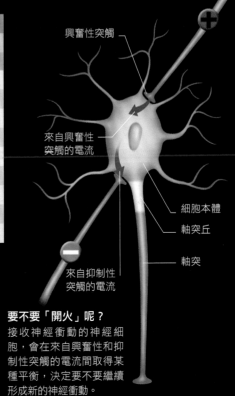

圖中標示：
- 興奮性突觸
- 來自興奮性突觸的電流
- 細胞本體
- 軸突丘
- 軸突
- 來自抑制性突觸的電流

要不要「開火」呢？
接收神經衝動的神經細胞，會在來自興奮性和抑制性突觸的電流間取得某種平衡，決定要不要繼續形成新的神經衝動。

*【審訂註】多數神經傳導物質的受器有不同的亞型，神經傳導物質所造成的效果取決於其與哪一種受器亞型結合。

繪製腦圖與人工大腦

建造人造大腦是人類長久以來的夢想，由於電腦科技的進步，讓這個夢想得以實現。現在已經有兩個全球的專案，正在試圖想要以數位化的方式，重現並模擬人類大腦。如果這個夢想實現了，無論人造大腦會不會具有意識，或是這將帶來哪些未知的體驗，這都將會改變我們對大腦的理解。

大腦連結體

　　神經元之間的連結，將大腦各部位聯繫在一起。如果要能夠有效重建人腦，就必須了解所有神經元間的連結。有個全球專案：大腦連結體計畫，便使用了擴散張量成像這種核磁共振的影像技術，呈現所有神經纖維的走向。這些在大腦中連結的神經纖維，其實是一束束被髓鞘包裹，在各神經元間穿梭的軸突。不同人類個體間，神經路徑的模式大致相似，卻不完全相同。正是這些細微的差異，造就了每一個人的獨特性。例如有些人從杏仁核延伸到前額葉皮質的神經路徑相對較少，而杏仁核的位置在大腦深處，與恐懼的形成有關，那麼這些人較不容易因為恐懼而感到緊張。相反的，也有人的前腦，對於來自杏仁核關於恐懼的警告，較為敏感。

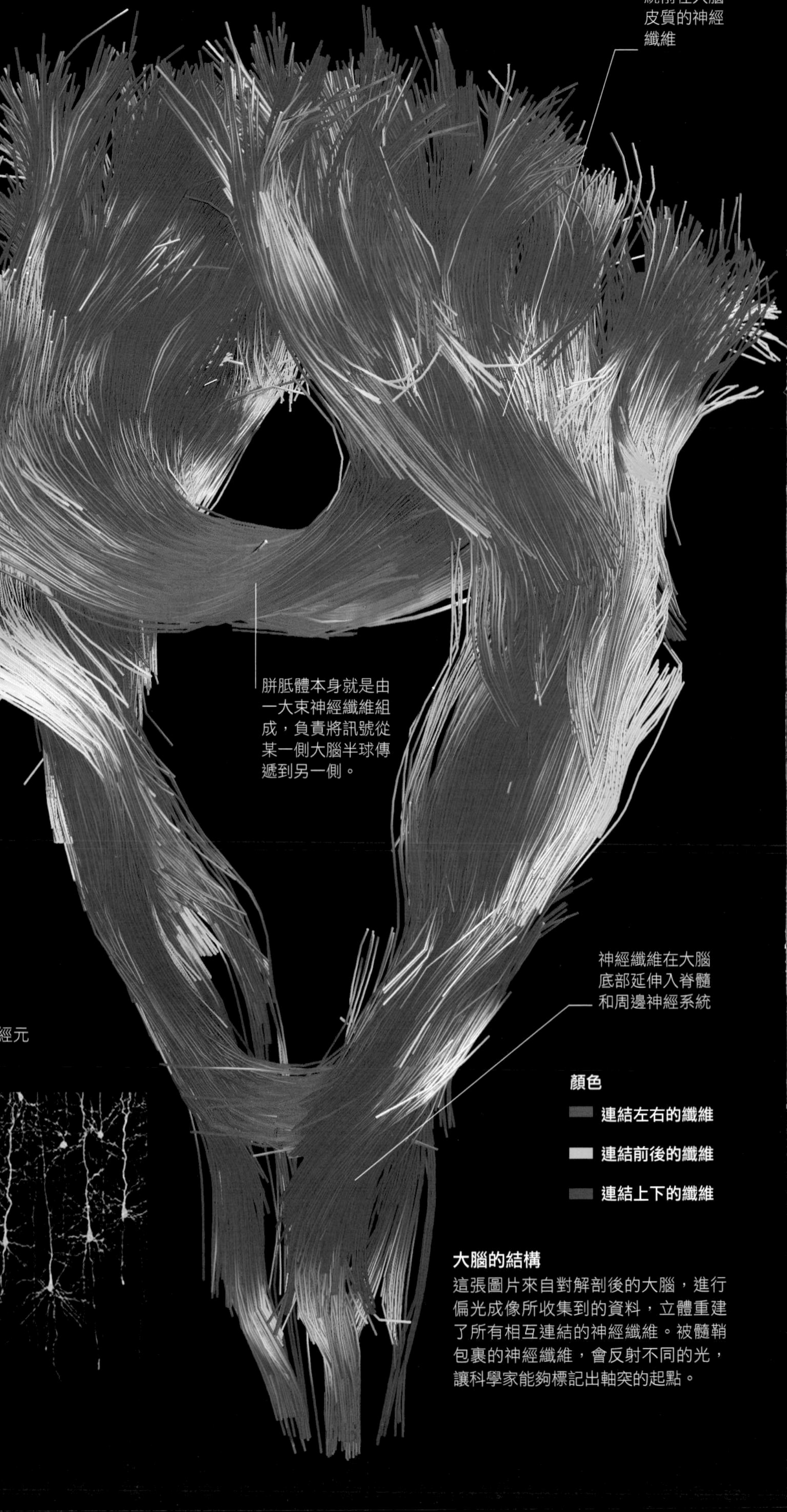

穿過邊緣系統前往大腦皮質的神經纖維

胼胝體本身就是由一大束神經纖維組成，負責將訊號從某一側大腦半球傳遞到另一側。

神經纖維在大腦底部延伸入脊髓和周邊神經系統

顏色

■ 連結左右的纖維

■ 連結前後的纖維

■ 連結上下的纖維

輸入訊號

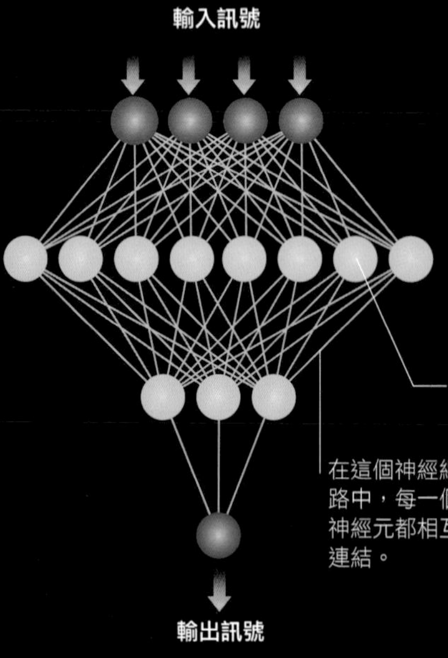

簡潔的神經網路理論

神經網路是一種簡潔的理論，解釋了大腦運作的原理。這些虛擬的神經元，形成了微型的大腦。當資料輸入這個系統的時候，會如同在真正的大腦中一樣變化。整個神經網路中，神經元間的連結強度也會有所不同。

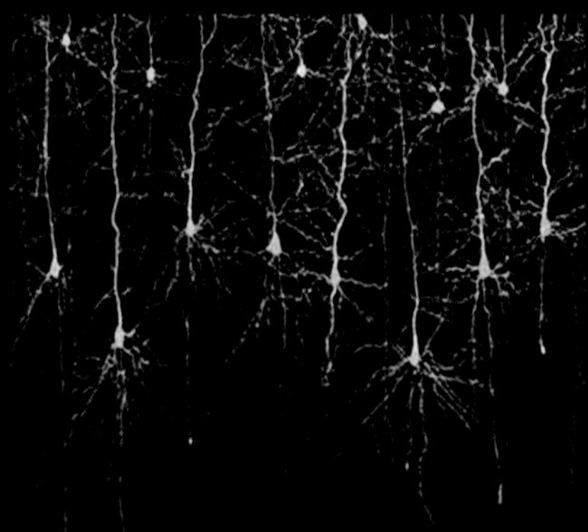

神經元接收第一線的感覺神經元傳來的訊號，並向下傳遞。

在這個神經網路中，每一個神經元都相互連結。

輸出訊號

複雜的網路

從這張新皮質的精細切片中可以看出，大腦的神經纖維形成了極其複雜的網路。如果要重建一個模擬人腦行為的模型，需要追蹤每一條纖維的走向。

大腦的結構

這張圖片來自對解剖後的大腦，進行偏光成像所收集到的資料，立體重建了所有相互連結的神經纖維。被髓鞘包裹的神經纖維，會反射不同的光，讓科學家能夠標記出軸突的起點。

造出一顆大腦

研究人員正在試著藉由標記每個迴路的方式，將大腦進行數位化模擬，並且試圖用電子化設備，取代活體大腦的生物機制（詳見下圖）。但畢竟數位化的大腦並未植入在身體裡，沒有相同的學習環境，所以數位大腦很有可能並不具有意識，也不會像真的大腦一樣運作。更不用提活體大腦具備像是荷爾蒙這種非電子化的元件。

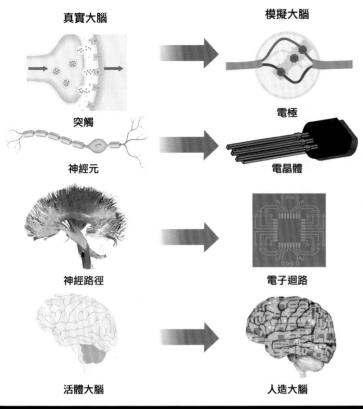

真實大腦　　　　模擬大腦

突觸　　　　　　電極

神經元　　　　　電晶體

神經路徑　　　　電子迴路

活體大腦　　　　人造大腦

大腦的數位化模型

對於神經學家來說，模擬人腦是現今面臨的最大挑戰。現在解決這個問題的切入點，是試著辨識出正常大腦中的所有神經元，並追蹤所有神經元間的連結。一點一點地將整個大腦和所有連結拼湊出來，並轉成數位化模型，儲存在超級電腦上。接著整個系統就能依照不同需求而運作，模擬各種被環境所誘發的感覺，轉成數位輸入的訊號。理論上，會做出和人類大腦一樣的反應。目前在歐洲，是由歐盟的旗艦級計畫「人腦計畫」（European Union flagship Human Brain Project，簡稱為 HBP）接手這項規模龐大的任務；在美國，也有類似的「推進創新神經技術腦部研究」（Brain Research through Advancing Innovative Neurotechnologies，簡稱為 BRAIN）。

藍腦計畫

大腦皮質中的神經元，密集到幾乎不可能將它們完全視覺化。如圖所示，瑞士的藍腦計畫已經模擬出，相當於數百萬個神經元和數十億連結的結果。

膜片箝制

這個裝置運用了 12 個膜片箝（下方圖片）來記錄神經元的輸出電荷。此膜片箝能夠在同一時間研究 12 個活體神經元。

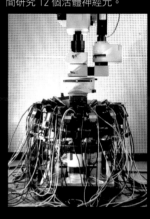

能夠自我成長的大腦

另外一種模擬人腦的方式，是讓虛擬的大腦自行進行數位進化。實際的做法是先建立一個神經網路，用電腦模擬的節點，形成相互溝通的系統，讓系統在接收到新資料時，能重新自我形塑。例如 NeuralBASE 就是一個建在電腦中的人工智慧系統。

這個系統最早是虛擬的運動和感覺神經元，每個神經元會對資訊的某種元素做出反應。就如同大腦也經由感覺，得到不少經歷，實驗也在系統中模擬了各種現實生活中的刺激。如同人類大腦，在 NeuralBASE 中的神經元也開始相互連結。就像活的大腦學習各種經驗一樣，給的刺激越多，整個神經網路中的虛擬連結就越綿密。如果給予足夠的計算能力，理論上 NeuralBASE 能夠像是人腦一樣運作。

能自我學習的程式

NeuralBASE試著在辨識手寫字體後，並加以重現。就像人類大腦一樣，並不只是複製輸入的訊號，NeuralBASE 能夠理解輸入訊號背後所隱含的想法，就像圖中不完整的 5 所代表的意義一樣。

自動機

人們在很久以前，就試圖想要創造像大腦一樣的系統。雖然在十九世紀曾風靡一時的自動機，顯然是由內部機構所驅動，但可以說是現今機器人的原型。這些栩栩如生的娃娃，隱藏了某種精密機制。這些娃娃能夠移動他們的肢體，去操作一些看起來極具智慧的動作，例如書寫的動作。雖然以現在的標準，這種機械化的大腦看來有些粗糙，但讓一個人造系統能夠像真人一樣運作的想法，也正驅動著今日許多大型的計畫。

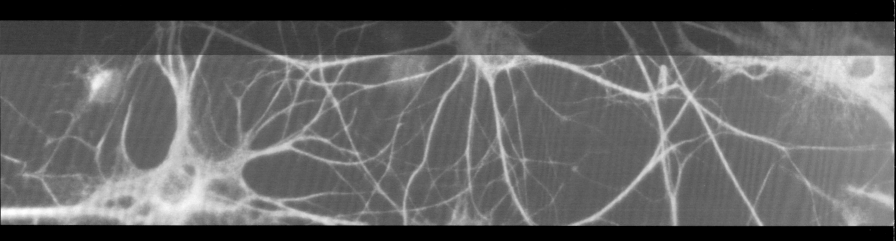

所有的視覺、聲響、味覺與氣味，其實都並非真實存在於世界上，說穿了，一切不過是各種能量波與粒子的組合。所謂的「感覺」，也不過只是在腦中建構的虛擬體驗。這樣神奇的現象，來自感覺器官將各種刺激，例如：光波或是觸碰到某種分子的感受，轉換為電訊號，傳送到負責處理該刺激的腦區後產生。刺激不一定都來自外在環境，有些刺激來自於大腦以外的身體各部位。再者，雖然人類能感受到不少外在刺激，但還是對於很多刺激沒有任何意識。

感覺系統

我們如何感受這個世界

大腦經由感覺器官與環境進行互動，並對各種刺激，例如：光波、聲波與壓力等做出反應。這些資訊將會以電訊號的形式，傳到大腦皮質（大腦最表層）負責該感覺的特定區域，經過處理產生像是視覺、聽覺與觸覺等各種感覺。

百感交集

單一感覺神經元，只回應特定感覺器官所回傳的資料。例如視覺皮質中的神經元，就只會對於來自眼睛的訊號特別敏銳。不過這樣的專業分工並不僵化。就曾有研究顯示，如果微弱的光訊號伴隨著聲響傳入，視覺神經元的反應會較強，似乎暗示著視覺神經元對於耳朵所接受到的活化訊號也有反應。同理，眼睛所看到的，也會影響耳朵所聽到的內容。心理學上有個很有名的效應稱為麥格克效應（McGurk Effect），指的是當某人發出「ba」的聲音的同時，看著某人發出「ga」聲的嘴形，這時腦中常常反倒會聽到「da」的聲音。這表示大腦試圖想要平衡各種互相衝突的感覺。另一個研究也顯示，對於失去聽覺或是視覺的人來說，原本處理視覺或是聽覺訊號的區域，會被「劫」去處理其他感覺。例如許多盲人的視覺皮質，往往會用來處理觸覺。

具有聽覺的人聽到對話時

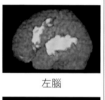

左腦

右腦

聾人看到手語時

左腦

右腦

聆聽，但毋須聲響
這些人類大腦的功能性核磁共振影像，黃色的部分顯示了聽覺正常的人聽到對話，或是聾人看到手語時，所活化的神經元。

聯覺（也稱為共感）

多數人對於同一種刺激，只有單一的反應。例如耳朵接收到聲波，所以感受到噪音。但有些人對於同一種刺激，能產生更多感覺。就像聽到聲音一樣，他們也能「看到」聲音，或是「嚐到」影像的味道。這種感覺稱為聯覺，當來自某種感覺器官的神經訊號，經過神經路徑，傳給了一般而言並非處理該感覺的區塊，就有可能產生聯覺。

控制組

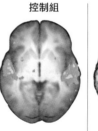

聯覺組

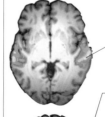

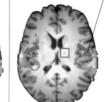

數字測試
有些聯覺，能夠看到不同的數字，具有不同顏色。這讓他們能夠辨識出原先難以辨識的形狀變化。

— 回應聲音的區域較大

— 增加活性

更豐富的感受
這些功能性核磁共振影像顯示，不同人聽到聲音時大腦活性的差異。有聯覺的人能夠比其他人產生更多感覺，每天的日常生活中，也比其他人都有更豐富的感受。

觸覺區大腦皮質

聽覺區大腦皮質

視覺區大腦皮質

感覺路徑
就像是聽覺、視覺、味覺、嗅覺、觸覺和痛覺一樣，各種感覺器官偵測到刺激後，以電訊號的形式，送往大腦處理特定訊號的各腦區。還有某些資訊也會進一步處理，讓人對這些感覺有所意識。

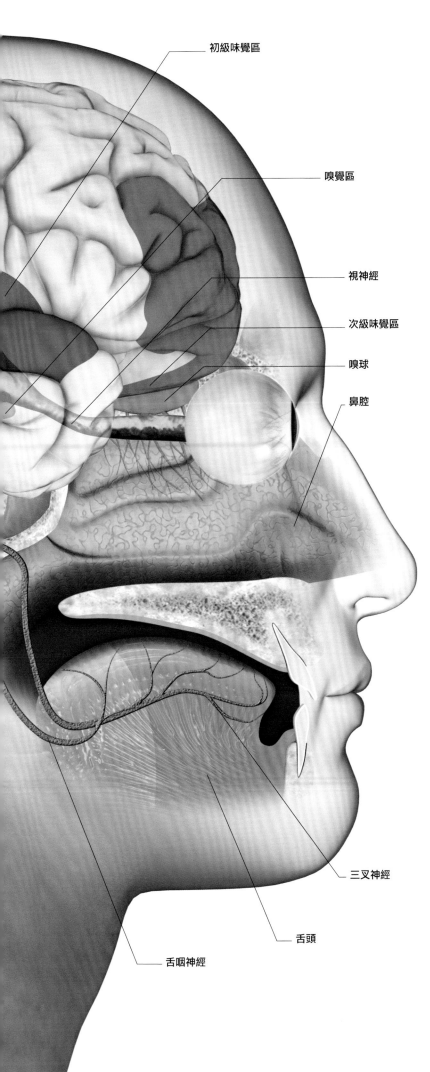

初級味覺區

嗅覺區

視神經

次級味覺區

嗅球

鼻腔

三叉神經

舌頭

舌咽神經

有意識的感覺與無意識的感覺

人類大腦無時無刻不被大量的感覺資訊轟炸，但只有很小一部分會進入意識層級。多數的感覺訊號，咻的一下，就消失得無影無蹤。只有那些相對「大聲」或是重要的資訊，才能吸引我們的注意（詳見第 182 － 183 頁），讓我們有所意識。但那些我們毫無意識到的感覺，仍然引領著我們的各種行為。例如我們移動的時候，並不會特別意識到身體的各種姿態。我們沒有特別注意到的各種影音刺激（例如廣告），也很有可能會影響我們的行為模式。

盲視

人類不一定要真的看到，也能夠透過盲視，取得必要的視覺資訊。雖然所有的人理論上都具備此能力，但是在那些因為大腦皮質損傷而失去視力的人身上，則更容易觀測到。這樣的患者，可能無法真的看到物品，但是不知為何卻能正確地猜出放在他們面前的東西長什麼樣子。多數盲視的研究，都採用會移動的物體來進行實驗。受試者則多半會回答雖然他們看不到物體的樣子，卻能夠正確地猜中物體移動的方向。

移動的物體

視覺輸入

視神經

視交叉

丘腦（視丘）

運動視覺區

視覺皮質

「猜中」運動方向

能夠猜中運動方向的盲視現象，可能是因為來自眼睛的訊號，直接經由無意識的路徑投射至運動視覺區所導致。帶有意識的視覺訊號，通常需仰賴另一個神經路徑，刺激初級視覺皮質的活化。

由下而上，與由上而下的處理流程

人類的感覺，可以由「外在的」環境刺激所啟動，然後影響感覺器官，或者是由「內在的」刺激（例如記憶和想像）所激發。前者就是由下而上的處理流程，而後者則是由上而下的處理流程（詳見第 87 頁）。這兩種方式，共同形塑了我們對現實的體驗。每一個人對同一事件的體驗都不完全相同。個體間的生理差異，影響了由下而上的流程。有些人腦中處理顏色的區塊較為敏銳，那麼比起一般人，顏色對於他們也會更加生動。同理，一個人獨有的記憶、知識和對外界的期待，也都會影響他們由上而下的感覺處理流程。

A∃C 12∃14

是字母？還是數字呢？
上面兩張圖中間的符號，就如同你的眼睛看到的一樣，並無不同。但從大腦由上至下而來的「期望」，讓這兩個字看起來似乎有些不同。在左側的看起來就像是字母 B，而右側的看起來像是數字 13。

眼睛

眼睛，可以說是大腦的延伸，內含超過一億兩千五百萬個對光敏感的神經細胞，這些細胞又稱為光受器。這些受器受光照射後，會產生電訊號，使大腦產生視覺影像。

視神經

在這張上了顏色的核磁共振影像掃描中可以看到，一束連結了眼球和大腦的粗纖維，就是視神經。

眼睛的結構

眼球是一個充滿液體的小球，前方有個開口（瞳孔），接著是像鏡片一般的水晶體，後方有一層對光敏感的神經細胞（視網膜）。瞳孔周邊環繞著一圈帶有顏色的組織（虹膜），最外頭覆蓋著一層透明的組織（角膜）並和眼球最外圍、較為堅韌的白色層（鞏膜）融合[*1]。視神經則經由眼睛後方的小孔（視盤）穿出，進入大腦。

視覺如何產生

由物體上反射出的光線，會穿過角膜，經由瞳孔進入眼球。虹膜會藉由改變瞳孔的大小形狀，控制光進入的量，光亮較強的時候，瞳孔會縮小；光暗的時候，瞳孔會擴大。接著光會穿過水晶體，水晶體將光折射，聚焦到視網膜上。觀看較近的物體時，水晶體會變厚，以增加折射；反之，如果觀看較遠的物體時，則水晶體會變薄。光線接著會打到視網膜上的光受器，有些受器則會被活化，透過視神經將電訊號傳到大腦中。

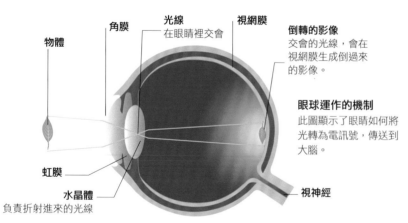

物體

角膜

光線
在眼睛裡交會

視網膜

倒轉的影像
交會的光線，會在視網膜生成倒過來的影像。

眼球運作的機制
此圖顯示了眼睛如何將光轉為電訊號，傳送到大腦。

虹膜

水晶體
負責折射進來的光線

視神經

虹膜
一圈能夠改變瞳孔大小的環形組織[*4]

瞳孔
虹膜上的孔洞，會在強光的時候縮小瞳孔，弱光的時候放大瞳孔。

角膜
覆蓋在眼球最前方的透明層

水晶體
作用類似透明鏡片，可調整光線聚焦位置。

結膜
覆蓋在角膜上方和眼皮內側

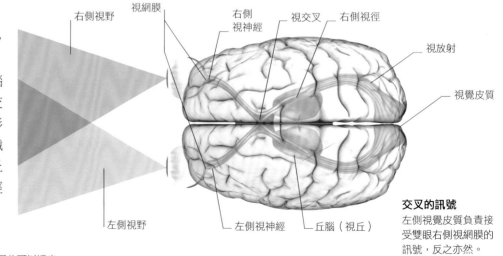

視覺路徑

由眼睛傳來的資訊，要先傳遞到大腦的後方，才能轉成視覺。整個路徑會通過兩個轉接處，左右眼球各有半側的資訊[*2]。會穿到對側大腦進行處理。來自視神經的資訊首先會進到視交叉[*3]。來自雙眼視網膜左側的神經纖維，會形成左側視徑；而來自雙眼視網膜右側的神經纖維會形成右側視徑。視覺資訊沿著視徑進入丘腦（視丘）中的外側膝狀核後，會再經由神經纖維投射（視放射）到視覺皮質。

右側視野

視網膜

右側視神經

視交叉

右側視徑

視放射

視覺皮質

左側視野

左側視神經

丘腦（視丘）

交叉的訊號
左側視覺皮質負責接受雙眼右側視網膜的訊號，反之亦然。

[*1] 【審訂註】角膜即特化的鞏膜，其內因細胞排列方式不同，因此可以透光。
[*2] 【審訂註】位於外側視野的影像。
[*3] 【審訂註】視神經通過視交叉之後，即形成視徑。
[*4] 【審訂註】虹膜內含平滑肌纖維，因此能夠透過收縮改變瞳孔的大小。

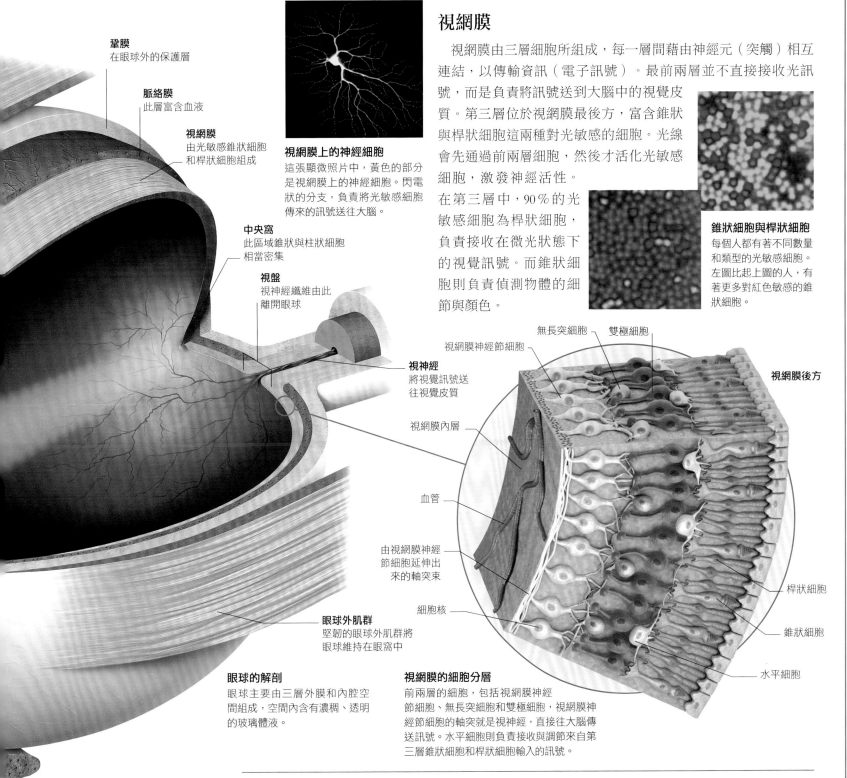

鞏膜
在眼球外的保護層

脈絡膜
此層富含血液

視網膜
由光敏感錐狀細胞和桿狀細胞組成

中央窩
此區域錐狀與柱狀細胞相當密集

視盤
視神經纖維由此離開眼球

視神經
將視覺訊號送往視覺皮質

視網膜內層

血管

由視網膜神經節細胞延伸出來的軸突束

細胞核

眼球外肌群
堅韌的眼球外肌群將眼球維持在眼窩中

眼球的解剖
眼球主要由三層外膜和內腔空間組成，空間內含有濃稠、透明的玻璃體液。

視網膜上的神經細胞
這張顯微照片中，黃色的部分是視網膜上的神經細胞。閃電狀的分支，負責將光敏感細胞傳來的訊號送往大腦。

錐狀細胞與桿狀細胞
每個人都有著不同數量和類型的光敏感細胞。左圖比起上圖的人，有著更多對紅色敏感的錐狀細胞。

無長突細胞　**雙極細胞**

視網膜神經節細胞

視網膜後方

桿狀細胞

錐狀細胞

水平細胞

視網膜的細胞分層
前兩層的細胞，包括視網膜神經節細胞、無長突細胞和雙極細胞，視網膜神經節細胞的軸突就是視神經，直接往大腦傳送訊號。水平細胞則負責接收與調節來自第三層錐狀細胞和桿狀細胞輸入的訊號。

視網膜

視網膜由三層細胞所組成，每一層間藉由神經元（突觸）相互連結，以傳輸資訊（電子訊號）。最前兩層並不直接接收光訊號，而是負責將訊號送到大腦中的視覺皮質。第三層位於視網膜最後方，富含錐狀與桿狀細胞這兩種對光敏感的細胞。光線會先通過前兩層細胞，然後才活化光敏感細胞，激發神經活性。

在第三層中，90％的光敏感細胞為桿狀細胞，負責接收在微光狀態下的視覺訊號。而錐狀細胞則負責偵測物體的細節與顏色。

中央窩

視網膜正中間比起周邊的區域，因為錐狀細胞（負責偵測物體的細節與顏色）的比例遠高於桿狀細胞，因此有更敏銳的視覺。而此中間區域的正中心點為中央窩，此處錐狀細胞的密度又更加密集。中央窩的錐狀細胞不只是數量更多而已，在此處幾乎每一個錐狀細胞都具有屬於自己，可以直接傳送訊號到大腦的神經路徑，因此也能傳遞更多細節。視網膜上其他的光敏感細胞則共享這樣的神經路徑。

放大中央窩
這張電子顯微鏡的照片清楚地看到中央窩，也就是視覺最敏銳的區域。

盲點
攜帶著視覺訊號的神經纖維集結在眼睛的後方，形成了視神經。有趣的是，此處並沒有光敏感細胞，因此形成了盲點。我們之所以沒有意識到視野上的缺損，是因為大腦幫我們填補了這個區域。

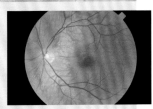

視盤
這張眼底鏡的影像，顯示了視網膜上的視盤，而此處也是盲點的位置。

視覺皮質

視覺皮質位於大腦後方，所以來自眼睛的資訊，要穿過整個大腦才能形成視覺。視覺訊號能夠在 0.2 秒之內就驅動相關動作的產生，但需要約 0.5 秒才能讓人意識到自己看見物體。

視覺區

視覺皮質被分為好幾個功能區域，每一個都負責特定的一種視覺功能（如圖表所示）。 整個過程有點像是工廠的生產線：先在 V1 區域檢查原料、接著送往其他視覺區，分別負責形狀、顏色、深度和動作。這些部分最後合起來才形成整體的影像。視覺功能的模組化意味著，如果有任何一個視覺區域損壞，某一個特定的視覺元素消失的同時，其他的元素將會維持完好無缺。例如位於偵測物體動態的視覺區，如果有細胞死亡，那麼會導致整個世界看起來就像是一系列的靜態影像一般。

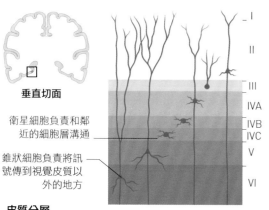

垂直切面

衛星細胞負責和鄰近的細胞層溝通

錐狀細胞負責將訊號傳到視覺皮質以外的地方

皮質分層
主要的視覺皮質由好幾層細胞所組成，並從一到六加以編碼，每一層細胞組成的比例都不太一樣，每一層都從大腦不同的區塊接收訊號，也將訊號發送到大腦的不同區域。

心智的明鏡

視覺傳遞路徑相互交錯（詳見第 80 頁），導致眼睛所看到的事物在大腦中倒轉，與送到主要視覺皮質（V1）上的影像，互為鏡像。由左半邊視野而來的訊號，最終進到右大腦半球，反之亦然。視覺資訊在兩者之間相互傳遞，以統合成完整的景象。在某些特殊狀況下，兩側的大腦會看到不太一樣的東西，讓人陷入「猶豫不決」的狀態（詳見第 11 頁、第 205 頁）。

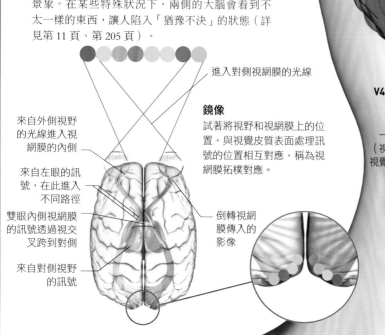

來自外側視野的光線進入視網膜的內側

來自左眼的訊號，在此進入不同路徑

雙眼內側視網膜的訊號透過視交叉跨到對側

來自對側視野的訊號

進入對側視網膜的光線

鏡像
試著將視野和視網膜上的位置，與視覺皮質表面處理訊號的位置相互對應，稱為視網膜拓樸對應。

倒轉視網膜傳入的影像

視覺皮質的各區域	
區域	功能
V1	回應視覺刺激
V2	傳遞資訊並辨識複雜的形狀
V3A、V3D、VP	負責辨識角度和對稱性，並結合物體的動作與方向
V4D、V4V	辨識顏色、排列方向、形式與動作
V5	辨識動作
V6	偵測周邊視野的動作
V7	負責感知對稱性
V8	有可能負責處理顏色

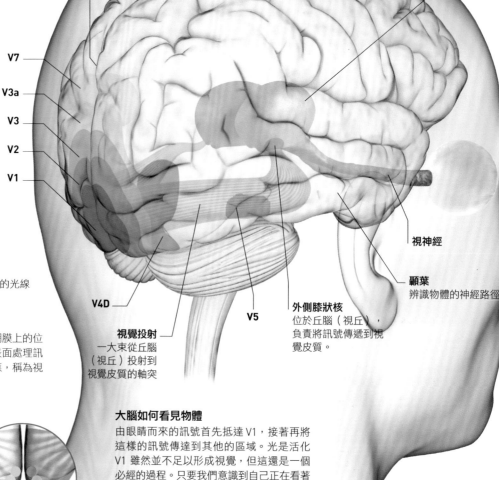

位於大腦內部的皮質
有小部分處理視覺的區塊，會捲進大腦的後方，捲進左右大腦半球中間的溝槽。

枕葉
視覺皮質的位置

丘腦

視神經

顳葉
辨識物體的神經路徑

外側膝狀核
位於丘腦（視丘），負責將訊號傳遞到視覺皮質。

視覺投射
一大束從丘腦（視丘）投射到視覺皮質的軸突

大腦如何看見物體
由眼睛而來的訊號首先抵達 V1，接著再將這樣的訊號傳達到其他的區域。光是活化 V1 雖然並不足以形成視覺，但這還是一個必經的過程。只要我們意識到自己正在看著某種東西，就表示 V1 持續活化中。

辨識顏色

理論上，人們的視覺系統能夠辨識百萬種以上的顏色，但實際上我們能看到的顏色，取決於我們是否已經認識這些顏色。如果將所有的顏色，展現在一顆色調球上（如下圖），人們能夠輕易地分辨出那些他們叫得出名字的顏色。但如果將某個區塊的色調，都統稱為同一個名字的話，那麼一般人就很難辨識出這些顏色的差異。

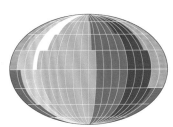

英文中的色調
左圖的色調球以英文使用者的認定，劃出了不同的顏色，大略分為八個不同的基礎類別（紅色、橘色、綠色、藍色、紫色、黃色和褐色）。

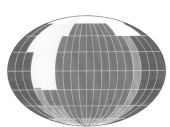

其他的色調
研究顯示，語言的確會影響人們如何看待色調球。在巴布亞新幾內亞的伯瑞摩（Berinmo）人，將各種顏色大致分為五種類別，這些類別和英文中的色調不太一樣。

辨識物體

要讓大腦意識到自己看到了什麼，則需要對視野內看到的物體進行辨識。為了達成這個目的，視覺資訊會從枕葉，往前送到其他與情緒和記憶相關的腦區。在這些地方得知看到的物體具有什麼功能、有什麼特性和情緒的關聯性。其中第一站通常會前往負責物體辨識的區域，大略位在顳葉的後方。這個特殊區塊經演化，專責處理細節的辨識，人臉的辨識也是在此進行。能讓我們分辨出每個人臉部的細微差異，讓我們能成為辨識他人的高手。

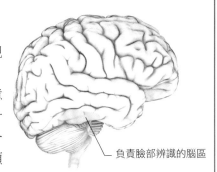

負責臉部辨識的腦區

負責臉部辨識的腦區
大腦中有一部分用於辨識物體的神經路徑，負責觀察物體重要的細節。這個區域負責處理需要精細辨識的物體，例如臉部。

古力寶（GREEBLES）

古力寶是一種應用在研究中的物體，具備有機體的外型，像是人類的臉一樣，每一個都有些微的差異。剛開始的時候，這些差異相當容易被忽略，漸漸地大腦會將視野資訊傳到臉部辨識的區域，人們就會逐漸熟悉古力寶的形狀。人們會開始注意到古力寶間細微的差異，最終變成古力寶「專家」。

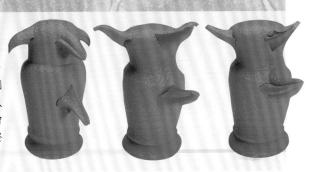

視覺深度與立體感

大腦使用兩種線索來形成我們對世界的立體感。一種是雙眼間些微的視差（空間雙眼像差），另一種是物體在移動時形狀的差異。這兩種線索會匯集在前頂內葉區，此區域則剛好位在視覺區與負責監控身體在空間中位置的腦區之間。

前頂內葉區

處理視覺深度的區域
前頂內葉區整合了兩種視覺上的線索，來計算出空間深度與距離。這些資訊將有助於導引我們伸手去抓東西時動作的精準度。

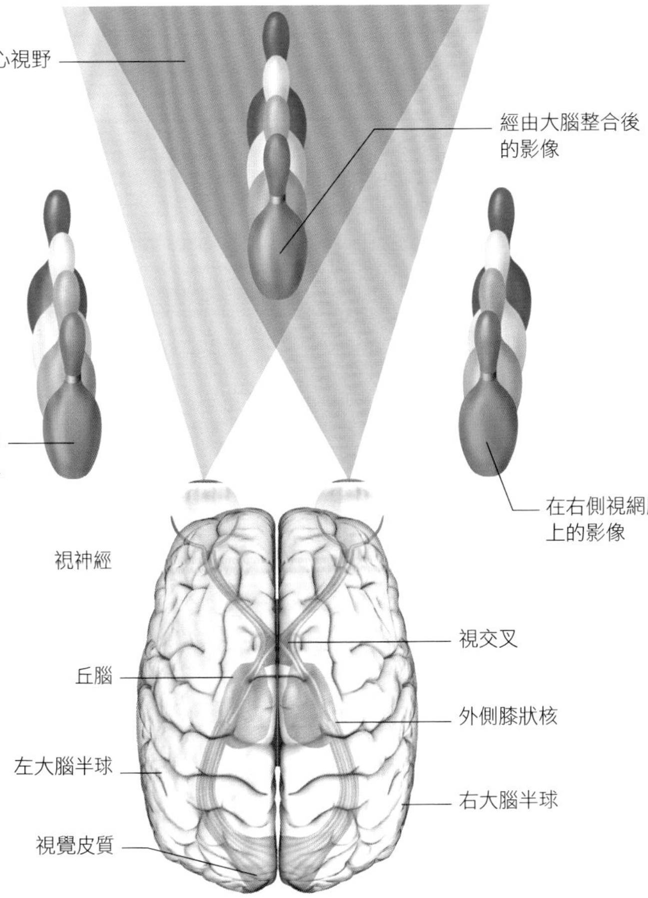

中心視野

經由大腦整合後的影像

在左側視網膜上的影像

在右側視網膜上的影像

視神經

視交叉

丘腦

外側膝狀核

左大腦半球

右大腦半球

視覺皮質

立體影像的形成
雙眼取得的影像略有差異，才能建構起三度立體的空間，相互整合後，就能得知物體穿越視野時，形狀的變化。

立體影像

利用大腦處理視覺資訊的特性，便能欺騙大腦，對平面影像產生立體感。其中一個方式是將兩個些微差異的圖像並列。這兩張圖片間的差異正好是雙眼間的視差，也就是雙眼每天接收訊息時習慣的距離差。這樣的錯覺特效，曾經風靡維多利亞時期的人們。

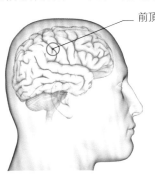

「鬼影」？
如果你可以強迫你的眼睛做出鬥雞眼的動作，讓每一隻眼睛各看一側的圖片，那麼你將會看到在兩張圖片中間，會出現一個若隱若現的立體影像

視覺路徑

眼睛而來的視覺資訊，在「無意識」之下就能夠在我們還不完全清楚發生什麼事之前，導引我們的行為，而「有意識」的視覺能力也遵循著類似的路徑。但這兩種不同的視覺能力將會在完全不同的腦區裡處理。上方（背側）路徑用於無意識的視覺，可以引導人類動作；下方（腹側）路徑則是用於有意識的視覺能力，作為辨識物體用。

背側與腹側路徑
來自眼睛的電子訊號抵達初級視覺皮質後，大腦開始將這些訊號轉成視覺。然後這些訊號經由兩個不同的神經路徑，繼續被送往其他腦區。

專注在「要去哪裡」的路徑

背側

背側路徑，或是稱作「要去哪裡」的路徑，會帶著所有的視覺資訊（例如我們看到從周邊物體反射而來的光），從視覺皮質往頂葉皮質前進。沿著這條路徑，將會經過負責計算物體的位置到觀看者相對距離的腦區，然後產生一個相對應的行動方案。背側路徑收集了關於物體動態與時機等資訊，並整合到該行動方案中。整條神經路徑上所需要的資訊，例如像會飛的鴨子，都不需要經過任何意識的參與。

頂葉
負責衡量物體與觀察者間的空間深度與位置

V7
負責處理視覺的對稱性

V3a
負責處理物體動作與方向的視覺資訊

專注在「這是什麼」的路徑

腹側

腹側路徑，或是稱作「這是什麼」的路徑，將會通過許多視覺處理的區域，每一個區域都會增加一些特定的知覺資訊，像是形狀、顏色、空間深度等等（詳見第 88 頁－89 頁）。這些資訊零散地集結在一起，傳入顳葉底部的邊緣，在這裡和視覺的記憶相互比對，以完成辨識功能。有些資訊則繼續沿著神經路徑傳到額葉，然後加上影像對人類的意義和重要性。自此，這個視覺訊號成為了有意識的知覺。

V3
處理角度與排列分析

V2
資訊傳到次級視覺皮質區，在此處理複雜的形狀資訊

V1
所有來自眼睛的資訊都先抵達初級視覺皮質

V4D
形成包括對於顏色、排列、形式與動作的知覺

V5
在此偵測動作的方向

辨識臉孔

不同的視覺刺激會在不同的大腦區塊中處理。大腦需要活化臉部辨識區域，才能得知臉部的特徵，辨識人臉。這必須從面部表情中萃取相關資訊，並送往相關的腦區才能取得。當某個臉孔符合記憶中的樣子，那麼此資訊將會繼續送往額葉做進一步的處理。

杏仁核

臉部辨識區域

熟人的面孔
大腦的情緒辨識幾乎是即時的。該神經路徑從視覺皮質出發，往臉部辨識區後再進到杏仁核。

初級視覺皮質

當見到某些熟人的時候

情緒資訊

初級視覺皮質

臉部辨識區域

當見到某些名人的時候

實際上的樣子

額葉

名人的面孔
當我們見到一張印象中是名人的臉孔時，例如像是瑪麗蓮·夢露，這些資訊會立即轉送往額葉進行處理。

如果背側路徑受損的話

背側視覺路徑可能會因為許多理由受損，這些都會影響到人們理解物體與空間的關係。例如有的人可能會沒有辦法看到兩個在不同位置的物體，或是正確理解它們彼此在空間中的關係。他們會覺得自己沒有辦法伸出手，準確地抓住某些東西，或是了解物體與自身的距離感。這樣的人可能會說：「我知道哪裡有一根香蕉，但我並不知道它的位置。」這樣的患者可能也會有視覺注意力缺陷（詳見第182頁－183頁）。

額葉
有些資訊從背側路徑抵達額葉，在這裡產生意識。

下顳葉
梭狀迴會參與辨識各種物體，尤其是臉孔。

全然靜止的生活

能夠觀察動作是對生存非常重要的功能。許多動物，例如青蛙，就只能看見會動的東西。人類大腦中處理動作的區域相當的小，而且此處超過90%的神經元，都是用於偵測動作的方向。一般來說，這個功能受到大腦層層的保護，很少受傷，但在很少見的狀況下，人可能會因為中風而失去動態視力。這會讓人非常困擾，讓整個世界變成像一連串的靜態影像。舉例來說，在日常生活中，會變得非常難以跨越馬路，原本很遠的車子，下一個瞬間會突然靠得非常近；倒茶也變得極為困難，液體會看起來像是凍住了，但下個瞬間便溢出茶杯。

物體移動的錯覺
即便實際上眼前沒有任何動作，大腦也會不斷進行偵測。有許多不同的錯覺可以產生這樣的效果。這些錯覺多數由負責偵測動作的神經元過度活化所產生，這些神經元受刺激後，便會製造出移動的錯覺。

臉盲症

如果某人負責辨識臉孔的大腦區域受傷，或是因為某種理由發育不正常，那麼此人即便是最親密的朋友或是家庭成員，都很有可能認不出來。臉盲症是一種非常嚴重的社交障礙。臉盲症的患者，有可能相當精於藉由臉部以外的其他特徵（例如：聲音或服裝）來辨識人們，但是這些技巧比起臉部辨識，要更加緩慢且容易出錯。臉部辨識仰賴的是認出臉部特徵間的距離，在上方的圖片中，臉部特徵的形狀和特徵之間的距離被變造過，如果是臉盲症患者，就會無法辨識其中的差異。

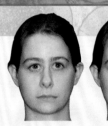 

眼距更近　**眼睛變大**　**眼距更遠**　**嘴巴變大**

變造臉部影像
這些照片上的臉部特徵都經過變造，例如嘴巴和眼睛的大小，或是相對位置的配置上有所改變，例如兩眼之間的距離被移得更近或是離得更遠。

蒙娜麗莎的錯覺
臉部辨識腦區只會辨識具有人臉特徵的訊號。所以一張上下顛倒的臉孔，並不會在臉部辨識腦區進行處理，而是送到對臉孔並不敏銳的其他區域進行處理。這張將蒙娜麗莎倒轉的影像看似正常。但如果你將這張影像倒過來看的話，臉部辨識的腦區就會告訴你，大事可是不妙啊！

如果腹側路徑受損的話

如果腹側路徑受損的話，那麼將會導致一種或多種形式的失認症，也就是無法理解自己看到的是什麼。例如臉盲症就是一種失認症（參見上圖），指的是無法辨識人類臉孔。視覺上的失認症一般來說分為兩種類型：統覺性視覺失認和聯想性視覺失認。第一種類型的失認症，受損的區域通常是位於枕葉裡的神經路徑，所以患者沒有辦法形成完整的知覺。一個罹患統覺性視覺失認的患者，即便把物體的每一個部分都看得極為清楚，也沒有辦法複製物體或是進行臨摹。另外聯想性視覺失認指的是無法辨識物體。雖然這類患者能夠藉由模仿，正確使用物體，例如使用叉子將食物帶入嘴巴中，但還是無法理解自己使用的是什麼物體。

字母　**奇幻的物體**

失認症的測試
給失認症患者的測試，包括要求他們從物體的剪影來進行辨識、分辨出幻想與真實物體的差異或是辨識出不完整的字母等。

剪影

由於在畫中的這幅肖像畫，
具有極強的吸引力，讓眼睛
再次多看了一眼。

藉由眼神和嘴形等證據，想要釐清
圖畫中角色的心理狀態與意圖。

觀看者的視線停留在此，以
釐清主要角色間的關係。

眼睛直接橫跨過地板，在視線
受到阻礙的時候停了一下，但
又沒有長到足以看清楚是被什
麼東西擋住。

眼睛仔細地掃描了入口處，也許是期待有其他人突然闖入這個場景，改變人物關係的可能性。

手指指向的物體，提升了物體的重要性，讓眼睛值得多看一眼。

觀察細節
圖上的白色線條，是追蹤觀眾觀察畫中場景時視線移動的路線。圈圈區域表示視線停留的點，越大的圈圈，表示眼睛停留越久。

視知覺

我們並不完全了解視覺如何運作。當我們看著一個場景的時候，總以為自己可以一眼看過所有細節，但實際上，我們只了解相當少數的細節。

由上而下或是由下而上的處理路徑

視知覺相當短暫、局部且片段。由下而上的視覺處理流程，會優先處理視野中的整體概念。但由上而下的視覺處理流程，則會拆解場景，以形成意識。當我們注視著一張圖片的時候，我們的視線會落在幾個拇指大小的區域間，反覆依序掃描。除非我們刻意注視著其他區域，否則只會留下模糊的印象。雖然視覺的選擇性是較為高階的大腦功能，但這在生活中相當常見，人們常常沒有意識到他們看到了什麼，例如閃開眼前較低矮的樹枝。追根究柢的話，你會發現人們常常以為自己看到了，實際上卻專注在其他的事物上。

對圖像的感知

大腦花了相當大的心力在理解視覺資訊。面對一個複雜的場景（如左圖），會需要進行物體辨識，從人物到背景中，選出值得聚焦的目標。這些細節會經過大腦，被依序整理為有意義的情節。一般人根本不會意識到大腦啟動這個轉換。光憑從物體上反射的是什麼光、反射多少光，並不足以用來正確判斷物體的顏色和形狀。大腦通常無意識地藉由周邊環境來判斷一件物體。

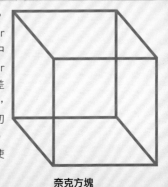

圓筒錯覺
雖然方格A與方格B其實一模一樣，但因為圓筒的陰影，讓方格起來的色調較亮。

顏色錯覺
色塊周邊的顏色決定了我們所看到的顏色。在白色色塊旁的粉紅色塊，比起在綠色旁的粉紅色塊要更加亮白。這種現象稱為周邊抑制，指的是藉由物體的周邊環境來定義物體。

笑聲能夠騙過雙眼

大笑真的能改變我們看待世界的方式。一般而言，當你注視著奈克方塊（Necker cube）時，通常會在兩種不同的立體影像中切換，也就是所謂的雙眼競爭（Binocular rivalry）。這是因為雙眼各自接收了些微差距的影像，傳到左右大腦（詳見第83頁），然後大腦在這兩種不同的感知中，不斷切換。至於為什麼大笑可以暫停這樣的狀態，有一種說法認為，處於愉悅狀態下，會促使左右大腦的資訊更加相融。

奈克方塊

我們如何看見東西

乍看之下，「看見」似乎是發生在一瞬之間、毫不費力的動作，就能馬上形成完美的視覺影像。實際上，我們的大腦其實無時無刻不在建構我們對外界的理解。

視知覺

一般而言，會以為視覺是經過一條漫長且複雜的生產線，最終所生成的產物。整個過程從眼睛接收到的資訊開始，取得原始資料，接著直達大腦後端的視覺皮質區。此處會經由兩條主要路徑（詳見第 84 －第 85 頁），穿過一系列皮質與皮質下的區域。而這些區域都會活化一些神經活性，生成視覺的各個面向：像是顏色、形式、位置以及動作。最終這些不同的元素會結合在一起，賦予意義，成為有意識的視覺感受。

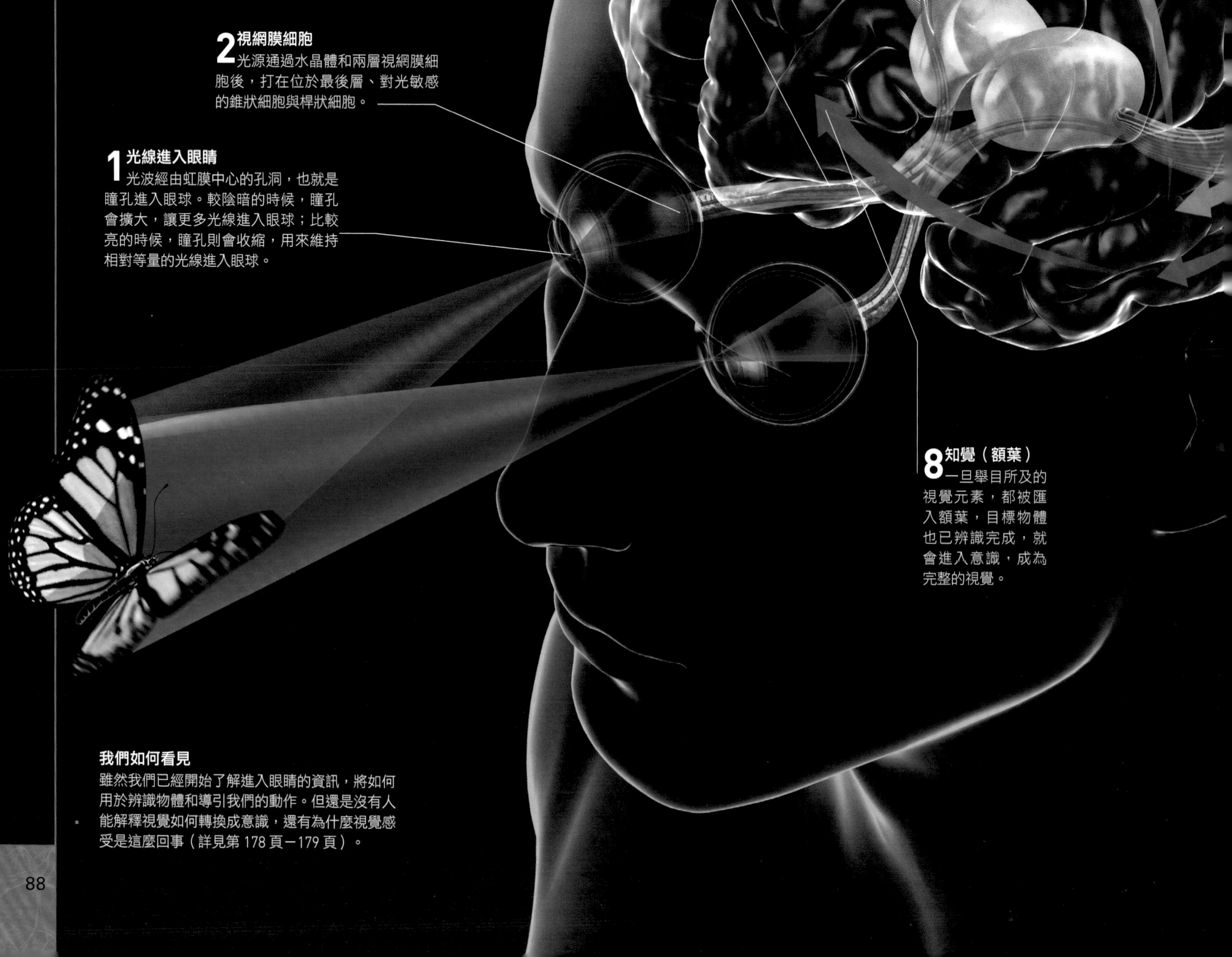

2 視網膜細胞
光源通過水晶體和兩層視網膜細胞後，打在位於最後層、對光敏感的錐狀細胞與桿狀細胞。

1 光線進入眼睛
光波經由虹膜中心的孔洞，也就是瞳孔進入眼球。較陰暗的時候，瞳孔會擴大，讓更多光線進入眼球；比較亮的時候，瞳孔則會收縮，用來維持相對等量的光線進入眼球。

4 視覺投射
這些訊號離開丘腦（視丘）後，經由一束很粗的纖維，也就是視放射，將訊號投射到視覺皮質。

3 視神經
錐狀細胞與桿狀細胞被活化後，會將訊號回送至前層的視網膜節神經細胞，視網膜節神經細胞的軸突匯集成視神經，並在視交叉處交錯後，進入丘腦（視丘）的一個特殊區域。

8 知覺（額葉）
一旦舉目所及的視覺元素，都被匯入額葉，目標物體也已辨識完成，就會進入意識，成為完整的視覺。

我們如何看見
雖然我們已經開始了解進入眼睛的資訊，將如何用於辨識物體和導引我們的動作。但還是沒有人能解釋視覺如何轉換成意識，還有為什麼視覺感受是這麼回事（詳見第 178 頁－179 頁）。

5 背側路徑

從眼睛過來的資訊，會先進到初級視覺皮質，然後沿著兩條主要路徑，做進一步的處理。背側路徑會投射至負責理解目標物與觀察者的相對關係的區域，沿著這條路徑，能夠逐漸理解物體的位置、動作和某些角度的尺寸和形狀等資訊。背側路徑最終會抵達頂葉，頂葉則負責建構與目標物體相關的行動方案。這些過程都在無意識下完成。

物體的動態資訊會經由背側路徑時取得。動態資訊是大腦訂定行動方案時相當關鍵的資訊（詳見第 121 頁）。大腦不但會記住現在的動作在哪，還能預測下個瞬間物體可能會產生什麼動作。這能確保所有的行動方案，都能在完美的時機點發動。

深度資訊

為了要計算物體的深度資訊，大腦會結合來自雙眼，有些微差距的視覺訊號（詳見第 83 頁），以及當眼睛移動的時候，觀測物體的形狀如何改變。

6 腹側路徑

腹側路徑會將來自初級視覺皮質的資訊送往顳葉，在這個過程中，相關的腦區會為各種視覺資訊加上各種意義。以人臉為例，正是在這個路徑上加以辨識的（詳見第 84 頁），而關於臉的相關資訊，例如人名也會自記憶中提取（詳見第 163 頁）。來自腹側路徑的資訊會和背側路徑的資訊在額葉會合，除了看到物體的動態以外，再加入其他的意識。

形式

大腦能以不同的形式「觀看」物體。這包括記錄打到物體上的光從何而來、以及光是物體表面還是從物體的輪廓反射。

顏色

辨別顏色的能力是從視網膜開始的，隨著收到的光波長不同，而激發不同的感光細胞。大腦中也會繼續處理顏色資訊，尤其是在 V4 區（詳見第 82 頁－第 83 頁），感受顏色的神經元多半都在這個位置。

7 辨識的路徑

為了要能夠「看懂」某個物體，人必須要了解他們正在看的是什麼東西。如果影像本身就難以辨識，那麼就很有可能會被忽略，或是沒有意識到「自己有看到」的事實。「辨識」並不能全靠眼睛看，還要加上許多背景知識，知道這是誰、這是什麼、有什麼意圖（如果對方有某種感受）、為什麼在此以及要怎麼稱呼這件物體。以上這些元素可能並不完全，就像你很有可能會見到某一個你認識的人，卻叫不出他的名字。反過來說，純然視覺上的元素，反而相對完整且容易取得。

看見聲音？

目前已經有一種可以將視覺資訊轉換成聲音的裝置，並為盲人創造視覺的體驗。這個裝置需要在人的頭上安裝一個小的照相機，這個照相機會不斷捕捉宛如一般常人的視野資訊。這些資訊會轉成「聲野」然後播到耳朵中。使用者會學習如何去辨識物質環境與聲音的關係。舉例來說，單一的高音表示垂直的表面。使用者會漸漸地忘記把它們當成一種聲響，而開始感受到有如正常視覺般的體驗。有位女性甚至宣稱她聆聽周邊環境的體驗，有時候跟看見並無差異。

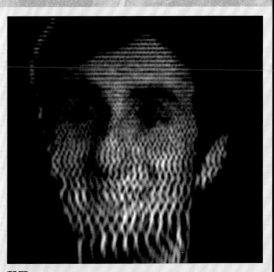

聲野

這是從某一秒鐘的聲波重建出來的影像，就如同聲野系統從攝影機所建立的影像一樣。

耳朵

耳朵負責捕捉環境的聲音後，轉換成神經衝動，然後送往大腦進行後續處理。耳朵也負責感受身體的動作與位置，讓大腦得以調節人的平衡。

聽覺的解剖學

耳朵可以分成三個部分：外耳、中耳與內耳。外耳將聲音從耳道引導到鼓膜，此處也剛好是中耳的起點。聲波傳到鼓膜上，使鼓膜產生振動，然後引起一連串的骨頭，也就是聽骨鏈的振動。其中鐙骨，最終連結到卵圓窗，此處是內耳的起始處。在卵圓窗之後是螺旋狀、充滿液體、內部隔成小房間宛如迷宮的耳蝸。由鐙骨傳來的振動，經由卵圓窗轉成壓力波動，沿著耳蝸內的液體傳遞到柯蒂氏器。在柯蒂氏器裡的毛細胞，負責將這樣的壓力波轉成電訊號衝動，沿著聽神經（更詳細來說是前庭耳蝸神經的耳蝸支）傳到大腦。

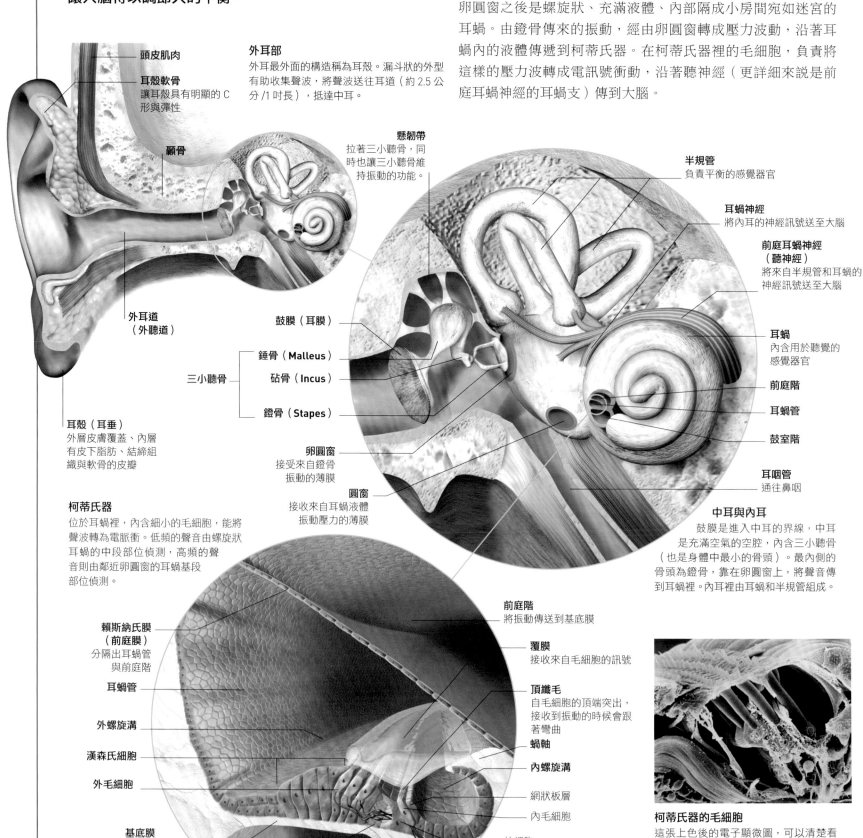

頭皮肌肉

耳殼軟骨
讓耳殼具有明顯的 C 形與彈性

顳骨

外耳部
外耳最外面的構造稱為耳殼。漏斗狀的外型有助收集聲波，將聲波送往耳道（約 2.5 公分 /1 吋長），抵達中耳。

懸韌帶
拉著三小聽骨，同時也讓三小聽骨維持振動的功能。

半規管
負責平衡的感覺器官

耳蝸神經
將內耳的神經訊號送至大腦

前庭耳蝸神經（聽神經）
將來自半規管和耳蝸的神經訊號送至大腦

鼓膜（耳膜）

三小聽骨 ─ **錘骨（Malleus）**
砧骨（Incus）
鐙骨（Stapes）

耳蝸
內含用於聽覺的感覺器官

前庭階

耳蝸管

鼓室階

外耳道（外聽道）

耳殼（耳垂）
外層皮膚覆蓋、內層有皮下脂肪、結締組織與軟骨的皮瓣

卵圓窗
接受來自鐙骨振動的薄膜

圓窗
接收來自耳蝸液體振動壓力的薄膜

耳咽管
通往鼻咽

柯蒂氏器
位於耳蝸裡，內含細小的毛細胞，能將聲波轉為電脈衝。低頻的聲音由螺旋狀耳蝸的中段部位偵測，高頻的聲音則由鄰近卵圓窗的耳蝸基段部位偵測。

中耳與內耳
鼓膜是進入中耳的界線，中耳是充滿空氣的空腔，內含三小聽骨（也是身體中最小的骨頭）。最內側的骨頭為鐙骨，靠在卵圓窗上，將聲音傳到耳蝸裡。內耳裡由耳蝸和半規管組成。

賴斯納氏膜（前庭膜）
分隔出耳蝸管與前庭階

耳蝸管

外螺旋溝

漢森氏細胞

外毛細胞

基底膜
上有柯蒂氏器

柯蒂氏通道

前庭階
將振動傳送到基底膜

覆膜
接收來自毛細胞的訊號

頂纖毛
自毛細胞的頂端突出，接收到振動的時候會跟著彎曲

蝸軸

內螺旋溝

網狀板層

內毛細胞

柱細胞

聽神經

鼓室階

柯蒂氏器的毛細胞
這張上色後的電子顯微圖，可以清楚看到負責接收聲音的毛細胞。大約有兩萬根左右的外毛細胞（黃色）與 3500 根左右的內毛細胞（紅色）連結到聽神經。

聽覺皮質

聲音的資訊會以電子脈衝的形式，從耳朵傳入聽神經送往聽覺皮質（位於顳葉）進行處理。初級聽覺皮質中有三分之一的神經元，會因為聲音的不同頻率而被活化。有些神經元則負責回應聲音的強度而並非頻率。還有一部分剩下的神經元會回覆更為複雜的聲音，像是敲擊聲、動物的雜音以及連續發出的聲響。一般認為，次級聽覺皮質負責處理較協和、具有節奏的音樂。三級聽覺皮質則負責將各式各樣的聲音，整合成一個整體概念。

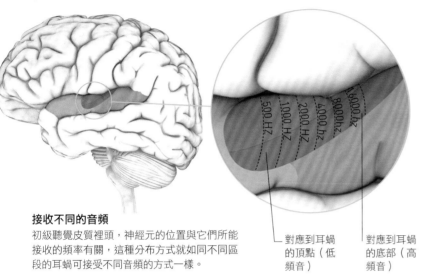

接收不同的音頻
初級聽覺皮質裡頭，神經元的位置與它們所能接收的頻率有關，這種分布方式就如同不同區段的耳蝸可接受不同音頻的方式一樣。

對應到耳蝸的頂點（低頻音）

對應到耳蝸的底部（高頻音）

聽覺範圍	
物種	頻率（單位：赫茲）
大象	16-12000
金魚	20-3000
人類	64-23000
狗	67-45000
海豚	75-150000
牛蛙	100-3000
老鷹	500-12000
蝙蝠	2000-110000

聽覺範圍

許多動物可以聽到更多人類聽不到的超高頻或超低頻音。有些動物顯然能聽到比人類更高頻率的聲音。舉例來說，蝙蝠就能夠利用超聲波定位，偵測頻率範圍約在14000到100000赫茲的回音。人類所能聽到的最低音並不會隨著年紀而改變，但青少年時期之後，人類所能聽到的高頻音極限就會開始下降。一般中年成人所能聽到的最高頻率，大約是14000到16000赫茲。

毛細胞與頻率的關係
下圖這張經過上色處理的電子顯微鏡照片中，可以清楚看到柯蒂氏器上的毛細胞排列成了V字形，每一個毛細胞頂端都有許多纖毛。細胞會按照接收聲音的頻率不同，而有不同的位置排列。

耳蝸植入器

耳蝸植入器的目的並非是幫助穿戴者恢復聽覺，而是希望提供即時的聽覺感受，能大幅度幫助閱讀唇語。負責收集聲音的麥克風，會將聲音傳遞給聲音的處理器，再將這些聲音轉成數位的電子訊號。這個轉換器再將訊號以電波的方式，傳遞到植入頭皮下的接收器。接收器會透過電極與耳蝸內的毛細胞溝通，將資訊傳往大腦。

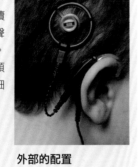

外部的配置
有一個轉換器、麥克風和聲音處理器，將環境的聲音轉成數位訊號。

接收器
轉換器

聽神經　耳蝸　電極

麥克風穿戴在耳後

連接到聲音處理器的電線

內部的配置
藉由手術置入接收器和電極，將聲音傳導到內耳。

聽覺疾患

聽力下降的患者並不少見，但完全失去聽覺的人並不多，且往往是先天性的疾病所造成。中度到嚴重程度的聽力下降，可能與耳朵的疾病、受傷，或是隨著年齡，聽覺系統的退化有關。聽力下降有可能是傳導性（與聲音如何從外耳傳到內耳的過程有關）或神經感覺性（有些時候稱為神經性失聰症，有可能是因為聽神經的損傷，或是內耳聽覺受器的問題）。較常見的聽覺疾患有中耳炎和耳硬化症。中耳炎一般好發於小孩子，病因多半是因為中耳有細菌感染而導致發炎。耳硬化症則與中耳中的鐙骨，發生不正常骨增生有關，此時鐙骨就無法正常振動，將聲波傳導到內耳。

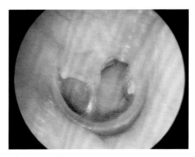

破裂的鼓膜
鼓膜有可能因為感染、受傷，或是突然聽了分貝數太高的噪音，而導致過度振動，使鼓膜破裂。多數鼓膜的破裂能夠自行修復。

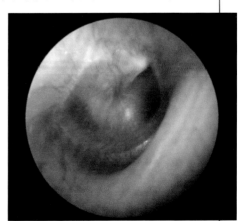

正常的鼓膜
鼓膜由一層很薄的纖維性組織組成，鼓膜的外側組織是外耳道皮膚的延伸，內側組織則是中耳的漿液性黏膜。

我們如何感受聲音

聲音的振動會在耳蝸內轉成電子脈衝，然後經由延腦和丘腦傳遞到聽覺皮質以及其他聽覺聯合區。

感受聲音

聲音以振動的形式進入耳朵。在內耳的耳蝸，接受聲音的細胞將這些振動轉成電子訊號沿著耳蝸神經，傳到腦幹裡的延腦，然後傳到下丘。來自耳蝸神經的訊號會分別送至兩側的延腦，因此不管哪一邊內耳接收到的資訊，都會分別傳到左右大腦。在這個階段，腦幹中的區域會比較聲音抵達兩側耳朵的時間差（大約是 1/1500 秒），來決定聲音的源頭與聽者間的距離。聽覺信號經下丘傳至丘腦之後抵達聽覺皮質，聲音的頻率、音質、強度以及意義等便在這裡進行分析。左側大腦的聽覺皮質比較在乎聲音的意義與識別性；而右側大腦的聽覺皮質則比較專注在理解音質。

雞尾酒宴會效應

大腦並不只會接收來自耳朵的訊號，也向耳朵發出訊號，這之間形成一個迴路，並回饋調整輸入的訊號強度。背景噪音會被稍微降低，如果一個人專注在某一對話的時間越長，過濾雜音的效果就越好。這讓我們能更容易聽到有興趣的聲音，但也有可能因為降低背景聲音太多，錯過許多重要的訊息。如果你的大腦認出了某種重要的聲音，例如你的名字，大腦將會立即辨識聲音的來源，讓人能立刻認真地聽那個聲音。這也就是所謂的雞尾酒宴會效應。

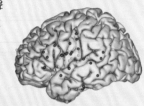

聽見？還是聽到？

即便身處於吵雜的環境中，例如像是派對中，大腦還是能夠在聽見背景雜音的程度，選擇性地專注於某一個對話。腦部掃描圖中綠色小點的區域，代表大腦負責「聽見」對話聲音的區域；而紅色小點的區域則是代表大腦分析對話內容的區域，讓大腦理解自己「聽到」了什麼。

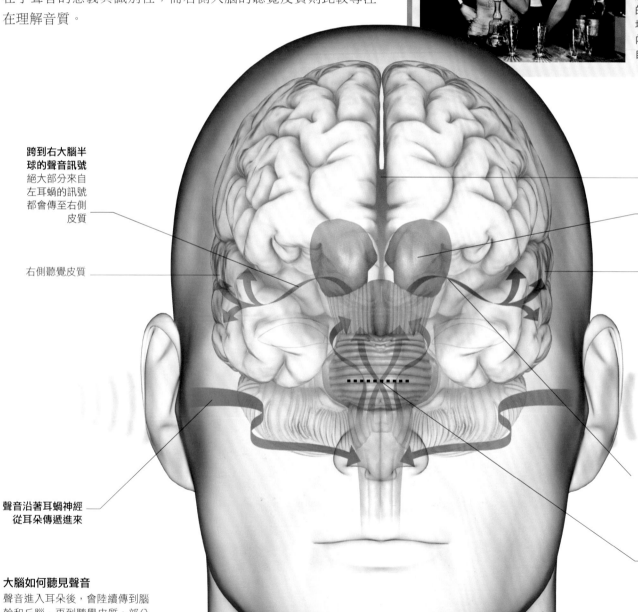

跨到右大腦半球的聲音訊號
絕大部分來自左耳蝸的訊號都會傳至右側皮質

右側聽覺皮質

聲音沿著耳蝸神經從耳朵傳遞進來

大腦如何聽見聲音
聲音進入耳朵後，會陸續傳到腦幹和丘腦，再到聽覺皮質。部分聽覺聯合區也會參與，例如韋尼克區（Wernicke's area），負責理解日常對話。

胼胝體

內側膝狀核
為丘腦的一部分，負責轉接訊號。

左側聽覺皮質

跨到左大腦半球的聲音訊號
絕大多數接收來自右耳的訊號

腦幹中的延腦
耳蝸神經核接收聲音訊號

是噪音還是樂音？

聲音由音波組成，也就是振動，這是由聲源所決定的特質。頻率（每秒有多少次振動）、振幅（聲波的高低）是影響我們對聲音感受的主要特質。頻率影響音高，而振幅決定音量。因為相對來說樂音通常具有固定的模式，不規律的聲波一般會被視為噪音。要定義何謂音樂，相當困難。但每一個音符所呈現出來的音質，則取決於聲源，也就是樂器，以及樂器的演奏方

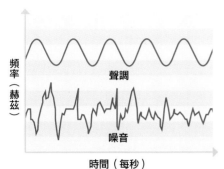

頻率（赫茲）

聲調

噪音

時間（每秒）

噪音？音符？

分析聲波的形式後，會發現單音具有非常規律的頻率和振幅，而噪音則不太有規律。

式。另外一個在音樂中很重要的因素是音色，也就是聲音的質感。音色取決於同一時間，聽到多少不同頻率的音符。多重頻率或是和諧的音頻，會提升音色的豐富度。聽覺皮質對音樂的不同特質，有不同反應。初級聽覺皮質主要理解的是頻率，次級聽覺皮質理解的是和諧度與節奏，而三級聽覺皮質則是對音樂更高階的理解與整合度。

聽覺皮質

初級聽覺皮質裡的不同區域，只會對應到特定的音頻。次級和三級聽覺皮質則對聲音有更複雜的知覺功能。

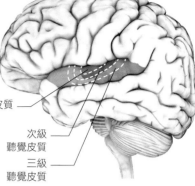

初級聽覺皮質

次級聽覺皮質

三級聽覺皮質

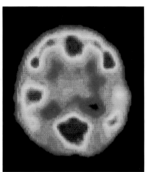

在對話中的神經活性
圖中顯示，聆聽對話需要許多左側聽覺皮質的高度活化

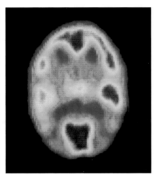

聆聽音樂時的神經活性
聆聽音樂則會顯著活化右側聽覺皮質

莫札特效應

法國的嬰幼兒發展專家奧佛帝·托瑪迪斯在 1991 年的時候，第一次描述了莫札特效應。他認為聆聽十八世紀的古典音樂家莫札特的作品，能幫助三歲以下孩童的心智發展。研究也認為讓學生聆聽莫札特，有助於提升他們在辨識空間的能力，並能暫時增加智商。雖然最新的研究有不同的結果，但這個概念已經廣受歡迎。所謂的莫札特效應，很有可能是因為改變心情，所以影響心智表現，倒不是真的對智商有直接影響。

聽力的發展

聽力的發展是一個漸進的過程，最早是起源於我們還在子宮的時候，然後一直到一歲左右才發展成熟。研究顯示，約莫四個多月的胎兒，還未出生已經可以聽見聲音。但是聽覺器官要一直到六個月之後才能完整形成。出生時，聽覺是發展相對最完全的感官，也因此是寶寶最主要用來體驗世界的方式。目前

的研究已經知道幾個月大的嬰兒如何學習辨識聲音，逐漸可以分辨對話和非對話的聲音，然後開始理解字詞。小孩逐漸失去聽到某些在他們的母語中，較不重要的聲音。許多日本的孩子，小時候會分辨「l」和「r」的音，但長大後會逐漸失去這項能力。

出生前後的發展

人類胎兒在 18 週後就具備基礎的聽覺能力。這項能力會在接下來的幾週持續發展與成熟，比起較高頻的聲音，母體外較低頻的聲音，較容易被胎兒聽見。出生後四個月，嬰兒會開始對突然的聲音或是巨響有所反應，開始會轉頭定位聲音的來源。人類從出生六個月到一歲左右，會開始牙牙學語，認識像是「mummy」等基本詞彙，開始學著認識聲音。一歲左右的嬰兒會開始學會一些單字。每個小孩達到這些聽覺和說話的目標，皆有不同的進度，但如果嚴重落後的話，很有可能表示聽覺器官有某種問題。

開始形成耳朵

能夠聽到聲音

聽覺受器發展完成

能夠知道是人的聲音

能夠辨識每個人不同的聲音

能夠分辨熟悉和不熟悉的聲音

能夠分辨對話跟其他聲音的不同

學習如何節錄對話

0 1 2 3 4 5 6 7 8 9　1 2 3 4 5 6 7 8 9 10 11 12 13 14 15 16

出生前（以月計）　　　**出生後（以月計）**

聽覺如何形成

聽覺的形成，需要來自環境的機械性振動，這有可能是對話、音樂或只是日常噪音，然後一路通過外耳、中耳和內耳。振動會被轉為電子訊號，然後一路傳到大腦，被解讀為聲音。

聲音的路徑

耳朵是非常複雜、且專門設計用於捕捉聲音並傳送到大腦的器官。來自音源的機械性振動傳到內耳後，會轉為電子脈衝，沿著耳蝸神經傳到腦幹。接著會沿著相當複雜的神經路徑，傳到丘腦（視丘），再抵達聽覺皮質。這些訊號在大腦中處理之後，才了解聲音所代表的各種意義、方向性和音量大小。

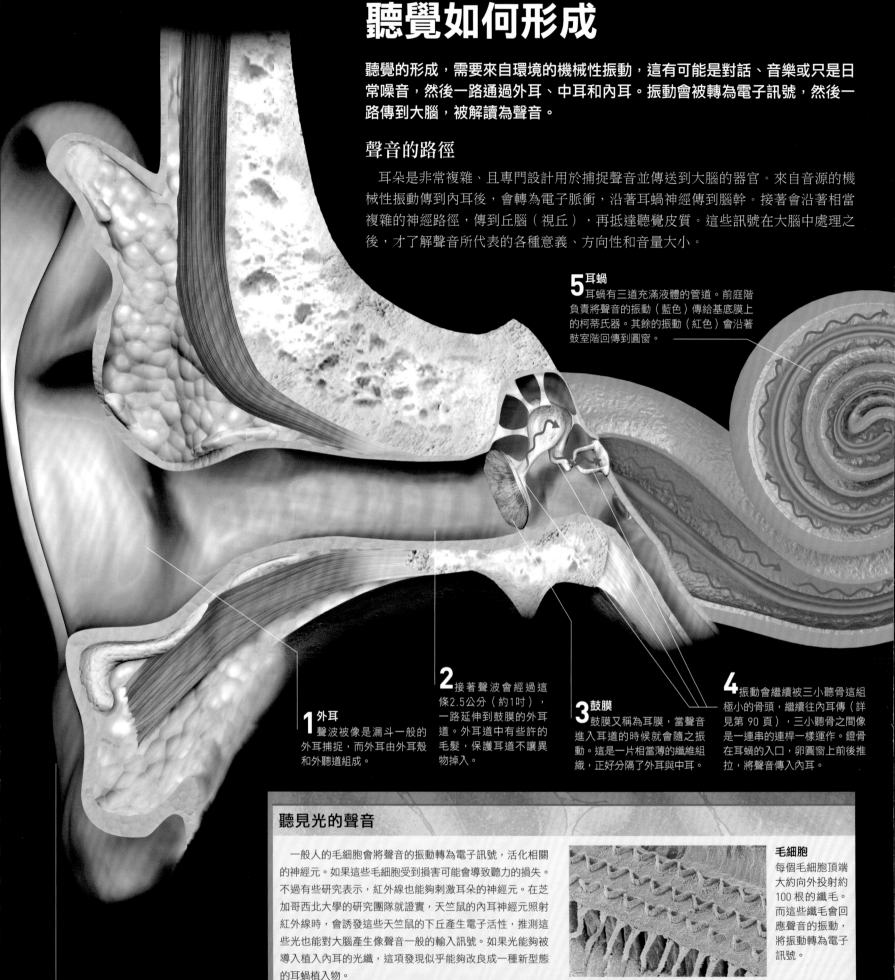

5 耳蝸
耳蝸有三道充滿液體的管道。前庭階負責將聲音的振動（藍色）傳給基底膜上的柯蒂氏器。其餘的振動（紅色）會沿著鼓室階回傳到圓窗。

1 外耳
聲波被像是漏斗一般的外耳捕捉，而外耳由外耳殼和外聽道組成。

2 接著聲波會經過這條2.5公分（約1吋），一路延伸到鼓膜的外耳道。外耳道中有些許的毛髮，保護耳道不讓異物掉入。

3 鼓膜
鼓膜又稱為耳膜，當聲音進入耳道的時候就會隨之振動。這是一片相當薄的纖維組織，正好分隔了外耳與中耳。

4 振動會繼續被三小聽骨這組極小的骨頭，繼續往內耳傳（詳見第 90 頁），三小聽骨之間像是一連串的連桿一樣運作。鐙骨在耳蝸的入口，卵圓窗上前後推拉，將聲音傳入內耳。

聽見光的聲音

一般人的毛細胞會將聲音的振動轉為電子訊號，活化相關的神經元。如果這些毛細胞受到損害可能會導致聽力的損失。不過有些研究表示，紅外線也能夠刺激耳朵的神經元。在芝加哥西北大學的研究團隊就證實，天竺鼠的內耳神經元照射紅外線時，會誘發這些天竺鼠的下丘產生電子活性，推測這些光也能對大腦產生像聲音一般的輸入訊號。如果光能夠被導入植入內耳的光纖，這項發現似乎能夠改良成一種新型態的耳蝸植入物。

毛細胞
每個毛細胞頂端大約向外投射約100 根的纖毛。而這些纖毛會回應聲音的振動，將振動轉為電子訊號。

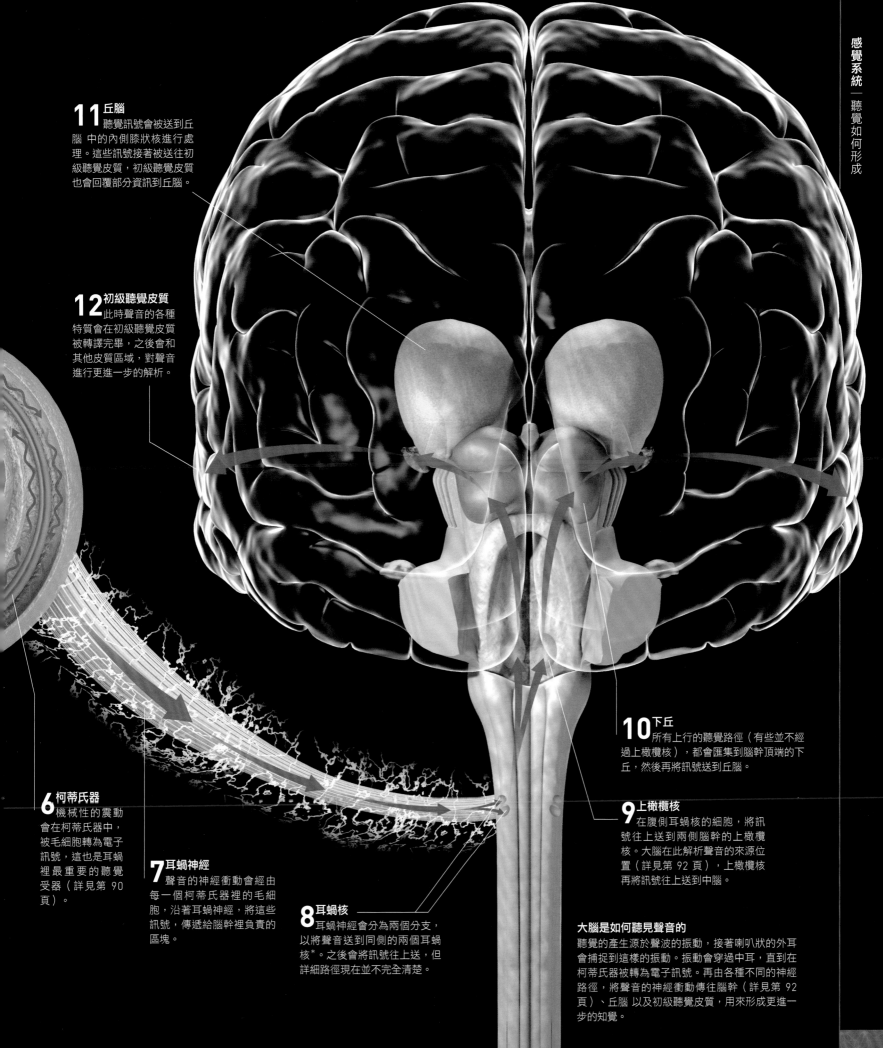

11 丘腦
聽覺訊號會被送到丘腦 中的內側膝狀核進行處理。這些訊號接著被送往初級聽覺皮質,初級聽覺皮質也會回覆部分資訊到丘腦。

12 初級聽覺皮質
此時聲音的各種特質會在初級聽覺皮質被轉譯完畢,之後會和其他皮質區域,對聲音進行更進一步的解析。

6 柯蒂氏器
機械性的震動會在柯蒂氏器中,被毛細胞轉為電子訊號,這也是耳蝸裡最重要的聽覺受器(詳見第 90 頁)。

7 耳蝸神經
聲音的神經衝動會經由每一個柯蒂氏器裡的毛細胞,沿著耳蝸神經,將這些訊號,傳遞給腦幹裡負責的區塊。

8 耳蝸核
耳蝸神經會分為兩個分支,以將聲音送到同側的兩個耳蝸核*。之後會將訊號往上送,但詳細路徑現在並不完全清楚。

10 下丘
所有上行的聽覺路徑(有些並不經過上橄欖核),都會匯集到腦幹頂端的下丘,然後再將訊號送到丘腦。

9 上橄欖核
在腹側耳蝸核的細胞,將訊號往上送到兩側腦幹的上橄欖核。大腦在此解析聲音的來源位置(詳見第 92 頁),上橄欖核再將訊號往上送到中腦。

大腦是如何聽見聲音的
聽覺的產生源於聲波的振動,接著喇叭狀的外耳會捕捉到這樣的振動。振動會穿過中耳,直到在柯蒂氏器被轉為電子訊號。再由各種不同的神經路徑,將聲音的神經衝動傳往腦幹(詳見第 92 頁)、丘腦 以及初級聽覺皮質,用來形成更進一步的知覺。

*【審訂註】分別是背側耳蝸核與腹側耳蝸核

嗅覺

雖然視覺是人體內最重要的感覺，但嗅覺對於生存還是相當重要。嗅覺能警告我們環境中有害物質的存在。另外嗅覺和味覺也有相當緊密的連結。

偵測氣味的嗅覺

就如同味覺一樣，嗅覺是一種化學性的感覺。隨著氣流進入鼻腔的分子，能夠與鼻腔裡特殊的受器結合。「嗅」這個動作，又能吸入更多氣味分子進入鼻腔，擷取更多味道。每當有吸引我們注意力的味道，我們就會做出這個反射動作，這能夠幫助我們感知到危險，例如發現火場的煙霧或是腐爛的水果。嗅覺受器位於鼻腔的頂端，嗅球則負責傳送電子脈衝，到大腦邊緣系統進行處理。

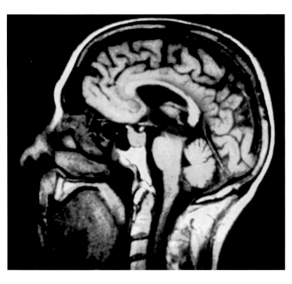

大腦的嗅覺中樞
嗅球是大腦的嗅覺通道。圖中可以看見，嗅覺的資訊是在前腦區域進行處理（黃色），再送往大腦其他部位，例如海馬迴旁的嗅覺皮質（紅色）。

嗅覺路徑

氣味一開始會先被鼻腔內的受器細胞接收。然後這些細胞會沿著特定的神經路徑[1]，向嗅球傳送電子脈衝（每一側的鼻孔分別連接到各自的嗅球）。嗅球是大腦邊緣系統的一部分，而邊緣系統掌管著我們的情緒、慾望以及本能直覺，這也是為什麼嗅覺能夠誘發強烈的情緒反應。一旦抵達嗅球，這些資訊就會經由三條嗅覺路徑，往更高階的中心傳送，讓大腦以不同的方式對訊號進行處理。這個過程稱為「鼻前嗅覺」，此時的嗅覺資訊都是直接來自鼻腔的（詳見下一頁）。而「鼻後嗅覺」（詳見第 101 頁）指的是有一部分的氣味分子，則是經由嘴巴進入嗅覺路徑。

單邊處理
不像向其他感覺器官的處理方式，嗅覺訊號不會跨到對向大腦半球。從該側鼻腔來的資訊就會在該側大腦半球處理。[2]

嗅覺受器矩陣

鼻腔中大概有一千種以上的嗅覺受器細胞，而人類大約能夠辨認兩萬種以上不同的氣味，所以顯然並不是一種受器對應一種氣味。研究顯示每一種受器上都存有許多「區域」，每個區域都可對應到某些氣味分子。再者，有許多不同的受器對應到的是同樣的分子，這表示每種受器可能都只結合到氣味分子的特定部位。特定的氣味會活化特定的模式和受器陣列。也就是說每一種氣味都有它自己的特徵。當受器以某種陣列和模式活化，這樣的特徵也會送到大腦進行處理。

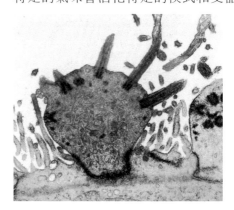

嗅覺受器細胞
這張上顏色的電子顯微鏡圖片顯示，受器細胞會向外投射微細的纖毛。氣味分子會結合在這些纖毛上，以活化受器。

嗅覺的化學原理

關於化學結構與嗅覺的關係還有許多不甚了解的地方。科學家已經辨識出八種基礎的氣味（有點像是視覺三原色）：樟腦味、魚腥味、麥香、薄荷味、麝香味、精液味道、汗味和尿味。嗅覺往往由許多來自不同類別的不同氣味分子所共同組成。每一個類別的氣味分子，似乎在化學結構上有其相似性。例如薄荷味的分子就有種特定的分子結構。不過，分子結構上的細微差異，可能就會造成極大的嗅覺差異。例如辛醇（Octanol）是一種比較大型的醇類化合物，聞起來就像是柳橙；而跟辛醇只差一個氧原子的辛酸（Octanoic acid），是一種飽和脂肪酸，聞起來像是汗味。

嗅覺與分子結構
這兩種化合物的分子結構顯然不同，但卻聞起來都像是樟腦一樣。也有理論認為並不是化學物質的分子形狀決定氣味，而是原子的振動頻率所決定的。[3]

基礎氣味
科學家發現人類會先辨識出基礎氣味，然後再結合其他的氣味，創造出更多元的體驗。目前我們已經發現有八種基礎氣味，例如魚腥味。

---

[1]【審訂註】這些特定的神經路徑就是嗅神經。
[2]【審訂註】有部分研究顯示嗅覺的訊號也會從嗅球投射至對側的大腦半球。
[3]【審訂註】目前科學家仍不清楚嗅覺受器與氣味分子到底是如何結合，這是嗅覺研究領域待解的重要問題之一。

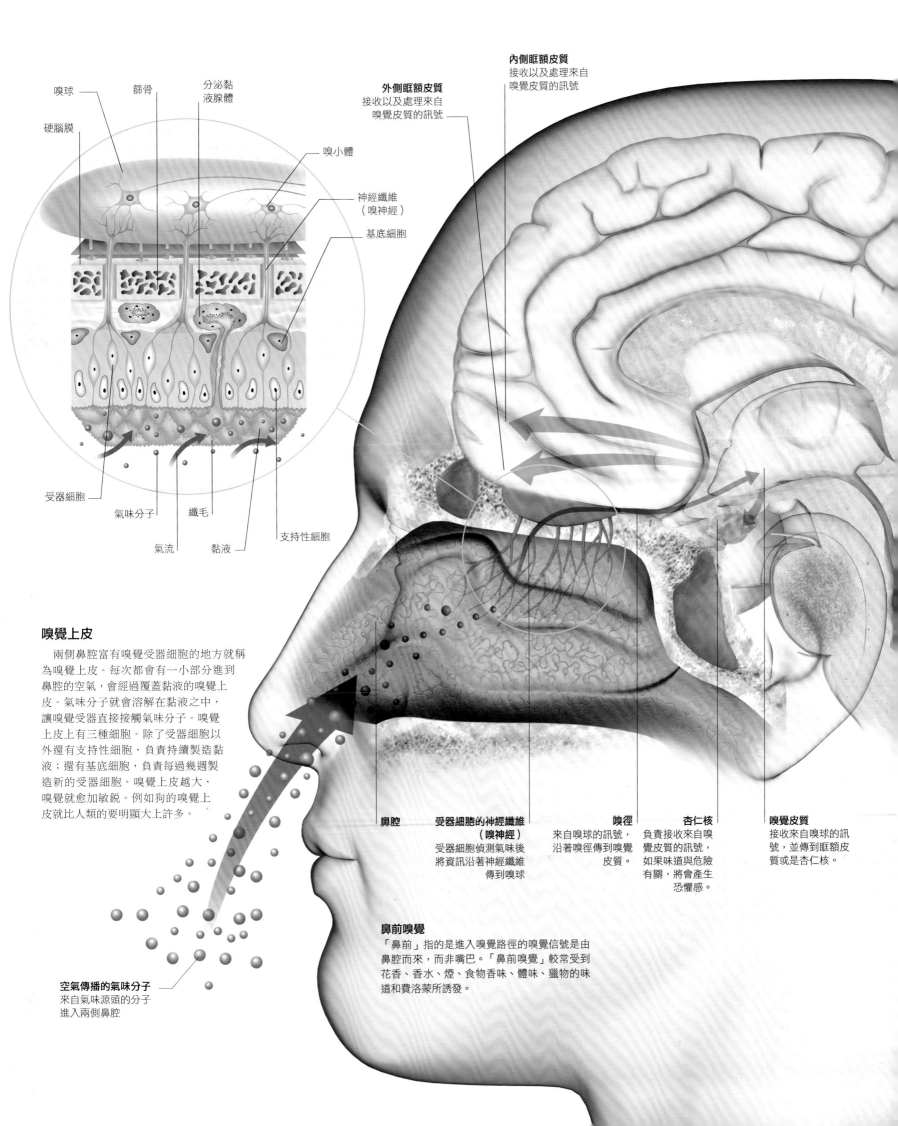

嗅球　篩骨　分泌黏液腺體

硬腦膜

嗅小體

神經纖維
（嗅神經）

基底細胞

受器細胞

氣味分子　纖毛

氣流　黏液

支持性細胞

外側眶額皮質
接收以及處理來自
嗅覺皮質的訊號

內側眶額皮質
接收以及處理來自
嗅覺皮質的訊號

嗅覺上皮

　　兩側鼻腔富有嗅覺受器細胞的地方就稱
為嗅覺上皮。每次都會有一小部分進到
鼻腔的空氣，會經過覆蓋黏液的嗅覺上
皮。氣味分子就會溶解在黏液之中，
讓嗅覺受器直接接觸氣味分子。嗅覺
上皮上有三種細胞。除了受器細胞以
外還有支持性細胞，負責持續製造黏
液；還有基底細胞，負責每過幾週製
造新的受器細胞。嗅覺上皮越大，
嗅覺就愈加敏銳。例如狗的嗅覺上
皮就比人類的要明顯大上許多。

鼻腔

**受器細胞的神經纖維
（嗅神經）**
受器細胞偵測氣味後
將資訊沿著神經纖維
傳到嗅球

嗅徑
來自嗅球的訊號，
沿著嗅徑傳到嗅覺
皮質。

杏仁核
負責接收來自嗅
覺皮質的訊號，
如果味道與危險
有關，將會產生
恐懼感。

嗅覺皮質
接收來自嗅球的訊
號，並傳到眶額皮
質或是杏仁核。

鼻前嗅覺
「鼻前」指的是進入嗅覺路徑的嗅覺信號是由
鼻腔而來，而非嘴巴。「鼻前嗅覺」較常受到
花香、香水、煙、食物香味、體味、獵物的味
道和費洛蒙所誘發。

空氣傳播的氣味分子
來自氣味源頭的分子
進入兩側鼻腔

嗅覺對我們的影響

比起其他的感覺，嗅覺更容易誘發我們的情緒和記憶連結。事實上，大腦很早的時候就演化出嗅覺區，而且在原始大腦中就已經相互連結，這意味著嗅覺不只對於人類的生存極為關鍵，對於其他的動物也是。

嗅覺的進化

圍繞著嗅球所形成的大腦嗅覺區，是邊緣系統的一部分，早在五千萬年前的魚類中就已演化完成。當人類成為雙足直立行走的動物後，視覺才取代了嗅覺的重要性，但對於不少的動物還是相當重要。即便如此，嗅覺對於人類生存有關鍵的影響，例如當我們聞到瓦斯或是煙味，會積極回應。嗅覺在選擇伴侶、情緒反應和對食物飲料的喜好，扮演重要角色。這些對於我們的祖先，可能是生活中極為重要的因素。

噁心
當聞到惡臭時，例如腐爛的肉，人類很自然地會同時感受並表示出噁心感。迴避臭味的來源，就如同我們幾乎不會吃傳出惡臭的食物一樣。

動物的嗅覺

雖然人類專心的時候能夠聞出兆分之一的分子濃度，比起其他動物的嗅覺，我們顯然還差很遠。嗅覺上皮的表面積大小（詳見第 97 頁），以及嗅覺受器細胞的密度，決定了動物的嗅覺有多敏銳。以狗為例，能夠僅以幾種氣味分子，就可以辨識特定的人。生活在北方的狗，例如哈士奇或是豺犬，就以嗅覺敏銳聞名。獵犬或是灰獵犬的嗅覺相對遲鈍，因為在追逐的時候，牠們沒有時間去分辨背景中是否有獵物的味道。

嗅探犬
是一種特殊的品種，結合了家犬的行為特徵和豺犬的嗅覺，適合用於守衛工作。

不同物種的嗅覺

物種	有多少嗅覺受器細胞	嗅覺上皮的大小
人	1200 萬	10 平方公分（1.5 平方英寸）
貓	7000 萬	21 平方公分（3.25 平方英寸）
兔	1 億	無資料
狗	10 億	170 平方公分（26.5 平方英寸）
警犬	40 億	381 平方公分（59 平方英寸）

氣味的喜好

香味、臭味或是中性的味道是相當主觀的，而且與熟悉感、強度和對愉悅或厭惡的定義有關。目前還並不清楚這樣的喜好是天生具備還是後天習得而來，但許多實驗證據都認為後者較有可能。相關性的學習，幫助人類連結愉快的味道與愉快的經驗，反之亦然。例如，討厭牙醫的人會不喜歡丁香味，因為牙骨泥中含有丁香酚；並不討厭牙醫的人，對這個氣味就沒有感覺，甚至會有點喜歡。

主觀的反應
榴槤的味道相當強烈，有些人極端厭惡，有些人卻非常喜歡。

世界上最糟糕的六種氣味

氣味	描述
壞掉的魚	多數人都感到噁心，也許是因為聯想到死亡。
臭鼬的氣味	最可怕的氣味，但有些人卻認為很有趣。
嘔吐	通常會聯想到疾病，也會增加噁心感。
排泄物	因為細菌分解食物殘渣時，會釋放出氣體。
壞掉的食物	激發先天對食物腐壞可能導致生病的反應。
異氰化物	用於非致命性武器，被認定為世界最糟糕的氣味

嗅覺立體定位與盲嗅

一般認為，相較於其他的感覺，人類嗅覺算是相對遲鈍。但近來有研究顯示，人類其實還是能夠有效地追蹤某種氣味。如果同時用兩側鼻孔聞的話，大腦就能用兩組資料來準確定位氣味的位置。就像是視覺和聽覺一樣，嗅覺也具有立體感，藉由兩側的鼻孔，能夠更完整解析氣味。至於所謂的「盲嗅」，指的是人們沒有意識到自己聞到某種味道時，大腦就已經感受到了那種氣味。相關的證據就如功能性核磁共振的圖片中所示，顯示在參與者察覺前，大腦的嗅覺區就已經活化的現象。

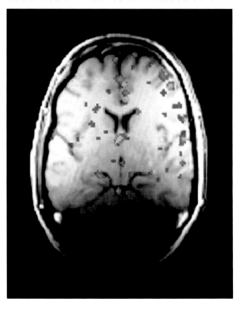

盲嗅的大腦活化
這張核磁共振影像顯示，即便我們沒有意識到自己已經暴露在某種氣味下，包括丘腦在內的許多腦區，就已經會被提前活化。

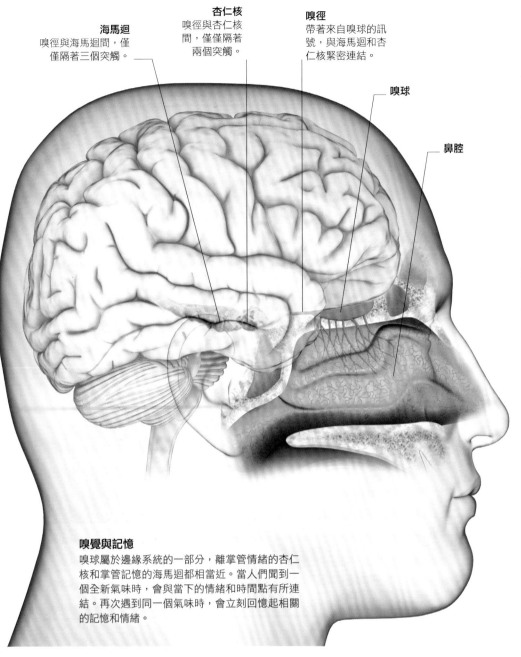

海馬迴
嗅徑與海馬迴間，僅僅隔著三個突觸。

杏仁核
嗅徑與杏仁核間，僅僅隔著兩個突觸。

嗅徑
帶著來自嗅球的訊號，與海馬迴和杏仁核緊密連結。

嗅球

鼻腔

嗅覺與記憶
嗅球屬於邊緣系統的一部分，離掌管情緒的杏仁核和掌管記憶的海馬迴都相當近。當人們聞到一個全新氣味時，會與當下的情緒和時間點有所連結。再次遇到同一個氣味時，會立刻回憶起相關的記憶和情緒。

嗅覺與記憶

通常要完整經驗某個外在事件時，會需要運用到所有的感官，而海馬迴擔任協調的工作。如果再次沉浸在相同的場景、嗅覺、或是聲音，都有可能會觸發對某個事件的記憶，其中嗅覺看似與記憶的連結最為強烈。這或許是因為嗅覺區與邊緣系統裡所有的情緒區域相互連結的關係。研究發現，對影像的記憶大概在幾天內就會消失，但對氣味的記憶，可能會持續一整年到數十年都有可能。我們發現整個過程中，甚至不一定需要海馬迴的參與。因為相關腦區受損、已經喪失許多記憶的患者，還是可以回想起小時候體會過的某種氣味。

瑪德蓮效應

「瑪德蓮效應」一詞出自馬塞爾‧普魯斯特的作品《追憶似水年華》。這部小說的主角在長大成人後，將瑪德蓮浸在青檸花茶時，思緒上會穿越到在屋裡度過的童年，並想起那個總是在週日彌撒前，準備瑪德蓮蛋糕請大家吃的姑媽。早在這個效應被科學好好地研究之前，普魯斯特就認知到比起視覺或聽覺，味覺與嗅覺的記憶，能夠將我們帶到更遠的過去。

普魯斯特
馬塞爾‧普魯斯特（1871－1922年），法國小說家，曾寫下：「唯有事物的氣息和味道才能長久，隨時提醒了我們……」

嗅覺與溝通

動物藉由分泌費洛蒙，並由大腦中附屬的嗅覺系統進行偵測，來作為溝通訊號。人類也有類似的辨識機制。比起其他女性，嬰兒更喜歡來自母親乳房的氣味。關於費洛蒙的研究顯示，當女性暴露在某種無味的分子（似乎是某種費洛蒙）時，女性間的月經週期會相互同步。在動物身上，大腦中附屬的嗅覺系統會與犁鼻器相連結，這個區域位於鼻腔裡，負責接收費洛蒙。至於犁鼻器在人類身上的意義，至今還有爭議。

男性的汗水裡含有雄烯酮（Androstenone），是一種帶有麝香味的物質。如果將雄烯酮噴灑在等候室的椅子上，那麼多數的女性會傾向選擇該座位。雄二烯酮（Androstadienone）則會影響男性，讓男性更有自信。這可能根源自男性過去會一同狩獵的需求。

嗅覺在商業上的應用
有些房地產經銷商認為烘烤麵包的香氣、肉桂以及咖啡的氣味，能夠讓潛在買家留下好感。同理，他們也盡可能避開寵物的氣味，認為這會嚇跑顧客。

味覺

就像嗅覺一樣，味覺也對生存相當關鍵。有毒的物質通常嚐起來都相當的可怕（通常都很苦），而有營養的東西，通常味道也都不錯（通常是甜的或香的）。將味覺與嗅覺搭配在一起的話，有助於動物去評估和辨識他們的飲食成分。

味覺的進化

味覺讓多數的動物（包括人類），去辨識出各種他們自己能吃的東西。很多看起來好吃的植物，通常都具有毒性。擁有能夠讓我們偵測（也藉此避開）那些有毒物質能力的基因，顯然對於生存相當重要。就有一對基因，被認為是負責控制讓人們辨識到苯硫脲（phenylthiocarbamide，簡稱 PTC）的味道。苯硫脲是一種在有毒植物中相當常見的物質。

味覺的進化
像是羊之類的草食動物，比雜食動物有更少的苦味基因，因此較不挑食，也有更多的食物來源。他們也更能適應毒素，比起像是黑猩猩等雜食動物，牠們也有更大的肝臟能處理毒素。

舌頭

舌頭是用於味覺偵測的主要感覺器官，也是身體當中最柔軟的肌肉器官，在營養偵測和語言溝通上都具有重要地位。舌頭有三層內在肌肉層，以及三組連結到嘴巴或喉嚨的外在肌肉。舌頭的表面，布滿了微小、像是疙瘩一般的結構，稱為舌乳頭。其餘像是上顎、喉嚨、會厭部分也都具有味覺。

擁有超級味覺的人

大約有四分之一的人擁有超級味覺，這意味著他們比起一般人有更敏銳的味覺。他們對丙基硫氧尿嘧啶這種化學物質的苦味異常敏感。剩下半數的人，覺得丙基硫氧尿嘧啶的苦味一般，而剩下四分之一的人則完全嚐不出來。擁有超級味覺的人，也會覺得咖啡的苦味太過強烈。他們有較多的蕈狀乳突，這或許解釋了他們為什麼擁有超級味覺。

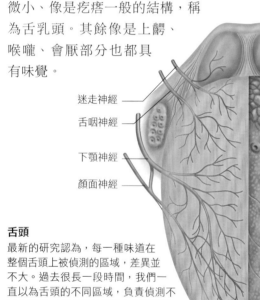

舌頭
- 會厭頂端
- 舌扁桃腺
- 輪廓乳突
- 絲狀乳突
- 葉狀乳突
- 蕈狀乳突
- 迷走神經
- 舌咽神經
- 下顎神經
- 顏面神經

舌頭
最新的研究認為，每一種味道在整個舌頭上被偵測的區域，差異並不大。過去很長一段時間，我們一直以為舌頭的不同區域，負責偵測不同的味覺。舌頭的神經分布相當密集，好將與嗅味覺相關的訊號送往大腦。

五種基本味覺
除了基本味覺外，人類還可以嚐到其他的物質，例如：藉由上呼吸道的受器嚐到脂肪酸。這表示嗅覺是味覺的一部分，就如同味覺，其實也是嗅覺的一部分。

味覺名	敘述
甜味	通常與富含能量與卡路里的食物有關
酸味	可能是危險的訊號，表示是生食或是餿掉的食物。
鹹味	多數鹽類化合物，包括氯化鈉在內，嚐起來都是鹹的。
苦味	通常和自然毒素有關，暗示人類避開。
鮮味（UNAMI）	鮮美的味道（Unami，在日文中是美味的意思）

（舌頭橫切圖標示）
- 舌頭上皮
- 絲狀乳突
- 蕈狀乳突
- 輪廓乳突
- 分泌黏液的腺體
- 結締組織

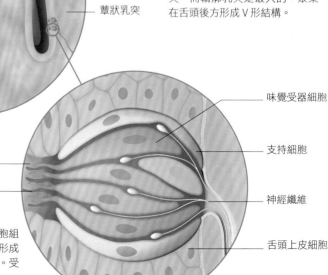

- 味孔
- 毛細胞
- 味覺受器細胞
- 支持細胞
- 神經纖維
- 舌頭上皮細胞

味覺乳突
乳突內含有味蕾，在整個舌頭上皆有分布。目前總共有四種味覺乳突：輪廓乳突、絲狀乳突、葉狀乳突、蕈狀乳突。每一種類型的乳突，含有不同數量的味蕾。絲狀乳突和蕈狀乳突是最小的乳突。而輪廓乳突是最大的，聚集在舌頭後方形成 V 形結構。

味蕾
一個味蕾大約是由 25 組受器細胞與支持細胞組成，並相互堆疊成香蕉狀。這群細胞的頂端形成了一個小孔，好讓味覺分子進入並接觸受器。受器細胞會延伸出微纖毛深入味孔中。

味覺與嗅覺的大腦區

味覺與嗅覺都是化學性感覺，需要仰賴鼻子和嘴巴的受器與嗅覺和味覺的分子結合，才能產生送到大腦的電子訊號。這些訊號同時都經過顱神經。與嗅覺相關的訊號，會從鼻子經過嗅球，再沿著嗅徑進到位於顳葉的嗅覺皮質來進行處理（詳見第 96 頁－第 97 頁）。而味覺相關的資訊，則會從嘴巴開始，經由顏面神經和舌咽神經抵達延腦，再前往丘腦，抵達大腦中的初級味覺皮質。

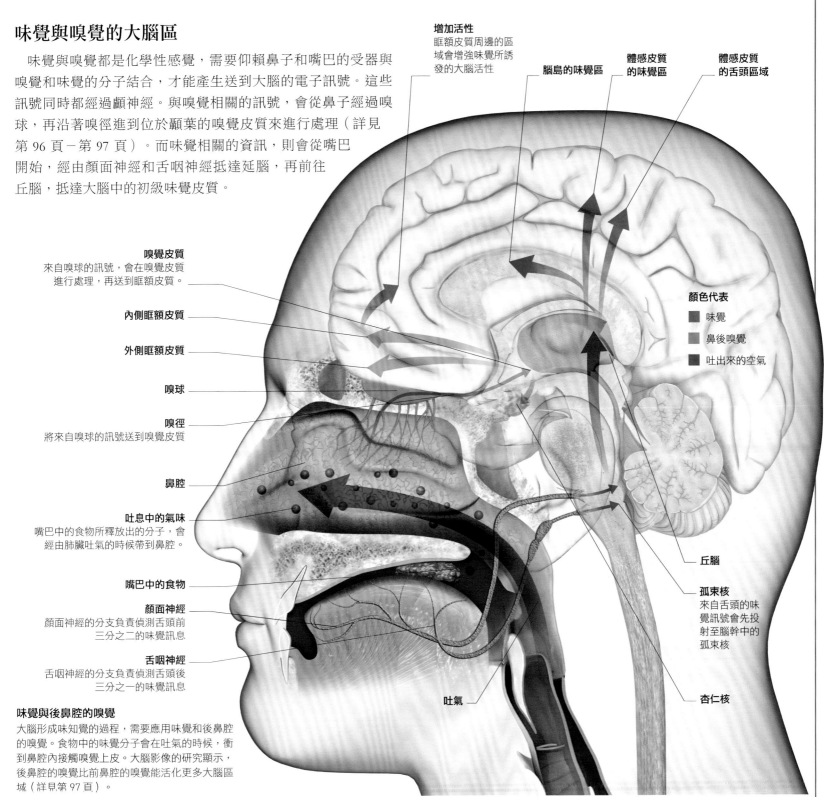

增加活性
眶額皮質周邊的區域會增強味覺所誘發的大腦活性

腦島的味覺區

體感皮質的味覺區

體感皮質的舌頭區域

嗅覺皮質
來自嗅球的訊號，會在嗅覺皮質進行處理，再送到眶額皮質。

內側眶額皮質

外側眶額皮質

嗅球

嗅徑
將來自嗅球的訊號送到嗅覺皮質

鼻腔

吐息中的氣味
嘴巴中的食物所釋放出的分子，會經由肺臟吐氣的時候帶到鼻腔。

嘴巴中的食物

顏面神經
顏面神經的分支負責偵測舌頭前三分之二的味覺訊息

舌咽神經
舌咽神經的分支負責偵測舌頭後三分之一的味覺訊息

味覺與後鼻腔的嗅覺
大腦形成味知覺的過程，需要應用味覺和後鼻腔的嗅覺。食物中的味覺分子會在吐氣的時候，衝到鼻腔內接觸嗅覺上皮。大腦影像的研究顯示，後鼻腔的嗅覺比前鼻腔的嗅覺能活化更多大腦區域（詳見第 97 頁）。

顏色代表
■ 味覺
■ 鼻後嗅覺
■ 吐出來的空氣

丘腦

孤束核
來自舌頭的味覺訊號會先投射至腦幹中的孤束核

杏仁核

吐氣

味覺聯合

當你吃到壞掉的食物（例如過期的海鮮），害你生病後，會在腦中產生一個維持很久的強烈連結，甚至想到該食物就會覺得噁心。這樣的現象我們稱為「味覺厭惡效應」。哈佛大學醫學院的研究人員，曾經在餵食老鼠的甜水中，添加會讓老鼠生病的物質，以驗證這個效應。自此以後，即便這些甜水相當誘人，這些老鼠也會學會避開。當一個食物與噁心連結在一起的時候，味覺厭惡效應的學習是具有生存意義的，動物藉此學會避開看起來極具吸引力，但實質上有毒的食物。這樣的事情，僅僅發生一次之後就能夠建立強大連結，而且還會持續好幾年。

味覺厭惡
有些美國西部的農夫為了換個方法獵殺攻擊綿羊的郊狼，會在他們的農場裡，在當成誘餌的羊身上綁上一種致病的藥物。郊狼就此學會避開羊肉，也就不再獵殺羊群。

觸覺

人類的身上有各式各樣的觸覺。這包括了輕觸覺、壓覺、振動覺，以及溫覺和痛覺（詳見第 106 頁－ 107 頁），還有對於感受身體在空間的位置（本體覺，詳見第 104 頁－第 105 頁）。皮膚就是身體最主要的觸覺器官。

觸覺受器

人類的身上至少有 20 種以上的觸覺受器，以回應各式各樣的觸覺刺激。舉例來說輕觸覺就涵蓋了相當多不同的感覺，從在手背上輕拍一下到撫摸小貓的毛髮都是。這樣的感覺會藉由四種不同的受器細胞來進行感測：表皮裡的游離神經末梢，深層皮膚裡的梅克爾氏盤（Merkel's disc），通常位於手掌、腳掌、眼皮、外生殖器與乳頭的梅斯納氏小體（Meissner's corpuscles），以及感應毛髮移動的毛根神經叢。巴齊尼氏小體（Pacinian corpuscles）與魯斐尼氏小體（Ruffini corpuscle）則負責比觸覺強度更高的壓覺。瘙癢的感覺，則是一連串對皮膚中神經纖維的低度刺激。如果加強強度，讓刺激穿過皮膚的話，就會感覺到強烈的癢覺。

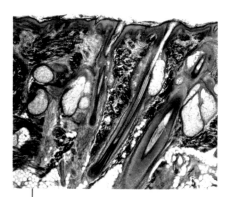

皮膚的結構
皮膚是全身最大的感覺器官，讓我們能夠與環境充分的互動。這張光學顯微照片中可以看到神經、受器、腺體、毛囊與豐富的血管分布。

毛髮
當身體覺得寒冷的時候，位於真皮的豎毛肌會使毛髮豎立。

梅克爾氏盤
多數位於表皮下方與真皮上方

皮脂腺
負責製造油脂保護毛髮並潤滑肌膚

梅斯納氏小體
在淺層真皮的神經末梢

神經末梢
通常位於淺層表皮，負責收集輕觸覺的訊號。

表皮
最外層的皮膚，由具有彈性的平坦細胞所組成*。

真皮
內含腺體、血管以及神經末梢

皮下組織
位於皮膚深層下方，富含脂肪組織。

巴齊尼氏小體
位於真皮深層

脂肪組織
儲存脂肪，脂肪提供了能量與吸收衝擊的功能。

球莖狀小體
柔軟、膠囊形狀的細胞，多半位於分泌性黏膜中。

魯斐尼氏小體
多半在真皮中層和深層才會發現

汗腺
透過汗腺管，將汗水分泌到皮膚表層。

各式各樣的受器
各式各樣的觸覺受器接收了各種不同的感覺。它們分布在全身各處的皮膚、結膜、膀胱、肌肉以及關節裡。

觸覺的種類

各式各樣不同的觸覺，精細地傳達了我們身邊這個世界的各種複雜資訊，這些資訊也可以作為警告的訊號。觸覺對於體驗質感和感受物體相當重要。在與人溝通時，也扮演了重要的角色。

感覺	受器
輕觸覺	輕觸覺（例如我們和別人握手或是親吻）並不會導致皮膚嚴重變形。輕觸覺主要由游離的神經末梢所偵測。
壓覺	壓覺是因為皮膚輕微的變形，觸發深層皮膚的巴齊尼氏小體與魯斐尼氏小體所導致。
振動	梅斯納氏小體以及巴齊尼氏小體都是機械式的受器，能感受到機械性動作，負責感受振動。
冷熱溫覺	溫覺受器對冷與熱的溫度差有所反應，而非感受絕對溫度。溫覺受器只分布在特定的皮膚裡。
痛覺	如果皮膚損傷，刺激痛覺受器（內含游離神經末梢）就會接收到痛覺訊號（詳見第 106 頁－第 107 頁）
本體覺	受器細胞位於肌肉和關節，負責傳遞姿態與身體動作等資訊到大腦

觸覺的神經路徑

當感覺受器被活化，就會將觸覺刺激以電子訊號的形式，沿著感覺神經網路的感覺神經纖維，傳入脊髓的感覺神經根。這些資訊進到脊髓之後，會繼續向上傳到大腦。感覺的資訊會最先在脊髓背柱的神經核中進行處理。腦幹再將感覺資訊輸入丘腦（視丘），繼續進一步的處理。最終這些資料會進入大腦皮質的中央後迴，也就是體感皮質的位置。最終，將這些資訊轉譯成一種觸知覺。

1 一級（初級）神經元到二級神經元
一級（初級）神經元將來自大腿觸覺受器的訊號往脊髓送。在脊髓旁的背根神經節裡可以找到一級神經元的細胞本體。進入脊髓後，它們就會接上二級神經元，二級神經元多半都位在脊髓灰質中，二級神經元發出的軸突就構成了上行的脊髓丘腦徑。

白質
灰質

脊髓前方

腹角

訊號傳進脊髓

來自大腿上半部的感覺訊息

位於背根神經節內的細胞

位於背根內的軸突

背角

脊髓後方

*【審訂註】位於表皮的細胞稱為角質細胞

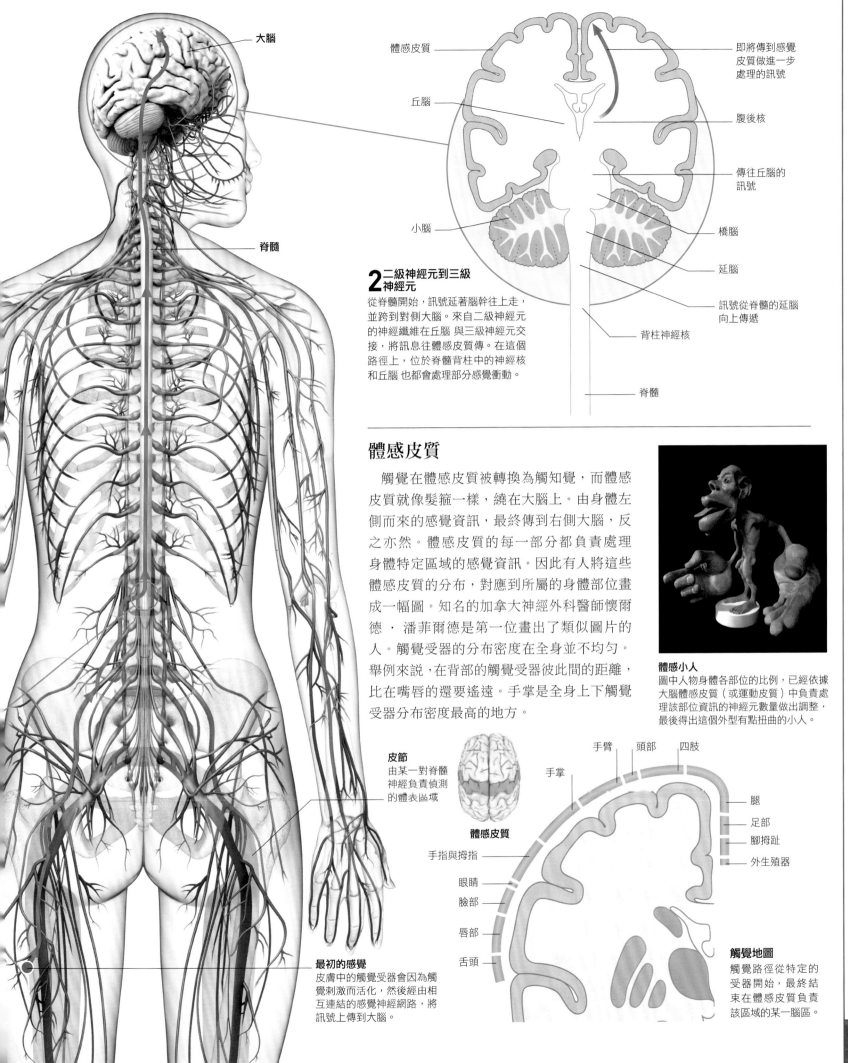

大腦

脊髓

體感皮質

丘腦

小腦

即將傳到感覺皮質做進一步處理的訊號

腹後核

傳往丘腦的訊號

橋腦

延腦

訊號從脊髓的延腦向上傳遞

背柱神經核

脊髓

2 二級神經元到三級神經元

從脊髓開始，訊號延著腦幹往上走，並跨到對側大腦。來自二級神經元的神經纖維在丘腦 與三級神經元交接，將訊息往體感皮質傳。在這個路徑上，位於脊髓背柱中的神經核和丘腦 也都會處理部分感覺衝動。

體感皮質

　　觸覺在體感皮質被轉換為觸知覺，而體感皮質就像髮箍一樣，繞在大腦上。由身體左側而來的感覺資訊，最終傳到右側大腦，反之亦然。體感皮質的每一部分都負責處理身體特定區域的感覺資訊。因此有人將這些體感皮質的分布，對應到所屬的身體部位畫成一幅圖。知名的加拿大神經外科醫師懷爾德 · 潘菲爾德是第一位畫出了類似圖片的人。觸覺受器的分布密度在全身並不均勻。舉例來說，在背部的觸覺受器彼此間的距離，比在嘴唇的還要遙遠。手掌是全身上下觸覺受器分布密度最高的地方。

體感小人
圖中人物身體各部位的比例，已經依據大腦體感皮質（或運動皮質）中負責處理該部位資訊的神經元數量做出調整，最後得出這個外型有點扭曲的小人。

皮節
由某一對脊髓神經負責偵測的體表區域

體感皮質

手指與拇指

眼睛

臉部

唇部

舌頭

手臂　頭部　四肢

手掌

腿

足部

腳拇趾

外生殖器

觸覺地圖
觸覺路徑從特定的受器開始，最終結束在體感皮質負責該區域的某一腦區。

最初的感覺
皮膚中的觸覺受器會因為觸覺刺激而活化，然後經由相互連結的感覺神經網路，將訊號上傳到大腦。

第六感

本體覺（PROPRIOCEPTION），這個字源自「PROPRIO」，也就是拉丁文中的「自我」，有的時候，會被當成是第六感。這是一種對於身體姿勢、動作與姿態的感覺，需要大量大腦與身體間的回饋機制。有趣的是，我們並不會都意識到這些相關的資訊。

什麼是本體覺？

本體覺就是我們對於自己的身體在空間中，如何安放與移動的感覺。這種感覺有一部分來自於體感系統，而且和一種在肌肉、肌腱、關節與韌帶中的本體覺受器有關。這種受器會監控肌肉等組織的長度改變、張力改變，以及因為姿勢改變所帶來的壓力變化。本體覺受器負責往大腦傳送神經衝動。在處理這些資訊的過程當中，就會先進行決策——改變姿勢或停止移動。然後大腦會基於本體覺受器輸入的訊號，回傳另一個訊號給肌肉，完成整個回饋循環。

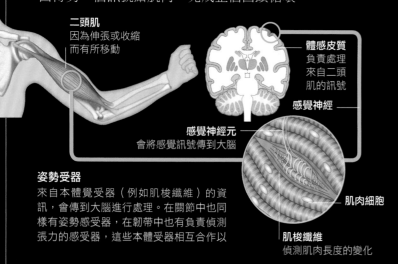

二頭肌
因為伸張或收縮而有所移動

體感皮質
負責處理來自二頭肌的訊號

感覺神經

感覺神經元
會將感覺訊號傳到大腦

姿勢受器
來自本體覺受器（例如肌梭纖維）的資訊，會傳到大腦進行處理。在關節中也同樣有姿勢感受器，在韌帶中也有負責偵測張力的感受器，這些本體受器相互合作以

肌肉細胞

肌梭纖維
偵測肌肉長度的變化

現場實地酒測

當一個人受到酒精或是其他藥物的影響時，本體覺可能會出現問題。本體覺偏差的程度，可以透過現場實地酒測進行測驗，這項測驗被警察使用已久，一旦懷疑駕駛，酒測就會使用。最常見的測試，包括要求對方閉上眼睛，用食指觸碰他們的鼻子、單腳站立 30 秒或是腳跟對腳尖沿著直線走至少九步。

各種本體覺

本體覺的資訊有可能會有意識參與，也可能會在無意識中傳輸。舉例來說，維持並調整身體平衡，就是一種無意識的過程。有意識參與的本體覺，通常需要大腦皮質的參與，做出決策。最終通常是對肌肉下指令，以做出某種動作。多數的本體覺資訊，都是在無意識中處理的。

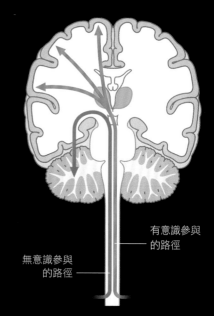

有意識參與的路徑

無意識參與的路徑

本體覺路徑
有意識參與的本體覺會經由背柱內側蹄系，投射至丘腦（視丘），最後抵達大腦頂葉皮質。無意識的本體覺則會經由脊髓小腦徑抵達小腦。小腦是位在大腦後下方的結構，負責動作與平衡控制。

幻肢

當某人有一部分的肢體（甚至只是一根指頭、指節、器官或是闌尾）被截肢移除之後，有的時候還會在同個位置感受到疼痛。研究認為這與感覺皮質的變化有關。也就是說體感皮質會重整，由鄰近區域「接管」已被截肢而不再活化的區域。因此當這個鄰近區域接收到正常外在刺激而活化時，其「接管」區也會同時活化，此時就會感覺像訊號來自已經失去的肢體上一樣。皮質的這種重新安排，已經經由影像研究獲得證實。

幻肢痛的治療

研究認為，幻肢痛是因為感覺皮質具有可塑性的關係。因此，試著逆轉皮質的這種改變，就可以減輕患者的疼痛感。舉例來說，穿戴會跟著患者的肌肉訊號移動的電子義肢，就相當有用。腦部掃描顯示，這會將感覺皮質的分布逆轉回原來的樣子，甚至有可能取代原先的感覺輸入。

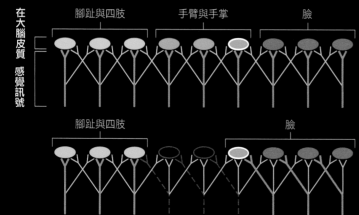

在大腦皮質 感覺訊號

腳趾與四肢　**手臂與手掌**　**臉**

截肢之前
來自手臂和手掌的感覺訊號輸入，會連結到體感皮質上特定的位置。來自身體其他部位的感覺訊號，也會對應到其鄰近的特定皮質區。

腳趾與四肢　**臉**

截肢之後
截肢後的手臂與手掌已經沒有感覺訊號輸入，但是通往大腦皮質的路徑還存在。此時位於其鄰近接收身體其他部位輸入訊號的皮質區，便將這些區域接管過來，重整了感覺皮質的分布，所以會出現幻肢的現象。

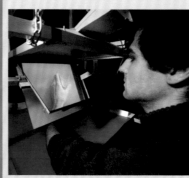

鏡像治療
用患者剩下的那隻手做動作，並以此作為鏡像，看起來就像是失去的那隻手在移動一樣。有時候這樣的治療，能夠緩解患者的幻肢痛。

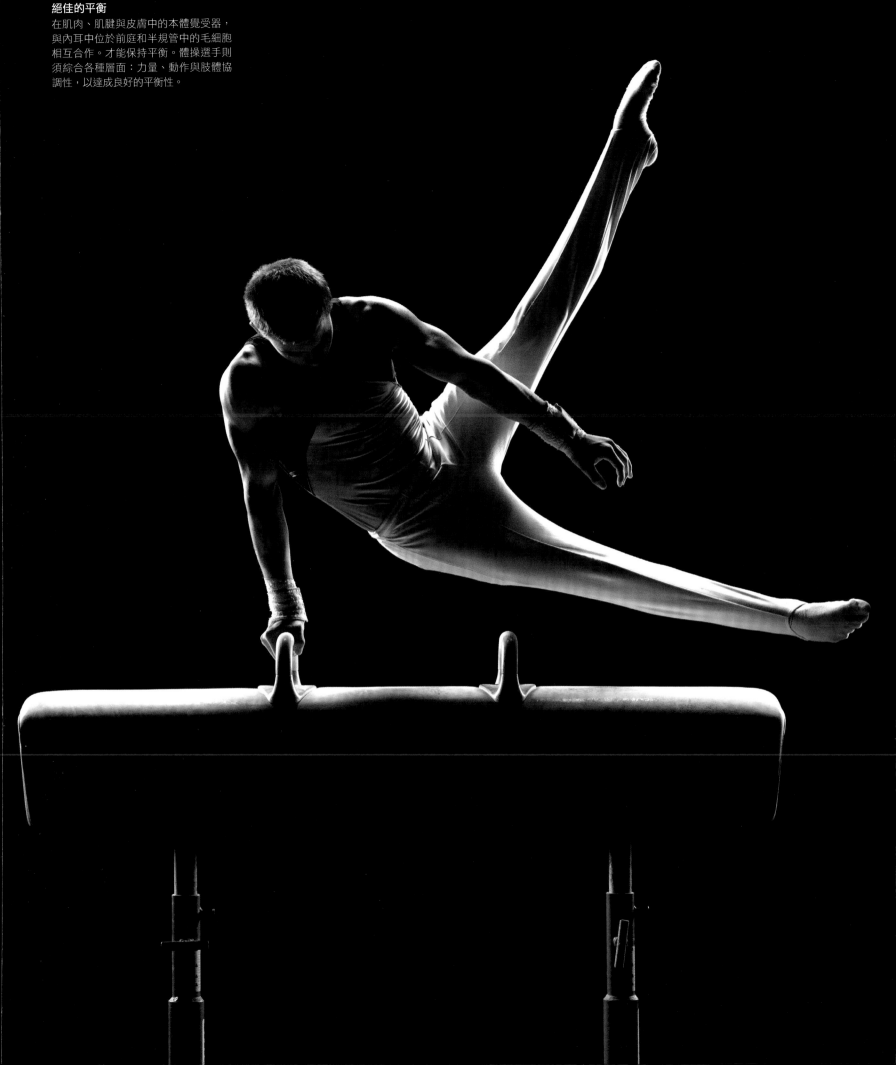

絕佳的平衡

在肌肉、肌腱與皮膚中的本體覺受器，
與內耳中位於前庭和半規管中的毛細胞
相互合作。才能保持平衡。體操選手則
須綜合各種層面：力量、動作與肢體協
調性，以達成良好的平衡性。

痛覺訊號

痛覺一般都是一種警示用的訊號。痛覺告訴我們身體的某個部位可能有點問題，強迫我們採取某種行動。痛覺通常源自於分布在全身的某一條神經纖維受到刺激所導致。

痛覺路徑

傳導疼痛的神經纖維，幾乎分布在全身各處。當我們受傷的時候，這些神經纖維就會從受傷的地方，傳送電子訊號到脊髓。痛覺訊號接著會跨到對側脊髓，上行到大腦。這表示在某側受傷，會活化對側大腦。當這些訊號通過腦幹中的延腦時，就會先觸動身體應對疼痛的自動化反應。等到這些訊號傳到丘腦的時候，才會繼續發送到大腦的各區進行處理。

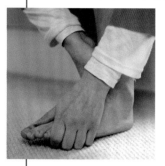

感受到疼痛
直到大腦處理完痛覺訊號，告訴我們受傷的位置前，我們都不會感覺到疼痛。

1 發炎「膿湯」
人類受傷的時候會釋放出許多化學物質，像是緩激肽和三磷酸腺苷，這會刺激神經發出神經衝動，釋放出疼痛訊號。有些化學物質，例如組織胺（一般來說由白血球釋放），也會讓受傷的地方發炎，導致微血管腫脹。

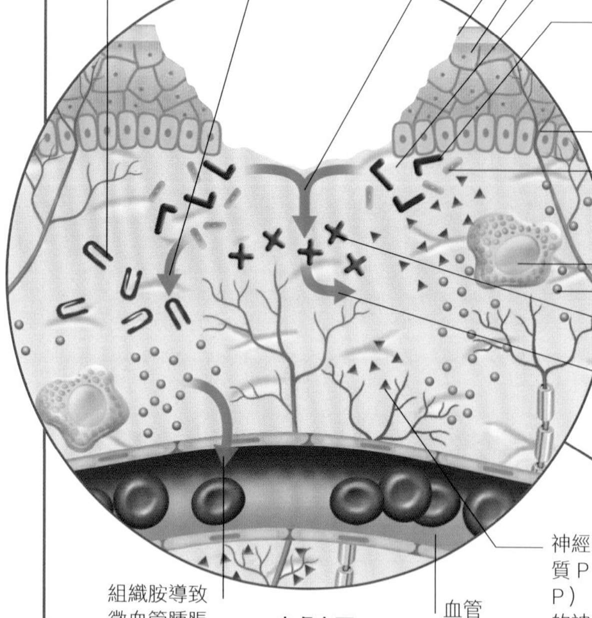

受損的細胞釋放前列腺素

三磷酸腺苷和鉀離子裂解，以形成緩激肽

破損的細胞膜釋放化學物質

組織受損
表皮
真皮
三磷酸腺苷
在傷口旁的痛覺受器
鉀離子
肥大細胞釋放組織胺
組織胺
緩激肽
緩激肽和三磷酸腺苷結合到神經末梢的受器

組織胺導致微血管腫脹

皮膚表面

血管

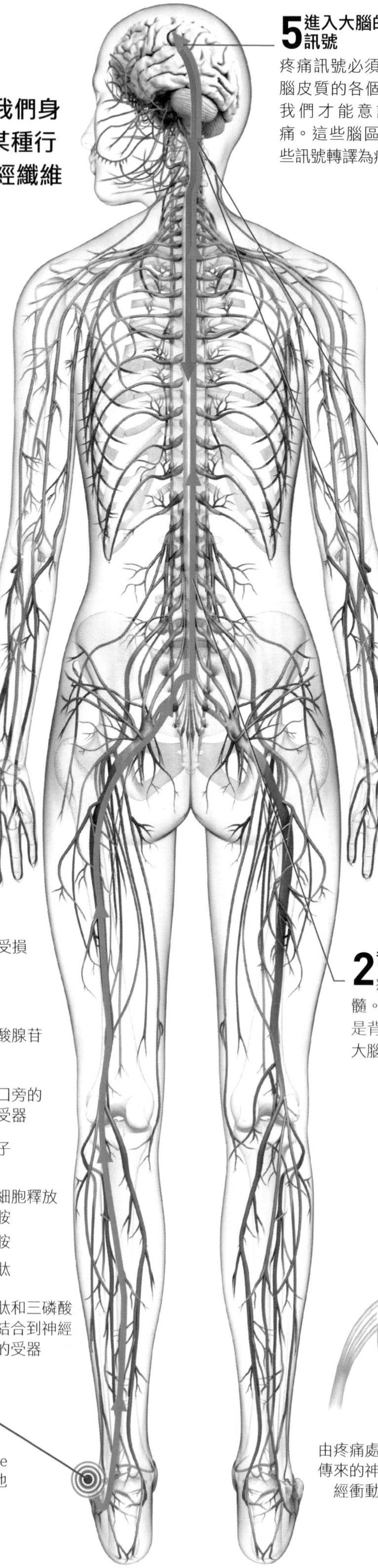

神經末梢釋放物質 P（Substance P），會刺激其他的神經細胞也釋放物質 P。

5 進入大腦的疼痛訊號
疼痛訊號必須送到大腦皮質的各個區塊，我們才能意識到疼痛。這些腦區會將這些訊號轉譯為痛覺。

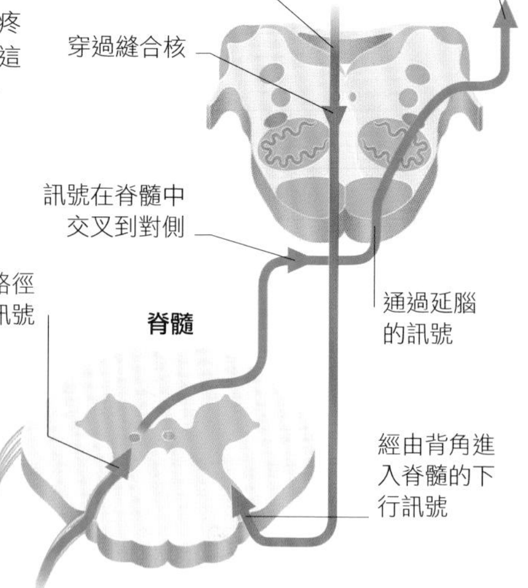

從皮質往下傳的訊號

上行路徑中的訊號繼續往丘腦（視丘）前進

腦幹

穿過縫合核

訊號在脊髓中交叉到對側

脊髓

上行路徑中的訊號

通過延腦的訊號

經由背角進入脊髓的下行訊號

4 下行路徑
源自負責處理痛覺的大腦皮質區，會擷取上行路徑內的痛覺訊號並加以修改。藉由驅動腦幹和脊髓釋放具有麻醉效力的化學物質，以緩解疼痛。

3 延腦
當痛覺訊號穿過腦幹中的延腦時，會活化自律神經系統（詳見第 112 頁到－113 頁）。這會使血壓升高、心跳及呼吸速率增快，甚至盜汗。

2 背角
痛覺訊號會沿著痛覺神經纖維抵達脊髓。多數痛覺纖維是從脊髓的後方（也就是背角）進入脊髓。這些痛覺訊號在進入大腦之前，就會被帶到對側的脊髓。

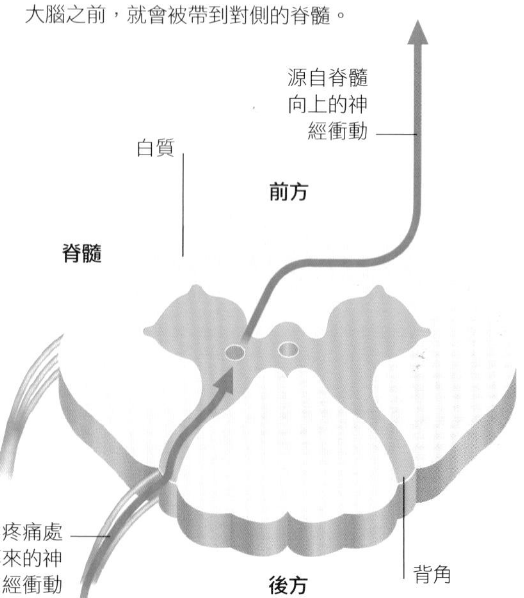

源自脊髓向上的神經衝動

白質

前方

脊髓

由疼痛處傳來的神經衝動

後方

背角

緩解疼痛的化學機制

我們的身體有一套天然的（鴉片類藥物）疼痛緩解系統，原理與使用海洛因和嗎啡等鴉片類藥物類似。天然的鴉片類藥物，例如由丘腦或是腦下垂體在面臨壓力和疼痛時製造的腦內啡與內啡肽。在我們覺得很開心的時候（例如劇烈運動或性行為），腦中也會釋放這些物質。無論是在大腦中還是全身各處的神經末梢，都有特殊的受體與鴉片類物質結合。這些鴉片類物質，會讓攜帶著疼痛訊號的神經末梢平靜下來，藉此緩解疼痛。

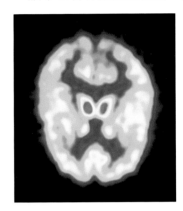

鴉片類受體
這張正子攝影顯示的是一般大腦中，鴉片類受體的濃度分布。紅色區塊的鴉片類受體濃度最高，依序是黃色與綠色，然後是藍色，是濃度最低的區域。

痛覺纖維

痛覺纖維為主要有兩種類型：Aδ 與 C 型神經纖維。Aδ 神經纖維較細，負責向大腦傳遞局部、較劇烈的刺痛。傷口通常距離這些神經纖維僅一毫米以內，所以要辨識這些傷口相當容易。

這些傳遞訊號的神經纖維，會被富含脂肪的髓鞘所覆蓋。C 型神經纖維的軸突就沒有髓鞘包裹。由 C 型神經纖維傳遞的痛覺訊號覆蓋區域較廣，難以定位。

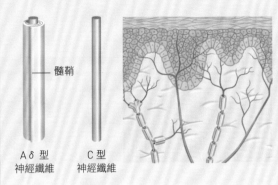

髓鞘

Aδ 型神經纖維　　C 型神經纖維

Aδ 與 C 型神經纖維
Aδ 型神經纖維多半出現在皮下組織中。C 型神經纖維則伴隨在血管、淋巴、感覺與運動神經以及周邊自律神經旁。

痛覺的類型

當痛覺受器因為接收到熱、冷、振動、過度拉撐或是由受損細胞所釋放出的化學物質，就會誘發痛覺。藉由特殊的神經纖維（參見上方表格）將痛覺訊號傳到大腦。不過有某些類型的疼痛，我們會以不同的方式進行處理與體驗。例如來自臉部的訊號會直接連結到顱神經（如下圖）、還有像是內在器官（如心臟）等的內臟痛，就會難以定位。還有像是神經系統受壓迫所造成的壓痛，一般又稱為神經病態性疼痛（如最下方圖片）。

面部疼痛

刺激三叉神經常常會導致面部疼痛。通常只會影響半邊的臉部，痛的感覺會停留在皮膚上或嘴巴和牙齒裡。通常這樣的疼痛會突然出現和消失，一般而言會被形容成是如同穿刺、撕裂、受到電擊般或是被子彈擊中的痛。痛的強烈程度可以從輕微到痛不欲生。面部皮膚上往往存有好幾個可能的「誘發點」，如果碰到的話，會誘發強烈的痛覺與抽搐。患者可能會持續好幾週、甚至好幾個月，每天都要經歷如此的痛苦。然後痛覺會突然消失，好幾個月，甚至好幾年都不再發生。

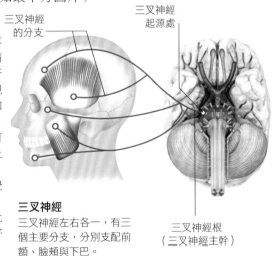

三叉神經的分支

三叉神經起源處

三叉神經
三叉神經左右各一，有三個主要分支，分別支配前額、臉頰與下巴。

三叉神經根（三叉神經主幹）

轉移痛

當從高敏感區域（例如皮膚）來的感覺神經纖維，和從低敏感區域（例如內臟器官）來的感覺神經纖維，在同一個位置進入脊髓時，就會發生轉移痛。大腦會預期接收到來自高敏感區域的訊號，因此錯誤解讀了疼痛的位置。

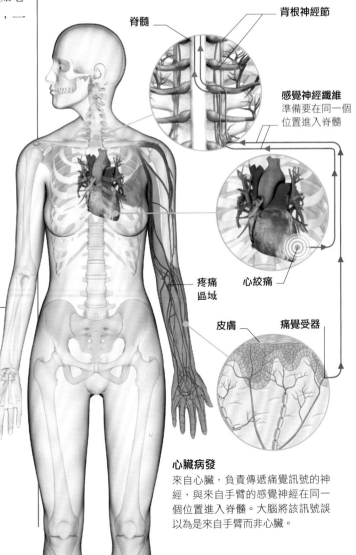

脊髓

背根神經節

感覺神經纖維
準備要在同一個位置進入脊髓

心絞痛

疼痛區域

皮膚

痛覺受器

心臟病發
來自心臟，負責傳遞痛覺訊號的神經，與來自手臂的感覺神經在同一個位置進入脊髓。大腦將該訊號誤以為是來自手臂而非心臟。

神經病態性疼痛

這種疼痛的成因並非因為受傷，而是因為神經系統的損害或異常所造成，因此又被稱為神經病態性疼痛。傳遞痛覺的神經，可能是因為被切斷或是太常受到刺激，變成習慣性地向大腦送出痛覺訊號，因此活化皮質上處理痛覺的神經元，導致即便沒有任何外力因素，患者也會覺得自己正在經歷疼痛。

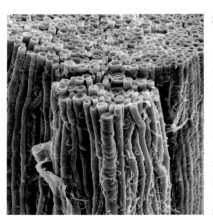

被切斷的神經束
這張上了色的電子顯微鏡照片，顯示了一束被切斷的神經。即便造成傷害的原因已經移除，這樣的神經還是很有可能會持續向大腦送出痛覺訊號。

感受痛覺

「痛」覺並不一定跟受傷有關，人類要能感受到痛，最重要的是意識的參與。為了要讓大腦意識到痛的感受，就必須同時啟動與情緒、專注力和評估因果的相關腦區。這個活化各腦區的過程，可以在人體沒有受傷的情況下，製造出痛覺的感受。

形成痛覺的神經路徑

痛覺訊號會傳導到大腦皮質的許多地方，並活化許多正在監控身體各種狀況的神經元。其中涉及兩個最主要的區塊：一個是感覺皮質，負責讓大腦知道疼痛的源頭；另一個是位於顳葉和額葉深處的腦島。其他有些皮質區也與痛覺相關，例如：前扣帶迴（位於大腦中央溝內側）。前扣帶迴似乎特別與痛覺的情緒反應，以及決定這次受傷應該獲得多少關注程度有關。

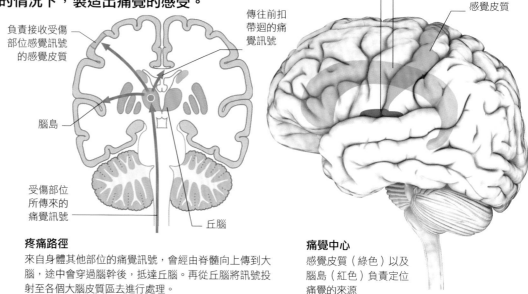

疼痛路徑
來自身體其他部位的痛覺訊號，會經由脊髓向上傳到大腦，途中會穿過腦幹後，抵達丘腦。再從丘腦將訊號投射至各個大腦皮質區去進行處理。

痛覺中心
感覺皮質（綠色）以及腦島（紅色）負責定位痛覺的來源

疼痛會吸引整個大腦的關注

痛覺與我們的生存息息相關，也真的會影響人類大腦的每一個區塊。雖然有三個主要負責疼痛的腦區（參見上圖），專門接收並處理疼痛訊號、找出疼痛的源頭，但其他的腦區也會一同參與。例如運動輔助區和運動皮質，收到痛覺訊號後，會立刻計畫並執行遠離痛覺刺激的動作。部分頂葉皮質，可能會將注意力轉移到可能的危險；額葉的許多腦區可能會開始評估疼痛的程度、擬定下一步的計畫。

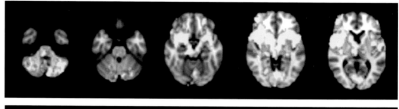
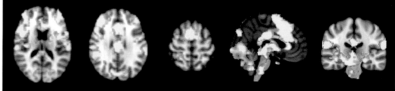

痛覺研究
這些功能性核磁共振掃描的切片，顯示當一個正常人的手臂經歷著痛覺刺激的時候，大腦的活性變化。圖片中亮起來的黃色區域，表示該腦區對此痛覺刺激產生神經活性。你可以注意到痛覺對於大腦有多麼廣泛的影響。

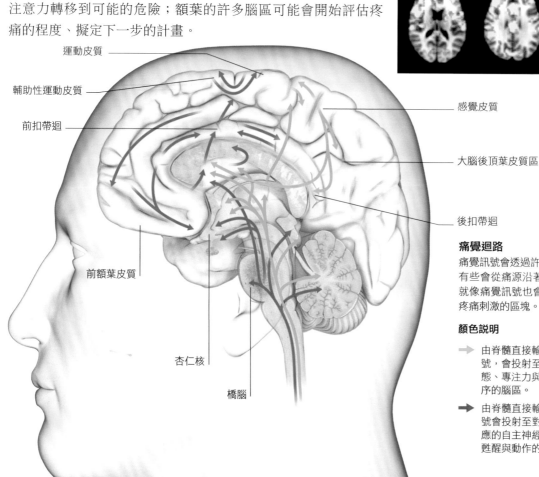

痛覺迴路
痛覺訊號會透過許多不同的神經迴路，才能達到它們的目標。有些會從痛源沿著神經向上，有的則是源自腦幹的神經核。就像痛覺訊號也會影響下丘腦，而下丘腦便是負責如何反擊疼痛刺激的區塊。

顏色說明

➡ 由脊髓直接輸入的痛覺訊號，會投射至監控身體狀態、專注力與決定先後順序的腦區。

➡ 由脊髓直接輸入的痛覺訊號會投射至對痛覺產生反應的自主神經系統、負責甦醒與動作的腦區。

➡ 此神經迴路會投射至負責監控和評估痛覺的皮質與邊緣區。

➡ 此神經迴路會投射至與痛覺感受相關的皮質與邊緣區，例如痛覺強度、情緒與痛覺記憶。

大腦處理疼痛的模式

大腦的高階功能之一是讓人類調適對疼痛的感受。由大腦傳往身體的訊號，會在疼痛訊號傳往大腦前，對其進行干擾。這減少了進入大腦的痛覺訊號的數量，當然也降低了大腦感受到的疼痛強度。另外我們對現況的認知、想像與情緒，也都會大幅影響我們對於痛覺的感受。人類可以藉由刻意地分散注意力或是想像他們感受不到疼痛，而忽視痛覺。經由強烈的想像力所產生的體驗與真實的經歷，對於大腦來說並無不同，即便痛覺神經纖維接受刺激，透過想像力就可能造成生理上的緩解。

安慰劑與反安慰劑

我們如何理解疼痛，可能會是影響疼痛強度的重要因素。光是相信疼痛正因為手術或是藥物而緩解，就能夠有效地抑制疼痛。這也就是所謂的安慰劑效應。如果預期疼痛會因為這些因素變得更加棘手或疼痛，則稱為反安慰劑效應。

控制疼痛

扣帶迴特別關注人體應該要對某個痛覺訊號，投注多少注意力的問題。藉由將注意力從痛覺上轉移，人們可以學著如何控制這個區塊的反應，形成生理上的止痛作用。現在認為虛擬實境的確可以有效幫助患者轉移對痛覺的注意力。

虛擬環境

虛擬實境能夠有效地讓人分心。虛擬實境能夠讓大腦用更少的專注力，關注痛覺訊號。

分散注意力

現在發現當燒傷患者沉浸在虛擬的寒冷環境下，會減少疼痛。一般認為，這是因為轉移了對痛覺的注意力的關係。

沒有虛擬實境　　　　　有虛擬實境

痛覺相關的大腦活性

在這些圖片中亮起的黃色區塊，反應了與痛覺相關的區塊。可以看到右圖在給予虛擬實境的狀況下，的確顯著地減少了這些區域的活化。

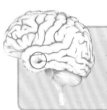

來自杏仁核的焦慮訊號，也與疼痛相關，當痛覺與過去經驗相關的時候，也會因此影響大腦。

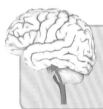

經由脊髓傳到大腦的痛覺刺激，也會增加焦慮的程度。

疼痛

反安慰劑效應

焦慮與來自身體的痛覺訊號，會形成痛覺相關的經驗，同時加強兩者的強度。也因此焦慮是反安慰劑效應的最佳例子，痛覺會因為負面思考、負面的信念和期待而提升強度。

安慰劑效應

相信藥物或是醫療處置會治癒疼痛的想法，本身就能減少疼痛。這是因為疼痛的經驗相當主觀，如果你覺得你感覺不到疼痛，那麼你很有可能就真的感受不到。這個過程也就是一般所謂的安慰劑效應。

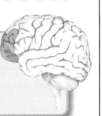

來自大腦前額葉往下傳遞的訊號，可以干擾向上傳遞的痛覺訊號。這有可能是無意識的行為，也有可能是刻意為之。

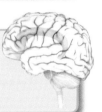

前扣帶迴負責將專注力從疼痛上移開。故能讓大腦對疼痛分心，有助於降低此處的活性。

疼痛與大腦

雖然大腦負責處理疼痛的體驗，但大腦自己卻因為沒有任何痛覺受器，所以感受不到任何痛覺。這對於神經外科相當重要，讓外科醫師能夠在患者清醒的時候進行手術。當對於他們的大腦進行刺激時，甦醒的患者能夠回報他們的感受，幫助外科醫師去判斷哪些區域是重要的腦區。這樣的話，外科醫師就能夠小心地前進，將腦腫瘤完整地移除，而不去傷害到重要或是健康的腦組織。

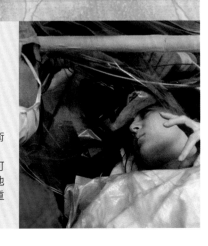

腦神經外科手術

患者在腦外科手術中依然保持清醒，藉由回答問題，可以告訴外科醫師他們正在靠近某些重要區域。

沒有痛覺的人生

大約每一億兩千五百萬個人當中，就會有一個極少數的人，先天感受不到任何痛覺。這是一種先天性的疾患，稱為先天性無痛症。起因是因為全身缺乏感受痛覺的末梢神經。有些患者能夠感受到觸覺和壓覺，這是因為這兩種感覺依賴不同的神經來傳遞訊號。雖然感覺不到任何痛覺，看起來好像很棒，但實際上一點也不。一般而言，疼痛會警告人們身處危險，並強制做出保護自己的行動。如果沒有這種訊號的話，我們很難意識到自己受了傷，很有可能導致重傷或是意外死亡。

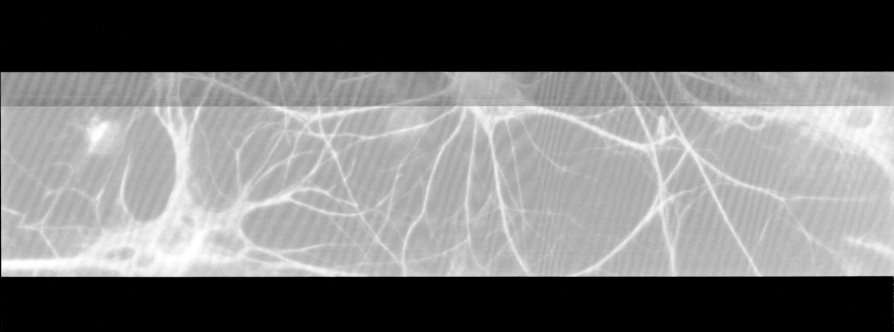

大腦其實會與身體的其他部位持續保持溝通，即便是最基本的處理流程，都要加以掌控。為了要達到這個目標，大腦不斷發起許多我們可能沒有意識到的動作，像是加速或減慢我們的呼吸。有些其他的動作甚至是反射性的，完全不需要有

動作與控制

調節基礎維生系統

小心翼翼地調節身體功能、維持內在環境的恆定，一直是人體的基本功能。下丘腦和腦幹藉由化學物質，也就是荷爾蒙，來傳遞訊息，好讓身體在我們完全沒有意識到的狀況下，維持精準的運作。

網狀系統

網狀系統位於腦幹，由一系列長距離的神經路徑組成，負責調節感覺訊號的輸入，並將資訊帶往或帶離大腦皮質。網狀系統對於調節負責維持內在環境平衡的自律神經系統也扮有重要角色。網狀系統包含了許多控制心跳以及呼吸速率等生理功能的神經中心，當然也包括調節基礎的消化功能、分泌唾液、分泌汗液、尿液與誘發性慾。網狀系統和周邊連結的區域，形成網狀活化系統（RAS），這是一個能夠讓大腦維持警覺與清醒的喚醒機制。

網狀活化系統
網狀活化系統負責接收感覺訊號，並傳送到大腦皮質，使大腦維持警覺並做好回應環境變化的準備。

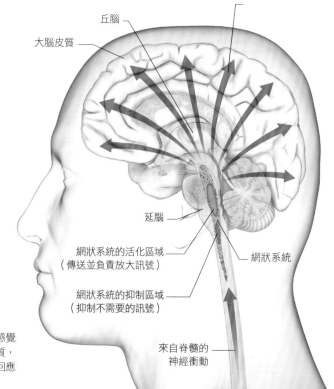

活化訊號
大腦皮質的各個區域，接收來自網狀活化系統經由丘腦投射而來的訊號。

丘腦
大腦皮質
延腦
網狀系統的活化區域
（傳送並負責放大訊號）
網狀系統的抑制區域
（抑制不需要的訊號）
網狀系統
來自脊髓的神經衝動

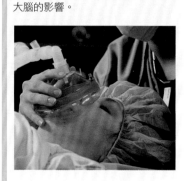

調節心律

自律神經系統藉由荷爾蒙調節心律的快慢，更準確地說，是經由網狀系統來達成這項功能。自律神經系統的交感神經使心跳加速，而副交感神經則使心跳變慢。位於腦幹的延腦，則有一群神經元組成了心跳調節中心，負責傳送訊號給心臟的竇房結以及房室結。這些設定心跳的訊號，則取決於身體對氧氣的需求量。

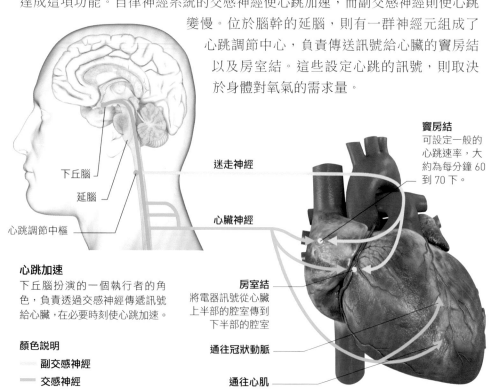

下丘腦
延腦
心跳調節中樞

迷走神經
心臟神經

竇房結
可設定一般的心跳速率，大約為每分鐘 60 到 70 下。

房室結
將電器訊號從心臟上半部的腔室傳到下半部的腔室

通往冠狀動脈
通往心肌

心跳加速
下丘腦扮演的一個執行者的角色，負責透過交感神經傳遞訊號給心臟，在必要時刻使心跳加速。

顏色說明
— 副交感神經
— 交感神經

調節呼吸

呼氣和吸氣的節律其實是由一群位於網狀系統的神經元所控制，稱為背側與腹側呼吸神經元群。這群神經元會針對血液中氧氣和二氧化碳的濃度，調整呼吸頻率，以維持體內恆定。呼吸的基礎速率（取決於身體新陳代謝的活性），也會隨著位於橋腦的呼吸中樞，所傳來的電子訊號而有所改變。

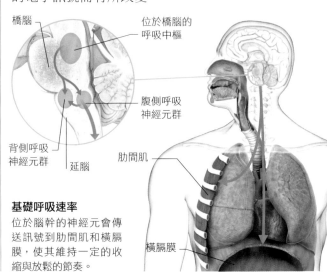

橋腦
位於橋腦的呼吸中樞
腹側呼吸神經元群
背側呼吸神經元群
延腦
肋間肌
橫膈膜

基礎呼吸速率
位於腦幹的神經元會傳送訊號到肋間肌和橫膈膜，使其維持一定的收縮與放鬆的節奏。

下丘腦的功能

下丘腦含有許多小型的神經元群，我們又稱為神經核。這些神經核能夠執行特定的功能：例如控制體溫、控制飲食的行為、調節飲水量、荷爾蒙的濃度以及睡眠節律。除了這些功能，下丘腦還是邊緣系統最主要的調節中心，與腦下垂體和自律神經系統都有廣泛的連結。經由這些連結，下丘腦能夠對身體的狀況做出關鍵的反應，並發起像是飢餓、憤怒與恐懼的感受。下丘腦的功能對於存活相當重要，所以任何對於下丘腦的傷害，都會造成行為和生命存亡上有極大的轉變。

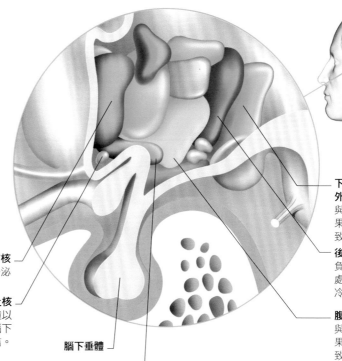

下丘腦的位置

下丘腦
外側區
與飲食行為相關，如果受到破壞可能會導致厭食症。

後核
負責控制體溫，並處理來自身體各處冷覺的訊息。

腹內側核
與飲食行為相關，如果受到破壞可能會導致過度飲食與肥胖。

內側視前核
負責調節性荷爾蒙的分泌

視交叉上核
負責調整生理時鐘以及日夜節律，與腦下垂體有許多連結。

腦下垂體

前核
這個區塊的神經元負責控制體溫，並處理來自身體各處溫覺的訊息。

下丘腦神經核
一群神經元聚集在一起的區域，又稱為神經核。下丘腦中每個神經核，都各有特殊或是調節身體系統的功能。我們還未全然了解它們的所有功能，但目前特定核區的功能我們已逐漸了解。

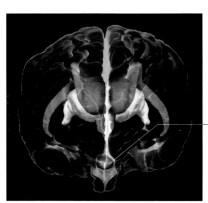

下丘腦

下丘腦 這張圖片中顯示了下丘腦的位置。下丘腦位於丘腦下方、緊鄰腦幹的位置，大小大約相當於一塊方糖。

身體的溫度調節系統

身體的皮膚上有為數眾多的溫覺受器，負責將周邊溫度的訊息傳往下丘腦。目前已知共有六種受器，每一種都回應一個特定的溫度範圍。有些對於熱相對靈敏，有些則對於冷相對靈敏，但沒有同時對冷熱皆靈敏的受器。這些受器的資訊，經由脊髓傳達到下丘腦，下丘腦的神經核會接收這些資訊，誘發各種反應，試著將體溫維持在攝氏 37 度（華式 99 度）。有些體溫調節的反應是有意識的，會誘發大腦皮質的意識參與；有些則完全受自律神經系統的調控。

身體如何回應寒冷
當下丘腦感覺到體表溫度下降，會促使身體增加產熱並保存熱量。

氣溫下降

刺激皮膚中的冷覺受器

減少流向皮膚的血流

大腦皮質

下丘腦 的體溫恆定

自主的反應
體溫下降也刺激了一系列的行為反應

身體顫抖
下丘腦會活化腦幹的運動中樞，會誘發骨骼肌不自主地收縮，產生熱能。

啟動自律神經系統
自律神經系統中的交感神經，會啟動四種不同的反射性反應。

身體蜷縮

運動

進食

穿衣服

找尋熱源

增加代謝速率
這也會讓身體增加產熱

腎上腺髓質會分泌腎上腺素
對肌肉增加葡萄糖和氧氣的供給，刺激產熱。

棕色脂肪的氧化
棕色脂肪是一種特化的組織，常見於胎兒和某些動物的身上。這種脂肪富含許多製造能量的細胞，能夠燃燒脂肪產生熱能。

血管收縮
減少血流量，並提升血壓，這會讓身體保留更多熱量。由於到體表的血液變少，皮膚會因此變得較白。

豎毛肌收縮（又稱為起雞皮疙瘩）
豎毛肌是位於每一根毛髮底部非常細微的肌肉，豎毛肌收縮會導致毛髮站立，建立起一層對外的絕緣區。*

*【審訂註】豎毛肌屬平滑肌，由自主神經系統支配。

神經內分泌系統

大腦藉由荷爾蒙的作用，維持身體內部狀態的穩定，這樣的狀態又稱為恆定。位於大腦內部的控制中心會影響體內的腺體製造和釋放各種荷爾蒙，來維持生命徵象的平衡。

荷爾蒙的合成與控制

　　腺體是一種回應體內失衡，並加以調節的器官，負責決定我們要吸收多少養分，以及如何進食與飲水。腺體藉由增加或減少荷爾蒙的產量，控制這些行為。而目標器官的細胞表面，通常都只具備特定的受器，對特定的荷爾蒙才有所反應。這種特定的連結，誘發一連串的生理反應，以恢復生理恆定。下丘腦便是介於神經系統和內分泌系統間最重要的連結，藉由釋放荷爾蒙，刺激腦下垂體，讓腦下垂體停止或開始分泌荷爾蒙。

經由腦下垂體釋放的荷爾蒙

黑色素細胞刺激素	刺激黑色素的生成和釋放。黑色素是皮膚和頭髮顏色的來源。
促腎上腺皮質激素	刺激腎上腺皮質製造固醇類荷爾蒙，用於回應環境壓力。
促甲狀腺激素	增加甲狀腺的活性。甲狀腺與代謝有關。
生長激素	作用於全身，對於幼童的生長與發育尤其重要。
促濾泡成熟激素、黃體成長激素	刺激男性與女性的性腺製造性荷爾蒙
催產素	於生產過程中刺激子宮收縮，也刺激乳腺分泌母乳。
泌乳激素	刺激乳腺細胞製造母乳
抗利尿激素	控制腎的腎絲球，調節從血液中濾出水分的量。

回饋機制

　　透過回饋機制，人體可以偵測並矯正體內的失衡現象。血液中各種荷爾蒙的濃度會不斷受到監控，並將相關資訊回傳到負責各荷爾蒙的控制單位，通常也就是下丘腦與腦下垂體。如果荷爾蒙的濃度過高，控制單位會減少荷爾蒙的製造，以維持體內平衡。如果荷爾蒙的濃度過低，控制單位就會刺激腺體，增加荷爾蒙的產量。類似的回饋機制也應用於較罕見的恆定功能，例如分娩時的收縮。

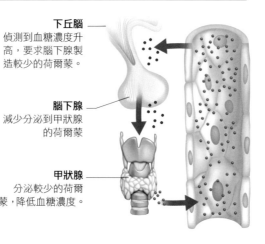

下丘腦
偵測到血糖濃度升高，要求腦下腺製造較少的荷爾蒙。

腦下腺
減少分泌到甲狀腺的荷爾蒙

甲狀腺
分泌較少的荷爾蒙，降低血糖濃度。

負向回饋
為了對血糖上升做出回應，下丘腦啟動了一系列減少荷爾蒙製造的反應，使血糖濃度下降，恢復平衡。

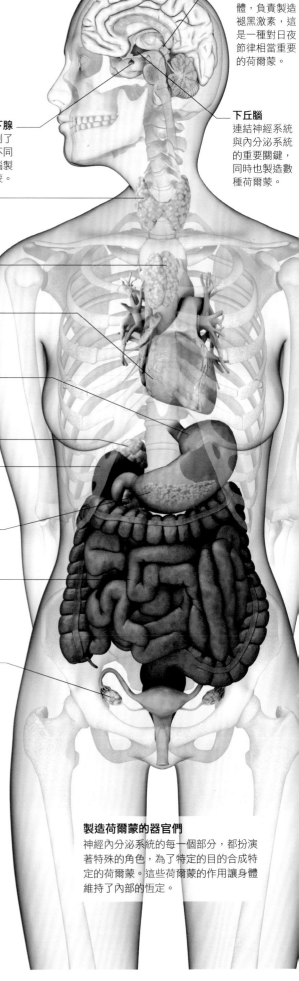

松果體
豆狀大小的腺體，負責製造褪黑激素，這是一種對日夜節律相當重要的荷爾蒙。

下丘腦
連結神經系統與內分泌系統的重要關鍵，同時也製造數種荷爾蒙。

腦下腺
又稱為「最重要的腺體」，控制了許多內分泌腺。負責製造八種不同的荷爾蒙，並釋放兩種由下丘腦製造的荷爾蒙。

甲狀腺
調控代謝與心律；與其他腺體不同，能夠儲存自己製造的荷爾蒙。

胸腺
負責製造參與白血球發育的荷爾蒙。

心臟
負責製造心房肽，減少血量與降低血壓。

胃
其分泌的荷爾蒙有助於消化酶的製造與釋放。

腎上腺
負責製造能夠調節葡萄糖、鈉鹽或鉀鹽代謝的荷爾蒙，也生成腎上腺素。

腎臟
分泌紅血球生成素，這會刺激骨髓製造紅血球。

胰臟
製造胰島素和升糖激素，能夠增加或降低血糖濃度。

小腸
其分泌的荷爾蒙有助於消化酶的製造與釋放。

卵巢
製造女性荷爾蒙：雌激素與黃體激素

製造荷爾蒙的器官們
神經內分泌系統的每一個部分，都扮演著特殊的角色，為了特定的目的合成特定的荷爾蒙。這些荷爾蒙的作用讓身體維持了內部的恆定。

飢餓

身體藉由運用荷爾蒙，誘發飢餓或飽足感，把體重控制在一定的標準。為了刺激食慾，胃部會製造飢餓素，而脂肪組織會減少製造瘦素和胰島素。這也會對於特定神經細胞傳遞特定的訊息（例如下圖中 B 類型的神經元），讓這些神經元開始製造神經肽 Y 以及刺鼠肽基因相關蛋白（AgRP），以增加食慾。這些胜肽的生成，也抑制了其他的神經元（例如下圖中 A 類型的神經元）製造會抑制食慾的黑色素皮質素。這些訊號也會（經由其他神經元）傳到下丘腦的其他神經核，誘發出飢餓的感覺。而為

了抑制食慾，身體的脂肪組織會增加製造瘦素和胰島素。這些荷爾蒙的訊號，會送到 B 類型的神經元，進而抑制製造神經肽 Y 以及刺鼠肽基因相關蛋白。同一時間，增加的瘦素和胰島素會刺激 A 類型的神經元，製造更多黑色素皮質素。這些訊號會抵達下丘腦的腹內核，產生飽足感。

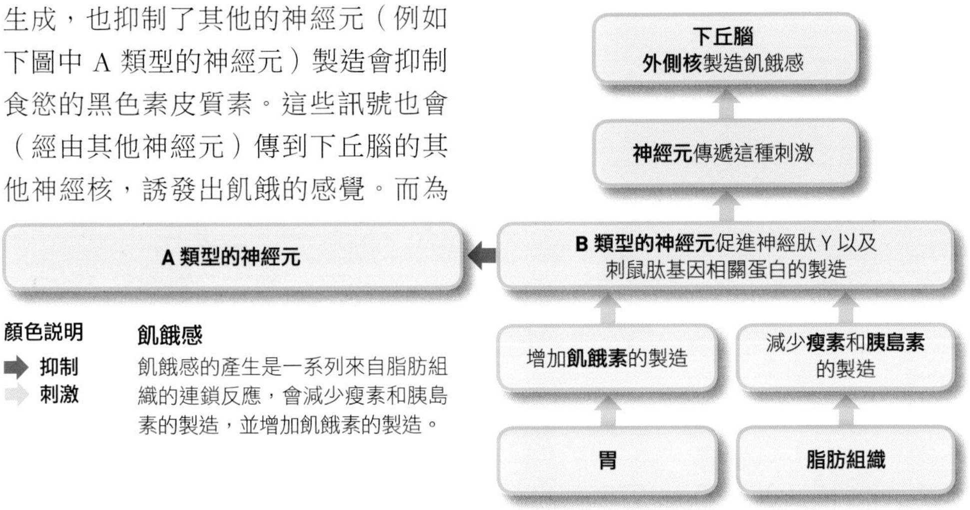

```
┌─────────────────────────────────┐
│        下丘腦                    │
│  外側核製造飢餓感                │
└─────────────────────────────────┘
              ▲
┌─────────────────────────────────┐
│     神經元傳遞這種刺激          │
└─────────────────────────────────┘
              ▲
┌──────────────┐  ┌─────────────────────────────────┐
│  A 類型的神經元 │◄─│  B 類型的神經元促進神經肽 Y 以及 │
└──────────────┘  │  刺鼠肽基因相關蛋白的製造        │
                  └─────────────────────────────────┘
                     ▲                    ▲
            ┌─────────────────┐  ┌─────────────────┐
            │ 增加飢餓素的製造 │  │ 減少瘦素和胰島素 │
            │                 │  │   的製造         │
            └─────────────────┘  └─────────────────┘
                     ▲                    ▲
                 ┌────────┐         ┌──────────┐
                 │   胃    │         │  脂肪組織 │
                 └────────┘         └──────────┘
```

顏色說明

➡ 抑制
➡ 刺激

飢餓感
飢餓感的產生是一系列來自脂肪組織的連鎖反應，會減少瘦素和胰島素的製造，並增加飢餓素的製造。

糖分成癮

作為對於個人或物種展現出有益於生存功能的重要「獎賞」，像是進食或是性，都會促使大腦釋放鴉片類物質，產生愉悅感。高糖份的飲食會產生極強的獎勵訊號，人吃越多富含糖分的飲食，就會想要吃下更多。而這很有可能會破壞自我控制機制，導致成癮。

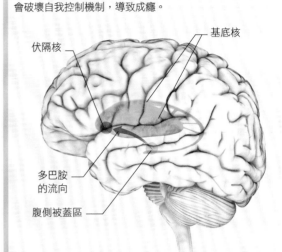

基底核
伏隔核
多巴胺的流向
腹側被蓋區

獎賞系統
位於中腦的腹側被蓋區，負責評估各種需求是否獲得滿足，並將這些資訊，透過多巴胺送往位於基底核的伏隔核。多巴胺濃度越高，所得到的愉悅感越強，更有可能在未來重複類似的行為。

覺得口渴

當體內水分減少時，鹽類的濃度就會增加，血液容量就會減少。位於心血管系統的壓力受器，和位於下丘腦對鹽類濃度敏感的細胞，會偵測到這樣的變化。為了做出相關的反應，腦下腺會釋放抗利尿激素，作用在腎臟，以留住更多水份並減少製造尿液。腎臟也會往血液中分泌腎素，經過一系列的作用後，最終形成第二型血管收縮素。這些作用會由與下丘腦連結的穹窿下器官進行偵測，活化更多製造抗利尿激素的細胞，並製造口渴的感覺，讓身體喝水。

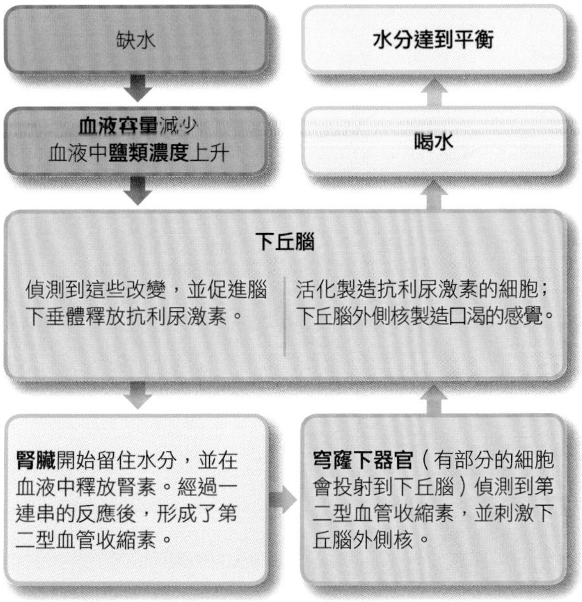

```
┌──────────┐              ┌──────────────┐
│   缺水    │              │  水分達到平衡 │
└──────────┘              └──────────────┘
     │                           ▲
     ▼                           │
┌──────────────┐          ┌──────────┐
│ 血液容量減少   │          │   喝水    │
│ 血液中鹽類濃度 │          └──────────┘
│ 上升          │               ▲
└──────────────┘               │
     │                          │
     ▼                          │
┌─────────────────────────────────────────────┐
│                  下丘腦                       │
│ 偵測到這些改變，並    活化製造抗利尿激素的細胞；│
│ 促進腦下垂體釋放抗    下丘腦外側核製造口渴的感覺 │
│ 利尿激素。                                      │
└─────────────────────────────────────────────┘
     │                          ▲
     ▼                          │
┌──────────────┐          ┌──────────────┐
│ 腎臟開始留住水分│          │ 穹窿下器官（有 │
│ ，並在血液中釋放│          │ 部分的細胞會投 │
│ 腎素。經過一連串│─────────►│ 射到下丘腦）偵 │
│ 的反應後，形成了│          │ 測到第二型血管 │
│ 第二型血管收縮素│          │ 收縮素，並刺激下│
│ 。              │          │ 丘腦外側核。   │
└──────────────┘          └──────────────┘
```

缺水時的反應
因為脫水，導致血液容量減少與血中鹽類濃度上升，會對身體的生化環境造成傷害。神經內分泌系統會藉由一系列的連鎖反應，製造口渴的感覺，以恢復體內的平衡。

日夜節律

位於下丘腦的視交叉上核，在維持日夜節律的功能中扮演重要角色。遞減的光量經由視網膜感測後，部分訊息會送往視交叉上核，然後視交叉上核會傳遞訊號到松果體。這會增加褪黑激素的釋放（這是一種告訴身體，何時該睡覺的荷爾蒙）。此時，大腦也會降低警覺性，逐漸被疲倦感支配。當日光量增加，褪黑激素減少，則又回到催醒的循環。

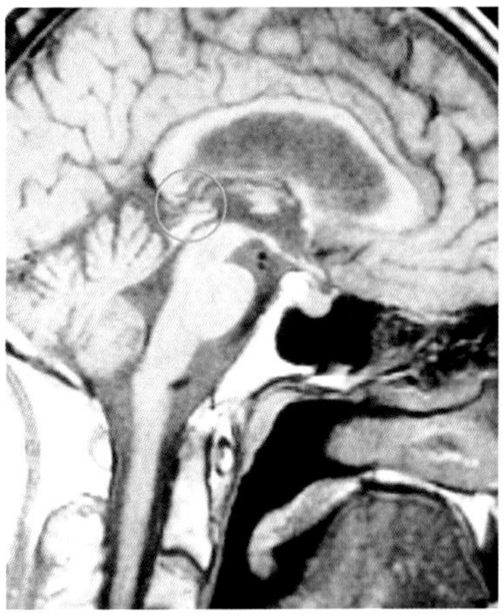

松果體
在這張側向拍攝的核磁共振照片中可以看到，黃色圈圈中標示著松果體的位置。松果體是一個位於丘腦（視丘）後上方的豆狀腺體。負責分泌褪黑激素。

褪黑激素
光線減少的時候會刺激製造褪黑激素，連結外在環境與體內的睡眠──清醒週期。

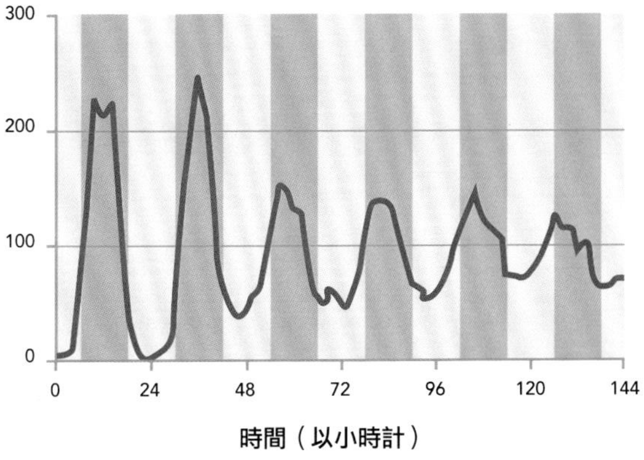

顏色說明
■ 夜間
□ 日間
— 褪黑激素量

縱軸：平均含量百分比（0, 100, 200, 300）
橫軸：時間（以小時計）（0, 24, 48, 72, 96, 120, 144）

如何計畫特定動作

一個身體的動作有可能在有意識的參與或是無意識之間完成，無論是什麼方式都能產生看起來相當類似的複雜行為。人體所有的動作都需要大腦的參與，即便有意識的動作和無意識的動作是在截然不同的地方產生的。越是看來需要更多技巧的特定動作，越是有可能不需要意識的參與。

有意識和無意識的動作

人類許多的動作都是有意識的，例如我們會先想著要撿東西，然後才真的行動去撿東西。但是也有許多動作的發生，我們卻毫無知覺，例如眨眼。有些無意識的動作，是被環境的刺激所直接觸發的，像是當我們看到食物，可能就會誘發伸手去拿的動作。一個複雜的動作，無論是否有意識參與，主要還是取決於個人技巧上的純熟度。當某個動作逐漸被熟悉的時候，就很有可能會變成「自動化」。不過，只要操作者集中注意力，這些自動化的動作也可以讓意識參與。

複雜的動作
即便是像雜耍的同時騎著單輪車這樣複雜的動作，都可能在無意識中完成。

複雜的計畫過程

有些動作需要較長的意識參與。當某人非常擅長做某件事，例如職業高爾夫球手在推桿的動作，可能會被歸到大腦無意識參與的區塊。這會使大腦更高階的認知功能被「解放」出來，可以讓大腦不用注重推桿的細節，而能更加專心於計畫擊球的角度與力道。

熟練的駕駛 熟悉的路線	熟練的駕駛 不熟悉的路線	學習中的駕駛
找尋轉彎的路口	找尋轉彎的路口	找尋轉彎的路口
看鏡子	看鏡子	看鏡子
轉動方向盤	轉動方向盤	轉動方向盤
轉動輪子	轉動輪子	轉動輪子

技巧與純熟度
左邊的表格告訴我們一個熟練的駕駛，行經熟悉的路段時，很有可能會在全然無意識的狀態下完成這些動作；而一個學習中的駕駛，可能必須集中精神在這些動作上。熟練的駕駛，則可能在不熟悉的路線開車時，需要專心找尋轉彎的路口。

顏色說明
■ 有意識　　■ 無意識

反射動作

反射指的是已經被編寫進脊髓的動作[1]。大腦並不會參與反射的過程，自然也無法被意識控制。多數反射都是為了保護身體遠離可能的傷害所產生的快速反應。這些訊號會經由神經纖維送到脊髓，透過運動神經元啟動反射機制，以回應周邊環境的刺激，讓身體移動。

脊髓

神經根

感覺神經纖維
所有的感覺神經衝動，都會直接送到脊髓。

運動神經纖維

刺激

大腿肌

感覺神經纖維末梢
將來自肌肉和韌帶的感覺神經衝動，藉由突觸直接連結運動神經元。

運動神經元的細胞體
接收了來自感覺神經纖維的神經衝動；從此啟動自己的神經衝動，沿著運動神經回到肌肉。

髕韌帶

踢的方向

髕反射
髕反射是一種多數人相當熟悉的反射動作。常常被醫師用來測試脊髓神經的功能。敲擊髕骨下方的肌腱，會拉扯上方的大腿肌[2]，導致股四頭肌收縮，促使下肢自動產生「踢」的動作。

*1【審訂註】並非所有的反射動作都由脊髓執行，有些反射動作是由腦幹負責，比如嘔吐反射或眨眼。
*2【審訂註】此即股四頭肌。

與運動相關的大腦區

無論是有意識參與或無意識參與的動作，都與初級運動皮質相關。初級運動皮質會送出收縮肌肉的決定性訊號（經由脊髓和運動神經元）。無意識的動作會在頂葉完成計畫，而有意識參與的動作，則會涉及前運動皮質和運動輔助區等更多腦區。部分前額葉腦區也有可能會參與其中，例如負責評估動作的背外側前額葉。這似乎會讓人以為只有意識參與的動作，才和大腦決策有關。但實際上，大腦總是在人體意識到我們決定要執行某個動作前，就已經無意識地做好了計畫並開始執行。所謂「大腦的決策」，也許僅僅是意識到我們在無意識間做好的計畫罷了。

前運動皮質和運動輔助區會在行動發生前將近兩秒左右，就無意識地產生活性。而意識參與、決策是否進行動作的時間點，僅僅發生在行動前零點幾秒。

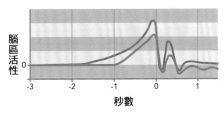

顏色說明 —— 運動輔助區（SMA）
　　　　　—— 前運動皮質（PMA）

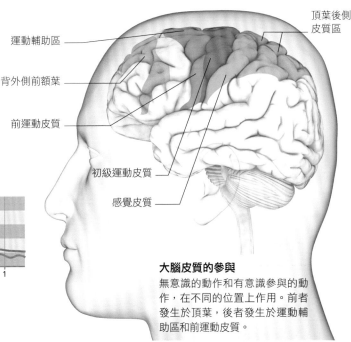

頂葉後側皮質區
運動輔助區
背外側前額葉
前運動皮質
初級運動皮質
感覺皮質

大腦皮質的參與
無意識的動作和有意識參與的動作，在不同的位置上作用。前者發生於頂葉，後者發生於運動輔助區和前運動皮質。

基底核

在頂葉與額葉進行計畫的動作，會送往基底核，然後再經由丘腦在動作執行前重新送回運動輔助區和前運動皮質。基底核就像是篩子的角色，阻絕不恰當的動作計畫，抑制因為環境因素所激發的衝動，例如想要抓住食物的反應。

控制反應
基底核會接收到各種等待執行的動作計畫，藉由各種神經傳導物質的作用，來決定哪個計畫應該要被執行。

顏色說明
—— 基底核迴路
—— 調控迴路

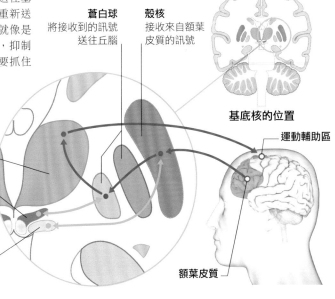

蒼白球
將接收到的訊號送往丘腦

殼核
接收來自額葉皮質的訊號

基底核的位置

運動輔助區

丘腦
將資訊傳遞到運動輔助區

黑質
調控動作強度，讓動作變得更強或更弱。

丘腦下核
同樣也負責調控動作

額葉皮質

小腦

為了要讓身體能夠做出各種複雜的動作，動作的每一個元素的順序與持續的時間，必須相互配合得天衣無縫，這就是小腦最主要的功能，此功能需透過連結小腦與運動皮質的迴路來達成。小腦也負責調節運動皮質送給運動神經元的訊號。小腦能夠使某一組肌肉執行動作的同時，也確保有另一組肌肉作為抗衡的「煞車」，這能讓動作更加精準與協調。

準確的時機點
小腦迴路中有一組計時的系統，會將計算的結果傳到初級運動皮質，初級運動皮質再將訊號轉傳到肌肉。

顏色說明
—— 來自小腦的訊號
—— 送往小腦的訊號

初級運動皮質

紅核
接受來自小腦的回饋

橋腦核
接收來自運動皮質的動作訊號，並傳送到小腦。

齒狀核
將訊號送回運動皮質

小腦皮質
負責儲存動作的計畫

如何執行特定動作

一旦動作計畫完畢,大腦腦區就會將訊號傳到肌肉,並執行動作。這些訊號有的會先送到運動皮質,然後再向下傳送到脊髓。甚至也有更直接的神經路徑。一但訊號送達位於脊髓的運動神經元,就會使肌肉纖維進行收縮。

脊髓的神經路徑

每一個動作會在運動輔助區、前運動皮質或是頂葉完成計畫,然後送往運動皮質等待執行。運動皮質大約由一百萬個神經元所組成,這些神經元會發出很長的軸突將訊號投射至脊髓。這些軸突相互聚集成束,並與發自體感皮質的軸突匯合,共同形成外側皮質脊髓徑。在進入脊髓之前,來自左右大腦半球的神經纖維束會相互交錯,所以來自左大腦半球皮質的神經纖維,會沿著脊髓的右側下行,反之亦然[1]。紅核脊髓徑則源自位於中腦的紅核,協助產生細緻化的動作[2]。前庭脊髓徑與網狀脊髓徑則源自腦幹,並協助動作平衡與維持方向感。

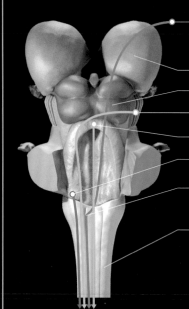

初級運動皮質
外側皮質脊髓徑的起點

丘腦

下丘

紅核

網狀結構

前庭核

錐體交叉
外側皮質脊髓徑在此交錯下行至對側

脊髓
多數來自於大腦的神經纖維,在此透過突觸和脊髓裡的運動神經元交會。

顏色說明
—— 前庭脊髓徑
—— 紅核脊髓徑
—— 外側皮質脊髓徑
—— 網狀脊髓徑

控制肢體
外側皮質脊髓徑是唯一源自大腦皮質的神經路徑,也是最主要負責控制肢體運動的路徑[3]。

平衡動作
網狀脊髓徑和前庭脊髓徑協助控制動作平衡與維持方向感,並中和重力的效果。

---

[1]【審訂註】因此之故,在脊髓右側下行的外側皮質脊髓徑,起源自左側大腦皮質,反之亦然。
[2]【審訂註】人類的紅核脊髓徑只有從紅核下行至頸髓,能夠控制的肌肉與執行的功能都相當有限。
[3]【審訂註】在脊髓尚有另一條源自大腦皮質的神經路徑——腹側皮質脊髓徑,源自同側的大腦皮質。

脊髓到肌肉

　　脊髓內的運動神經元會接收來自下行的神經路徑的訊號，並發出軸突從椎體之間的空隙穿出[*1]，通往肌肉。這些軸突末梢會在肌纖維上形成神經－肌肉接合處，並釋放神經傳導物質使肌肉收縮。這些神經傳導物質，會穿過狹窄的突觸間隙，結合到肌肉細胞膜上的乙醯膽鹼受器，以引發一系列的反應，使該肌肉收縮。執行精細動作的肌肉，比起執行一般動作的肌肉，會受更多神經元支配。

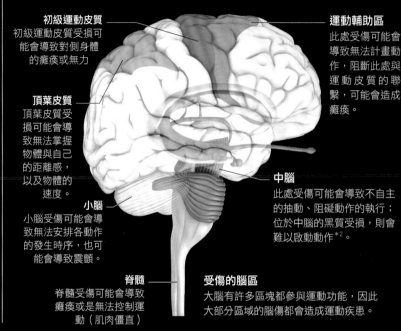

肌肉纖維

運動神經元

神經－肌肉接合處
當神經－肌肉接合處接收到運動神經的刺激，電訊號會使肌肉內部釋放許多鈣離子。這使肌原纖維相互滑動，導致肌肉收縮。

精準的動作順序
在收到了來自初級運動皮質的指令後，運動神經元便會快速且精確地活化，以啟動特定的肌肉進行收縮。

運動疾患

　　運動疾患主要可分為兩大類：運動功能過強以及運動功能過弱。第一大類包含了許多運動疾病，有些是身體某部位不自主的緩慢晃動；有些是不受意念控制、不自主的跳動，或是快速、不連續的動作，有可能會伴隨發出聲音。肌躍症的症狀是突然有如電擊一般的肌肉收縮，而芭蕾舞症則是會出現快速、隨機、抽筋似的動作。運動功能過弱則指的是整體動作緩慢、動作僵化或是無法按照意念自由移動肢體。當遇到阻力的時候，肌肉顯得極度僵硬；姿態非常不穩，無法維持直立姿勢。

初級運動皮質
初級運動皮質受損可能會導致對側身體的癱瘓或無力

頂葉皮質
頂葉皮質受損可能會導致無法掌握物體與自己的距離感，以及物體的速度。

小腦
小腦受傷可能會導致無法安排各動作的發生時序，也可能會導致震顫。

脊髓
脊髓受傷可能會導致癱瘓或是無法控制運動（肌肉僵直）

運動輔助區
此處受傷可能會導致無法計畫動作，阻斷此處與運動皮質的聯繫，可能會造成癱瘓。

中腦
此處受傷可能會導致不自主的抽動、阻礙動作的執行；位於中腦的黑質受損，則會難以啟動動作[*2]。

受傷的腦區
大腦有許多區塊都參與運動功能，因此大部分區域的腦傷都會造成運動疾患。

運動復健

　　運動疾患可能源於許多區域的腦傷，這對罹患中風的患者來說非常常見。運動皮質的受損，有可能會導致全身或對側身體的半身癱瘓。如果中風發生在皮質下的區域，有可能會失去對於隨意運動的控制。但是這些受到影響的神經路徑，其實能夠在某種程度上加以重建，減緩腦部受損的長期影響。研究顯示，皮質投射至中腦的神經路徑受損後，如果積極進行復健，有可能在三個月後形成新的連結。

中風
這張電腦斷層圖片顯示，大腦中廣泛的內出血，導致中風。

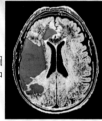

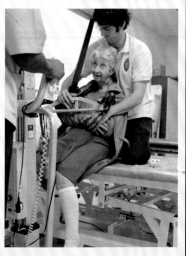

中風後復健
因為中風受損的神經路徑，在某程度上可以自我修復。物理治療可協助患者重建運動神經迴路，復原的狀況往往與治療的強度相關。

[*1]【審訂註】此處即是椎間孔
[*2]【審訂註】此即帕金森氏症的典型病徵

無意識的動作

雖然感覺器官傳來的訊息幾乎是一瞬間就抵達大腦，但大腦卻需要整整半秒，才能夠意識到這些訊息。為了要能夠有效地回應迅速變化的環境，大腦每分每秒都在無意識的參與下，計畫與執行各種動作。

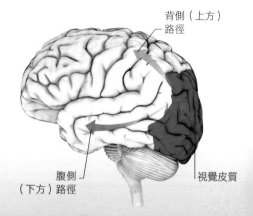

背側與腹側路線

源自初級視覺皮質的訊號，會經由兩條平行的神經路徑進一步處理。背側路徑主要負責生成無意識的肢體動作；而腹側路徑則生成意識參與的知覺。

反應路徑

大腦只需要 400 毫秒就能將收到的訊息，完成形成意識前的處理。身體也會花差不多長的時間，才能準備好進行各種動作。所以如果我們都要等到大腦對看到或是聽到的東西產生意識才開始做出反應的話，我們的行為反應至少會與面前發生的事件，延遲一秒左右的時間差。等到大腦算出迎面而來的車子會走什麼路線，我們可能已經被車子輾

回擊發球

專業網球選手能夠在他們意識到球的行走方向前，就計畫並發動一系列複雜的動作，以反擊對手的高速發球。因為在平常練習的過程中，已經將相關的動作順序自動化，並儲存下來，上場的時候在無意識狀態下就能自行跑動。職業選手不太需要思考每一塊肌肉該怎麼做出動作，這也是職業選手和業餘選手最大的不同。熟悉對手的肢體語言，也能讓他們在無意識中了解球可能的落點。

各種發生在接球球員腦中的事件

🕐 0 毫秒 引發注意

選手的大腦會將注意力放在對手身上，準備做出動作。這防止了大腦關注其他無關緊要的刺激，並加強了大腦關注位於視線中的目標。如果這名選手剛好熟悉對手打球的模式，他的大腦會將對手的動作記在腦中，並將對手現在的動作和之前的記憶做比較，讓自己更能預測球的落點。專注於這一類的線索，能夠讓反應加快 20 到 30 毫秒左右。

鎖定

丘腦負責將專注力鎖定在目標物上，額葉負責抑制各種會分心的想法。

額葉

丘腦

🕐 70 毫秒 肌肉記憶

此時選手還沒有真的意識到，自己已經看到球的移動，但他的大腦在無意識之間，已經計畫好了要如何回應。在這個階段，他主要利用的是對手的動作，來決定自己的身體要往哪裡移動。比起業餘球員，職業球員更少仰賴視覺上的線索，因為他們的大腦在很早期的時候，就已經辨識出哪些是無關的資訊，並選擇忽略它們。對手在動作上的視覺資訊，活化了選手的頂葉皮質，喚醒了相關的程序性記憶。這些記憶是後天學習來的，例如如何回應對手的發球，而這已經在他們身上成為自動化的程序。這些程序以各種模塊的形式儲存在殼核，當遇到類似狀況，無須意識的參與，就能隨時拿出來再次使用。

源自殼核來的資訊會沿著複雜的神經網路送到頂葉皮質

殼核

動作記憶

殼核是基底核的一部分，負責儲存與習慣性動作相關的記憶。源自殼核的資訊會直接傳遞到頂葉皮質。

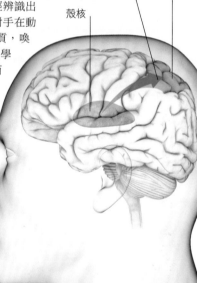

發球選手

過。大腦藉由快速地偵測在無意識狀態下送到運動區的感覺訊號，來加速我們的反應。例如移動物體等視覺刺激，會經由神經網路，促使相關的身體部位做出反應。位於枕葉與頂葉皮質和周邊的各腦區，會快速計算出物體的形狀、大小、相對運動與移動軌跡。這些資訊會迅速彙整，形成運動計畫。身體可能會隨之做出打擊（例如打蒼蠅）、閃避（蹲下或跳起，以閃開飛來的物體）或是接住（接住落下的水果或要跌倒的孩子）。如何選擇回應的動作，與後天學習有關：一個有經驗的職業球員，面對迎面而來的快速球，可能會選擇接住或是打擊，但沒有練習的球員，可能會選擇躲開。

觀察網球選手的大腦影像

這個實驗會讓網球選手觀看其他對手發球的影像，並要他們想像自己回應發球的動作。這些功能性核磁共振的影像顯示，當網球選手只觀看移動的球（左圖），會活化大腦中追蹤視覺目標的腦區。但觀看某個人發球的話，除了活化視覺區，還會活化許多周邊的腦區像是頂葉皮質。活化這些周邊區域，表示大腦對於影片中的動作，試著做出回應。對手的動作，也幫助了觀看的人預測球會往什麼方向移動。

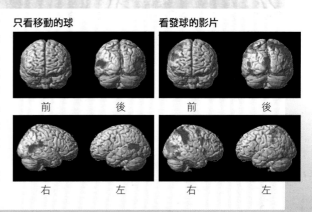

只看移動的球　　看發球的影片

前　後　　前　後

右　左　　右　左

⏱ 250 毫秒 動作計畫

準備接球的選手腦中，會整合球的各種資訊，以建構適當的反應。這個動作計畫與對手的肢體動作（無意識間了解的）、對於球速與軌跡的掌握，以及和被這些資訊活化的程序性記憶有關。這些計畫會在位於運動皮質前方的前運動皮質執行。這個階段就像是彩排階段，讓這些動作模式以神經活性的方式在大腦中跑過，而不需要真的去影響肌肉。

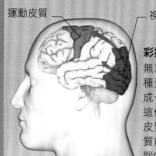

運動皮質　　視覺皮質

彩排

無意識下取得的各種資訊，會被整合成一份動作計畫。這份計畫在前運動皮質（位於運動皮質前方）形成並在腦中進行彩排。

⏱ 355 毫秒 送出訊號

此時位於前運動皮質的運動計畫，會被送到隔壁的運動皮質。這塊長條形的腦區，會經由脊髓連結各肌肉，準備讓肌肉進行收縮。以網球比賽為例，在運動皮質中發起動作的神經元，正沿著右側運動皮質，將訊號傳到選手的左手臂和手，將球拍對準球的落點。其他的神經元則控制身體的其他部位。小腦會決定其他神經元發動的順序，也就是決定其他肢體移動的順序。

運動皮質

小腦

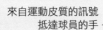

來自運動皮質的訊號抵達球員的手

命令肢體運動

來自運動皮質的神經訊號，沿著脊髓送到肌肉使肌肉，收縮並做出動作。

⏱ 500 毫秒 意識參與行動

如果接球球員的意識所認為的軌跡，與先前無意識下所決定的軌跡不同，他可能會更動先前的運動計畫，或是基於現在計畫，加入新的資訊適度調整。這會額外增加約 200 到 300 毫秒的時間，因此當加入這些由意識主導的新資訊，更動運動計畫時，還有可能會讓球跑得更遠，失去回擊的先機。

這樣的情形就如有人往前跨出一步時，原本預期會踩在大腦覺得是平坦的地方，但實際上是下坡的狀況。這種狀況在兩種不同情境中，都可能會導致嚴重後果，引發許多情緒變化，例如：憤怒、尷尬並充滿失敗感。

⏱ 285 毫秒 意識介入

此時接球球員的大腦，終於意識到了網球已經離開對手的球拍。而他的大腦不但已經在無意識當中，即時預測了球的位置，還安排這兩道資訊流不要撞在一起。球員會以為他是用眼睛，先看見了球真實的落點。

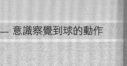

意識察覺到球的動作

接球球員

鏡像神經元

人體有某些神經元，會在你運動的時候啟動；但當你僅是看著「別人」運動時，有些神經元也會跟著啟動，這表示我們在無意識之中會去模仿別人的動作，在某種程度上分享他們的經驗。鏡像神經元也讓我們不需要去思考，就能了解對方的感受。而這是近年來神經科學最重要的發現之一。

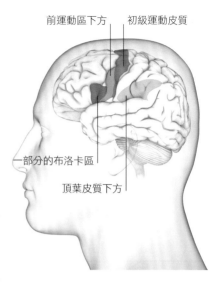

鏡像神經元在哪裡
人類的鏡像神經元看似分布到更多的區域：例如負責處理動機的額葉、還有一部分的前運動區。頂葉也發現鏡像神經元，看似和感受有關。鏡像神經元在人類大腦的詳細分布情形目前仍在積極研究中。

鏡像神經元是什麼？

鏡像神經元是在獼猴大腦中規劃運動的區域時首次被發現。而類似的大腦影像研究顯示，人類也擁有鏡像神經元。人類的鏡像神經元看起來要比獼猴的更加複雜，這些鏡像神經元不只存在於動作區域，也存在於跟情緒、感受和動機相關的區域。

怎麼發現鏡像神經元的
鏡像神經元是在一隻獼猴身上發現的。當時獼猴的大腦正接了許多監控的電線，研究人員想了解當牠伸出手去抓食物的時候，哪個神經元會有所反應。結果當研究人員在獼猴（此時獼猴沒有做動作）眼前做了相同動作時，同樣的神經元也會有所反應。

鏡像神經元能夠讓人們在瞬間就知道對方心中在想些什麼；了解其他人的感受，或是心裡在想什麼事情，是人類相互模仿的基礎。

模擬觸覺

目前認為鏡像神經元也作用於大腦感覺皮質，尤其是大腦處理觸覺的區域。在某個研究中，在受試者的大腦接受掃描時，先用刷子刷過受試者的腿，然後讓受試者觀看其他人的腿被觸碰的影片。觀察他們的大腦活性時發現，有一部分大腦感覺皮質只在他們真的被觸碰的時候被活化，而其他部分感覺皮質則在看影片的時候也被活化。另外還有第三組位於感覺皮質的神經元（下圖中白色區域），不管受試者是真的被觸碰，還是觀看其他人被觸碰的影片都會活化。在這個例子中，第三組的神經元只有左大腦半球那一側被活化，但其他實驗發現第三組神經元左右兩側都會活化。

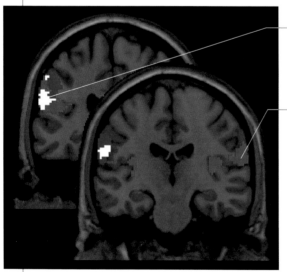

左大腦半球感覺皮質內同時被觸覺和觸覺影片活化的區域

右大腦半球感覺皮質內，只有被觸覺活化的區域。但類似的實驗發現右大腦半球也可能存在鏡像神經元。

活化區域
這幾張對同一個大腦，進行核磁共振影像掃描的冠狀切面顯示被觸覺活化的區域、被觸覺影片活化的區域，以及同時被兩者活化的區域。

顏色說明
- ■ 被觸覺活化的區域
- ■ 被觸覺影片活化的區域
- □ 同時被觸覺與觸覺影片活化的區域

模仿說話的方式

鏡像神經元能夠幫助人們在試著說話溝通的時候，相互「同步」他們的大腦。相互對話的兩個人會無意識地模仿對方，調整成相近的說話頻率以及相同的文法結構。這能夠幫助其中一個人預測對方接下來可能要說的事情。讓溝通能夠更加快速且順遂。說話有時候會結合肢體動作跟臉部表情，來更完整地傳達所有意義，這些極細微的動作，會加強聲音所造成的感受。光是看著對方的臉，就能讓對方的說話音量上升 15 分貝左右。

肢體語言
就像人們能夠模仿說話的方式跟語速，人們也能配合談話的對象，無意識地調整他們自己的肢體語言。相互對話的兩人會關注彼此的臉，試著想要捕捉各種具有意義的瞬間。

了解這是什麼感受
藉由在腦中模仿其他人的動作，大腦就能夠知道那是什麼感受。例如模仿專家跳舞的動作，即便你沒辦法非常完美地模仿，但是你會大概知道要怎麼做。

模仿情緒

當人見到其他人表達某種情緒的時候，大腦中與情緒相關的區域會被活化，使情緒是具有傳染性的。在一個研究當中，志願受試者聞了相當噁心的氣味後，看了一支其他人聞了某件東西，也顯露噁心的影片。結果都同樣活化了腦中與噁心相關的區塊。模擬他人的情緒被認為是最基本的同理心。自閉症患者就難以表達這樣的同理心，可能與鏡像神經元的活性較低有關。

恐怖電影
看到別人覺得恐怖的樣子，也會讓自己有相同感受。鏡像神經元使得群眾之間能快速感染彼此的情緒。

模仿動機

兩個看似完全相同的動作，卻極有可能具有截然不同的脈絡與意義。人類的鏡像神經元似乎會將這件事情列入考慮。例如，當某人看到另外一個人為了要喝水，舉起了茶杯，跟對方如果只是要清理茶具而舉起茶杯，會有不同的兩組神經元被活化。觀察者的大腦並不只是基於對方的肢體語言，生成一些微小的念頭，其實觀察者同時也是正在理解對方這麼做的動機。這讓我們能夠稍微猜測對方可能的計畫與想法，而不需要真的付諸實現。

喝下飲料？還是準備收掉盤子？
上方圖片中擺設了一組完整的早餐盤，下方圖片中餐點則已經被清空。在兩張圖片中，舉起杯子的動作可以說極其相近。但我們的大腦會擷取周邊其他相關的脈絡資訊，自動了解這兩者的動作背後所代表的意義不同。

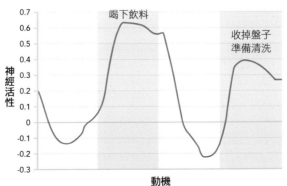

模仿動作

最近研究發現某一部分的鏡像神經元，會在我們運動時跟看著別人運動的時候都受到活化。例如前運動區裡計畫如何運動腿部的神經元，會在我們看著別人奔跑的時候被活化。換句話說，當我們看到有些人在做某一件事情時，你也會在你的大腦中重做一遍。不過，如果要能真正模仿出對方的動作，就必須將大腦剛才學到的影像送到運動區才能重現。

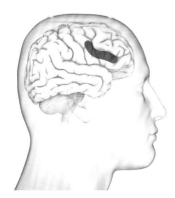

看著咀嚼的畫面
光是看著其他人嚼食的模樣，就能活化與嘴和下巴相關的前運動區，和部分的初級運動皮質。

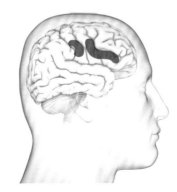

和某物件互動
當實際執行某動作，例如咬蘋果，而不只是單純看其他人咀嚼的模樣時，此時頂葉的區域也會跟著被活化。

神經活性的不同程度
認為圖片中是喝下飲料，而不是準備收掉盤子的神經活性較高，是因為我們較常遇到前者的狀況。

（圖表：縱軸 神經活性 0.7~-0.3，橫軸 動機，標示「喝下飲料」與「收掉盤子準備清洗」）

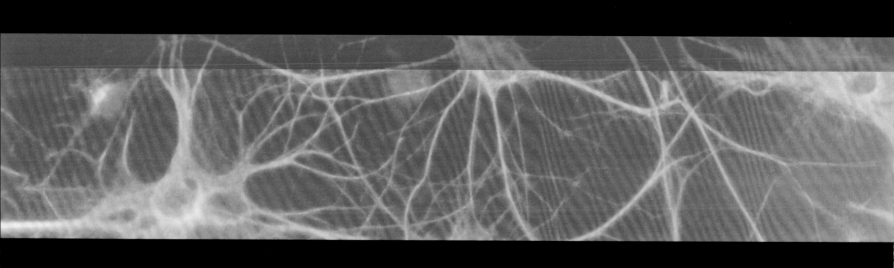

情緒是一種身體變化，能夠促使我們做出某種行動。情緒跟著人類的進化而演變，讓我們為了生存盡一切努力，也積極將我們的基因傳往下一代。為了加強情緒對我們的影響，情緒化的行為往往與愉悅和厭惡等，具備強烈意識的感受結

情緒與感覺

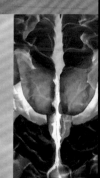

多愁善感的大腦

情緒看似是一種帶有強烈意識的感覺，但它是一種內在的衝動，如同生理反應對上環境刺激，是為了保護我們遠離危險，趨吉避凶。情緒其實也會不斷產生，只是多數狀況下我們並沒有感覺。

解析情緒

人類的情緒反應由邊緣系統產生，這是位在大腦皮質下的一群神經結構。邊緣系統在哺乳類的歷史中，是很早就演化出來的結構。在人類身上，邊緣系統和較晚才演化出來的大腦皮質緊密連結。大腦皮質與邊緣系統保持雙向的溝通，使情緒的變化能夠讓意識參與，而大腦意識也能影響情緒。每種情緒都是由一組特定的大腦模組所生成，並結合了下丘腦與腦下腺的作用。這些荷爾蒙控制了像是增加心跳、肌肉收縮等相關的生理反應。

扣帶迴

這部分的大腦皮質相當接近邊緣系統。當人們正在處理繁雜的事物，或是體驗強烈的愛、憤怒以及慾望時，會導致前扣帶迴的活性增加。當母親聽到小孩哭泣的時候，已經證實前扣帶迴的活性會增加。前扣帶迴含有一種特殊的神經細胞，稱為梭狀細胞（右圖），目前認為與偵測他人感受及回應其他人的情緒有關。

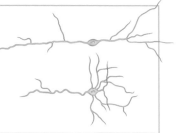

終紋

這是一個連結杏仁核與大腦其他部位的神經網路。終紋負責處理焦慮與壓力的情緒反應。男性與女性在終紋裡的細胞密度並不相同，這很有可能就是造成性別認同的關鍵。因為根據研究發現，變性者終紋裡的細胞密度，與他們變性後的性別所該有的細胞密度較為接近。

額葉皮質

來自邊緣系統的資訊會傳遞到額葉皮質，以讓大腦意識參與其中。加入了意識對於環境與周邊脈絡的判斷後，又會持續將資訊送回邊緣系統。情緒對於思考的影響，比起思考對於情緒的影響還來得更大。這大概是因為從邊緣系統向上傳遞的神經路徑，比從額葉皮質向下傳遞的神經路徑還要來得更多。

嗅覺系統

其他的感覺系統會先將訊號經由丘腦，再送到大腦皮質，但嗅球會將嗅覺相關的訊息直接送到邊緣系統。這就是為什麼氣味能夠製造如此強烈且即時的情緒反應。嗅覺系統被視為是大腦最原始的情緒中心，在演化上甚至比視覺和聽覺都還要更加原始。

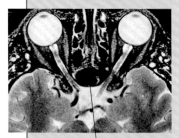

鼻中隔

肼胝體

肼胝體負責在左大腦半球與右大腦半球之間傳輸情緒的訊號。比起一般男性，女性肼胝體神經纖維的密度更高。這可能是情緒反應在不同性別之間有所差異的關鍵之一。

丘腦

丘腦作為感覺訊號的轉介中心（嗅覺除外），因此與所有的人類活動或多或少都有些相關。不過有些丘腦的神經核（暗綠色區塊）可將情緒的刺激訊號轉往杏仁核或是嗅覺皮質做進一步處理，因此相較於其他神經核，對情緒反應有較大的影響力。

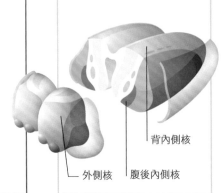

背內側核

外側核　腹後內側核

下丘腦與乳頭狀體

下丘腦是大腦中很小的一個部位，但對人體有複雜而廣泛的影響。下丘腦是荷爾蒙的訊號中心，也是主要傳訊者，會影響身體對環境的反應，以將我們所收到的感覺轉成情緒。下丘腦也會調整杏仁核所產生的恐懼反應。經由穹窿與下丘腦連接的乳頭狀體，則是記憶功能與情緒功能之間的交會點。

海馬迴

海馬迴負責將記憶編碼與取回記憶。當回憶起有關個人或是非常關鍵、與情緒相關的記憶，海馬迴也會重新體驗一次當時的情緒。就像我們突然回憶起某些快樂的時光，這些情緒可能會跟當下的感受結合，也有可能蓋過當下的情緒。

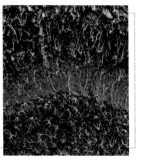

杏仁核

杏仁核為大腦內一個微小的結構，與情緒反應極為相關。這個區域會不斷評估來自外在與內在的各種資訊，決定受威脅的程度與面對的情緒強度（詳見下頁）。

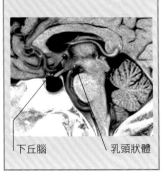

下丘腦　　　乳頭狀體

杏仁核

　　來自許多其他部位的刺激和訊號，會在杏仁核產生相對應的情緒反應。杏仁核中有明顯的神經核，會產生各種不同的恐懼反應。最中央的神經核，讓人在面臨恐懼時會無法動彈；基底核則是使人生成逃跑的反應。這些神經核也受性荷爾蒙影響，所以不同的性別面對恐懼時的反應也有所不同。下丘腦可調節杏仁核的活性（參見右圖）。

情緒中心
情緒與許多腦區都有相關，但最核心的神經網路是位於右圖紅色區塊：也就是杏仁核和背內側皮質與眶額皮質。

邊緣系統的核心

調整杏仁核的反應
當我們遭遇恐懼刺激的時候（如右圖），杏仁核會被活化。而由下丘腦所分泌的荷爾蒙：催產素，則會降低杏仁核的活性（如下圖），連帶也減少想要逃跑的感覺。

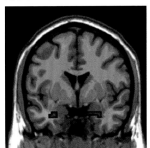

給予催產素之前的恐懼反應

給予催產素之後的恐懼反應

正面情緒

　　位於杏仁核旁的邊緣系統，藉由降低杏仁核與焦慮相關的大腦皮質活性，來製造正面情緒。人類對某件事情抱以期待、尋求愉悅感的行為，是由體內的獎賞迴圈所控制。這個迴圈會作用在下丘腦和杏仁核：藉由分泌多巴胺，讓人有期待和渴望的感覺；透過分泌GABA，來抑制杏仁核中的一些神經細胞過度興奮。

愉悅感與大腦
當你看到你的足球隊進球了，愉悅感會活化邊緣系統周邊的腦區。

恐懼感

　　杏仁核就像販售好記憶與壞記憶的商店，尤其是與情緒相關的創傷。杏仁核也對某些特定的刺激特別有反應：例如低飛的鳥、蜘蛛與蛇。當大腦要形成對某件事物的恐懼感時，必須有特定的環境刺激因子，並將情緒和這些刺激緊密結合，或是看到其他人被這件東西驚嚇的樣子。要擺脫這樣的恐懼感，通常非常困難，因為杏仁核並非受到意識控制。只能經由學習，試著降低對刺激的反應。

恐懼反應
自律神經系統負責在人體覺得害怕的時候，自動產生對恐懼的生理反應。

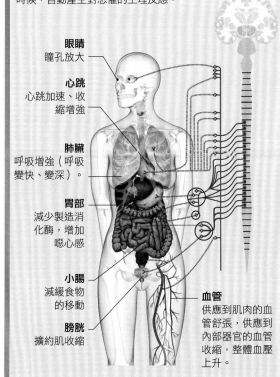

眼睛
瞳孔放大

心跳
心跳加速、收縮增強

肺臟
呼吸增強（呼吸變快、變深）。

胃部
減少製造消化酶，增加噁心感

小腸
減緩食物的移動

膀胱
擴約肌收縮

血管
供應到肌肉的血管舒張，供應到內部器官的血管收縮，整體血壓上升。

無意識下的情緒反應

　　雖然人類進化出了有意識參與的情緒系統，但人類情緒反應的核心還是相當的原始。例如在我們意識到令人害怕的景象和聲音之前，這些訊號就會活化杏仁核。當感覺訊號終於送到大腦皮質，讓大腦意識得以參與時，杏仁核已經向下丘腦傳送訊息，讓身體準備進入「逃或戰」或是自我撫慰的狀態。這條看似原始且直接的路徑，讓我們能夠採取最即時的行動，拯救自己。舉例來說，當我們聽到一個極大的噪音，而準備要「恐懼發作」時，卻突然冷靜下來，明白這個聲音無傷大雅的時候，我們正同時在經歷無意識與有意識參與的情緒反應。

有意識參與與無意識參與的路徑
杏仁核會在我們意識到威脅之前，就收到相關的情緒刺激。這時的身體對於威脅或是獎賞，都能夠做出相當快的反應。情緒的刺激也會在另一個沒有杏仁核參與的路徑進行處理。這會將資訊帶往大腦皮質，帶入意識，以進行經過思考的回應。

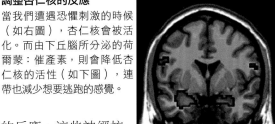

恐懼的臉
這一系列的圖片顯示恐懼的發生過程。杏仁核會將這系列帶有強烈情緒的面部表情記錄下來，並在我們意識到之前，就做出情緒判斷。

丘腦
丘腦會將感覺資訊先導向杏仁核，做出快速的評估與行動，同時也會送往皮質區，讓大腦意識做進一步的處理。

顏色說明
→ 緩慢但準確的路徑
→ 快速但草率的路徑

大腦感覺皮質
感覺資訊會順著這條路徑，抵達感覺皮質後進行辨識。這條路徑會擷取出更多的資訊，但花的時間較長。

海馬迴
大腦意識參與的資訊會在海馬迴裡進行編碼，形成記憶。海馬迴也會基於過去的資訊，對初步的反應進行確認或是修正。

杏仁核
杏仁核會對於收到的資訊進行即時的評估，檢查有沒有與情緒相關的內容，並將訊號轉達到相關的腦區，以做出立即的生理反應。這條路徑無須意識的參與，所以很有可能做出錯誤的決策。

下丘腦
從杏仁核傳來的訊號，會觸發荷爾蒙濃度的改變，使身體立刻準備好回應相關的情緒刺激。這些反應包括了肌肉收縮或是心跳加快。

情緒與意識

情緒是由大腦中的邊緣系統所生成，情緒生成的當下意識無法參與。強烈的情緒會對大腦皮質產生「衝擊性」的效果，這樣的衝擊對於額葉影響最大。額葉是大腦意識專門處理「心情」和「感受」的位置。有的時候，情緒反應明顯與生活經驗有關。但有些時候，這之間的因果關係並不明確。意識到情緒的狀態，讓我們更能了解周邊環境的變化。

感受到情緒

情緒是源自對威脅或機會無意識的生理反應。例如當我們看到蛇，身體會自動準備要逃跑。對於人類來說，情緒也就是意識經驗中威力強大的各種「感受」，正是這樣的感受，讓人的生命具有意義和價值。無意識下與情緒相關的各種生理反應源自於大腦深處，然後再將這些訊號送到大腦各區，以準備相關行動。有些訊號也會向上活化皮質區域，這樣的訊號就會生成人類的「感受」。我們會體驗到什麼樣的「感受」，取決於哪些大腦皮質會被活化。

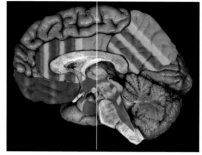

產生情緒
情緒的生成源自於杏仁核、腦幹以及下丘腦（藍色）。如果是有大腦意識參與的感受，則包含了眶額迴和扣帶迴的作用。

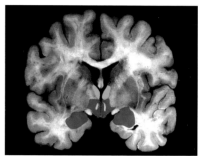

情緒表達與意識
當人類表達情緒的時候，杏仁核和下丘腦（藍色）會被自動活化，而丘腦（綠色）的活化狀態則維持不變。

右大腦半球

右大腦半球比左大腦半球產生更多負向的情緒，人類意識到哀傷和恐懼的時候，比起左大腦半球，也更仰賴右大腦半球所處理的訊息。如果這些訊號並沒有傳到大腦，那麼即便在行為上已經產生改變，一般人可能還是沒有意識到自己的情緒轉變。

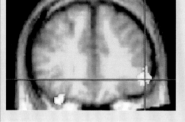

增加活性
正子掃描顯示，當受試者看著各種情緒化的臉部表情和肢體動作時的大腦活性。相比於左額葉皮質，右額葉皮質（如左圖黃色區域）對這些刺激會產生更大的反應。

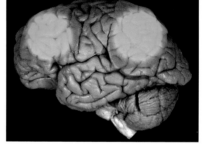

意識參與情緒生成
額葉和頂葉等大型的腦區（綠色）會將大腦意識帶入，並調整情緒的強度。

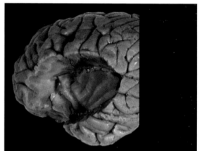

噁心
這張剖面圖中可以看到腦島（紅色，同上圖）。某部分腦島會在情緒產生時被活化，尤其是我們覺得噁心的時候。

情緒的迴路

無論來自外在環境，還是身體內部的訊號，都會被不斷檢查是否是與情緒相關的內容。杏仁核是人體最主要的情緒感官，而且對於威脅和損失特別敏感。杏仁核也會同時接收來自感覺器官與感覺皮質的訊號，和大腦皮質和下丘腦進行連結，形成一個完整的迴路。一旦杏仁核被活化，杏仁核就會向迴路送出訊號。這些訊號在抵達下丘腦的時候會刺激各種生理反應的發生，並在抵達額葉的時候，讓人意識到情緒的發生。傳遞正向情緒的神經迴路稍有不同，腦幹是這個迴路的一部分，會增加分泌讓心情好轉的神經傳導物質－多巴胺。

處理情緒
攜帶有辨識情緒脈絡與起源的資訊，會從丘腦、腹側紋狀體（亦即伏隔核）和杏仁核，傳送到前扣帶迴。來自額葉和前額葉皮質，用於調整情緒的訊號，也會在前扣帶迴與上述資訊交會。

前額葉皮質上背側
前扣帶迴背側
腹側紋狀體
丘腦

前額葉皮質下腹側
前扣帶迴吻端
杏仁核
海馬迴
額葉皮質內側

感到憎恨情緒

每種情緒都會在大腦中活化稍微不太一樣的區塊，進而形成一種模式。例如憎恨情緒（顯然是負向情緒），就與腦島（與噁心和排斥有關）和大腦中與行動及計算相關的腦區有關。

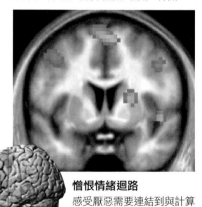

憎恨情緒迴路
感受厭惡需要連結到與計算（左圖，功能性核磁共振掃描）和行動相關的腦區（上圖）。這個模式也許反應了預謀與之後的攻擊。

情緒發生的時機點

我們發現誘發情緒的事物（參見右圖），總能抓住我們的注意力。如果我們看到某些具有威脅性的事物，比起平板無奇的刺激，總能夠馬上引發意識注意。這可能是因為杏仁核會無意識地注意到威脅，並緊抓住我們的意識，期待發生一些重大的知覺體驗。不只是威脅，好的事物也會比較快就吸引注意力。研究認為，人們對於嬰兒微笑的反應速度，和他們看到憤怒的臉龐時，幾無差異，同樣都比不帶情緒的刺激要快得多。

穿戴你的情緒

科學家已經發明了一種衣服，可以將穿衣服的人的心情，投射在衣服上。生物訊號晶片會隨時擷取衣服中所收到的腦波變化，然後衣服會根據所收到的資訊改變顏色。這件由菲利浦所製作的未來衣，當穿衣服的人覺得開心的時候，會變成白色；當穿衣服的人覺得悲傷的時候，會轉為藍色。這件衣服的內衣中有感測器，能夠將訊號傳給外頭的裙子，變出不同的顏色。

開心

悲傷

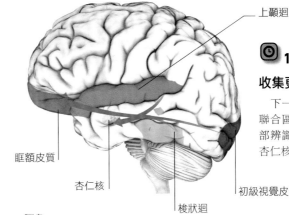

上丘

眶額皮質

杏仁核

🕐 小於 100 毫秒

初步意識到情緒產生

看到令人情緒激動的事物，至少需要花 0.1 秒才能做出反應，好讓訊號從腦幹中的上丘，傳往額葉，讓大腦意識參與其中。

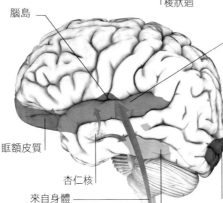

上顳迴

眶額皮質

杏仁核

梭狀迴

初級視覺皮質

🕐 100 - 200 毫秒

收集更多相關資訊

下一刻，會收到更多來自感覺區和聯合區的資訊（例如位於梭狀迴的臉部辨識區），提供大腦更多除了來自杏仁核以外，足以引發情緒的資訊。

腦島

上顳迴

眶額皮質

杏仁核

來自身體回應的訊號

梭狀迴

初級視覺皮質

🕐 350 毫秒

完全意識到情緒的發生與原因

大約經過了 350 毫秒之後，大腦完全意識到情緒的發生與原因。來自杏仁核的訊號，引發了身體的知覺反應，這樣的知覺反應也會回饋到腦島。

情緒與心情

情緒反應一般是暫時性的，會由我們當天的思考、活動以及社交狀況等事件所引發。情緒是激發後天行為的一些線索（詳見右表）。和情緒不同，對某一些患者來說，心情會持續好幾個小時、幾天、甚至幾個月。持續好一陣子難過的情緒，就會變成哀傷。隨著時間過去，如果這樣的情緒還是沒有獲得改變，就有可能演變成憂鬱（詳見第 239 頁）。即便我們沒有意識到，但很有可能在極短的時間內，我們就會被特定事物影響心情。有研究指出，如果在受試者面前閃過一些噁心的畫面，雖然快到大腦根本沒有意識到，日後當受試者再看到相關的畫面時，也會比其他人更容易意識到噁心感。這種無意識下的刺激，很容易被受試者認為是一種心情，而非情緒。

分辨出差異
情緒是對事物突然、強烈的反應。例如對突如其來的壞消息的反應。相對而言心情較為散漫，也會持續比較長久。

後天行為		
情緒或感受	可能的刺激	後天行為
生氣	因為其他人挑釁的行為	採取攻擊行為，取得主控權與威脅姿態。
恐懼	來自更強壯或強大的人的威脅	逃跑行為，避開威脅。
悲傷	失去深愛的人	被動、負面思考的狀態。逃避各種挑戰。
噁心	不健康的東西（腐爛的食物或是不乾淨的周邊環境）	厭惡行為，試著將自己從不健康的環境中抽離。
驚訝	全新或是不在預期中的事物	突然專注在某個非預期中的事物，接受最大量的資訊，以應付可能的行動。

渴望與獎賞機制

渴望是一種相當難以定義的感受，可以解釋為期待某件事物帶來愉悅或是滿足感的心情。
人類大腦中有與獎賞和渴望相關的特殊機制。對性和食物充滿渴望，也具有生存價值，
但如果渴望變成上癮，那會導致可怕的後果。

渴望

渴望是一種複雜的驅動力，而且和個人的喜好強烈相關。主要有兩個不同的部分組成：喜歡與渴求。簡單來説，喜歡會與欣喜感連結，而渴求會是對某件事物強烈的真實需求。有些人類行為，像是飲食、睡覺或是性行為，都會連結喜歡與渴求感，這樣的渴望具有生存價值。但是一個成癮的人，也可能會極為需要某種藥物，這時就不一定特別地感受到樂趣和享受。此時的歡愉就只會造成毀滅性的後果。喜歡和需求這兩種感受，看似運用了大腦不同的迴路，但多巴胺對於生成這兩種感受，都是相當重要的神經傳導物質。

刺激與獎賞
邊緣系統會記錄身體內外的各種刺激，形成感覺與渴望。大腦皮質也會基於這些資訊做出反應，然後再將資訊回饋到邊緣系統，形成獎賞的回饋機制與感官的滿足。

1.刺激
這有可能源自體外，比如説看到食物；亦有可能來自於體內，例如血糖下降。

2.急切性
這些影響邊緣系統的刺激，會形成一種需求。

邊緣系統

5.獎賞
這些活動會誘發訊號回饋到邊緣系統，使邊緣系統釋放類鴉片的神經傳導物質。

3.渴望
此急切性會在皮質被視為一種渴望，促使身體做出反應。

大腦皮質

6.滿足感
多巴胺是一種神經傳導物質。提升體內多巴胺濃度，能夠製造滿足感。

4.行動
基於皮質所給的指示，身體會試著滿足各種渴望。

期待

學習與記憶對於形成渴望與喜好上，顯然扮演了重要的角色。因此也影響了產生期待的可能，這也是一種對於獎賞的預期。已經有許多研究者利用機率性的遊戲，來研究期待行為。當人們被告知可能贏錢，並心懷期待的時候，此時的功能性核磁共振掃描告訴我們，杏仁核與眶額皮質的腦血流量會增加，富含多巴胺受器的伏隔核與下丘腦（下視丘）的活性則會上升。預期的獎賞越大，腦中活性就越強。

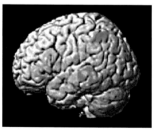

獎勵期待
功能性核磁共振掃描顯示在左頂葉皮質內側的活性。當一個人期待獲得獎賞的時候，前扣帶迴皮質以及頂葉皮質內側活性會增加，也會提升投入在特定事物的專注力。

左頂葉皮質內側

尋求愉悅感與成癮

就算與生存無關，成癮物質還是能夠活化多巴胺的獎賞系統，讓人感到愉悅。長期暴露在這些藥物之下，會抑制獎賞迴路，所以需要更多的劑量才能達到相同的效果。鴉片類藥物的系統，甚至與抑制疼痛和舒緩焦慮有關。海洛因以及嗎啡會與鴉片受器結合，產生極大的愉悅感。尼古丁的成癮則走膽鹼迴路，與學習和記憶有關。古柯鹼作用於正腎上腺素受器，和壓力反應與焦慮有關。

文化需求與成癮物質
抽菸在許多文化之中都是非常常見的社交行為。長期暴露在成癮物質下可能會增加依賴感、想要尋求藥物的慰藉以及戒斷所產生的各種問題。

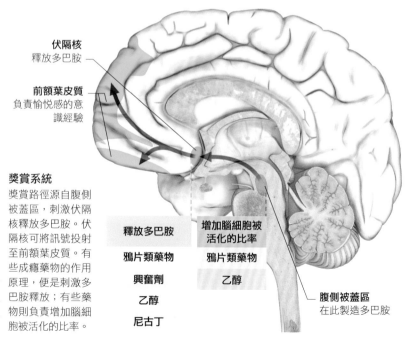

獎賞系統
伏隔核
釋放多巴胺

前額葉皮質
負責愉悅感的意識經驗

獎賞路徑源自腹側被蓋區，刺激伏隔核釋放多巴胺。伏隔核可將訊號投射至前額葉皮質。有些成癮藥物的作用原理，便是刺激多巴胺釋放；有些藥物則負責增加腦細胞被活化的比率。

腹側被蓋區
在此製造多巴胺

釋放多巴胺	增加腦細胞被活化的比率
鴉片類藥物	鴉片類藥物
興奮劑	乙醇
乙醇	
尼古丁	

尋求刺激的人
刺激或是危險的經驗，會導致腎上腺素以及多巴胺在大腦中的濃度突然上升。這種刺激會讓我們試著去尋求類似的活動，像是極限運動或是主題樂園，以取得充滿愉悅的緊張感。

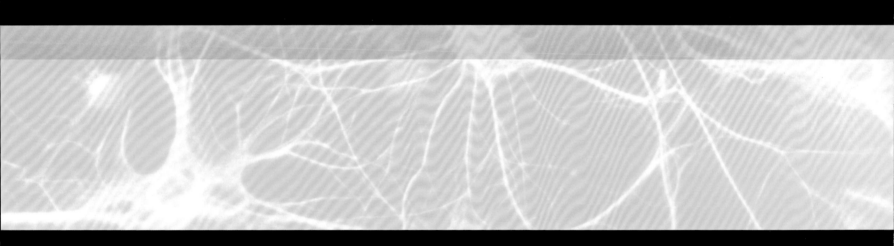

人類絕對是一種社交型的動物。我們彼此互相依賴，尋求雙向的支持與保護，我們的大腦也因此跟著演化成現在的樣子，對於和自己同類型的人極度敏感。人類這顆喜歡社交的大腦，儲存了各式各樣的功能，以確保我們和社群保持緊密連結。大腦能夠與人溝通、試圖了解他人並不斷了解自己在社交關係上的相對地位。為了要達成這些功能，我們也需要能夠先具有極為明確的自我認知。

社交大腦

性、愛與生存

因為和生殖有關，性，對人類無疑有重要的生存價值。性行為會刺激大腦的獎賞系統，因為如果不這麼做的話，人們可能就不會把種族的延續當成一回事，那麼人類將面臨存亡的問題。最新的研究揭露了一系列大腦迴路與性愛的關係。無論是讓情侶結合的浪漫愛情，或是連結母嬰的親情，都具有重要的生存價值。

各種不同的愛

愛是一種複雜的現象，揉合了性、友誼、親密感以及相互承諾。不只因為這對於個人與種族，都具有相當重要的生存價值，愛也大幅提升生命的品質。就如同人類處理性慾的方式一樣，人類會在任何他們想要的時刻走入愛情。和其他物種多半需要等待雌性物種願意受孕，才能進行交配的情況相當不同。所以人類的性行為已經和生殖目的脫鉤。多數人所認為的浪漫愛情，除了能促成人類配對，也是保護和照顧幼兒的絕佳組合，因此也與人類生存有關。友誼和社交網絡的建立，對於提升健康和福祉也有正面意義。我們對於「陷入愛情」相關的神經傳導物質所知甚少，也不了解相關的大腦迴路是什麼。苯乙胺和多巴胺與剛開始的愉悅感有關，很有可能會作用在邊緣系統（負責情緒反應）和皮質區（負責理性思考）。

愛的三元論
愛由基本的三種元素組成：激情、親密感與承諾。由這三種元素，可以組成幾種人類常見的愛情類型。以右圖為例，對於羅密歐與茱麗葉這對角色原型，激情是相當重要的元素。

女性　　　　　男性

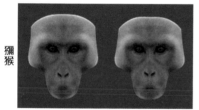
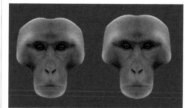

獼猴
高度對稱　　低度對稱　　高度對稱　　低度對稱

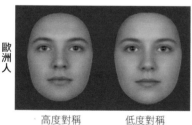

歐洲人
高度對稱　　低度對稱　　高度對稱　　低度對稱

哈扎人
高度對稱　　低度對稱　　高度對稱　　低度對稱

性別與臉部對稱性
這些臉部的圖形，分別來自三種不同的族群，每一組都再分為高度與低度對稱兩組。高度對稱的臉，通常較符合該性別的刻板印象。

性吸引力

人類個體的臉部對於自己在他人心目中具有多少吸引力，以及是否能夠成為他人心目中潛在的伴侶而言，扮演了相當重要的角色。臉部對稱的程度，與男人味或是女人味的程度息息相關，目前已知是決定臉部吸引力的重要因素。研究顯示無論是歐洲人、非洲採集民族以及非人的靈長類的族群（參考下圖和左圖），這些特徵都與性配對高度相關。可以得知，這種現象顯然相當普遍。似乎有一種潛在的生物機制，可以藉由臉部的對稱性以及男性和女性化的程度，告訴我們此人吸引力的多寡與基因的相適度，是否可以考慮選擇作為伴侶。

臉部對稱
這張圖表記錄了兩種人類與一種靈長類，臉部高度對稱和低度對稱的狀況。一張臉是否具有足夠的男人味與女人味，大抵是由對稱性的程度來決定。

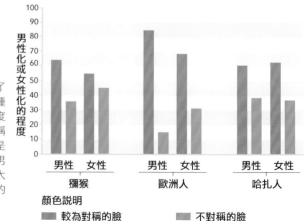

男性化或女性化的程度

男性　女性　　　男性　女性　　　男性　女性
獼猴　　　　　歐洲人　　　　　哈扎人

顏色說明
■ 較為對稱的臉　　　■ 不對稱的臉

雙向的連結
擁抱能夠同時激發父母與幼兒釋放催產素，形成雙向的連結。身體上的親密感對於幼兒非常重要。那些缺乏這種親密感的孩子，例如孤兒院的孩子，有可能會影響他們長期的情緒發展。

催產素

催產素是一種由下丘腦製造的荷爾蒙，會在性生殖器官受到刺激、性高潮以及生產的最後一個階段釋放。催產素會製造一種愉悅的感覺，促使人們交歡。這也許就像血管加壓素一樣，催產素能幫忙處理社交相關的暗示，例如對個體的認可，並幫忙記下與其他人共同的記憶。就如同多巴胺一樣，人類很有可能會對催產素上癮。這也許就能解釋為什麼人們離開愛侶的時候，如此憤怒，很有可能是因為他們非常想念和愛侶在一起時，被催產素衝腦的感覺。

親密感
親吻與擁抱會增加血流中催產素的濃度。這可能會增加親密感，並強化伴侶間的連結。

腦下垂體　　**催產素**
這張光學顯微照片顯示催產素的晶體結構。這是一種會在生產過程、哺乳與性行為中自然分泌的荷爾蒙。

催產素的陰暗面

催產素在相互連結的個體間，能夠製造信任與友善的感覺，但也同時對連結以外的個體，放大了不信任感和挑釁的態度。實驗顯示，在玩交易遊戲之前，自願接受一劑催產素注射的受試者，會比其他誠實的玩家要來得大方，但對於試圖想要作弊的玩家，也懲罰得更重。軍隊之中相互連結的同袍之情，也很有可能是催產素的作用，好讓同一個小隊的軍人們，能夠更猛烈地打擊敵人。

肝膽相照
催產素也會讓在一起訓練的軍人，彼此間建立緊密的社會連結。這有助於增進彼此的信任，卻也會增加對群體之外的攻擊性。

臉部表情

人類是高度相互依賴的物種，一個人的所作所為無可避免地會去影響到其他人。所以能夠理解別人的情緒，預測其他人下一步可能會做什麼，對我們來說相當重要。我們也希望可以正確表達自己的情緒，好讓別人知道我們想要什麼。

表達情緒

臉部表情不只是一種訊號，而是人類情緒的延伸。當我們感覺到某些事情，神經網絡就會活化相關情緒的神經元，這個訊號沒有被抑制的話，那麼就會促使臉部跟身體的肌肉收縮，表現出特定的樣子。一般而言，人們有六種基本且普遍的情緒（參見下圖）。最新的研究，調查了先天眼盲的人會使用的各種表情，發現這些表情和一般眼睛看得見的人並沒有不同。這意味著後天的學習與臉部如何表達，可能關係不大。

這是真正的表情嗎？
左大腦半球負責控制右邊臉部的動作，而處理較多情緒反應的右大腦半球，則負責控制左邊臉部。

兩邊都是右側臉
這張圖中兩邊都是美國前總統理察·尼克森的右臉，也許暗示著他下意識的感受。此圖中雙眼給人的感覺比較渙散。

兩邊都是左側臉
這張圖中兩側都是尼克森的左臉，看來意圖更明確、更具社交性，也更願意取悅他人。

微表情

就像我們能夠做出明顯的、「巨觀的」表情，我們也會做出極為細膩、一瞬即逝（或兼具兩者），我們自己都難以控制或是察覺的微表情。這些細微的表情，通常發生在人們不想被發現自己的想法和感覺時。一般人很容易就會錯過這些表情，如果你知道應該要注意什麼的話，可以幫助你發現或解讀這些表情。微表情可能在零點幾秒之間出現並消失，但下意識展露的表情，儘管肌肉的變化可能細微到難以發現，卻可能在整個對話過程中持續流露。

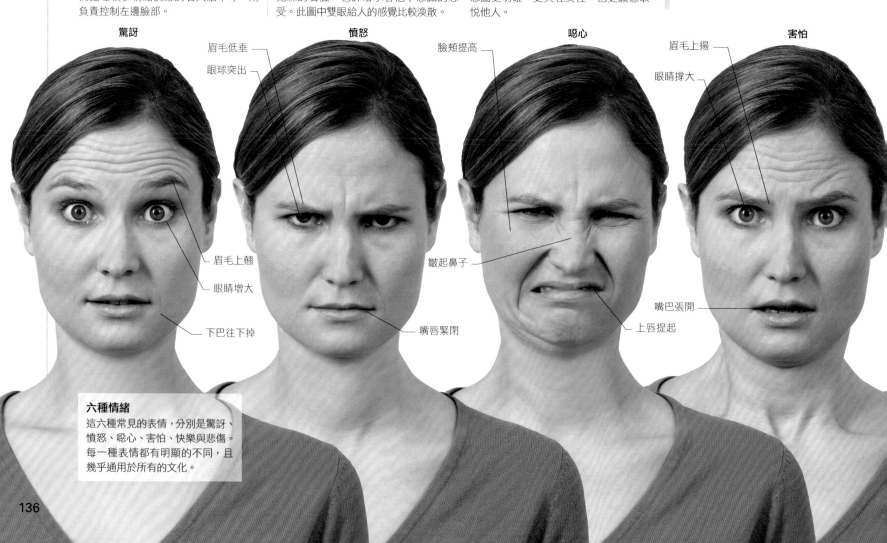

六種情緒
這六種常見的表情，分別是驚訝、憤怒、噁心、害怕、快樂與悲傷。每一種表情都有明顯的不同，且幾乎通用於所有的文化。

解析人類的笑容

人類的笑容顯然可分為兩種：意識參與、社交性的笑容；另外一種是發自內心的大笑，也就是杜馨氏微笑（Duchenne smile），英文命名是為了紀念第一位描述這種笑容的法國神經科學家杜馨‧紀堯姆而來。第一種笑容由大腦意識參與，藉由活化肌肉，將嘴巴兩側拉開。第二種笑容則運用了其他組肌肉，這些肌肉主要是由無意識的行為所控制。這些肌肉能讓唇角更加上提，讓眼角產生更多魚尾紋。臉部表情不僅僅表達了一個人的感受，也夠讓人因為表情改變，產生相同的感受。有個實驗室的測試證實，一個人即便刻意堆出笑容，也能夠讓自己感受到某種微弱但有感的喜悅。所以即便是虛假的社交笑容，也還是能夠讓笑的人，產生些微但真實的快樂感。

解讀情緒

當我們試圖解讀某個人的表情，其實我們會不自覺地當作是自己的表情。藉由控制肌肉，我們可以有意識地隱藏這種回饋機制。因為表情傳達了我們的感受，這種回饋機制能夠告訴我們對方的感覺是什麼。經實驗證實，當我們運用穿顱磁刺激暫時癱瘓部分大腦運動皮質後，實驗對象就不再產生這種回饋機制。讓受試者無法再模仿其他人的表情時，他們會更難準確地解讀別人的表情。

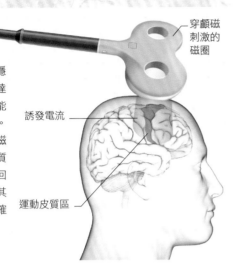

穿顱磁刺激的磁圈

誘發電流

運動皮質區

微笑

發自內心的微笑很難說來就來，是因為這受到情緒的控制。真正的笑容，會應用到雙邊嘴唇與眼周（上圖），通常反應了發自內心的快樂。

發自內心的微笑時，訊號從大腦某個區域（例如杏仁核）發出，在無意識的狀況下，傳到運動皮質。

這些訊號會使眼周旁的小肌肉收縮，形成魚尾紋。

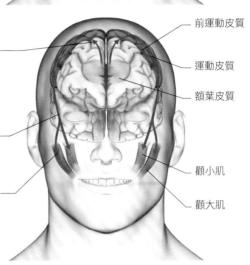

大腦運動皮質

眼輪匝肌，控制眼周運動。

杏仁核

我們發現比較社交性的微笑，訊號會送往前運動區和運動皮質。

訊號會繞過眼周

這些訊號會使嘴巴周邊的肌肉收縮，拉開嘴角。

前運動皮質

運動皮質

額葉皮質

顴小肌

顴大肌

矛盾情感

臉部表情對於看到這些表情的人有最直接的影響（詳見第 122 頁－ 123 頁），所以表情很適合用來讓別人了解我們的需求。不過在各種社交場合，有時候我們得努力不要做出符合我們內心真實的感受、或是能夠讓別人一眼看穿我們的表情。因為臉部表情會表現出我們心裡的情緒，我們得用另一個情緒蓋過原始的情緒，創造一種矛盾情感。人類大概是少數能夠運用臉部表情撒謊的物種，而且我們還相當擅長這種方式，不過人類也很會推敲對方的表情，知道這個表情是否傳達了對方的真實感受。

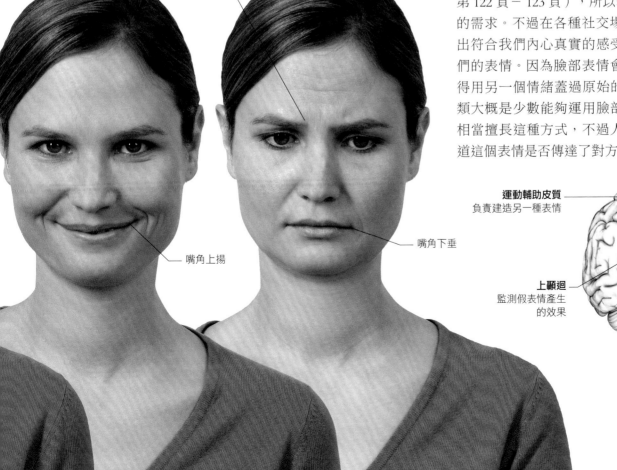

快樂

悲傷

眉毛內側上揚

嘴角上揚

嘴角下垂

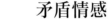

運動輔助皮質
負責建造另一種表情

腦島
建議情緒該如何表達

上顳迴
監測假表情產生的效果

眶額皮質
可能會抑制直接模仿的衝動

相互矛盾的區域
為了試著想要掩蓋直接模仿對方情緒的衝動，只好和各個腦區一同創造一個矛盾的表情掩蓋過去。

自我與他人

人類是一種社交習性極強的物種，與他人互動也的確是人類相當關鍵的生存要素。與其他具有社交習性的物種相比，人類已經演化出專門負責處理人際連結、合作與預測其他人行為的大腦迴路。我們也已經能夠了解其他人的想法和感受。

為交誼而生

　　人類大腦最明顯的其中一項特質，就是新皮質的比例相當高，這也是大腦外層相對較新演化出來的大腦皮質。前額葉皮質（也就是環繞在額葉周邊的新皮質）所負責的就是抽象推演、有意識地思考與情緒反應、訂定計畫以及整理排序，是人腦中相當發達的區域。其中一個新皮質能夠如此發達的理由，可能與人類需要在越來越大且緊密的團體中生活有關。社交生活需要調適自己的行為，好配合其他人；為了整體的產能，稍微減少相互競爭，也需要預測其他人的行為，這些都非常仰賴新皮質的活化。花時間從事社交行為，似乎也會刺激負責了解他人的腦區更加活化。在社交場合裡有大量朋友，大腦中負責社交的區域也相對較大。

群體的大小很重要
以靈長類為例，新皮質在大腦中的佔比幾乎與群體的大小呈現正比關係。

具社交習性的動物
習慣群居的動物比不習慣群居的動物，更能了解如何與其他個體互動。研究發現習慣群居的環尾狐猴，只會在沒有人注意到他們的情況下偷取食物。其他有類似智能的物種，並沒有發展出這種行為。

打哈欠會傳染

　　社交行為可以是刻意為之，也可以是在無意識下完成的。例如跟著別人一起打哈欠，就是一種無意識下，相互同步的社群行為。有個關於這個行為的理論認為，當一個人開始打哈欠的時候，暗示著整個群體都應該要準備睡覺休息。藉由模仿打哈欠的行為，群體中的其他成員也表示同意。另一個理論則覺得，打哈欠是保持頭腦清醒的方式。傳染打哈欠的行為，會讓群體中的其他成員也保持警覺。

社群意識

　　社群意識涉及廣泛，包括對於「自我」的認同，以及理解「自我」身處於社交處境下的各種情境。舉例來說，我們會調適自己的行為，與他人合作；我們會預測其他人可能的行為，以及這些行為背後所代表的目的；我們理解別人可能會和自己意見不同，並對自己保持信心；我們可以想像其他人將如何看待自己；然後我們可以在內心自我檢討。這些行為所涉及的能力，都相當廣泛且多樣，需要好幾個不同的腦區共同參與。

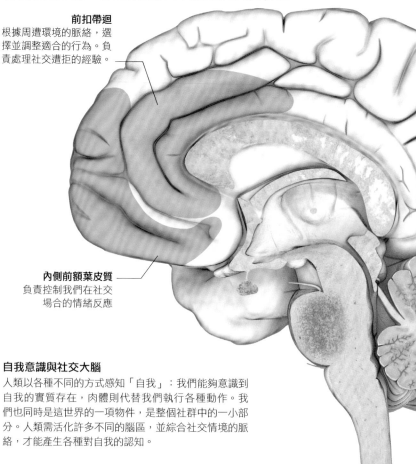

前扣帶迴
根據周遭環境的脈絡，選擇並調整適合的行為。負責處理社交遭拒的經驗。

內側前額葉皮質
負責控制我們在社交場合的情緒反應

自我意識與社交大腦
人類以各種不同的方式感知「自我」：我們能夠意識到自我的實質存在，肉體則代替我們執行各種動作。我們也同時是這世界的一項物件，是整個社群中的一小部分。人類需活化許多不同的腦區，並綜合社交情境的脈絡，才能產生各種對自我的認知。

腦島
人類的腦島負責生成「自我」的感覺，並建立「自我」的界線，以區別「我」與「他」。所謂的「體現認知」（Embodied cognition）指的就是理性思考，且無法與情緒和對身體的影響完全解離。腦島會偵測到情緒所誘導的生理反應，也是我們意識到情緒經驗的過程之一。

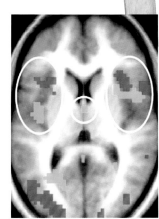

痛覺觀察
臨床試驗讓受試者觀看另一個人遭受痛苦的畫面，此時功能性核磁共振掃描偵測到腦島的活性（綠色），有可能腦島是誘發移情效應的原因。

被拒絕的痛苦

有一項臨床實驗，會先讓人們參與一場虛擬的球賽，且在球賽進行的過程中，逐漸讓人們產生被球隊疏離的感覺。此時功能性核磁共振掃描的結果發現，這種疏離感的來源，與前扣帶迴被活化可能相關。前扣帶迴本來是負責感知身體疼痛的區域，實驗結果表示這兩種情緒對前扣帶迴的影響可能極為相似。另外可以看到有一部分負責控制情緒的前額葉皮質也被活化，似乎想要舒緩被拒絕的感受。

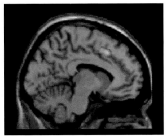

前扣帶迴
社交上被拒絕跟肉體上的疼痛，前扣帶迴都會有相似的活化模式。

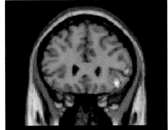

前額葉皮質
前額葉皮質腹側也會試圖與前扣帶迴互動，似乎是想要降低被拒絕的痛苦。

一致化

我們的大腦對於其他動物的動作相當敏感，特別對於其他人類的動作更是如此。鏡像神經元（詳見第 122 頁－123 頁）能自動讓我們模仿其他人的動作。這種效果極為強烈，人類如果注意到其他人都不模仿他的動作時，會漸漸收斂他們自己的動作。這種互相影響的效應只存在於生物體產生的動作，如果受試者觀察的對象是機器人，即便這些動作相當擬人，也不會產生如此的影響效應。

模仿

人類對於其他人不跟著自己做出一樣的動作，會感到不太舒服，但是如果對方是機器人，不管機器人有沒有照著做，都不會有相同的效應。

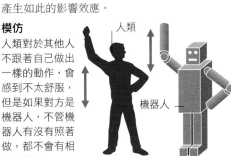

人類

機器人

心智理論

心智理論指的是人類先天就知道，其他人和自己可能存有不同的見解。而人們也常常基於這種信念，而非基於相關的情境，做出相對應的行為。莎莉與小安測驗（Sally-Ann Test，參見下圖）是一種驗證心智理論的實驗。最新研究認為，十個月大左右的孩子，就能夠通過莎莉與小安測驗。

1
這是莎莉　　這是小安

2 莎莉有一顆球，並將這顆球放進她的籃子裡。

3 莎莉離開這個籃子去散步。接著小安把球從籃子裡拿了出來。

4 小安把球放進了盒子裡

5 現在，莎莉回來了。她想玩她的球。莎莉會在哪裡找她的球呢？

莎莉與小安測驗
如果孩子在下一個步驟能夠指出，此時莎莉會預期她的球在籃子裡，那麼這個孩子就具有心智理論。

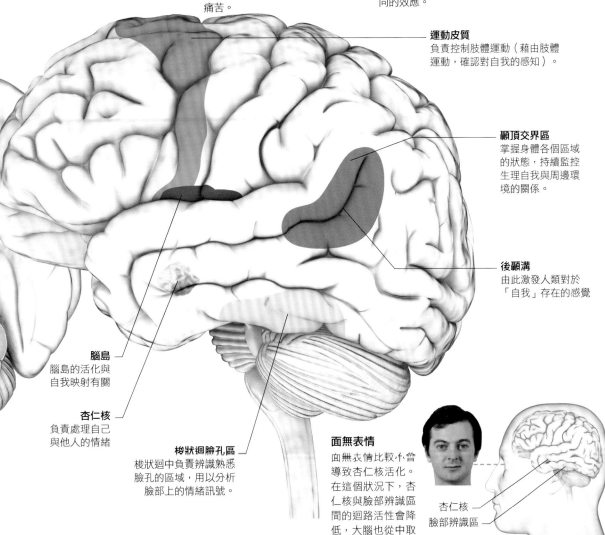

運動皮質
負責控制肢體運動（藉由肢體運動，確認對自我的感知）。

顳頂交界區
掌握身體各個區域的狀態，持續監控生理自我與周邊環境的關係。

後顳溝
由此激發人類對於「自我」存在的感覺

腦島
腦島的活化與自我映射有關

杏仁核
負責處理自己與他人的情緒

梭狀迴臉孔區
梭狀迴中負責辨識熟悉臉孔的區域，用以分析臉部上的情緒訊號。

回應情緒

臉部表情是一個表達心智狀態和動機的重要訊號，也是同理他人的方式之一。臉部表情的訊號，會先在無意識的狀態下，於杏仁核（負責檢查接收到的訊號中，有無情緒相關的內容）進行處理。杏仁核會在腦中重現我們所觀察到的情緒。如果我們觀察到恐怖的表情，那麼杏仁核也會讓觀察者產生恐懼的情緒。杏仁核活化之後，臉部表情的訊息就會馬上被送到位於梭狀迴的臉部辨識區。研究顯示如果臉部表情顯示出某種情緒，杏仁核就會提醒臉部辨識區，梳理出這個情緒可能代表的意義。

面無表情
面無表情比較不會導致杏仁核活化。在這個狀況下，杏仁核與臉部辨識區間的迴路活性會降低，大腦也從中取得比較少的資訊。

杏仁核
臉部辨識區

豐富的表情
杏仁核會試圖複製對方的表情所呈現的情緒訊號。以笑容為例，也可能會是誘發觀察者回以微笑的訊號。

杏仁核
臉部辨識區

自閉症與心智理論

自閉症被視為是一種缺乏心智理論的狀態。具有亞斯伯格症（一種自閉症的形式）特質的人，可能無法理解，為什麼莎莉會對現實的認知與自己不同。具有亞斯伯格症特質的人會用和常人（紅色區域）不同的另一個腦區（黃色區域）來理解心智理論。

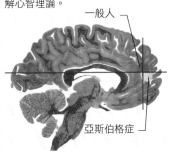

一般人

亞斯伯格症

道德與大腦

在一般環境中長大的正常人，通常都能發展出對是非的直覺，而這也深深地印記在大腦裡。這種天生的道德感，並不一定理性或公平，因為我們的行為，也深深受與社會的連結關係所影響，甚至間接地影響到自身的生存。

同理心與同情心

對他人保持「同感」：當別人受傷的時候，能夠稍稍體會到他們的悲傷與脆弱，似乎看來相當的直覺。這種同感與心智理論有關（詳見第 138 頁－ 139 頁），也是我們能了解其他人心裡在想什麼的原因。同理心則更加深入一些，但也一樣需要在心中回想著其他人的情緒狀態。當一個人聽了其他人遭受情緒創傷的故事後，會活化這個人的大腦，試想著把自己放在相同狀態的樣子。

同理他人的舉動
能夠將自己置於對方的情境中、與對方的經驗同感並保有同情心，看來是人類先天就具有的特質。

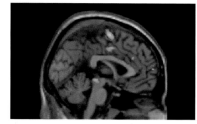
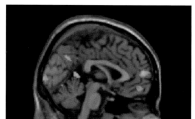

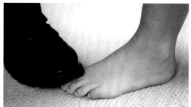

目擊意外帶來的痛
運用功能性核磁共振掃描可以發現，目睹別人發生意外，觀察者的大腦中也會活化有如身歷其境的腦區。

目擊刻意的傷害
當目擊某人被刻意傷害，大腦中與理性和道德判斷有關的區域會被活化。

道德感

我們對於是非的認知，貫穿所有社交行為與互動。如何進行道德決策，一部分是後天學習的結果，一部分則與情緒相關。因為情緒能賦予我們的行為和經驗各種「價值」。當我們做出道德判斷的時候，會啟動兩組相互重疊但不太一樣的大腦迴路。一組是理性的迴路，能夠客觀地衡量每個行為的優點與缺點。另一組是情緒化的迴路，會快速產生對於是非的直覺。這兩組大腦迴路並不一定能夠做出相同的結論，情緒化的迴路往往優先考量自我生存、保護自己身邊所愛的人，所以充滿了偏見。情緒偏見的道德判斷，會活化腹內側皮質與眶額前額葉皮質。研究發現這些腦區受損的人，比其他人更能夠做出理性的道德判斷，也表示人類的道德感，先天就存於我們的大腦結構中。隨著時間演化，不只是要「做好事」，還要能保護自己。

道德判斷的大腦迴路
情緒在道德判斷中扮演相當重要的角色（詳見第 169 頁）。為了做出合適的道德判斷，負責情緒經驗相關的腦區，會和記錄事實的腦區一同合作，思考可能的行動和後果。

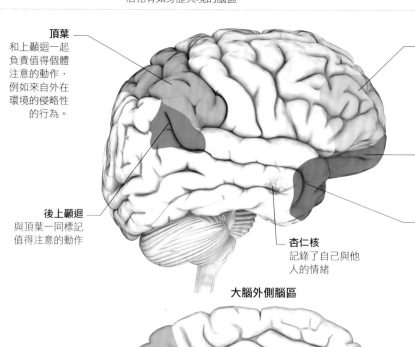

頂葉
和上顳迴一起負責值得個體注意的動作，例如來自外在環境的侵略性的行為。

背外側前額葉皮質
短期記憶，將現在的狀況暫時先放在心上，同時思考可能的行動。

腹內側前額葉皮質
讓情緒化的主觀意見參與道德判斷

後上顳迴
與頂葉一同標記值得注意的動作

杏仁核
記錄了自己與他人的情緒

顳葉
在記憶中加上情緒標記，這對於判斷當前道德情境有所幫助。

大腦外側腦區

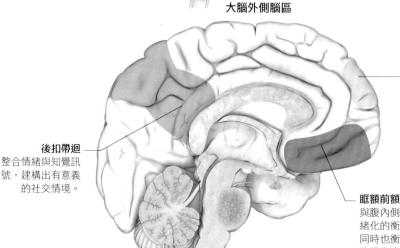

額中迴
將情緒整合進決策過程

後扣帶迴
整合情緒與知覺訊號，建構出有意義的社交情境。

眶額前額葉皮質
與腹內側前額葉皮質負責將情緒化的衡量放進社交決策中，同時也衡量了個人對這個決策的得與失。

大腦內側腦區

利他主義

提到利他主義，我們總是會假定這表示人在對自己沒有直接的好處之下，也能夠為了其他人做些事情。不過大腦掃描指出，做好事其實會啟動大腦的獎賞機制。有一個功能性核磁共振的研究，試圖觀察人們為慈善機關做出貢獻或捐錢的時候大腦的變化。這些參與者能夠拒絕任何一筆他們不想要的捐贈。結果顯示，無論是把錢留住或是將錢捐出去，都會激發大腦的獎賞機制。將錢捐出去，也能活化負責歸屬感與團隊凝聚的腦區。

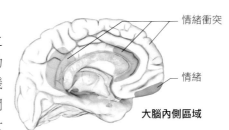

大腦內側區域

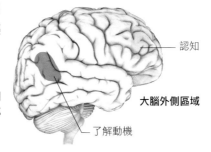

大腦外側區域

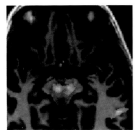

接受捐贈

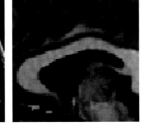

捐贈

活化獎賞機制

施與受都能活化與愉悅及滿足感相關的腦區。捐獻的時候，也會活化與凝聚力及歸屬感相關的腦區。

腦傷會影響我們的道德判斷

接下來提到的任何一個腦區受到損傷，都會影響我們的道德判斷。這些腦區會感受情緒，並評估情緒的動機與矛盾。額葉負責思考和評估現在的狀況與可能的行動。位於頂葉和顳葉交界處的腦區，則負責了解他人的動機。

費尼斯 · 蓋吉

為什麼我們會認為道德觀會受到大腦生理的影響？很大一部分與 1848 年發生的一場可怕意外有關。有一位叫做費尼斯 · 蓋吉的鐵道工人，因為一場爆炸，一根尖銳的搗錘就這麼直接穿過他的大腦前側。結果費尼斯 · 蓋吉僅受了外傷，奇蹟似地存活了下來，但他接下來的行為也因此有了戲劇性的改變。根據他的醫生描述，他從一位有禮貌且為人著想的人，變成了一個毫不尊重時間、愛說髒話（他以前從不這樣）、不尊重同事、對任何和他意見不同的建議和各種限制都毫無耐心、極度頑固且優柔寡斷的人。他的性格有了極大改變，身邊過去熟識的朋友，也都覺得他不再像是以前的蓋吉了。

重建費尼斯 · 蓋吉

透過電腦程式重建了費尼斯 · 蓋吉當時受傷的位置。除了一隻眼睛失明之外，他只受了輕傷。但他的行為舉止卻有戲劇化的改變。

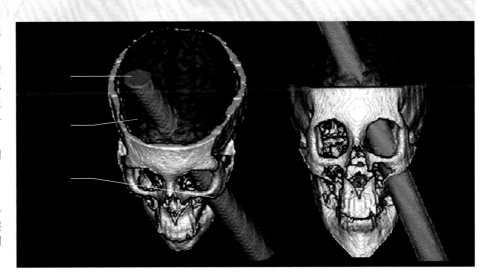

心理病態

心理病態被認為是一種極度缺乏同理心、不正常的人格異常，有些患者甚至喜歡看別人受苦的樣子。這些人很有可能非常受到歡迎且聰明，而且能夠好好地模仿一般人的正常情緒，讓人難以發現他們真實的樣貌。心理病態與喜歡冒險、不負責任和自私的行為有關，但是這些人通常能夠運用他們的高度聰明，抑制這些負面傾向，享受極大的成功。商業上有很多了不起的領導者，和許多罪犯一樣，都會展現心理病態的傾向。這些有心理病態傾向的大腦，往往對於看到別人受傷，表現出來的情緒反應較為薄弱，而且他們處理情緒的腦區與額葉的連結也比較少，因此難以同理其他人的感受。

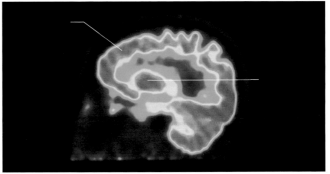

正常的大腦

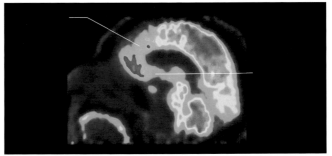

心理病態的大腦

心理病態的大腦

心理學家詹姆士 · 法倫研究了被認為是心理病態的囚犯，並讓他們觀看煽情的影像，且取得他們的大腦掃描（如右方下圖）。詹姆士 · 法倫教授甚至發現他自己的大腦也有心理病態的特徵，而他也承認自己缺乏同理心的現象。他的聰明與洞見，讓他得以克服他情緒上的障礙。

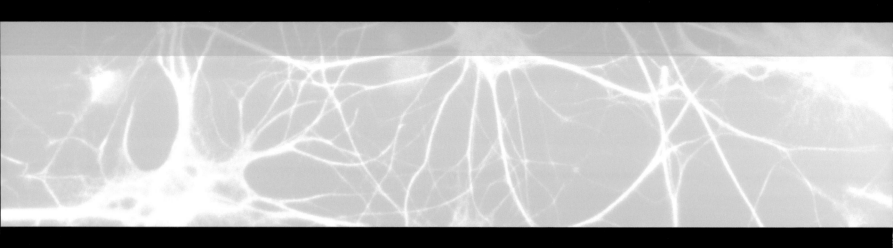

每個人都會用各種不同的方式，向其他人展示自己的各種想法和意圖。令人訝異的是，透過手勢和肢體語言，其實能夠傳達大量的資訊。這是一種人類和許多動物都共有的能力，只是人類之間，還能透過其他更特別的方式來相互溝通。也只有人類的大腦有專門處理語言功能的腦區。我們運用這些腦區來說話、閱讀以及寫作。其中閱讀和寫作往往看似是後天學習而得的技能，但人類似乎天生就有說話以及運用複雜文法的能力。

語言與溝通

手勢與肢體語言

除了運用口語，我們也利用手勢與肢體語言，向其他人傳達我們的想法、感受以及意圖。人類有大約半數以上的溝通，其實都是透過非口語的形式完成。而且當口語和非口語間有所衝突的時候，肢體動作的「聲量」，往往比口語要來得更大。

眼神會說話

人類的眼睛能夠透過臉部表情和動作，傳達許多資訊。不像其他大多數的物種，人類眼球中的眼白，能夠讓其他人更清楚了解對方正在看的方向，以及他們所關注的地方。人類對於其他人的視線看向何處，有極強的直覺，也正是這個簡單的機制，讓人們和其他人的視線對上時，可以用眼神操控他們的注意力，或是不需借助語言也能傳達某些資訊。

強烈的示意訊號
當感受到強烈情緒的時候，瞳孔很有可能會不自主地擴張。使用某些藥物也會有類似的效果。顛茄常被女性用來作為性興奮的示意訊號。

模仿父母的行為

人類在大約三個月大的時候，眼睛就能跟隨其他人的眼神所凝視的地方，也能夠很快地了解眼神中所帶有的情緒訊號。實驗顯示即便某件事物完全無害，但如果父母害怕地看著某件東西，例如張大眼睛，小孩也會模仿這個反應，對某件事物感到害怕。

肢體語言

肢體語言是最本能的反應，且多數都是無意識間發生的動作。有些是屬於靈長類在面對獵食者或是獵物的演化過程中，所遺留下來的反射反應。這些古老的反射機制，讓我們親近較小、較柔性、較可能被視為獵物的物種；而盡可能迴避看起來很強大、強壯，很有可能是獵食者的生物。肌肉緊繃、高高在上、體態前傾會表現出具侵略性的樣子，表示獵食者已經準備要撲向獵物。柔性的身體搭配後傾的姿態會表現出畏懼的樣子，是獵物示意準備要逃跑的動作。一般來說，人們的情緒相互混雜，正好介於這兩個極端之間，因此會在許多不同的姿態間快速切換。

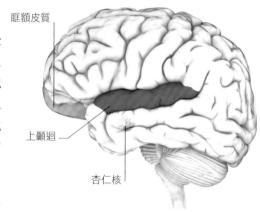

眶額皮質
上顳迴
杏仁核

大腦的處理流程
上顳迴是負責關注自己與他人關係的腦區，會協助眼睛、嘴巴、手和肢體動作，刻意地做出某些肢體語言。杏仁核負責處理情緒方面的內容，並交由眶額皮質分析這些內容。

研究臉部表情與肢體語言
當肢體語言和臉部表情並不相符的時候，人類傾向肢體語言所傳達出來的訊號，而忽視面部表情。

憤怒的表情
憤怒的肢體語言

畏懼的表情
憤怒的肢體語言

憤怒的表情
畏懼的肢體語言

畏懼的表情
畏懼的肢體語言

對肢體語言做出回應

表達恐懼或憤怒的肢體語言，能夠活化負責運動的腦區，表達快樂的肢體語言，能夠活化視覺皮質。有個實驗是讓受試者觀看許多經模糊化處理的臉孔，這些臉孔則來自明顯流露恐懼、快樂或是中性表情的演員。如果這些訊息是快樂正面的，例如雙手打開表示歡迎，就會使視覺皮質瞬間活化。如果這些訊息是令人畏懼的，例如畏縮的樣子，就會活化大腦掌管情緒的中心以及運動區。這或許能夠解釋為什麼恐慌的情緒，能夠在群眾之間散播，並讓身體準備隨時可以逃跑。

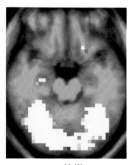
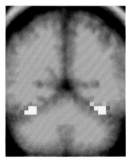

快樂　　　　　　　　恐懼

手勢

　　雖然肢體語言多半是無意識下發生的，但我們可以很大程度地運用意識控制我們的手勢。身體有許多部位，都可以拿來做出動作幫助表達。不過最主要的還是手掌與手指的動作，這能夠簡單快速地表現許多複雜的空間關係、事件的方向，並指出我們想像中的物體形狀等。這大大地幫助了我們傳達各種情緒與想法，或是表達辱罵與歡迎等意圖。有許多手勢通行全球，但不一定具有相同的意義。即便是最簡單的手勢，例如很多地方都會使用手指指著某個人，但這在亞洲很有可能是極為不禮貌的行為。

三種最主要的手勢

這些看似相當「自然」的手勢，通常會被應用在三個主要的目的：訴說某個故事、傳達情感或是想法，或者強調口語的敍述。後天發明的手勢，例如共濟會的握手法往往較為鬆散，或是發展自其他較「自然」的手勢。

極為複雜的手勢

印度教的神祇常常透過手部特定的位置，傳達某種象徵性的意義。例如圖中的濕婆，手掌向外，表示的是保護的意思。

手勢的文法

　　口說語言會隨著語言的不同，有著截然不同的文法規則，但手勢似乎有著全球通用的文法。如果我們要求每一個人用他們的母語，敍述一件非常簡單的事情，那麼無論是英文、中文或是西班牙文的使用者，多數都會按照主詞、動詞與受詞的順序。不過土耳其語的使用者則會按照主詞、受詞，最後才是動詞順序進行。不過如果只是運用手勢來表達的話，不管是任何語言的使用者，都會按照主詞、受詞和動詞的順序進行。

保持雙臂與雙手打開，讓身體敞露，就好像在說：我對你毫無隱藏或欺騙。

示誠的姿態

這個手勢可能是一種自我撫慰，也有可能是抑制尖叫的姿勢。

表達震驚

具有侵略性且堅定的手部動作，表示對某人表達憤怒或是拒絕。

表達厭煩

雙手舉高，並握緊拳頭以表達勝利。

表達歡呼

說話的人除了可用口語表達之外，還可以配合手的動作，傳達更加準確的尺度。

用手勢來傳達尺度

將手指的尖端收攏在一起，可傳達準確、連結以及專注。亦可讓聽眾注意到現在正在說的話。

加強論點

語言的起源

人腦中先天就內建處理語言的區域，這是一種需仰賴許多基因的特殊能力，也是人類與眾不同的特點之一。但其實我們目前仍不曉得，究竟語言的誕生，純粹是一種基因突變的結果，或是基於生理的細微變化和環境壓力下所產生的交互作用。

大腦半球的特化

　　和其他物種的大腦相比，人腦的各種功能分布並不左右對稱。語言功能就是這種不平衡的最好例子。多數人的主要語言區都集中在左大腦半球，少部分的功能則需要左右大腦共同協調，有些功能則只需要右大腦半球。一般來說，主要語言功能區會位在「優勢大腦」，也就是控制我們慣用手的那一側大腦。使用語言也被認為是提升大腦意識的能力，在發展出語言之前，我們的祖先們很有可能不具備自我意識。正因為語言是如此重要，任何一絲干擾語言功能的損傷，都會造成相當難堪的狀況，所以神經外科醫師在進行手術的時候，會特別小心避免傷害語言相關的腦區。這也是瓦達試驗存在的理由之一。

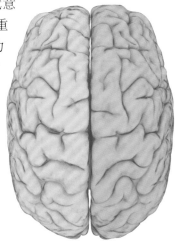

左大腦半球　　右大腦半球

語言功能	
以下三個主要的語言區，通常都位於左大腦半球；剩下四個重要的語言區，則位於右大腦半球。	
大腦半球	功能
左大腦半球	負責口說語言
左大腦半球	理解語言
左大腦半球	文字辨識
右大腦半球	辨識聲調
右大腦半球	節奏、強調與聲調
右大腦半球	辨識說話者
右大腦半球	辨識手勢

相關的腦區
主要執行辨識、理解以及產生口語的語言功能，多半位於一般人的左大腦半球。而右大腦半球則多半負責其他層面，以全盤理解語言。

瓦達試驗

　　以神經科學家尤恩・瓦達為名的瓦達試驗，需要在麻醉半邊大腦，維持另一邊大腦正常的狀態下進行。這是因為大腦半球的血液供應相對獨立，所以才能做到。如果患者的半邊大腦被麻醉後，還能說話，表示另一側大腦是優勢大腦。這樣的資訊對於神經外科醫師相當重要。現在瓦達測試有時也被更進階的掃描技術取代。

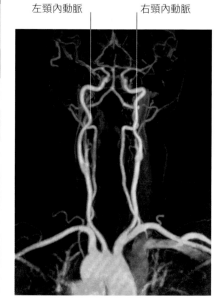

左頸內動脈　　　　右頸內動脈

頸動脈
這張著色後的核磁共振血管造影，展示了腦部的血管分布。瓦達試驗需要在一側的頸動脈中注射藥物，麻醉該側的大腦半球。

口哨語

　　多數的語言會使用文字來進行溝通，藉由運動喉嚨的肌肉和嘴巴，阻斷或改變從肺部發出的氣流來形成聲音。口哨語則是一種完全由口哨所組成的語言，為西班牙加納利群島中戈梅拉島居民所用。大腦影像研究發現口哨語的使用者，會以語言功能所在的優勢大腦處理口哨的聲音，其他不懂口哨語的人，只會將這些口哨聲當作一系列普通的聲音，在不同的腦區中處理。

在工作的時候吹著口哨
口哨語是島上的居民在遼闊的環境中相互溝通的工具。在峽谷中，用力嘶吼並不實際。口哨的聲音遠比口語能夠傳得更遠，也比較不失真。

語言是什麼？

　　語言不只是將幾個音節串起來，用來傳達某種意義那麼簡單。不同的語言各有一系列複雜的文法規則。雖然不同語言間的文法差異極大，但各有各的複雜度。即便是類似口語般的聲音，也不會像真正的語言一樣，活化大腦語言區，大腦只會把它們當成噪音處理。有些理論學家認為人腦先天存有各種語言共通的規則，這些規則並不需要學習就可以獲得。雖然靈長類已經學會如何將鍵盤上的視覺圖像與現實中的實際物件做連結，甚至學會手語，但目前我們還無法教會其他物種使用口說語言。

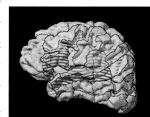

左大腦半球

句子還是子音串
當我們聽到熟悉的語言時，左大腦半球的某些區域會跟著活化。相對來說，當我們聽到一連串無意義的子音時，則會活化極小一部分的右大腦半球。

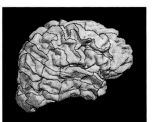

右大腦半球

語言的演化

　　口說語言的演變在歷史紀錄中幾乎沒有留下任何足跡，所以我們其實並不真的了解口說語言的起源。雖然有部分靈長類生物的大腦，也發展出相當原始的語言區，但使用口說語言來相互理解，似乎是只有人類才做得到的事情。在口說語言的演化過程中，咽喉的發展扮演了相當重要的角色，而這似乎在人類試著以雙足行走的時候就已經開始。咽喉的演化，讓我們的祖先能夠發出多變且複雜的聲音。這不但增進了我們相互溝通的能力，善於運用這個能力，也會提高生存的可能性，也因此才能將這個能力繼續傳承給下一代。

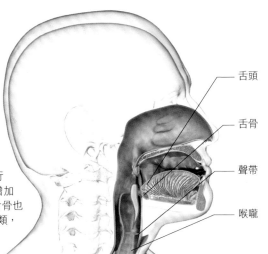

與口語相關的解剖結構

直立猿人演化出咽喉的構造，讓他們能夠發出更多樣化的聲音。這表示他們吞嚥的時候，再也無法同時進行呼吸，這麼做的話會增加嗆到的風險。下行的舌骨也被認為能夠有效幫助人類，製造出更廣域的聲音。

舌頭
舌骨
聲帶
喉嚨

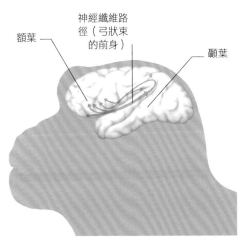

獼猴腦中的神經路徑

獼猴具有相當陽春的語言腦區。厚實的神經纖維束是這個區塊最關鍵的部位，這些神經纖維束會連結顳葉中理解語言的腦區，以及位在額葉負責產生語言的腦區。

額葉
神經纖維路徑（弓狀束的前身）
顳葉

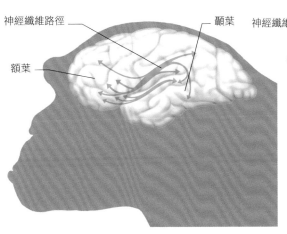

黑猩猩腦中的神經路徑

黑猩猩腦中額葉和顳葉的連結比起獼猴要更加進步，也因此增進了牠們的認知能力，但比起人腦的結構，並沒有明顯的顳葉投射路徑。

神經纖維路徑
額葉
顳葉

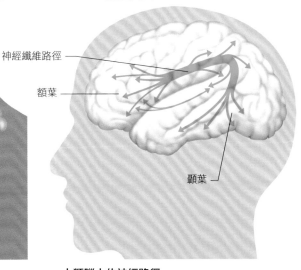

人類腦中的神經路徑

在人腦中用於語言的神經路徑稱為弓狀束，連結各個用於理解語言的重要腦區。是人類語言演化至此的重要特化結構之一。

神經纖維路徑
額葉
顳葉

語言的基因

　　人類因為具備了數以百種特定的基因，才具有語言能力，但其中有一個基因和口語跟語言的發展特別相關。FOXP2 是一個使許多腦區相互連結、共同合作，產生流暢語言的基因。在這個基因產生變異的人，會罹患兒童期言語失用症。患者會沒有辦法說話，有些人甚至難以理解口語。許多會透過聲音來互相溝通的動物，像是鳥類、乞鼠、鯨魚以及某些靈長類，也都具有 FOXP2 這個基因。不過，人類在語言上的發展顯然走得更快也更加深入，使人腦能夠形成更加複雜的連結。某些 FOXP2 的變異，無論是發生在人類或是動物身上，都會造成類似的問題。如果老鼠身上的 FOXP2 基因產生變異，將會導致老鼠求歡的叫聲無法連貫。

語言與知覺

　　語言不只是一種向他人溝通的方式，證據顯示，語言也形塑了我們感受這個世界的方式。如果你使用的語言，將藍色跟綠色清楚地分開，那麼你可能就比較不會搞混藍色跟綠色的東西，你會賦予這兩個物件不同的心智標籤。如果你使用的語言並沒有那麼清楚地去辨別各種顏色，那麼你就很難分辨這些顏色。例如亞馬遜叢林裡的皮拉罕人，就沒有代表數字「2」以上的語言，也就很難跟他們解釋，4 個東西或 5 個東西所代表的意義。

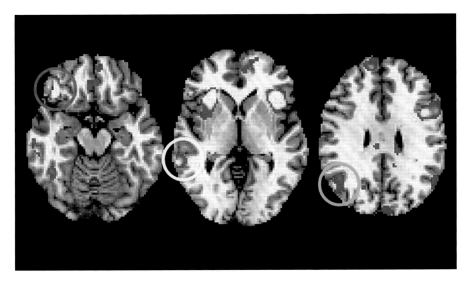

顏色的研究

左圖中圈起來的地方，是與文字辨識和文字擷取相關的腦區，這些腦區會在人們試著要分辨不同名字的顏色時，特別活化。如果顏色的名字差異不大，即便視覺上看起來有所不同，也不會特別活化這些腦區。

大腦語言區

人類大腦與其他物種最不一樣的地方就在於，我們有特化出負責語言的腦區。對於多數人來說，我們的語言區位於左大腦半球。不過大概有 20% 左右慣用左手的人，他們的語言區位於右大腦半球。

主要的語言區

大腦處理語言的主要區塊，位於布洛卡區和韋尼克區。一般來說，韋尼克區負責理解語言，而布洛卡區負責發出口語。這兩個區塊之間，由厚實的神經纖維組織——弓狀束，相互連結。賈許溫德區則緊靠在韋尼克區旁。當一個人聽到某些字句的時候，韋尼克區會去比對這段聲音所代表的意義，然後位於賈許溫德區中特殊的神經元，會幫忙提供單字的各種不同特性（例如聲音、影像以及意義），以建立更完整的理解。而當一個人想要說話的時候，這個流程會反過來進行，韋尼克區會先找到符合心意的正確表達用字。然後這些字詞再經由弓狀束，傳到布洛卡區（也有可能會先通過賈許溫德區）。布洛卡區會活動我們的舌頭、嘴巴和下顎等部位到正確的位置，將這些字詞轉換成聲音，然後穿過咽喉轉成口語。

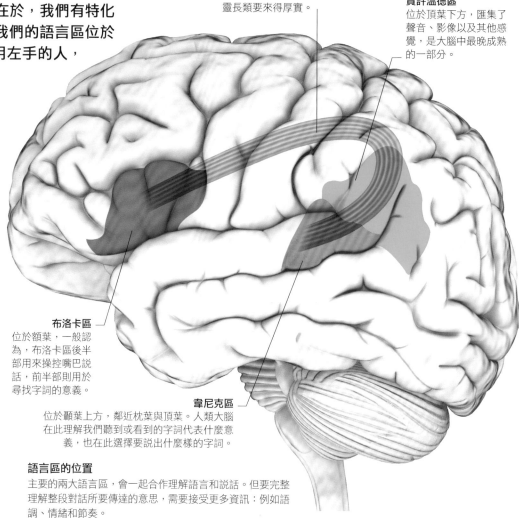

弓狀束
連結韋尼克區和布洛卡區的神經纖維。人類的弓狀束比起其他靈長類要來得厚實。

賈許溫德區
位於頂葉下方，匯集了聲音、影像以及其他感覺，是大腦中最晚成熟的一部分。

布洛卡區
位於額葉，一般認為，布洛卡區後半部用來操控嘴巴說話，前半部則用於尋找字詞的意義。

韋尼克區
位於顳葉上方，鄰近枕葉與頂葉。人類大腦在此理解我們聽到或看到的字詞代表什麼意義，也在此選擇要說出什麼樣的字詞。

語言區的位置
主要的兩大語言區，會一起合作理解語言和說話。但要完整理解整段對話所要傳達的意思，需要接受更多資訊：例如語調、情緒和節奏。

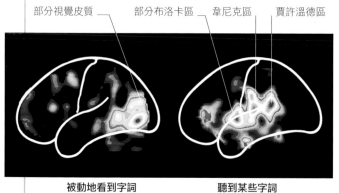

部分視覺皮質　　部分布洛卡區　　韋尼克區　　賈許溫德區

被動地看到字詞　　　　　**聽到某些字詞**

執行不同工作時腦部的活化狀態
這三張功能性核磁共振掃描顯示了主要語言區在執行不同工作時（例如像是聽到一些對話或是主動說話），腦部的活化模式。單純只是看著文字的話，語言區被活化的比例不大。

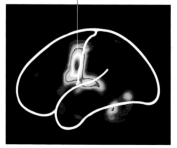

被活化的區域包括一部分布洛卡區

唸出某些字詞

和語言相關的任務

隨著任務的不同，會活化完全不一樣的腦區。最關鍵的語言區，只會在語言具有某種意義的時候被活化。所以僅僅只是看著文字本身，像是看著某一頁的標語，往往只會活化負責處理所有視覺訊號的視覺皮質。如果我們聽到某些可辨識的語言，那麼就會活化韋尼克區和賈許溫德區，表示此時這個聲音已經賦有某種意義。布洛卡區和聽覺也相當有關，因為在某方面來說，想要理解聽到的是什麼意思前，都得在腦中「重播」一遍。當我們想說話的時候，布洛卡區會大幅度地活化，然後將布洛卡區、韋尼克區和賈許溫德區一起產生的字詞說出口。

變動的區域

現今我們已經能夠清楚地界定出韋尼克區和布洛卡區，但圍繞在這兩個區域周邊的大片皮質區也會在不同的語言功能下跟著被活化。我們還不清楚這些皮質區確切的功能，而且這兩個區域的形狀，也有很大的個人差異。即便是同一個人，這兩個區塊周邊和語言相關的範圍，也會隨著年紀而有所變動。

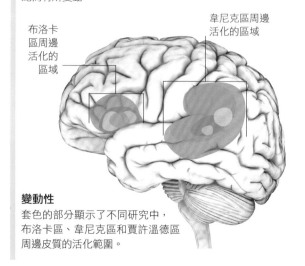

布洛卡區周邊活化的區域

韋尼克區周邊活化的區域

變動性
套色的部分顯示了不同研究中，布洛卡區、韋尼克區和賈許溫德區周邊皮質的活化範圍。

能理解多種語言的大腦

如果在年紀非常小的時候，就能流利地使用兩種語言，會強化許多認知技能，也可能可以避免失智等與年紀相關的認知功能下降。其中一個理由，也許是因為說第二種語言，能夠在腦中建立更多神經元間的連結。研究也發現會說兩種語言的成人，灰質的密度較高，尤其是左大腦半球的內側額葉皮質。這個區域是專門控制語言和溝通技巧的部位。五歲以前就能學得第二種語言的人，這個區域增加的密度最為明顯。

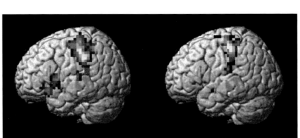

會說兩種語言　　**只會說單一種語言**

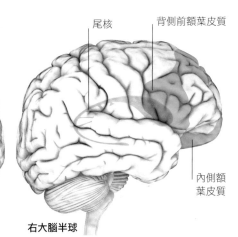

比較兩者活化的腦區
這兩張掃描圖顯示，會說兩種語言的人跟只會說單一種語言的人，聽到同一種語言時，腦部活化的狀況。

顏色說明
■ 只會說一種語言的人會活化的區域
■ 雙語人士切換語言的時候會活化的區域

雙語人士的神經特徵
紫色區域標示出無論是僅會說單一種語言或雙語人士，當只說一種語言的時候會活化的腦區。綠色區域則是雙語人士切換語言的時候，會活化的腦區。切換語言的時候，也會活化尾核。

左大腦半球標註：背側前額葉皮質、布洛卡區、內側額葉皮質、尾核（位於灰質下）
右大腦半球標註：尾核、背側前額葉皮質、內側額葉皮質

語言相關的疾患

與說話跟語言相關的疾患非常多，可能與各種相對應的腦區受損有關。有些疾患只會影響理解語言的能力，有些則會阻礙表達方式，有的是學習障礙（像是讀寫障礙，詳見第 153 頁），或是特定型語言障礙（詳見第 248 頁），也有可能會同時發生。創傷性腦傷和中風都很有可能會導致失語症（Aphasia），也就是失去說話和理解語言的能力。另外，語言障礙（Dysphasia）指的是失去某部分的溝通能力，卻常常和失語症錯誤地混用了。

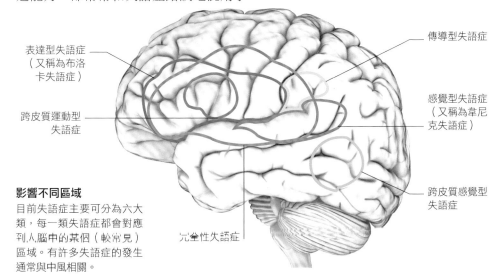

標註：表達型失語症（又稱為布洛卡失語症）、跨皮質運動型失語症、完全性失語症、傳導型失語症、感覺型失語症（又稱為韋尼克失語症）、跨皮質感覺型失語症

影響不同區域
目前失語症主要可分為六大類，每一類失語症都會對應到人腦中的某個（較常見）區域。有許多失語症的發生通常與中風相關。

口吃

一般而言大約有 1% 的人（其中 75% 是男性），會有口吃的現象。大多數在兩歲到六歲之間開始。大腦影像的研究顯示有口吃症狀的人，與一般人相比，其大腦處理口語的方式不太一樣，有口吃症狀的人，說話的時候大腦中活化的區域較為豐富。也可能是因為這樣，所以這些腦區會互相干擾，導致口吃。

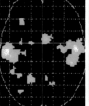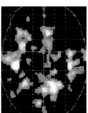

不口吃的人　　**開始治療口吃前**

治療口吃
就像這些正子攝影中所看到的，語言治療通常能有效改善口吃。隨著治療流程進行，大腦在說話時的活化區域，會逐漸降低到近乎常人。

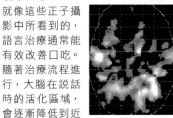

語言治療的前期　　**語言治療的最後階段**

失語症的不同類型
失語症通常和腦部外傷有關（例如中風），會影響大腦語言區的正常運作。受傷時所影響的區域（如右頁）和程度不同，所罹患的失語症也會有所不同。有些失語症的症狀是無法說話，有些則是難以理解別人正在說的話。甚至有些患者即便能夠理解對方的意思，卻無法正常回應。有的時候患者甚至能夠唱歌，卻無法說話；能夠寫字，卻無法閱讀。

表達型失語症（布洛卡區受損）：沒有辦法正常說話，或是將字詞串在一起。就算能夠緩慢地吐出一些字，也往往只是動詞或是名詞，音調與節奏也都不對。

傳導型失語症（布洛卡區和韋尼克區間的連結受損）：說話的時候，部分咬字不夠清楚，會以某種聲音取代，但完全能夠理解對話的內容，也能夠流暢地說話。

完全性失語症（受損部位相當廣泛）：全然失去對語言的理解能力、無法複述、無法命名物件，也無法正常說話。習以為常的片語（例如按順序報數）可能還會記得一些。

跨皮質感覺型失語症（顳葉、枕葉與頂葉的交界處受損）：失去對語言的理解能力、無法命名物件、無法讀字，但還是能夠記住之前所學過的東西。

跨皮質運動型失語症（布洛卡區周邊受損）：對於語言的理解力正常，但無法流暢地說話，每次總是只能吐出一兩個單詞。患者很難重複別人所說的字詞。

感覺型失語症（韋尼克區受損）：失去理解語言的能力。除了無法理解語言之外，患者往往缺乏自覺。

人類對話時的大腦變化

對多數人而言，與人對話是相當自然的事情。但對腦科學而言，這是目前我們認為最複雜的其中一種大腦活動。無論是說話或是聆聽，都需要活化許多腦區，也反映了各種不同層級的認知功能。

聆聽

說話的聲音僅需要很短的時間（大約 150 毫秒），就能從說話者的嘴巴，抵達聆聽者的耳朵，然後經由耳朵，將這些刺激轉成電子訊號，最終送到聽覺皮質進行處理。這些口語會在左大腦半球的韋尼克區進行解讀，並和其他位於右大腦半球，專門處理語調、肢體語言和節奏的區域共同合作，才能完全理解對話的意義。如果有任何一個腦區受損，那麼我們就可能無法完整地理解對方想要傳達的意思。

溢於言表
面對面的對話並不只是解讀口語、音調和肢體語言這麼簡單，更重要的是要如何相互理解。

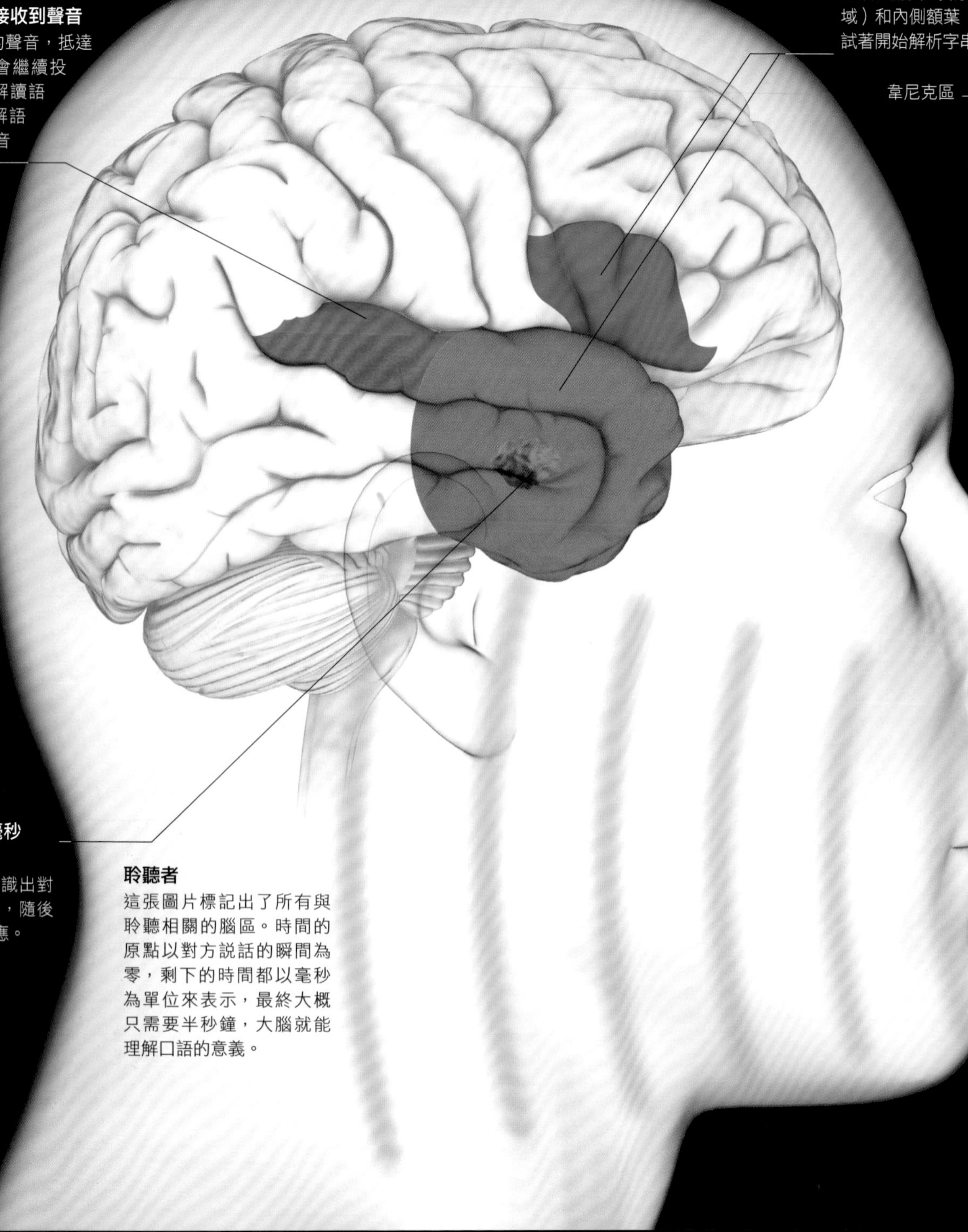

◎ 3 250 - 350 毫秒
分析字串的結構並解析字串的意義
聆聽者聽到對話後，會在左大腦半球的韋尼克區進行解碼（下圖右側橘色區域）。然後左右大腦半球的前顳葉（下圖左側棕色區域）和內側額葉（下圖左側紫色區域），會試著開始解析字串的意義。

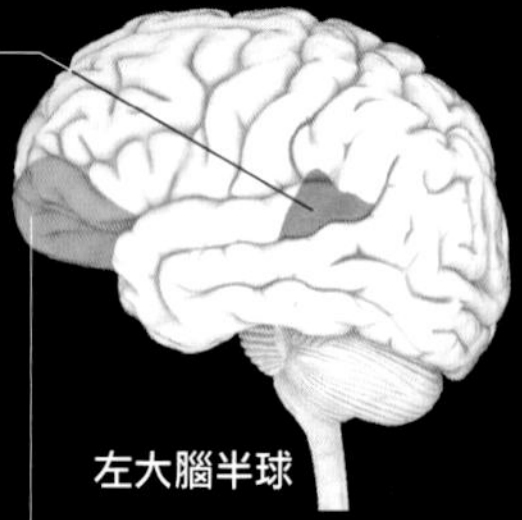

韋尼克區

左大腦半球

◎ 1 50 - 150 毫秒
聆聽者的大腦接收到聲音
從說話者發出的聲音，抵達聽覺皮質後，會繼續投射至其他負責解讀語言的腦區，了解語言中的情緒、音調和節奏。

◎ 4 400 - 550 毫秒
有意識地理解對話的意義
要能將說話的聲音轉為一連串有意義的對話，不只需要具備解讀文字的能力，也需要能夠和過去的記憶相互連結，才能完整理解對話。這些功能會在額葉的某個部分進行。

◎ 2 150 - 200 毫秒
辨認情緒性語調
杏仁核很快就能辨識出對話中情緒性的語調，隨後回以合適的情緒反應。

聆聽者
這張圖片標記出了所有與聆聽相關的腦區。時間的原點以對方說話的瞬間為零，剩下的時間都以毫秒為單位來表示，最終大概只需要半秒鐘，大腦就能理解口語的意義。

說話

　　說話的整個流程，其實在將話說出口前四分之一秒，就已經開始進行。這時候大腦開始選擇用詞，好傳達說話者想表達的意義。然後這些文字會被轉成聲音，最終透過各種器官說出話來。整個複雜的過程，多半發生在語言區，而多數人的語言優勢區則位在左大腦半球。少部分人的語言區會位於右大腦半球，或是分布在兩側大腦半球。通常慣用左手的人，語言優勢區都位於右大腦半球。

轉換大腦的功能

　　因為中風使語言區受損，往往會導致語言和理解障礙。如果這些損傷是在年輕的時候發生，語言區很有可能會因此轉換到另一側的大腦半球。雖然對年紀較長的長輩來說，這樣的轉換發生機率較小，但沒有受損的腦區域，還是可以取代一部分受損腦區的功能。

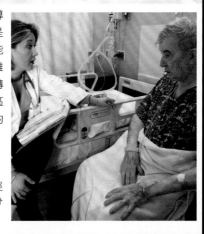

言語和語言治療

　　讓因為中風而罹患失語症的患者，經由密集的言語和語言治療，恢復部分語言功能是很有可能的。

重要的通道

韋尼克區所準備好的詞彙，會經由厚實的神經纖維，也就是弓狀束，傳到布洛卡區。人類的弓狀束比其他物種更為發達，因此被視為是語言發展中的關鍵。

◎ 2 -200 毫秒
將想說的字變成聲音

就在這些字從記憶中被拉出來後，就會在韋尼克區尋找這些字對應的聲音，透過聽覺皮質的協助，辨識出這些聲音。

◎ 3 -150 毫秒
從聲音變成音節

布洛卡區是大腦中與說話功能最相關的腦區。大腦在這個區域將每一個字的聲音，對應到嘴巴、舌頭和喉嚨特定的運動方式，好發出這些字的聲音。

◎ 4 -100 毫秒
發出聲音

某部分運動皮質區（控制全身的運動）會負責控制嘴巴、舌頭以及喉嚨，做出特定運動發出特定的字詞。

◎ 1 - 250 毫秒
說話之前
想著要說些什麼

我們在說話之前會先構思自己想要講的內容。人類會在各種記憶和點子上貼標籤，這些標籤就像抽屜把手一樣，使我們能夠輕易地找到用來表達想法的正確用字。一般來說，文字跟概念標籤配對的過程，會發生在顳葉。

◎ 5 -100 毫秒以內
調整發聲的細節

小腦負責微調每個說話動作的發動時間。右小腦半球會連結到左大腦半球，並在說話的時候會明顯地活化。而左小腦半球則連結到右大腦半球，會在唱歌的時候，較為活化。

說話者

這張圖片，標記了六個在說話前會立即被活化的重要腦區。在這張圖中，我們將時間的原點設在將話說出口的那個瞬間，因此各個階段的時間，是以負數呈現。

閱讀與寫作

人類說話以及理解口語的能力，已經出現在演化歷程上相當長的一段時間。所以我們的大腦結構中已經為口語溝通建立完整機制。但閱讀和寫作卻不是我們與生俱來的能力。為了要學習閱讀與寫作，每一個人必須訓練他們自己的大腦，才能開發出這項必需的技能。

學習閱讀和寫作

為了要學習閱讀和寫作，小孩必須開始學習將書上各個字母的形狀，轉換成他們能發出來的各種聲音。例如「Cat」這個單字就要被切分成幾個語音結構，像是 kuh，或是 aah 和 tuh。只有當孩子將書上的字，轉成他們唸出來的聲音，他們才能將這個聲音和字的意義做連結。學習寫作會用到的腦功能，則更加複雜。人類大腦語言區負責理解語言，視覺區負責解讀文字圖像。寫作功能需要整合、活化這些腦區之外，也需要運用到控制精細動作的小腦，來控制手部的精細動作。

辨識視覺訊號
辨識書寫文字需要用到一部分原本用來辨認大自然微細差異的腦區。這也許就是為什麼，很多字母其實都源自我們在自然中會看到的形狀。

3 聽覺皮質
書寫文字會被切成幾個音韻的元素，在腦中「唸出來」，好讓聽覺皮質「聽到」。聽覺皮質的活化，能夠讓讀者用「聽」的方式，來辨識看到的文字。

4 布洛卡區
一旦某些文字被辨識出來，也會同時在布洛卡區被「唸」出來，將書寫文字和口語相互連結。

5 顳葉
這個區塊會抽取過去的記憶，以幫忙連結文字和其代表的意義。要完全了解書寫文字，往往會需要從海馬迴中，抽取個人相關的記憶。我們在讀小說的時候，就常需要這個功能。

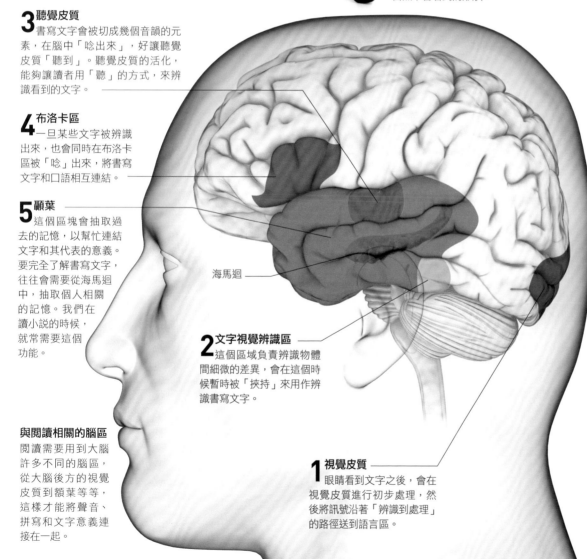

海馬迴

2 文字視覺辨識區
這個區域負責辨識物體間細微的差異，會在這個時候暫時被「挾持」來作辨識書寫文字。

與閱讀相關的腦區
閱讀需要用到大腦許多不同的腦區，從大腦後方的視覺皮質到額葉等等，這樣才能將聲音、拼寫和文字意義連接在一起。

1 視覺皮質
眼睛看到文字之後，會在視覺皮質進行初步處理，然後將訊號沿著「辨識到處理」的路徑送到語言區。

熟練的讀者

當我們學習如何閱讀的時候，我們的大腦得相當努力，才能將書上的各個符號轉成聲音。這會啟動顳葉後上方的區域，在此將聲音和視覺整合在一起。這個過程經過訓練之後，可以變得更加流暢，大腦也能更專注在理解文字的意義。因此，對一個熟練的讀者來說（通常是成人的大腦），與理解意義相關的腦區，在閱讀的時候會更加活躍。

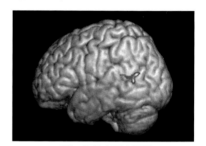

6 到 9 歲的人正在閱讀

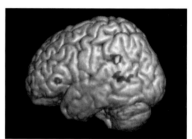

9 到 18 歲的人正在閱讀

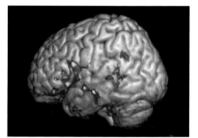

20 到 23 歲的人正在閱讀

發展閱讀能力
這些功能性核磁共振掃描顯示了當孩子在學習閱讀的過程當中，較為仰賴負責將書寫字母和聲音配對的腦區（最上方圖片）。一旦習得這個能力之後（中間與下方圖片），理解文字意義的腦區就會變得更活躍。

學習讀寫會如何影響大腦

學習閱讀和書寫需要在大腦的各個不同區塊，建立相當複雜的神經連結。這能夠增進人類辨識更多語音的能力，並鼓勵人們建立更廣泛的心智連結，有效增加想像力。閱讀以人為主的小說情節，也已經被證實能夠增加對人的同理心。

讀寫障礙

讀寫障礙是一種與遺傳相關的語言發展疾患。大約有 5％的人有這個症狀。當使用者的語言（例如英語）具有相當繁雜龐大的詞彙系統，需要大量比對聲音、文字和母音的時候更加明顯。有人提出音節異常理論來解釋讀寫障礙的成因，認為讀寫障礙的患者可能是因為無法分析、記住文字中的聲音所導致。這使讀寫障礙的患者在學習口說語言的速度變慢，在學習閱讀的時候，也很難將聲音配對到母音字母。

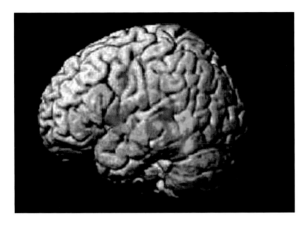

讀寫障礙的大腦有何不同

讀寫障礙的人大腦中將視覺符號轉成聲音的區塊（功能性核磁共振影像中的綠色區域），與常人有所差異。研究發現讀寫障礙的人，在這個區域有較多灰質，但目前我們還不完全了解這個差異如何影響大腦。

治療讀寫障礙？

目前還沒有直接治療讀寫障礙的方法，但透過代償性的學習，讀寫障礙的人可以藉由特殊專業的老師們，找到記住拼字的方法，改善他們的閱讀技巧。現在也可以藉由有聲書、拼寫修正程式或是語音辨識系統，來協助這些閱讀速度還不是那麼快、拼字也還相對緩慢的患者。

視覺技巧
有些讀寫障礙的患者，能夠靠著有色眼鏡，增加他們的閱讀能力。

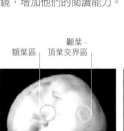

讀寫障礙者的大腦

顳葉－頂葉交界區　額葉區

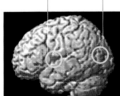

受過訓練後，讀寫障礙者的大腦

顳葉－頂葉交界區　額葉區

矯正
有些早期研究認為聆聽語速較為緩慢的聲音，有助於改善讀寫障礙。患有讀寫障礙的人，在閱讀的時候和閱讀極為相關的腦區，幾乎沒有活化（如左圖圈起來的部分）。在右圖，可以發現患者在經過訓練之後，相關腦區的活性明顯提高。

閱讀早慧（高讀症）

閱讀早慧的孩子能夠具備高人一等的讀寫能力，但可能難以理解口說語言。這些孩子往往有社交上的困難，具有一部分自閉症的症狀。有些閱讀早慧的孩子能夠在兩歲以前，就拼出相當長的字，三歲的時候就能夠閱讀句子。對這樣的孩子進行大腦掃描的話，會發現閱讀早慧在神經學上是讀寫障礙的相反面。閱讀早慧的孩子在閱讀的時候，有些腦區會異常活躍，而讀寫障礙的孩子在閱讀的時候，這些區域的活化程度反倒相當低。

閱讀早慧
閱讀早慧的孩子喜歡字母和數字，並往往在很早的時候就能學會如何閱讀，但是這些孩子有的時候卻難以理解人類的對話。

語言的差異

英文使用者在學習閱讀的過程中，常常吃了許多苦頭。英文的拼寫規則是出了名的難以駕馭，閱讀經驗豐富的人知道，他們不能只仰賴「從文字到聲音」的解碼規則。畢竟英文的發音有太多例外。舉例來說，i 在 ice 和 ink 的發音就完全不同。對讀寫障礙的人來說，這些例外都非常難以理解，所以比起沒有讀寫障礙的人，他們需要多花好幾年的時間才能熟悉這些規則。

以英文為主的讀寫障礙者
對讀寫障礙者來說，學習如何閱讀英文可能是相當具有挑戰性的工作，因為許多英文字並不遵從標準的拼寫規則。

以義大利文為主的讀寫障礙者
由於義大利文的拼寫規則較不那麼複雜，使用義大利文的讀寫障礙者，比起使用英文的讀寫障礙者更容易辨識文字。

書寫障礙

有些人即便閱讀能力沒有問題，但還是覺得書寫非常困難，稱為書寫障礙。這有可能是語言功能上的問題，也有可能是運動功能上的問題。前者是因為很難將聲音轉為視覺符號，後者的問題往往是難以控制精細的動作，很難像其他人一樣寫字。這兩者的筆跡比起一般人都更加搖搖擺擺、東缺西少，難以辨識。有些孩子在小的時候甚至能夠寫鏡像字體，但長大之後就會失去這樣的能力。

This is what
mirror writing
looks like!

鏡像書寫
一般人很難流暢地將所有的文字倒過來寫，而且是每一個字母都呈現鏡像字體。這表示能夠書寫鏡像文字的人，其大腦中的語言區分布可能異於常人。

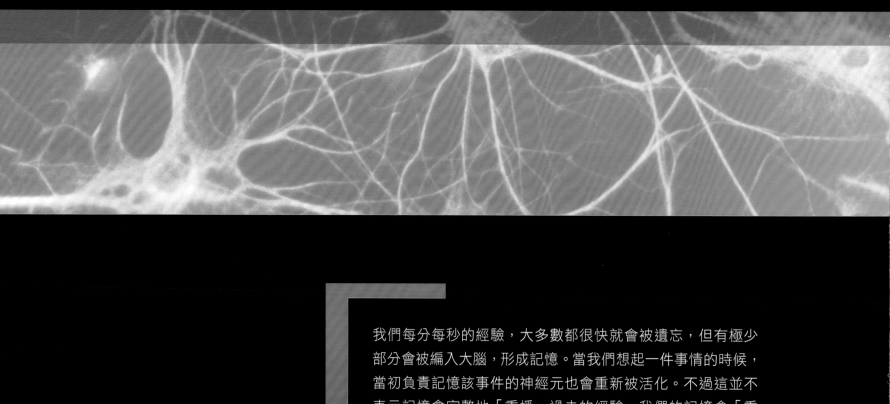

我們每分每秒的經驗，大多數都很快就會被遺忘，但有極少部分會被編入大腦，形成記憶。當我們想起一件事情的時候，當初負責記憶該事件的神經元也會重新被活化。不過這並不表示記憶會完整地「重播」過去的經驗，我們的記憶會「重建」過去的經驗。人類記憶最重要的功能就是提供資訊，來導引我們現在的行為。為了要提升這個功能的效率，我們通常只會擷取看起來有用的經驗。這也是為什麼我們對過去的回憶，往往充滿選擇性且並不完全可信。

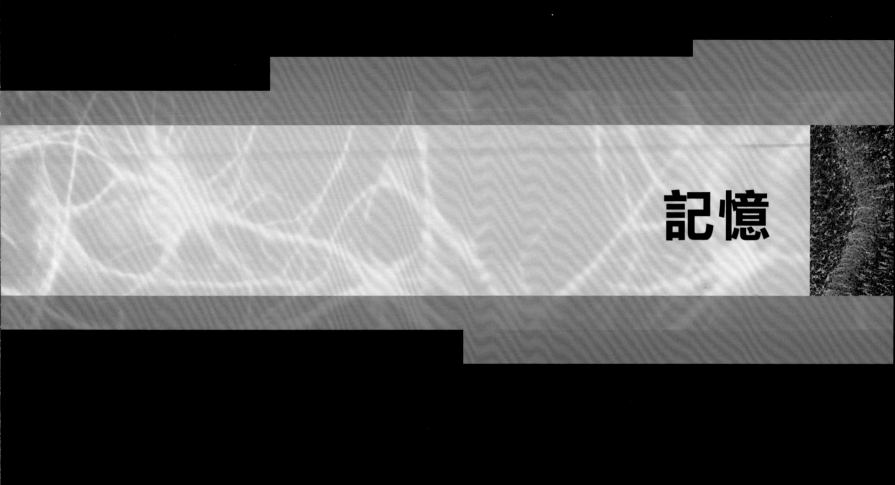

記憶

記憶的原理

記憶是一個非常廣泛的用詞，用來指稱一系列不同的大腦功能。這些功能最常見的特色，就是會同時發動參與原始經驗的神經元，來重建我們對過去的經驗。

什麼是記憶？

記憶有可能是想起一首詩，或是因為工作需要，所以認出某張臉的能力，是一種對於過去事件相當模糊的印象。記憶也有可能是如何騎腳踏車的技能，或是想起你的車鑰匙其實放在桌上這件事情。這些現象都有個共通點，他們都需要大腦有一定程度的學習能力，以及對過去經驗具有部分或完全的重建能力。

學習的過程，需要許多神經元一起活化，製造出特定的經驗，並將此經驗轉化，好讓下次能夠再度一起活化。下一次再度活化這些神經元的時候，才能重建原始的體驗，創造出「復刻版」的原始體驗。重新集結神經元的過程，會讓這些被集合的神經元在未來更有可能再次活化，所以重複地重建一個事件，會讓大腦更容易回想起這個事件。

記憶流程

形成記憶的過程，有幾個先天的步驟，從最初的篩選開始到留著某些資訊，接下來是重新收集（擷取）這些資訊，有時候可能會變更這些資訊或是失去這些資訊。每一個階段都有特殊的步驟，而且還有可能出錯！

階段	應該要發生的……	有可能出錯的……
選擇	大腦的設計會將稍後有用的資訊儲存起來，並略過其他的資訊。	重要的事情被忽略，而記住一點也不重要的事情。你很有可能會忘記一個人的名字，卻記得他們鼻子上的一顆痣。
歸檔	特定的某些體驗被儲存起來，並和過去既有的記憶相互連結，以在腦中維持一段時間。	腦中的資訊可能被錯誤地歸檔，相互錯誤地連結。或者新的資訊難以被歸檔，我們難以學習或新增新的記憶。
記憶重整	當下發生的事件應該要能夠刺激大腦擷取過去相關的記憶，也就是說，能成為引導未來行動的資訊。	當下發生的事件，無法形成有用的記憶。例如，各種文字、名字、事件等。你明明知道你看過這些資訊，卻想不起來。
修正記憶	每一次回想起某段記憶的時候，都會因為新的記憶而有所修正。	修正記憶，很有可能會製造不正確的記憶。
遺忘	除非我們常常不斷地更新某件事物的資訊，否則我們很快就會開始遺忘它。大腦會常常刪除不必要的資訊。	重要或是有用的資訊也會跟著忘記。但不重要或是不完整的記憶，卻常常記得很清楚。

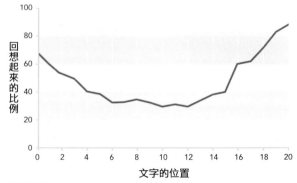

尾狀核
與原始技能相關的記憶

乳狀體
乳狀體處理具有情節的記憶

頂葉
與空間記憶有關

丘腦
負責導引專注力

額葉
工作記憶

殼核
與程序性記憶相關

記憶區
記憶牽涉到許多面向與功能，有些是深植於心的本能直覺，有些是關於事實的各種知識。這與大腦的各個不同區域有關。

杏仁核
可能會儲存情緒相關的記憶

海馬迴
經驗在此轉為記憶

顳葉
通用性的各種知識

小腦
與制約型的記憶相關，尤其是各種與時間相關的記憶

短期與長期記憶

短期記憶只會在我們需要的時候，在腦海裡停留一段時間。例如只要用一次的電話號碼。短期記憶經過反芻後會轉為工作記憶（詳見下頁）。相對的，長期記憶是幾年、甚至幾十年後都可以回想起來的記憶。童年家鄉的住址就是一種長期記憶。在這兩個極端之間，我們還有許多中期的記憶，這些記憶在消失前，可能會維持幾個月或是幾年。

決定一段記憶是長期記憶，或是短期記憶的因素有很多。比如這些記憶中有沒有情緒、創新的因素，或是我們為了要回想起這些記憶，做了多少練習等等。

（圖表）
縱軸：回想起來的比例（0, 20, 40, 60, 80, 100）
橫軸：文字的位置（0, 2, 4, 6, 8, 10, 12, 14, 16, 18, 20）

最初與最後
如果我們要記下一連串的字，比起中間的字，通常最前面和最後面的字最容易留在記憶中。這可能是因為強烈的第一印象，所以讓前面的字留下來。而最後則因為已經沒有其他任務，我們在心中會重複好幾次，所以記憶也會相當深刻。

不同種類的記憶

　　目前我們將記憶分為五種類型，分別應用於不同的目的。情景記憶包括重建過去的經驗，像是感覺或是情緒等。回想起情景記憶，通常會像從某個人的視角看電影一樣。語意記憶指的是共有的（非私人性的）、知識型的內容。工作記憶是指我們為了需要，暫時留住資訊的能力。程序性的身體記憶則包含各種後天學到的動作，像是走路、游泳或騎腳踏車。內隱記憶則指的是連自己都並不知道自己具備的記憶。這些記憶默默地影響著我們的動作：例如，你可能會下意識地厭惡某個剛認識的人，只因為他們讓你想起了某個討厭的人。

學習對你好處多多

　　學習會使大腦各處的神經元群體間，建立新的連結。這建構了大腦的結構，讓大腦更能勝任許多任務。例如練習在城市中找路等與空間相關的技能，能夠顯著增加後海馬迴的尺寸。我們創造越多連結，就越能應用我們所學，也需要更久才會忘記。

變大的區域
這張圖片中可以發現內隱記憶（紅色區域）和外顯技能（黃色區域）的區域，經過練習之後，密度會變得較密集。

額葉
確保不會將情景記憶與現實生活搞混

皮質區
情景記憶會重新活化當初參與相關經驗的這個區域

海馬迴
每天經歷的事件會在此轉為記憶

額葉
語意記憶由額葉活化，基於腦中所存在的知識，去導引現在的行為。

顳葉
顳葉也負責編入與事實相關的資訊，顳葉的活性，是正在回憶這些知識的指標。

情景記憶
情景記憶涉及那些腦區取決於原始經驗的內容。某些高度視覺化的經驗，會活化視覺皮質；要記住一個人的聲音，則會活化聽覺皮質。

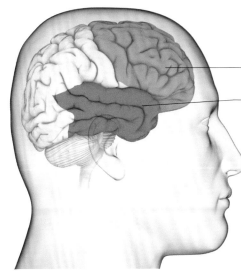

語意記憶
語意記憶是對事實的記憶。這些記憶在形成初期也許曾混有一些個人的意涵，但現在只是純然的知識。例如，人類登陸月球曾經是我們個人經歷的一部分，但現在只是一種知識。

執行中樞
把持整個計畫，包括所有語言元素。

語言「暫留區」
布洛卡區會在腦中放出聲音，重複某些資訊。

視覺「暫留區」
活化視覺皮質旁的腦區，能暫時記住代辦事項的影像。

執行中樞
把持整個計畫，包括所有視覺元素。

尾核
本能性的動作儲存在這裡，例如撫慰行為。

殼核
儲存後天學習的動作，例如騎腳踏車。

「語音」的迴路
「大腦中的耳朵」：在此記住各種聲音和口語

視覺皮質

小腦
身體技能多半仰賴小腦來準確定時和相互合作

左側　　　　　右側

工作記憶
一部分的工作記憶位在額葉，也就是執行中樞，能擷取存在其他腦區的資訊，以供執行計畫所用。有兩組神經迴路參與工作記憶，一組負責視覺資訊、一組負責語言資訊。這些神經迴路就像暫留區一樣，會暫時留住某些資訊，直到被下一個工作取代為止。

程序性記憶
程序性記憶讓我們一旦學會某項動作技能後，身體就能夠自動地操縱（就像學會騎腳踏車）。這樣的技能儲存在大腦皮質下。雖然這些技能也能以意識操控，但多半是無意識的行為。

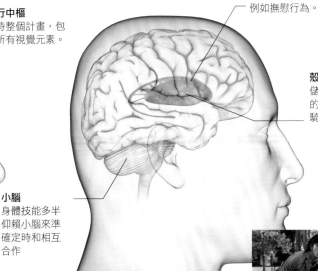

形成記憶的網路

記憶以片段的形式儲存在大腦各處。我們可以把大腦中記憶存在的形式，想像成一張複雜的網路，而相連的線就有如一段記憶的各種元素，串聯起各種節點或是交界點，以便對各種物件、人和事件，形成完整的記憶。

分布整個大腦的網路

陳述性記憶指的是我們能夠有意識地回憶起事實與情境記憶，這些記憶由海馬迴形成，並儲存在大腦各處。形成記憶的各種元素：視覺、聲音、文字以及情緒，會各自留在當初創造這些記憶片段的區域。當你回想起這些經驗，會活化原始經驗所產生的神經迴路，擷取深植在記憶中的部分精華。舉例來說，想想你過去養的狗。你因為活化了視覺皮質的顏色區，所以想起了牠的顏色。你因為重建了某一部分的運動皮質區，所以回想起了和牠一同散步的記憶。牠的名字則存在語言區等等。

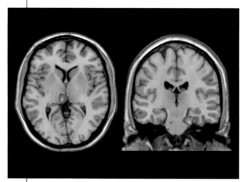

回憶
左邊這張功能性核磁共振照片顯示，當回憶起感覺相關的記憶時，丘腦的感覺區（丘腦枕）就會被活化。右邊的這張圖則顯示了海馬迴的活化。海馬迴是管理記憶的重要中樞，當一個人有意識地試著回憶起某段記憶的時候，海馬迴就會明顯地被活化。

相互連結的記憶
當一段記憶被封存後，海馬迴會在同一時間用各種方式讓你回想起這段記憶。如果你記得寵物犬，其他腦區可能會回想起各種和狗相關的記憶，與各種周邊的事物，像是狗的碗。只要那段記憶與狗相關，都有可能會被喚醒。

記憶的形成

要感受任何一段經驗，最初都從同時活化某一組神經元開始。同步活化這些神經元，能夠讓這些神經元在需要的時候，更容易被活化，重塑原始的體驗，這就是所謂的增益（Potentiaiton）。如果這些神經元常常被活化，最終會永久地對彼此較為敏感，意即如果其中有一個神經元被活化，其他的神經元也會跟著被活化，這種情況稱為長期增益效應。

神經元
既存的突觸

輸入

細胞核

1 輸入
輸入外在刺激，使兩個神經元同時被活化。之後只要活化其中一個神經元，另一個神經元也很有可能會同時被活化。

輸入
加速形成新的連結

增加活性
新的突觸

2 形成迴路
原始配對中的其中一個神經元受到刺激，活化了第三個神經元，此時原始配對的第二個神經元也同時被活化，這三個神經元於是連在一起。

建立了新的連結

一般的輸入

形成了新的突觸

3 增加活性
現在這三個神經元對彼此都相當敏感，如果其中任何一個神經元活化，都會同時活化其他兩個神經元。

記憶的分布

我們的記憶分布在整個大腦，所以即便失去了一部分的經驗，但還留住其他的部分。這種分散式儲存系統的好處之一，就是能夠讓長期記憶更難以被破壞。如果某段記憶只儲存在同一個區域，那麼任何對該區域的傷害（例如中風或是頭部外傷），都很有可能會抹去整段記憶。所以腦部創傷和退化可能會讓人忘記一些事情，但很少會失去全部記憶。你很有可能會忘記某人的名字，但卻很難忘記一個人的臉。有些研究甚至發現，即便形成這段記憶的突觸連結被破壞，記憶還是能夠存在。這似乎表示神經元本身也儲存了一部分的記憶。另外一個理論則認為，如果重複刺激神經元上的樹突（神經元從其他地方接收訊息的位置），也會改變神經元的敏感度。

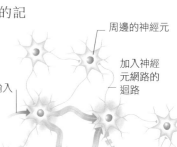

周邊的神經元

加入神經元網路的迴路

輸入

被同化的新神經元

擴展神經網路
既有的神經元不斷和新的神經元形成連結，一同活化，擴展大腦中與記憶相關的神經網路。

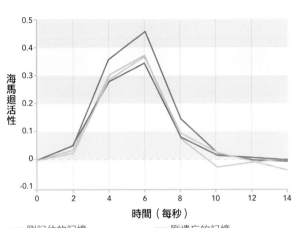

存取記憶

　　比較常回憶起來的事件，本來就比稍後就忘記的事情，更容易地被記在腦海中。有個研究是讓 16 位受試者在看過 120 張圖片後，判斷這些照片的拍攝地點是在室內或是室外，然後讓這些受試者再看一次這些照片。15 分鐘過後，研究人員混入一些新的照片，接著讓這些受試者再看這些照片一次，並詢問受試者是否記得其中的某些照片。掃描受試者的大腦後發現，當他們第一次回想起是否看過照片時，海馬迴會高度活化。但當再次重複觀看這些圖片的時候，海馬迴的活性就大大降低。海馬迴活性的降低就是「熟悉度」的一種表現（見下圖）。

圖表

縱軸：海馬迴活性（-0.1 到 0.5）
橫軸：時間（每秒）（0 到 14）

— 剛記住的記憶　　　　　— 剛遺忘的記憶
— 重新記住的記憶　　　　— 再次遺忘的記憶

海馬迴的活性與記憶形成
海馬迴初次回想起某些記憶的時候，會高度活化。但第二次回想的時候，海馬迴的活性就相對降低了很多。海馬迴的活性區分了回憶與剛形成（或剛忘記）的記憶。

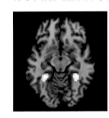

海馬旁迴的活性
當你回想起生命中的某個片段，你的海馬迴和海馬旁迴（圖中的黃色區域）會被活化。當你回想起某段記憶的時候，海馬迴會忙著匯集從大腦各處來的記憶的各個面向。

無法儲存新記憶

　　1953 年，知名的患者 H.M. 為了治療陣發性癲癇，接受神經外科的手術。手術移除了很大一部分的海馬迴。雖然手術控制了癲癇的狀況，但也造成了嚴重的失憶。自此之後，H.M. 的記憶便停留在手術的時候，無法再形成任何新的記憶。每天發生的事情，只會在他心裡留下幾秒鐘到幾分鐘左右。即便是一個過去幾年來他每天都會見到的人，他也認不出來。因為在手術之後過去的時間，對他而言並不存在，因此 H.M. 一直到 80 歲的時候，還覺得自己是個年輕人。他的例子證明了海馬迴對儲存記憶的重要。

遺漏的那一角
海馬迴位於顳葉深處。我們每天的經歷會不斷「流過」海馬迴，經過長期增益後，有些經歷會轉為記憶。因此海馬迴也負責回想起多數的記憶。

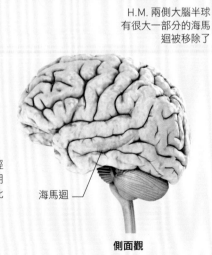

海馬迴

側面觀

H.M. 兩側大腦半球有很大一部分的海馬迴被移除了

8 公分
（3.25 吋）

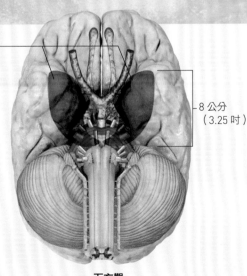

下方觀

形成記憶的過程

多數的經歷都不會留下永遠的痕跡。不過有些經歷因為對我們的影響太大，甚至改變了大腦的結構，在神經元間形成了新的連結。這些改變，讓我們能夠在日後重建初次經歷時的神經活性。

剖析記憶

只有那些異常延長或是強烈的神經活性，才能被轉成記憶。要固化這些改變，形成長期記憶，甚至需要約兩年的時間（參考下方的時間順序），不過一旦形成了長期記憶，很有可能終其一生都會記住。長期記憶包括一個人一生中發生的各種事件（情境記憶）與非個人的記憶（語意記憶）。這些都可被稱為陳述性記憶，能夠有意識地（陳述性）回想起這些記憶。程序性（肢體的）記憶和內隱（無意識的）記憶，也有可能被轉為長期記憶。

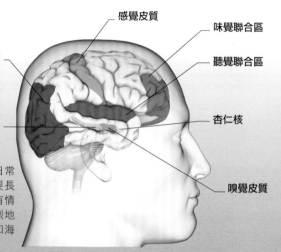

感覺皮質
味覺聯合區
視覺聯合皮質
聽覺聯合區

海馬迴
海馬迴形成新的記憶，也協助回憶起過去的記憶。

杏仁核

嗅覺皮質

記憶的標籤
能夠轉為記憶的日常經驗，通常都需要長期的刺激或是帶有情緒經驗，才能強烈地印記在感覺皮質和海馬迴。

形成長期記憶的歷程

🎯 0.2 秒 專注

同一時間，大腦只能夠吸收一定的資訊量。大腦能夠同時擷取許多事件的一小部分，或是極為專注在單一事件，並深入地擷取出大量資訊。專注能夠讓神經元記下該件事情的時候，活化得更加頻繁。這樣的活化頻率，能夠讓某些日常經驗更加強烈，也會大大增加這段經驗轉化為記憶的機率。這是因為一個神經元如果活化的頻率增加，就能和其他神經元建立更強的連結。

值得紀念的時刻
細看整個場景，能夠幫助你更記下某個事件，就像攝影機拍下快照一樣。

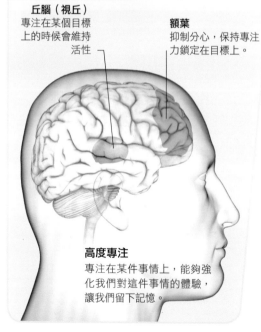

丘腦（視丘）
專注在某個目標上的時候會維持活性

額葉
抑制分心，保持專注力鎖定在目標上。

高度專注
專注在某件事情上，能夠強化我們對這件事情的體驗，讓我們留下記憶。

🎯 0.25 秒 情緒

帶有強烈情緒的體驗（例如分娩的過程），因為情緒能夠加強專注力，所以會更容易記住。外界刺激所帶來的情緒資訊，一開始會經由無意識的路徑，將這些資訊送到杏仁核；甚至在我們意識到，自己正為了什麼事件才做出反應（逃跑或是反擊）前，就已經產生情緒反應。有些創傷事件也會永久地儲存在杏仁核。

情緒化的事件
非常私密的互動以及其他情緒化的事件，能夠抓住人的注意力，讓某段經驗更有可能被儲存下來。

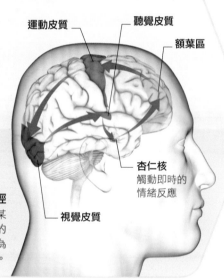

運動皮質
聽覺皮質
額葉區

杏仁核
觸動即時的情緒反應

情緒路徑
杏仁核藉由不斷重播某次事件，留住情緒化的體驗，讓這段體驗成為一段記憶。

視覺皮質

🎯 0.2 - 0.5 秒 感覺

多數的記憶都包含視覺、聲音和其他感官體驗等事件。感受越是強烈，就越有可能記住這種感受。但過沒多久，我們多半會遺忘這類事件中的感官體驗，只記得這事件中的「事物」面向。舉例來說，人們通常不會記得第一次看到布萊克浦爾鐵塔時的詳細心情，只依稀記得鐵塔（這個事物）的模樣，這是因為事後回憶時觸發深印在大腦視覺區的模糊印象。

味覺
諸如像是味覺、視覺或是嗅覺等感覺，是記憶的原始資料。

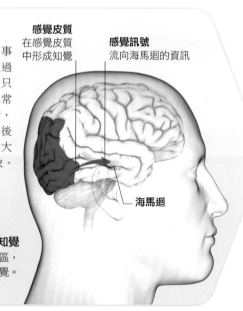

感覺皮質
在感覺皮質中形成知覺

感覺訊號
流向海馬迴的資訊

海馬迴

形成知覺
各種感覺匯集在聯合區，形成有意識的知覺。

更換你的海馬迴

洛杉磯南加大的神經科學家們，已經開發了一種人造的海馬迴，也許有一天能夠讓失智患者減少失去記憶。有個小型的先期研究發現，這些安裝了晶片的患者記憶影像的能力，比起安裝之前改善了 40%。一開始，這些研究者藉由觀察海馬迴接收－釋放訊號的模式，開發了原型裝置。然後他們把這個原型變成一片能夠與大腦互動的晶片，取代受損的組織。晶片一面記錄來自大腦各處的電子活性，另一面則將適當的電訊號送回大腦。

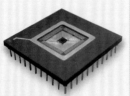

記憶晶片
這個記憶晶片會植入海馬迴，並藉由放置在受損區域的電極片與大腦其他部位溝通。

記憶的位置

長期記憶在固化之後，會儲存於原來發生該經歷時，所一起活化的神經元的位置，以創造與原有經驗的相同體驗。「完整」的記憶會被切成幾個部分（感覺、情緒、思考等等），每個部分會分別儲存在這些記憶形成的地方。例如，視覺皮質的神經元群就會留住視覺相關的記憶，在杏仁核裡的神經元則負責儲存情緒相關的記憶。同時活化這些神經元群，就能建立出完整的記憶。

持續的印象
有些記憶看似毫無破綻，但實際上，沒有任何的回憶會如此清晰且完整。

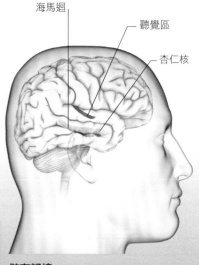

海馬迴
聽覺區
杏仁核

儲存記憶
記憶會深埋在創造這段記憶的神經元群裡，例如聲音相關的記憶就會儲存在聽覺皮質，情緒相關的記憶會儲存在杏仁核。再由海馬迴統整在一起。

⏱ 0.5 秒 - 10 分鐘 工作記憶

短期記憶，又稱為工作記憶，有點像是寫在白板上的字，會常常被更新。某一段經歷開始之後，我們藉由不斷重複的方式，試著要將這段經歷留在心上。例如我們會不斷重複電話號碼，直到我們撥出這支電話。現在認為工作記憶主要由兩個迴路組成（詳見第 157 頁），依照需求盡可能地留住這些資訊。一個是視覺迴路，負責視覺與空間資訊；另一個則是聽覺迴路，負責接收聲音訊號。這些迴路包含了感覺皮質，也就是接收這些經驗的位置；也包括了額葉，也就是意識參與的地方。前額葉的神經元，則負責控制資訊在這些迴路中流動。

視覺迴路
介於感覺和前額葉皮質間的迴路，負責留住資訊。

額葉
某部分的額葉負責控制資訊流和維持工作記憶。

聽覺皮質

內心的記憶
聽覺與視覺資訊分別存在兩個不同的迴路

⏱ 10 分鐘 − 兩年 在海馬迴處理中

衝擊性的體驗較容易脫離工作記憶，被送到海馬迴進一步處理。這讓海馬迴產生神經活性，其內的神經元開始將這段資訊，透過長期增益（詳見第 158 頁）的方式，永久地寫入大腦。當初感受最強烈的那一段資訊，會在形成的位置「重播」。例如影像的資訊就會在回憶的時候在視覺皮質「重播」，變成原始事件的回音。

海馬迴
資訊在這裡回旋著，然後後送回當初接收這些資訊的個別腦區。

內嗅皮質
負責從不同腦區收集資訊

單向系統
各種資訊沿著單向路徑進行編碼

準備進行儲存
海馬迴準備將短期記憶轉為可能可以持續終生的記憶

⏱ 兩年之後 固化記憶

目前已知需要花約兩年的時間，才能讓記憶紮實地在大腦中固化，但即便固化之後，這些記憶也還是有可能會有所轉變，甚至消失。在這過程當中，神經網路會在海馬迴和皮質之間，不斷重放已經被編碼的這些生活經驗。海馬迴和皮質持續地、重複地相互「對話」，會讓這些生活經驗的模式，漸漸地由海馬迴轉到皮質，這能夠把海馬迴的處理空間，讓給新進來的資訊。這些「對話」多半在睡夢中進行。這段相對「安靜」或是慢波睡眠期，比起快速動眼期，對於固化記憶更為重要。

顏色說明
— 皮質訊號
— 海馬迴的訊號

振幅 (z)：15, 14, 12, 10, 8, 6, 4, 2, 0, -2
時間 (s)：0, 1, 2, 3, 4, 5, 6, 7

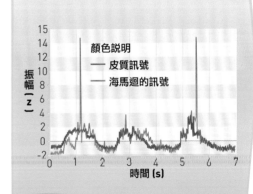

訊號回響
海馬迴的神經元（圖中橘色）和聽覺皮質中的神經元（圖中紫色）互動，相互回應彼此神經活化的模式。對於同一段生活經驗，海馬迴和皮質細胞會留下幾乎相同的備份。

聽覺皮質
海馬迴

回憶與辨識功能

大腦對某個事件的反應，會產生特定模式的神經活性，大腦中的記憶，能夠讓我們不斷重播這特定的反應。相較於大腦對原始事件的各種感知，記憶中會記錄相當類似的模式，但這些模式的重播，並不會跟原始反應完全相同。畢竟如果完全一樣的話，我們就無法分辨這是真實的經驗還是記憶。

記憶的本質

當我們回憶起某次事件的時候，某種程度上，大腦會重新經歷一次該事件。即便我們深陷回憶之中，人類還是保持了對於此時此刻的感知，所以當下的神經活性絕對不會只是跟當初所記得的反應完全相同。應該說，我們的記憶本來就是過去經驗和現狀的混合體。現在的經驗會不斷複寫我們的記憶，所以當每次我們回想起某個事件的時候，其實是重新收集我們最近一次回憶起這段經歷的感受。因此，記憶會隨著時間逐年改變，到最後甚至與原始記憶相比，只有極少的共通點。

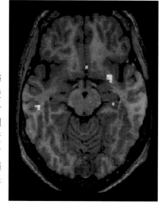

感覺記憶

運用功能性核磁共振掃描進行的測試可以發現，和特定氣味相結合的物件，能夠活化我們的嗅覺皮質（最大的黃色區域）。以這樣的方式，極小的線索就能觸發所有相關的感覺，形成更具細節的記憶。

記憶幫幫忙

當我們又再次感受到某些過去的體驗時，過去的記憶總是會又慢慢浮現。記憶就像老相片一樣，即便現在的感受跟當初不完全一樣，但已經足夠誘發過去的記憶。

情境依賴式記憶

如果你正處在某種心理狀態或是經歷某些感受時，學習或經歷了一些事件，那麼當你又處在相同狀態的時候，可能會觸發你的記憶。例如，如果你在度假的時候，躺在充滿陽光的沙灘上讀了一本書，你很有可能在回家後，就完全忘了這本書的所有內容。但多年之後，當你又躺在其他充滿陽光的沙灘上時，這些記憶可能會突然湧上心頭。同理，處在某個特殊的情況或心理狀態，會讓我們學習到某種行為，這個行為只有當我們再次體驗相同的情況或心理狀態時才會出現，其他時間都不會展現。這會給別人一種我們好像具有多重人格的印象。

學習期間	測試期間	平均回憶起多少個單字
清醒狀態	清醒狀態	14.9
清醒狀態	喝醉狀態	10.7
喝醉狀態	喝醉狀態	10.3
喝醉狀態	清醒狀態	4.6

中毒與記憶

讓受試者在大量喝下非酒精性飲料和酒精性飲料之前，試著記下一長串的字。然後在他們保持清醒或是醉倒的時候，讓他們試圖回憶記下的單字。有趣的是，在學習期間和測試期間都保持醉酒狀態的受試者，比只有在學習期間喝醉的受試者，要能記住更多單字。

空間記憶

了解人類大腦的結構，就可以發現空間記憶與方向感對我們有多重要。整個大腦頂葉，也就是大腦最上方的區域，都用來定位我們的身體和四肢在空間的相對位置。另外，有很大一部分的海馬迴，在我們旅遊各地的時候，會記下各種地形地貌。這些區域如果受損，那麼將會嚴重地影響一個人的方向感。如果海馬迴中用於導航的區域，因為中風或是外傷受到影響，這個人可能會失去記憶新路徑的能力。

心智迷宮

能夠走出迷宮的人，會同時使用在左右大腦半球兩側的海馬迴。會在迷宮中迷路的人，通常只會使用單側的海馬迴。

認路

有些人就是比別人更會認路。雖然習慣跟訓練也會影響認路的能力，將認路視為專長，在車陣中穿梭的那些司機，很自然地就能注意到各種路標。倫敦的計程車駕駛，就非常擅長在迷宮般的道路中找到出路。兩年的訓練期間會培養出這些技能，過程中，他們運用了海馬迴裡負責空間記憶的區塊，學習相關的知識。這些訓練看來也會增加海馬迴的大小，就像是重量訓練會增大肌肉一樣。

天生的導航者

一項腦部掃描的研究發現，計程車司機平均擁有較大的後海馬迴，這是大腦中負責空間記憶的區域。

似曾相識與從未聽聞

似曾相識指的是突然浮現某種強烈的熟悉感，你會覺得自己過去曾經歷類似的事情。有種解釋認為這是因為新的情境，觸發了過去的類似經驗，只是大腦搞混了過去的經驗和當下的體驗，即便沒有意識到過去的事件，也會產生一種認同感。研究認為，當下的情境如果在邊緣系統，被錯誤標記為熟悉的場景時，就會產生似曾相識的感覺。而從未聽聞的感覺則完全相反，指的是當一個人處在應該要很熟悉的情境，卻覺得一切都很新奇的狀態。類似像有時候你回到家，突然覺得家裡很陌生的那種感覺。這有可能是因為以往伴隨著各種熟悉感的情緒反應沒有產生，認知功能因此跳針，會突然覺得一切都從未聽聞。

辨識功能

要能辨識出某個人，需要事先整理大量的背景資料。這些資料記錄了與這個人相關的各種面向，例如我認識這個人、他有一隻狗、上一次我看到他的時候，他直接從我旁邊走過、他的名字是比爾。同一時間，你過去的記憶也會誘發你對這個人的情緒，提醒了你對這個人的熟悉程度。這些環節多半在無意識的狀況下發生，多半你只是看到某人，就會立刻知道這個人是誰。

辨識情緒

當你發現了某個認識的人，這些資訊會先被送到視覺皮質，然後再沿著不同的路徑，像右圖一樣，分流送到大腦的其他部位（詳見第 84 － 85 頁）。和有大腦意識參與的辨識路徑不大相同，通往邊緣系統的路徑在我們看到熟人的時候，會負責產生某種熟悉感。如果這條路徑受到阻礙，那麼雖然可以認得這個人是誰，但情緒上卻會有極強的疏離感。沒有情緒訊號的輸入，即便是很親近的家人，在情感上也會感覺像是陌生人一樣。

辨識臉部的腦區

左圖標示的腦區，負責處理人臉的訊息（詳見第 84 頁），會擷取出表情和熟悉程度等資訊。

辨識臉部的腦區

認出一個人

要辨識出一個人並正確地配對出他們的名字，是相當複雜的過程。大部分的過程都是即時在無意識下完成的，所以看起來似乎毫不費力。但如果辨識的過程中出了任何差錯，那就不一定能成功辨識了。

辨識路徑

皮質路徑（紅色）處理與一個人的動作和動機相關的資料。另一個皮質路徑（紫色）則負責擷取背景知識去辨認對方的身分。邊緣路徑（黃色）則產生是否熟悉的感覺。

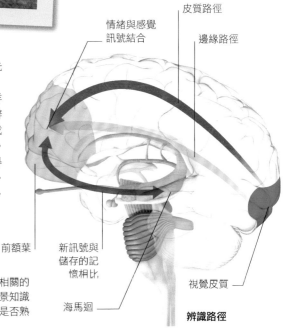

情緒與感覺訊號結合
皮質路徑
邊緣路徑
前額葉
新訊號與儲存的記憶相比
海馬迴
視覺皮質
辨識路徑

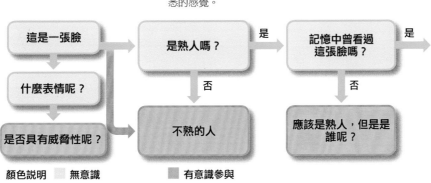

這是一張臉 → 是熟人嗎？ →（是）記憶中曾看過這張臉嗎？ →（是）加入關於此人的知識 →（是）標記正確的名字

什麼表情呢？

是否具有威脅性呢？ →（否）不熟的人

是熟人嗎？ →（否）不熟的人

記憶中曾看過這張臉嗎？ →（否）應該是熟人，但是是誰呢？

加入關於此人的知識 →（否）認識這個人但叫不出正確的名字

標記正確的名字 →（是）正確地辨識

顏色說明　無意識　　有意識參與

不尋常的記憶力

記憶力「不好」，通常指的是容易忘記事情。但與記憶相關的問題還有
許多，例如：當下記得很清楚，卻難以回想起來；記憶很模糊或是突然
會想起悲慘的記憶。有的時候，甚至也可能會為記憶力太好而感到困擾。

遺忘

　　人類記憶的最重要目的就是用過去的事件，來引導人類未來的行為，但完美
地把過去一字不漏地記下來，卻不是達到這個目的的有效方法。更重要的應該
是從過去的經歷中，整理出能夠廣泛應用的經驗。就像你第一次開車，學會如
何使用第一台車的腳踏板。之後，當你開任何一台車，你會大概知道腳踏板的
位置在什麼地方。對於某一款特定車子的腳踏板位置的記憶，會逐漸消失，變
成通用性的知識。於是你記住了腳踏板的大概位置。忘掉許多細節並不一定不
好，一般而言，這是相當重要的能力。

假記憶

　　我們的大腦有時候一開始儲存的記憶就是不正確的。這通常會發生在一些我
們理解錯誤的事情上。例如，你如果已經預期會看到某些與現實差不多的事情，
那麼往往就很有可能真的會搞錯。我們會記住我們的想像，而非記住真實的現
象。回憶也很有可能會製造錯誤的記憶。如果有人被說服他們記憶中的那個時
候，還有其他事情發生，那麼人們很
有可能會附加上這段記憶，就像真
的發生過一樣。

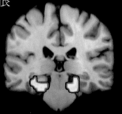 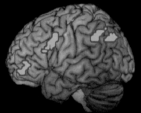

海馬迴的活性　　　　　　**額葉與頂葉**

充滿信心的回憶
真實的記憶（左圖）會活化負責固化記憶的
海馬迴。當人充滿信心地回憶起錯誤的記憶
時（右圖），會活化額葉和熟悉度有關的區
域，而非準確地回想正確的記憶。

與創傷相關的記憶

　　創傷後壓力症候群的患者腦中，常常會閃過與創傷經驗相關的鮮明記憶（詳見
第 241 頁）。這樣的記憶往往會讓患者突然陷入憂鬱情緒，例如車子引擎的爆破
聲，可能會讓患有創傷後壓力症候群的軍人，以為自己又身處槍林彈雨之中，完
整地體驗他當時所遭遇的狀況。由於情緒會放大經驗感受，所以情緒強烈的創傷
經驗會很難忘記。但還是有人有極強的動力，
能夠將這樣的事情趕出心裡。如此看來大腦也
存在某種機制，能夠讓人成功對抗創傷後壓力
症候群。專家發現大腦的確是能夠以強烈的自
主意願，封鎖某些記憶（下圖）。

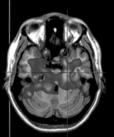 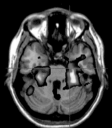

抑制活性　　　　　**活化回憶**

鮮活的記憶
回憶強烈情緒感受
的記憶，會活化海
馬迴和杏仁核（情
緒）。如果刻意地
抑制這段記憶後，
這些區域的活性就
會降低。大腦會重
新塑造一個與這段
回憶相關的感受。

超級記憶力

　　有些人具備與眾不同的超清晰記
憶力，能夠記下關於自己的所有事
情，或是某些他們有興趣的事物。例
如，有一位美國婦女能夠回想起每一
個她看過的電視節目；另一位澳洲的
婦女則能夠想起她自一歲以來的每
個生日。這個現象稱為超憶症，通常
具備這個能力的人，多半也具有聯覺
或是強迫症的特質。自閉特質也有可
能與此現象有關，但並不是絕對的。

清楚地記得所有細節
有極少數的人被認為是自閉型的學者症，能夠記住極大量的細節，即便過了幾年，也能完美地重現。這張圖片中的西敏寺與泰晤士河，為畫家史蒂芬·威爾特希在簡單地逛過倫敦之後，單憑記憶所重現的作品。

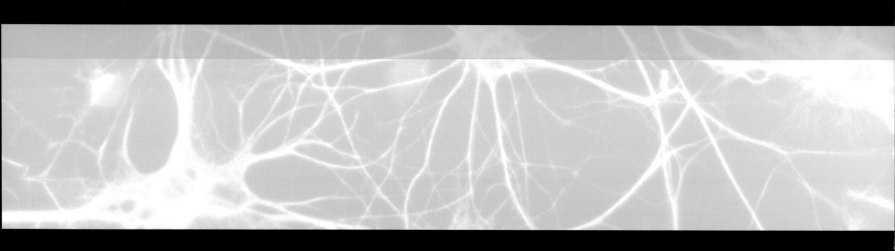

在一個複雜的世界中，決定要做些什麼需要思考的能力。思考力能夠讓我們運用想像力，評估行動會帶來的潛在因果。然後我們的心裡會持有幾個想法，並想著要怎麼運用這些想法。思考是一種積極、需要專注和意識參與的過程，也往往會需要同時運作大腦中的多個腦區。思考會強化某些人類特定的能力和傾向，像是創意，也讓人更能建構出我們對日常經驗的各種想像與詮釋。

思考

智力

智力指的是學習的內容、學習的來源、理解程度與和周遭環境互動的能力。智力的運作需要許多技巧，包括精細的肢體動作、流暢的口語、具體或抽象思考的能力、感覺的鑑別力、情緒敏感度、計數的能力，以及與社會互動的能力。

大腦的超級公路

大腦的前額葉一直被認為是與智慧最相關的腦區，前額葉如果有任何受損，都會影響我們專注的能力、影響我們做出明確的判斷。不過前額葉的受損，並不一定會影響我們的智商（智商的高低需測量人類的空間能力、口語能力以及數學抽象能力），所以要影響人類的智慧，肯定還要包含其他腦區。研究認為人類的智慧，與連結前額葉和頂葉之間的高速神經網路有關，前額葉負責制定計畫和整理各種資訊；而頂葉則負責協助整合各種感覺資訊。前額葉透過這個高速連結，接收這些現成資訊的速度，的確會影響人類的智商，但後天的教育，也能提升前額葉的活性。

從頂葉到前額葉的資訊流路徑

左右大腦半球的頂葉區

左右大腦半球的額葉區

左大腦半球的前額葉

左大腦半球的部分頂葉

人類智慧的位置

有些和智慧以及推理相關的大腦區塊，會同時位於左右大腦半球（橘色），有些區塊只位於左大腦半球（藍色）。弓狀束（綠色）則由一束厚實的神經纖維組成，負責提供頂葉與額葉間的神經連結。

為什麼我們沒有辦法同時之間做兩件事情？

如果你在完成上一個任務之前，就開始做其他事情，你的大腦會陷入一團混亂。這很有可能是因為我們的前額葉皮質，無法即時將我們的注意力從某個任務轉移到下一個任務，所以造成短暫的「短路」。大腦也沒有辦法在同時間做兩件很類似的事情，因為這樣會相互競爭同一群神經元。例如當我們閱讀文字的時候，往往很難同時又專心聽人說話，這是因為閱讀和聆聽會使用到的腦區有所重複，不過專心聽人說話的同時，又看著美麗的風景，就會相對簡單許多。

如雜耍一般

大腦需要至少 300 毫秒，才能從某件事情上切換到另外一件事情。這個短暫的「短路」現象，讓人們在開車的時候講手機的行為，變得非常危險。

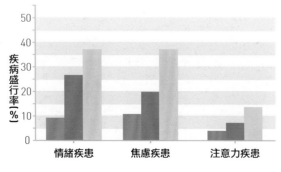

變聰明的缺點

一般來說高智商通常是一種優點，但高智商其實也和一些心理疾病有關。門薩俱樂部是一個專門召集高智商人士的俱樂部，有個針對門薩俱樂部會員的研究發現，有許多會員為心理疾病而苦。高智商與心理疾病間的關係仍然不夠清楚，這很有可能是因為高智商通常意味著具備高度創意，比起處理實際議題，高智商的人更能掌握抽象思考。糾結於複雜的點子可能會帶來極大壓力，造成許多心理問題。研究也認為高智商是一種大腦處於高度活化的現象，這也可能會導致不穩定的心理狀態。

超級充電

有些研究者認為高智商，表示大腦高度活化，身體也高度活躍。但高智商的狀態也有可能導致許多後果。

顏色說明

- ■ 一般程度的智商，診斷出有問題的比例
- ■ 高智商，診斷出有問題的比例
- ■ 高智商，診斷出有問題，且自認也有問題的比例

（長條圖）
縱軸：疾病盛行率（%）0、10、20、30、40、50
橫軸：情緒疾患　焦慮疾患　注意力疾患

與智慧相關的因素有哪些呢？

檢驗智商通常要測量的是通用性智能，並非知識性的廣博或是掌握特定技能的能力。一般成年人的智商平均為 100 左右，多數人的智商大概落在 80 到 120 之間。高智商和先天與後天的因素都有相關。

因素	效果
基因	目前認為有大約 50 個不同的基因和智商直接相關，但目前只有極少數受過驗證。同卵雙生的雙胞胎即便可能在完全不同的環境下成長，卻往往有著差不多的智商。
大腦的尺寸	大腦尺寸較大的人，看似的確比同性別的其他人要稍稍佔了一點優勢。不過整個大腦的大小並不那麼重要，更重要的是負責推理相關的腦區大小和神經密度。
訊號傳導的效率	神經訊號傳遞的速度和順暢度，可能會決定我們有多少資訊可以用在決定下個動作，還有這些資訊能夠整合進計畫的程度。憂鬱、疲倦以及某些疾病，的確會降低訊號傳導的效率。
外在環境	從嬰兒時期到幼童時期，處在充滿刺激與社交性的環境，對於大腦的發展相當重要。目前認為，口語的對話對於提升智商相當重要。

決策

人類的智力最重要的應用，就是做出可靠的決定，謹慎地評估一件事情的優缺點。首先大腦會評估最核心的價值，也就是這個決定所帶來的潛在獎賞。下一步會計算決策的價值，也就是決定所帶來的潛在淨利（潛在獎賞扣掉成本）。最終大腦會預想如何藉由現在的決策，取得這些潛在的利益，之後甚至也會和實際的結果相互比較，認知到預測的誤差。越是複雜的問題，就運用到越多大腦的額葉。

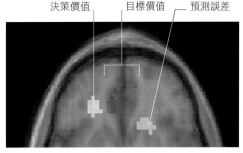

決策價值　目標價值　預測誤差

活化大腦的位置
內側眶額皮質的活性，與目標價值（紅色）有關；眶額皮質正中部位的活性，則與決策價值（黃色）有關；腹側紋狀體、部分尾核和殼核的活性，則與預測誤差（綠色）有關。

第一步
前運動皮質（籌劃某些動作）最先被活化，以對不需要意識參與的肢體動作做出決定。

前運動皮質

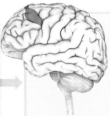

第二步
如果我們需要的不只是一個簡單的肢體動作，那麼稍微往前一些的皮質區可能會跟著活化，導入其他的計畫並修正動作。

前運動皮質

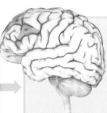

第三步
如果我們需要在複雜的脈絡中做出決定，會活化前額葉區負責比較現在與過去狀況的區塊。

外側前額葉皮質

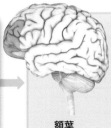

第四步
最終，最前方的腦區也會參與決策，會將目前收集到的資訊，整合成一個完整的計畫。

額葉

情緒的角色

決策與判斷的能力深深受到情緒的影響。這是因為情緒能夠驅動我們的行為，如果人類沒有情緒反應的話，我們的大腦就會像一台只有方向盤，卻沒有動力來源的車。我們的心情大大地影響了決策的後果。心情上覺得開心、焦慮、平靜或是處於極端的情緒狀態，都會短暫且顯著地影響大腦中進行推理、形成智慧等高階認知功能的腦區。

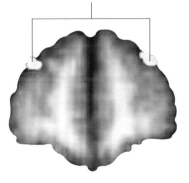

活化區

心情
功能性核磁共振的掃描影像顯示，當人們在一種「錯誤」的心情中（例如受壓迫的情緒狀態下）進行某項工作時，前額葉皮質的腹外側會高度活化。

決策或預期？

當我們做了一個「決定」的時候，我們總是會覺得我們好像已經從許多替代方案中做出了一個選擇，這表示我們是可以用自由意識進行選擇的。但實驗證明，人類的大腦早在意識尚未察覺之前便進行各種計算，並指揮肌肉做出適當的反應（詳見第 193 頁），在這之後我們才會意識到我們做出了哪些決定。這表示我們做出所謂「決定」的時機，比我們實際做出反應的時機點要來得更晚，所謂的決定，其實是一種預期，而非選擇。

會數數的大腦

對數字的直覺，可能先天就深植在人類大腦中。六個月大的嬰兒就能夠發現一與二的差別。有研究先讓嬰兒看著一對玩具，並記錄了大腦電訊號的活性變化。這些玩具隨後被遮起來，拿走一隻，打開屏幕後，會讓嬰兒發現只剩下一隻。嬰兒大腦中相對於成人大腦負責標記錯誤迴路的位置，會因此活化，表示即便是非常小的嬰兒都知道這有所差異。

測試嬰兒的反應
當眼前的兩個玩具只剩下了一個，嬰兒大腦會知道這是有問題的，表示他們能夠分辨一和二。

先讓他們看到兩個玩偶

暫時遮住這些玩具

當屏幕拿走的時候，只剩下一個玩具。

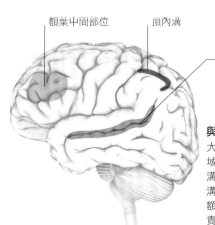

額葉中間部位　　頂內溝

上顳溝

與數字相關的腦區
大腦中有好幾個區域與數字相關。頂內溝負責估計、上顳溝負責抽象的數值，額葉中間部位則負責當數字出現問題的時候，標記錯誤。

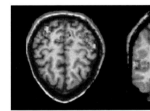

成人的功能性核磁共振掃描

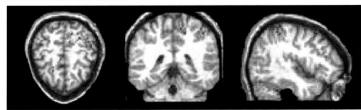

小孩的功能性核磁共振掃描

數值誤差
當我們遇到數字上的誤差，例如某些東西在眼前的數量，突然變得不一樣。這會活化小孩大腦中負責計量的區域。如果是大人的話，除了活化這個區域，還會活化負責思考抽象數字的腦區。這表示人類會先具備估計數字的能力，而非思考抽象數字的能力。一旦大腦學會算術，處理數字的方式也會不太一樣。

創意與幽默

發想創意需要重整你已知的事情，加上一些新資訊，才能產生新的原創概念或點子。要能持續產生創意，必須保持批判性、選擇性，而且還得具備通才。

產生創意的過程

我們的大腦每天都被無數的刺激炮轟，許多刺激在我們意識到之前，就已經被過濾掉。專注在當下的工作，是日常生活中非常重要的一環，但發揮創造力卻需要對新的刺激或是可能無用的記憶保持開放。這個過程讓我們將原本各自分開的事情相互連結在一起。當大腦處在放鬆狀態（詳見第 184 頁）、釋放 alpha 波的時候（詳見第 181 頁）最能產生新的點子。發想創意需要連結各種資訊、重新理解後才能產生新的點子。大腦處於放鬆狀態的時候，最能夠讓資訊自然地流過大腦。當一些想法漸漸成為一個點子的時候，顳葉和前扣帶迴的活性會增加。接下來會對這個點子進行批判性的評估，額葉的活性也會從相對休止期，轉為專注狀態。

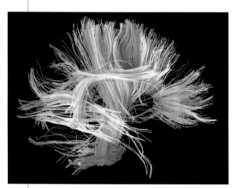

全腦掃描
這張擴散張量影像中可以看到，當大腦相對放鬆的時候，資訊會自由地流過各腦區相互連結的神經纖維。

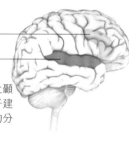

前扣帶迴 _____

右側上顳迴 _____

用於創意發想的腦區
當我們發現了某個新想法的時候，上顳迴被活化，表示大腦正在與新點子建立連結。另外對新點子進行批判性的分析，也會活化前扣帶迴。

創作者

每一個人都具有創造力，若擁有更能進入放鬆狀態的大腦，似乎更能夠開放心胸接受新的可能性，產生原創的點子。不過這只有當大腦已經先行具備了與新資訊結合所需的相關知識時，才能啟動這個過程。例如只有熟悉各種繪畫基礎、了解哪些進化與改變可以被混搭的藝術家，才能讓他們在直覺的狀況下完成相關創作，這麼做可以讓大腦資源處理大量新的刺激。創作者相對都有較高的智商（詳見第 168 頁），同時也能夠對新點子出現時保有警覺能力，並對該點子進行審慎的審查與批判。唯有當這個點子通過這個評估過程，才能被認定為是真正的新點子。

音樂家
對正在演奏中的音樂家進行大腦影像研究時發現，當他們循規蹈矩地彈奏時，額葉會活化以保持專注力；但當他們想要即興演出的時候，就會關閉額葉的控制，好讓「創意」自由流動。

創造力和瘋狂
創造力和瘋狂只有一線之隔，例如高度的想像力，連結很多別人看似無關的事物，以及對別人不在乎的新事物保持開放的態度。富有創造力的人和瘋狂的人，最大的差就就是理性。富有創造的人知道這些創意都只是他們的想像，並不是真的，而且能夠控制任何怪異的舉動，將這些創意轉化為自己的作品。

測試有無精神疾病
非常具有創意的人在接受判定有無精神病的測試中，獲得了極高的分數，卻很少真正符合確診的標準，他們能夠把自己的精神狀態控制在正常和瘋狂之間。

星空
梵谷在精神病院中完成了這幅作品：星空。當時他可能有顳葉癲癇，以及（或）躁鬱症，這兩種疾病都與高度創造力有關。

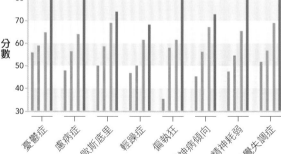

顏色說明
■ 成人控制組
■ 成功的作家
■ 具有高度創意的作家
■ 精神病患者

幽默

　　把顯然毫無關聯的兩個想法並列，是幽默內容的常見手法，有點類似我們處理創意的方法。有研究曾經調查，同事之間幽默的互動，會大幅增進具創造力的工作環境。研究認為，讓員工保持快樂，會讓他們更能夠發想創意，而這可能是因為幽默鼓勵我們更加「分心」的緣故，讓人對新的資訊更加開放。大腦影像研究發現，幽默能夠刺激我們的獎賞迴路，並提高體內多巴胺的濃度，這已經證實與提高動機和期待愉悅感有關。

對動機有所期待

反差行為

和幽默相關的腦區
上方第一張圖片，會活化預測動機相關的腦區，這個例子中，也就是預測卡通主角的動機。但下一張圖片則會誘發驚訝和情緒反應，突顯這種反差，正是幽默的核心價值。

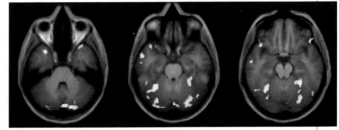

對動機有所期待

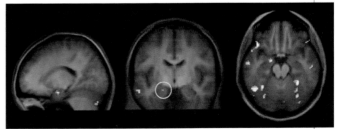

讀賞意會

閱讀這則漫畫時的大腦影像
上方的功能性核磁共振掃描影像是當我們在看第一幅漫畫的時候所做的，可以看到顳葉、頂葉和小腦皆被活化。這些腦區被活化，是因為我們正在觀察某個人的動作，我們了解他們的動機。當這樣的期待被顛覆的時候，就像第二幅漫畫一樣，就會立刻活化左杏仁核（下圖圈起來的地方）。杏仁核活化的時候表示有情緒反應，而左側通常與愉悅感有關。

開啟你的創造力

　　當我們能夠歸類某個刺激的時候，我們傾向趕快把它編造出來，而非進一步仔細地審視。比如說當我們看到一隻狗的時候，我們就會趕快將這個視覺刺激歸類為「狗」，並不會停下來記住牠的所有細節。額葉負責處理這個編造的過程，目前有些證據認為，如果抑制額葉，那麼人們便會捕捉更多細節。曾經有人使用穿顱磁刺激暫時關閉額葉，結果額葉的功能下降之後，人們創意的技能便出現大幅度的提升。

穿顱磁刺激的測試
在志願者的身上使用穿顱磁刺激，發現當前額葉的活性關閉時，能夠增強創意繪畫的能力。

　練習

　穿顱磁刺激之前

　穿顱磁刺激時

　穿顱磁刺激之後

信仰與迷信

我們的大腦會持續感知整個世界，以引導我們的行動。其中一個方式，就是不斷提出各種故事和想法來加以詮釋我們的經歷。這樣的框架即便相當有用，卻不一定完全正確。

相信就能看見

很多人都有某種信仰的體系，形成了某種對自身經驗的框架。有些人的信仰體系可能是經由學習而得，有些人則是靠檢視他們自己過去的經驗，所發想的詮釋。一旦信仰的體系被建立之後，這樣的體系就會變成對於過去的詮釋，同時也會投射到現實世界，成為實踐中的假說。舉例而言，如果一個人深信這個世界被善良的超自然事物統治著，那麼他們就會把某些巧合或是好運，當成驗證信仰體系的證據。如果一個人的信仰體系是唯物主義，那麼他們就只會把這些情況當成是某種機率事件。越能夠從任何無關聯的隨機事物間，看出有意義的關聯的人，也越可能相信神奇或是迷信的信仰體系。

神聖吐司
對於各種事物傾向以「神奇」來解釋的人，能更快地看出吐司上的「臉」。也會更有可能相信這些事情具有某種意義，有可能是來自於神的啟示。

飛行的豬
人類大腦已經進化到能夠非常快速地擷取視覺刺激中，代表危險或是機會的訊號。所以臉部、人類肢體和動物，是我們在雲中最常看到的事物。

模式建立	自閉譜系	直腸子	迷信
建立特定模式的能力，幫助我們感知這個世界，並做出適當的回應。但這項能力並非那麼完美。	自閉症患者並不像我們一樣，能夠一眼看出什麼是較重要的事物。因此常常會被大量的資訊困住，所有的事情看起來都一樣重要。	如果一個人無法辨識隱含的意義，無法理解其他人的隱喻（例如亞斯伯格症），可能會變得固執。	異常過多的歸類模式，可能會讓人看到某些根本不存在的事情，或是將兩件無關的事情相互連結。

宗教與大腦

宗教行為多數與文化因素有關。不過有研究觀察於不同環境下成長的同卵雙胞胎後，認為基因比成長環境更能影響一個人在宗教上的轉變和提升性靈的經驗。性靈的提升和某些神祕經驗有關，例如靈魂出竅的體驗、預知行為和遇見超能量體（次頁）等。這通常會誘發顳葉混亂且異常的高度活性。這個區域似乎與強烈的宗教體驗有關。不過一項針對沉思中的修女進行的研究發現，當她們經歷所謂強烈的宗教體驗時，所活化的腦區卻不太一樣。由此看來，神似乎不止坐落在同一點。

塞勒姆審巫案
僵化的信仰體系，可能會讓人們看到根本不存在的東西。在 1692 年的塞勒姆審巫案中，盲從的信徒們宣稱在完全正常的一般人身上，看到了魔鬼的證據。

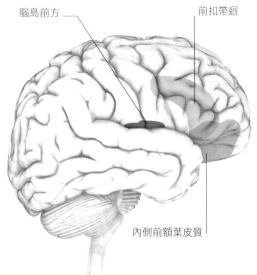

腦島前方　　　　　　前扣帶迴

內側前額葉皮質

信念的根基
信念和失去信念都由大腦中負責情緒的部分所推動，而非理性。信念活化了內側前額葉皮質，也就是負責獎賞、情緒和味覺的區域。失去信念則由腦島處理，這個腦區負責產生噁心的感覺。

大腦中的化學變化

大腦中高濃度的神經傳導物質多巴胺，也許可以解釋為什麼有些人可以異常快速地擷取某些模式。信徒通常比懷疑論者更能在一團混亂的圖像中，看到某些字詞和臉龐，懷疑論者則常常會忽略某些暗藏在雜訊中的臉龐和字詞。有研究發現，如果給予懷疑論者左旋多巴胺（增加多巴胺濃度的藥物），他們也能夠看到更多隱藏的模式。

混亂臉孔測試

如果讓人看一系列混亂的臉孔圖片，信徒通常比懷疑論者更能快速辨識出正常的臉孔。換句話說，懷疑論者很難在這些混亂的臉孔中，辨識出正常的臉孔。

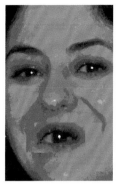  

混亂的臉孔　　　正常的臉孔　　　混亂的臉孔

看見小精靈

對於超自然現象所呈現的內容，會隨著文化而有所不同。過去曾經有相當多人宣稱他們看到小精靈，但現在的人似乎較常宣稱他們看到外星人。當太陽輻射電磁效應較強的時候，就會有許多人宣稱他們被外星人綁架。有個理論認為，這個現象也許是因為輻射讓某些人的顳葉不正常放電，產生幻覺所致。

花仙子

這張假照片（系列照之一）是 1917 年兩個小孩惡作劇的結果。很多大人相信，照片裡的仙子是真的。

鬧鬼的大腦

顯然所謂的「超自然現象」，是因為大腦中許多腦區受到干擾的緣故。顳葉裡不正常的微小放電，可能是為什麼某些事件會讓我們產生極度快樂或極度恐懼等情感的理由。宣稱見到鬼的事件，也可能跟顳葉受到干擾有關。由於頂葉負責維持對時空的穩定感覺，因此所謂靈魂出竅、空間與肉體扭曲，彷彿從高空看著自己的現象，則可能與頂葉活性改變有關。幻覺也可能是因為視覺或聽覺訊號處理過程中的錯誤，導致無法正常詮釋視聽訊號所導致。

顏色說明
- 顳葉頂葉交界處
- 運動皮質
- 感覺皮質
- 聽覺皮質
- 顳葉不正常放電

靈魂出竅的體驗

這張圖表中可以看到電擊放置的位置不同，會讓人有不同感受。刺激顳葉和頂葉的交界處（藍點），可能可以誘發靈魂出竅的體驗。

白衣服的女士

對事物的期待，會大大影響一個人所看到的東西。很多鬧鬼的情況，都只是因為人們在內心已經期待在特定的地點會看到鬼魂。任何不尋常的感官體驗，都會被解釋為是鬼魂作祟。

你認為你能預測未來嗎？

我們的大腦會運用過去和現在的知識，持續對不久的未來做出預測，去猜接下來可能會發生的事情。有的時候也會出現大腦無法預測的隨機事件。通常我們會對這一類的事件極度警覺、高度關注，但如果事情的變化飛快，那麼在我們有意識做出反應前，可能只有潛意識能夠感知，這便會留下我們好像能夠提前感知到未來的印象。這種大腦「無法同步」的小差錯，通常容易發生在迷信的人身上。

提前預視

有時候我們會覺得好像能夠預測某些事件，其實只是因為在我們意識到，且實際看到事件發生之前，大腦就已經先一步做出了情緒反應所致。

各種錯覺

錯覺源自於進入大腦的感覺訊號，與我們預期事物應該發生的樣貌有所衝突的時候。大腦會試圖讓這些資訊「符合」我們的期待。然而也正是因為出現了令人困惑的結果，我們才得以藉此機會一窺大腦運作的方式。

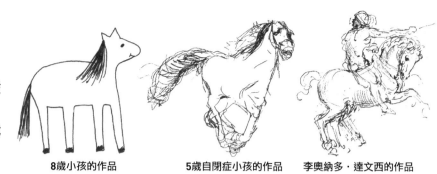

8歲小孩的作品　　　　5歲自閉症小孩的作品　　　李奧納多‧達文西的作品

錯覺的類型

　　大腦為了要加速感知，內建了某些特定的規則，能夠適用所有輸入的資訊。當我們聽到聲音的同時，如果又看到嘴巴在動的影像，我們就會假設聲音是來自於這張不斷動的嘴巴。就像其他所有的規則一樣，這很有可能是正確答案，也可能錯得離譜。腹語術的錯覺就是其中一個例子。較低階的錯覺（出現在感知過程的前期）很難避免；但錯覺若是由較高階的認知能力所處理，就沒那麼容易讓你堅信。例如當我們注視一道亮光後，很難看不到殘像，因為對殘像的感知，是較低階的神經活動，並不會受到意識思考的影響。不過一旦你發現聲音是來自腹語表演者，而不是

玩偶之後，基於這是一種高階的認知功能，就很難再相信原本體會到的錯覺。錯覺有可能同時出自於意識和潛意識的預想。一個小孩對於馬的概念，通常會包含四隻非常明顯的腳（上圖左側），所以也會影響小孩把馬畫出來的樣子。但如果是專家看待馬的觀點就完全不同，像李奧納多‧達文西（上方右側）所畫出來的馬就會更接近現實。

藝術家之眼
中間的那幅圖畫是一位五歲的自閉症孩童的作品，當下她甚至完全不了解「馬」的概念是什麼。和一般的孩子不同，這個孩子並沒有讓她對「馬」的概念誤導她。

火星上的運河

　　直到二十世紀前期，都還有很多天文學家認為火星上到處布滿了運河。甚至有人做了地圖，過去幾十年也真的相信，能夠用超高倍率望遠鏡看到這些運河。這些運河直到我們分析火星的大氣，證明的確沒有生命現象才消失。接受火星上並沒有運河的概念，才讓人們不再看到火星上的運河。

火星地圖

扭曲的鏡像

　　大腦裡已經內建身體的概念圖，會將來自身體各處的感覺訊號等，與外在世界相關的資訊，和大腦中虛擬的世界進行比對。當兩者並不相符的時候，大腦會假設外在世界已經有些改變。我們甚至可以欺騙大腦，讓大腦誤以為身體正在縮小。只要在四肢的肌肉綁上震動器，就能製造身體縮小的錯覺，讓大腦以為四肢都在往身體內縮。

假想的三角形
就像圖中的白色三角形一樣，即使那裡什麼都沒有，但大腦也能假想某些東西存在，用看起來最有可能的解釋，補足我們所看到的世界。

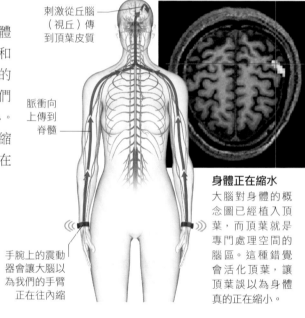

刺激從丘腦（視丘）傳到頂葉皮質

脈衝向上傳到脊髓

手腕上的震動器會讓大腦以為我們的手臂正在往內縮

身體正在縮水
大腦對身體的概念圖已經植入頂葉，而頂葉就是專門處理空間的腦區。這種錯覺會活化頂葉，讓頂葉誤以為身體真的正在縮小。

模稜兩可的錯覺

　　當我們看著某些模稜兩可的圖像時，會發生一些奇怪的現象。雖然輸入大腦中的資訊並沒有改變，但我們卻能夠看到一體的兩面。這表示我們的知覺是動態的過程，不只取決於大腦中的資訊，也會受到外在世界的影響。這種切換的現象，是因為大腦不斷地在找尋對某圖像最有意義的詮釋。一般情況下，大腦會很快地用「如果有某些東西被環繞起來，那麼被環繞的東西是主體，而其他東西是背景」等簡單的原則，做出判斷。模稜兩可的圖像就會擾亂這個原則。舉例來說，左邊這張花瓶的圖，因為大腦無法清楚看到上方的邊界在哪裡，於是就會換個角度來看這張圖。雖然我們能夠換個角度看到兩種不同的圖像，卻很難同時看到這兩種圖像。

轉換形狀
看著上方花瓶／臉龐的圖片，會發現畫面在兩張相對的臉和花瓶外型間不斷切換。下圖則可能被看成是兔子或是鴨子。

我的妻子與岳母
在這張錯覺圖中，可能會先看到一位年輕女性或是年老的女性，一旦你看到另一種形式，大腦就能更輕易地相互切換。

扭曲的錯覺

　　扭曲的錯覺指的是某些讓大腦錯誤判斷尺寸、長度或曲度的視覺效果。一般而言，多半肇因於大腦中常用的「經驗法則」，這些「經驗法則」原本是為了要讓大腦盡快意識到自己所看到的畫面是如何建立的。例如，大腦允許遠一點的物件，看起來要小一些；陣列中較大的物件，應該要比小的物件更值得注意。就像其他的錯覺一樣，高階和低階的認知功能（前頁）都有可能會被扭曲。那些發生在最前期、在大腦「明白」到自己正在看著某種物件前的錯覺，反倒是最為強大的，很難被其他意念所動搖。

高塔錯覺
這兩張拍攝紐約洛克斐勒廣場的影像，其實一模一樣，但右圖看似有些右傾。這是因為大腦認為這兩者是同一個場景。一般來說，因為透視的關係，兩座平行且鄰近的大樓（外觀不一定一模一樣），其樓頂會在遠處漸漸會合；但兩座外觀一模一樣且鄰近的大樓，其樓頂看起來反而會互相分離。

透視錯覺
在這張圖中三個在路面上行走的人像高度相同，但大腦會堅持走得比較遠的那位，看起來比較高。這跟透視的規則有關：物體的尺寸會隨著距離縮小，這個定律會在知覺處理過程的前期就介入。

艾賓豪斯錯覺
在左邊的兩張圖中，位於中間的圓形面積其實一樣大，但我們總覺得外圍圍繞著小圓點的中間圓形，比起外圍圍繞著大圓點的中間圓形要大一些。

自相矛盾的錯覺

　　用平面的方式的確可能呈現，在立體世界不可能出現的物件。自相矛盾的錯覺多半是利用大腦認為「四周的邊線也是畫面一部分」的錯誤假設，所畫出來的圖像。雖然完全不可能存在，但應用這類錯覺的優秀作品，卻又古怪地看似毫無違和，大腦因此同時感到困惑和趣味。當看到這一類的錯覺時，會先用第一印象詮釋，然後又會看到其他面向，就是無法決定自己究竟看到了什麼，畢竟兩者看似都不合理。大腦影像掃描發現，這些不可能存在的圖像資訊，會在知覺處理過程的前期，也就是大腦意識之前就被大腦接收。和大腦意識的認知不同，潛意識並不特別關注這樣的圖像，比處理「真實」物件所花的時間要少很多。

三角柱
潘洛斯三角又被稱為三角柱，是由三根看似立體的角柱連結而成，但其實在現實世界中不可能存在。

不可能存在的大象
雖然決定大象幾隻腳並沒有意義，不過大腦會不斷試著想要在腳的陰影處，拼湊出「腳」的圖形。

莫里茲 · 柯尼利斯 · 艾雪

　　莫里茲 · 柯尼利斯 · 艾雪小時候被家人稱為「果醬」，是荷蘭知名的圖像大師，於 1930 年代開始畫出各種不可能存在的景象，創造了大量極為知名的錯視圖。他純粹用想像力，而非參考任何事物或借助觀察來進行創作，並在他的作品中融合大量複雜的數學觀念。他的畫作既有趣，又令人感到情感上的衝擊。他的畫作有時充滿巧思，有時卻呈現了陰暗且超現實的風格。他的許多作品中的建築物都被證實在現實中並不可能存在。

現實
除非這個世界上的重力能同時來自三個方向而非單一方向，否則這張照片中的景象不可能存在。

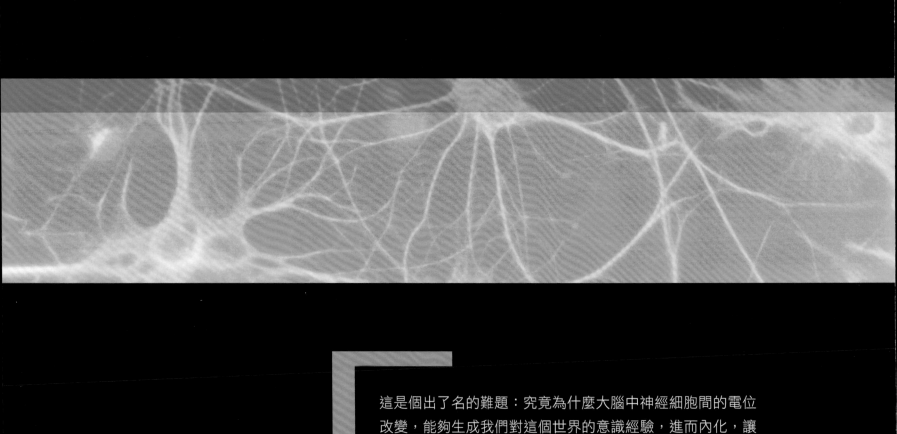

這是個出了名的難題：究竟為什麼大腦中神經細胞間的電位改變，能夠生成我們對這個世界的意識經驗，進而內化，讓我們有自我感知、抽象思考的能力以及對事物的投射？要回答這個問題，必須先將現實世界與心智世界相互橋接。隨著

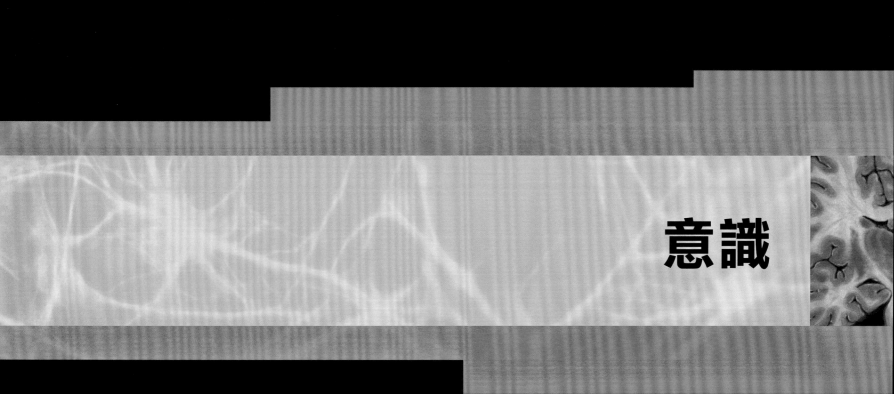

意識

意識是什麼呢？

意識對人類相當重要，失去意識的話，生命等同失去意義。人類已經可以辨識哪種大腦活動會產生意識知覺，但是為什麼人類的生理器官能夠產生如此無形的現象，至今依然還是個謎團。

拱上空間（三角拱肩）
Spandrel 指的是屋拱之間的空間。雖然我們把這個空間視為某個物件，但如果沒有了這些屋拱，這個空間也就不復存在。這有如意識的存在也是人體其他功能進化後才產生的結果。

人類意識的本質

人類意識是相當特殊的事物。我們的思考、感受或是想法，看起來都跟其他構成這整個宇宙的事物極其不同。深藏在我們心智裡的內涵，很難用空間和時間來定位。雖然人類意識看似跟特定的生理反應相關，但至今我們還不了解究竟是這些大腦活動形成了人類意識（一元論或是物質主義者的觀點），或是大腦活動修正了我們原有的心智或意識狀態（二元論者的觀點）。如果人類意識不僅僅只是大腦活動，這意味著物質宇宙不過只是現實的一個維度，人類意識也許是另一個適用全然不同規則的平行世界。

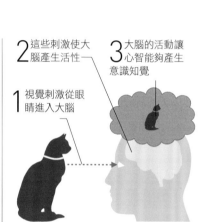

1 視覺刺激從眼睛進入大腦
2 這些刺激使大腦產生活性，意識到某種知覺。

1 視覺刺激從眼睛進入大腦
2 這些刺激使大腦產生活性
3 大腦的活動讓心智能夠產生意識知覺

一元論
根據一元論的說法，意識是物質世界的一環，和形成這些意識的大腦活動相同。當人類的認知功能進化的時候，就會產生意識，意識並不負責發起大腦的活動。

二元論
二元論認為意識並非物質的一種，與物質世界分處於不同的維度。有些大腦的運作過程和意識有關，卻不完全相同。有些二元論者認為意識可以脫離大腦，獨立運作。

勒內・笛卡兒與身心二元論難題

法國哲學家勒內・笛卡兒（1596－1650）創建了身心二元論，他認為物質與心智（例如，情緒、思想以及感知等）是完全分開的事物。這突顯了一個難題：那身體與心智又是如何互動的呢？對此，笛卡兒認為這些心智的事物，透過松果體影響身體。松果體是位於大腦中心點一個極小的腺體。他的回應延伸成了身心二元論的一部分，不過隨著松果體的真正功能（如調節荷爾蒙等）越來越被人們了解之後，這個理論已經完全被推翻。

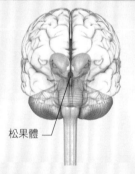

松果體

第三隻眼
松果體製造褪黑激素，這是一種調節睡眠週期的荷爾蒙。有時候又被稱為第三隻眼，有些神話中的角色也以此為形象塑造。

高

神經活性

低

快速動眼期的睡眠狀態

白日夢般的自言自語

昏昏欲睡的樣子

非快速動眼期的睡眠狀態

內在世界（個人想法）

關注的層面

將心智的維度視覺化
這張圖表呈現了心智狀態的不同維度，也被稱為是意識的模型，包覆在被視為心智的大盒子裡。各種心智狀態依照它們的神經活性程度、關注的層面（關注外在世界或是內心世界）以及需要專注的程度來排列。

意識的不同類型與程度

意識有許多不同的形式，像是情緒、感覺、思想以及知覺。每一種都各有不同程度的神經活性、關注領域與專注程度的差異。神經活性的程度決定了意識的強度。關注的領域則以外在世界和內在世界（自我反思）來分別。專注程度則有可能只是鬆散地關注一群物件，也有可能高度集中某個面向。意識也可以用三種清醒狀態來區分：清醒狀態，此時大腦會記錄每分每秒所發生的事情，但並不會寫進記憶中；意識清醒的狀態，此時所有事件不但被記錄，還會寫進記憶中；自我意識清醒的狀態，不但會記錄各種事件，也會將事件寫入記憶，甚至會意識到自己正在進行這些行為。

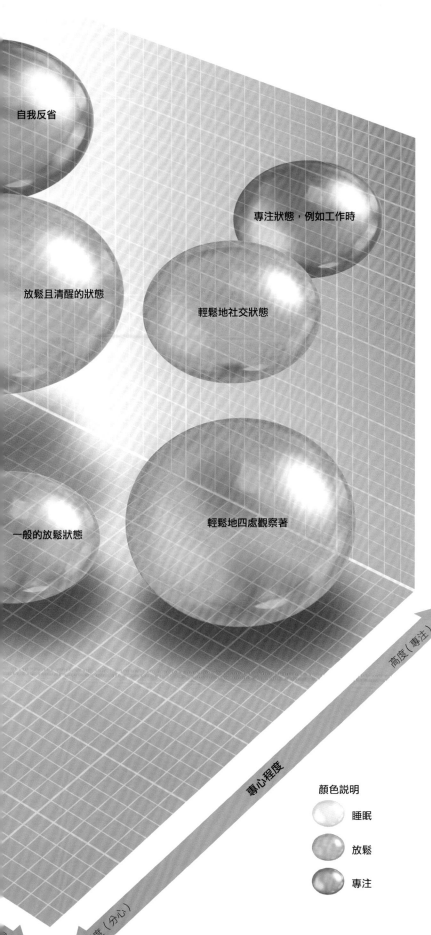

自我反省

專注狀態，例如工作時

放鬆且清醒的狀態

輕鬆地社交狀態

一般的放鬆狀態

輕鬆地四處觀察著

高度（專注）

專心程度

低度（分心）

顏色說明

睡眠

放鬆

專注

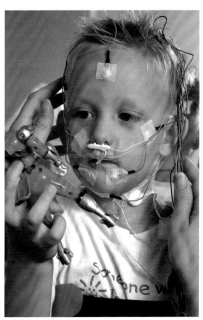

沉思者

多數意識參與的思考，都用語言表述出來。文字就像是一種把手，可以抓住想要表述的物件。然而也有將近 25% 的思緒，其實僅是感覺或感知。

修復專注的能力

當我們專注在某個物件上，注意力會集中。其他潛在的關注點可能會被忽視。這對我們是有益的，就像這個孩子專注在玩具上，就能忽視某些醫療儀器對他的影響。

中文翻譯間

人類的意識是否需要具有「理解」的功能？哲學家約翰‧希爾勒（John Searle）發想了一個房間，這個房間裡存放了所有與中文相關的字典和規則。裡頭有一個人儘管完全不會讀，也不會說中文，但需要藉著這些資源，翻譯各種輸入的問題。於是當有人用中文輸入「你的狗聞起來是什麼味道？」時，可能會收到用中文寫的「好噁心」作為回答。由外人看來，這個人似乎看起來理解這個問題，但希爾勒認為即便行為相似，也不能夠就認為對方理解了這個語言。同一個情況，如果放的是一台電腦，那絕對不會被人視為具備心智能力或「理解中文」。其他哲學家甚至認為，所有的意識行為都不過只是看起來像是理解了的樣子罷了。

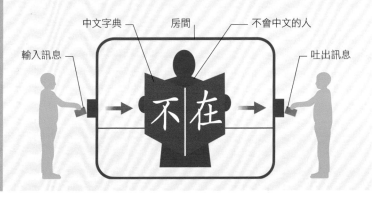

中文字典　　房間　　不會中文的人

輸入訊息　　　　　　　　　　　　　吐出訊息

不在

意識在哪裡？

人類的意識源自於人與環境之間的所有互動。我們現在知道大腦對於生成個人意識有極重要的地位，但我們不清楚是怎麼做到的。有些大腦的運作過程、某些區域神經活性的變化與意識狀態相關，但有些卻又沒有關係。這些區域看似對意識相當關鍵，卻又不一定是產生意識的必要條件。

重要的大腦結構

大腦中神經活化的不同模式與自覺的產生息息相關。皮質（尤其是額葉皮質）的活化會讓我們對經歷的事件有所察覺。當刺激抵達大腦後，約需花半秒的時間才能讓我們察覺這個刺激的存在。來自外在的刺激會先興奮「低階」的大腦，例如杏仁核或丘腦，然後才傳抵「高階」的大腦皮質，對這個刺激做出解讀。唯有當這個刺激被察覺時，額葉才會活化，因此在意識的生成過程中，額葉可能扮演了一個非常重要的角色。

自我意識

為了要能夠具備意識，大腦需要先「擁有」自我感知，也就是說，意識到這些感知，是來自於自己。為了達到這個目的，大腦必須先產生自覺（與無意識的覺察不同），如果沒有自覺，人類可能無法具備意識能力。

桶中之腦

一個脫離身體但擁有自主意識的大腦，是許多科幻和恐怖小說的核心情節，也是哲學在討論現實的本質為何時，常常被拿來當作思想實驗的題目。最近幾年，這樣的概念已經不再是純理論，當代尖端科技很有可能大大提升，將大腦導引到虛擬實境的可能性，而且還難以跟身體的真實體驗做出區別。甚至很有可能這樣的事情早已被完成，我們所感受到的外在世界，其實早就不是「真實」世界。

虛擬實境

有個著名的思想實驗認為，所謂的我們，只不過是一個與超級電腦連接起來的大腦，我們所經歷的所有意識與經驗，都是超級電腦模擬出來的刺激。

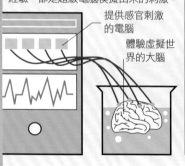

提供感官刺激的電腦

體驗虛擬世界的大腦

「母體」

這部 1999 年的電影《駭客任務》中，虛擬實境就是人類在末世時唯一能體驗的「現實」。每個人的大腦都能被接上母體，而母體是一個模擬現實體驗的巨型電腦程式。

大腦中與意識相關的區塊

大腦中有許多區域和生成意識經驗相關，但沒有任何一個腦區單憑自己，就能夠維持一樣的能力。如果任何一個腦區被嚴重破壞，人的意識都有可能因此被改變，甚至因此消失。

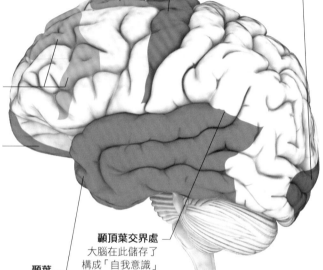

運動輔助區
那些「故意為之」的動作會在這邊進行預演，與無意識下所產生的動作區隔開來。

運動皮質
肢體的覺察（與運動皮質相關）對產生自覺非常重要，看來也是產生意識的重要區塊。

初級視覺皮質
如果失去這個區塊，即便另一個區塊的視覺皮質完好，也將失去視覺感知。

背外側前額葉皮質
各種不同的想法與感知在這裡相互碰撞，這是形成意識的一個必要過程。

眶額皮質
意識參與的情緒反應由此發起，如果這個皮質沒有表現活性，那麼只會剩下沒有情緒的反射性反應。

顳葉
個人的記憶與語言功能都需要此腦區，沒有這些，意識功能將會大幅弱化。

顳頂葉交界處
大腦在此儲存了構成「自我意識」的地圖，用來連結到現實世界，將各個區域的資訊連結在一起。

丘腦
控制專注力，並負責開啟或關閉感覺訊號的輸入。

海馬迴
負責將記憶鎖住，沒有海馬迴的話，我們只會意識到時間的某個時段。

網狀系統
刺激皮質活性，沒有網狀系統的話，也就無法意識到自己是否清醒。

形成意識的必備要素

　　每一個意識狀態都具有特定的腦部活動模式。例如，看到一片黃色，會產生一種特定的腦部活化模式，聽到說話的聲音又是另一種等等。一般認為這些大腦活化的模式，就是意識的神經模式。如果大腦狀態從某個狀態切換到另一個狀態，意識的體驗也會隨之切換。與意識相關的大腦機制，應該是在神經細胞的層級發生，而非受到單一分子或是化學物質所影響。另外需要同時具備以下的四個要素，才能算是具有意識。如果意識是由更小的尺度（例如量子等級）所控制，那麼可能會依循非常不一樣的原則。

視覺殘影

　　意識與知覺並不完全來自外在刺激，也有可能來自內在。我們的大腦會持續填滿一些缺損的資訊，好讓這個世界看起來更加合理。例如，你在這張圖中可能會看到，有垂直線的殘影連結了左手邊兩個方格。這些想像中的感受，跟真實的刺激所誘發的神經活性幾乎相同。

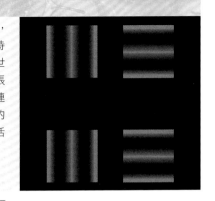

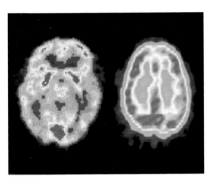

正常　　　癲癇發作

複雜度
意識參與的神經活性往往相當複雜，但又有跡可循。如果所有的神經元同時放電的話，就像癲癇發作一樣，反而會失去意識。

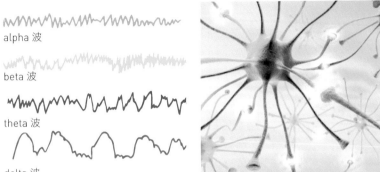

alpha 波
beta 波
theta 波
delta 波

放電的閾值
只有當大腦細胞以相對高頻率放電的時候，才能誘發意識。例如高頻率放電的 beta 波表示處於清醒狀態。頻率最低的 delta 波則意味著深層睡眠。

同步放電
一群橫跨大腦各處的細胞須同時放電，才能綁定某個特定的感知（例如左側或右側視野看到東西），讓這個感知具有意識。

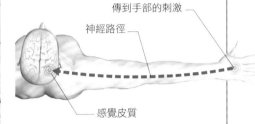

傳到手部的刺激
神經路徑
感覺皮質

時機點
大腦在無意識下約需 0.5 秒就可以將刺激轉為有意識的感知，但大腦會讓我們誤以為自己當下就能夠感受到這件事情。

測量神經活性
每一個意識狀態都會對應到某一種特定的神經活化模式。要了解這些模式中有哪些神經細胞參與放電，可以戴上一種電極帽，從頭骨外測量大腦的腦波微電流變化得知。

專注力與意識

專注力能夠控制並引導我們的意識。就像螢光筆一樣，能在周遭環境的某些部分畫下重點，讓這些重點跳出來，讓其他的事物低調一些。這讓我們能專注在當下、該環境中最重要的事情，並放大大腦對這件事情的反應。

什麼是專注力

專注力能夠讓我們從各種輸入大腦的感覺訊號中，選擇某個訊號，讓你完全鎖定或提升對那件事情的關注力。意識和專注力非常相關，基本上不太可能對某件事情極為專注的同時，又不意識到這件事情的存在。外顯注意力能夠讓眼睛、耳朵和其他的感覺器官，鎖定某個刺激的源頭，只接受來自那個源頭的資訊。隱密性的注意力則是在接收某件資訊的同時，不需要直接將感覺器官集中在那件事物上。專注力看似可以持續一段時間，但其實維持高度的專注非常困難且少見。要從某件事物突然切換注意力也是相當困難的事情。對某一個刺激來源越是專注，就越難將專注力抽離。因此任何引起你注意的事物，都會導致其他事物被暫時掩蓋個零點幾秒。

注意力的類型

類型		描述
集中性注意力		這是一種只關注環境中特定事物，並做出反應的能力。例如，起跑線上的跑者會專注在起跑槍的聲音上，忽視群眾的吵雜聲。
持續性注意力		注意力渙散是很自然的現象。持續性注意力讓我們能夠在活動中對於某件事物特別關注，例如持續操作某種重型機械。
選擇性注意力		這有點類似持續性注意力，但還需要抗拒將注意力轉移到其他目標的能力。例如，當我們專注在推桿，而非其他對手等等。
轉換性注意力		這需要能夠快速地從某個刺激的源頭，切換到另一個可能需要不同認知功能的目標。例如從模特兒的身上，轉移注意力到自己的畫上。
分散性注意力		又被稱為「多工」，這需要同時專注兩件或是更多件相互競爭的事情上。最近的研究認為，分散性注意力其實是運作非常快速的轉換性注意力。

額葉
用於注意特定目標，也包含額葉動眼區，讓眼睛不斷掃描周邊環境和物體。

眼球

視神經

頂葉的腦區
儲存空間的相關地圖，導引注意力關注任何相關的區域或空間。

視神經

外側膝狀核

上丘

上丘
上丘屬於控制眼球運動的神經網路。從視網膜傳來的訊號，會先經過視神經與視徑抵達上丘。上丘活化後，會讓注意力集中在值得注意的部位。

大腦皮質的參與
皮質的各個區域，例如額葉和頂葉，負責接收來自感覺器官的輸入，並引導注意力關注任何值得注意的目標。

高度專注
當你極度專注的時候，會過濾掉所有可能影響注意力的物體，將可以運用在當前任務的大腦資源極大化。

神經機制

　　如果大腦發現某個意外的動作、特別巨大的聲響或是某些可能很重要的刺激，便會吸引其他的感覺器官一起注意，例如眼睛會跟著轉過去四處看，看看剛剛到底發生了什麼事。這個反應是全自動的，在大腦較下方的部位發生，而且無須意識的參與。不過，突然注意某件事物，也會活化與刺激相關的神經元。如果這個刺激是來自某人的話，視覺區負責監控這個人所在視野的神經活性就會增加，例如臉部辨識區、杏仁核、顳頂交界區等等，會開始分析這個人的意圖。運動輔助區的皮質活性也會增加，思考該如何應對。如果神經元持續活化一段時間，意識就會介入。

神經活性

當你專注在某個想法、情緒或是感知的時候，大腦活性會被放大然後相互同步。腦電波圖顯示了當你注意和忽視某個訊號時的反應。注意左方刺激會活化右側大腦，反之亦然。

注意右方視野的刺激　　注意左方視野的刺激

忽視右方視野的刺激　　忽視左方視野的刺激

預期看到的畫面

注意位置

在這個實驗中，箭頭會引導受試者注意某個區域，讓受試者預期那地方產生某些圖像刺激。當大腦期待那個地方有某些事情即將發生的時候，大腦功能性核磁共振影像顯示，額葉動眼區和頂葉皮質的活性增加，因為這些腦區負責關注空間中的特定區域。顳葉也會跟著活化，等待要辨識即將出現的目標。

預期看到的畫面

注意方向

在這個實驗中，箭頭會告訴受試者注意某個由左移到右的物體。這個注意方向指示性的符號會持續活化額葉動眼區，就如同注意位置時的活化狀態一樣。然而，此時負責計算空間方向的頂葉會出現更大的活化，這些計算讓大腦能夠在目標出現的時候，即時回應。

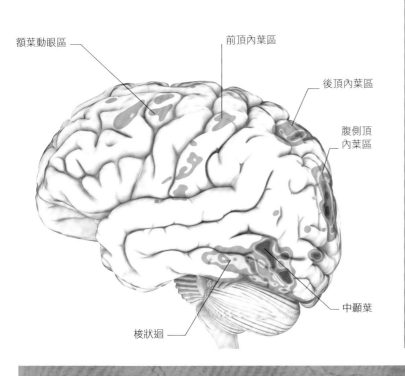

額葉動眼區　　前頂內葉區

後頂內葉區

腹側頂
內葉區

中顳葉

梭狀迴

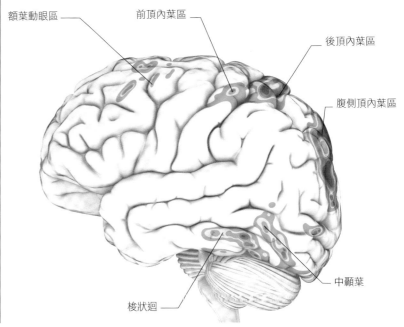

額葉動眼區　　前頂內葉區

後頂內葉區

腹側頂內葉區

中顳葉

梭狀迴

專注的能力

　　最為人熟知的注意力障礙，就是注意力不足過動症（ADHD，詳見第 246 頁），但其實還有很多其他跟專注力有關的疾患，不只影響孩子，也影響成人。只要是任何無法專注或是正常轉移注意力，導致個體與環境互動的能力受影響，都可以視為是一種疾患。某些人會被喜歡的事物吸引，完全聽不到其他人跟他們說話的聲音。但只要他們夠專注的話，往往也會有超凡的表現（例如整理醫學影像中有問題的地方）。但是在高度社交化的場合中，這樣的人卻很有可能會被視為奇怪、甚至有病。有一種注意力的障礙稱為非注意性盲視，這種人會在某些場合極度專注特定層面的事情，以至於完全忽視了其他更重要的部分。但這種問題由於太常見了，以致一般來說被視為正常。

撲克牌小伎倆

如果撲克牌的 A 代表 14 點，那麼這些牌加起來有幾點呢？過於專注這個數學問題，可能會讓你錯過某些異常的細節。

別擔心算錯了，你有注意到紅心 Q 嗎？

放鬆時的大腦

大腦的不同狀態間有極大差異，每個狀態都與不同的神經元網路有關。當我們暫時不想要高度關注外在世界的時候，就會活化靜息狀態網路。

靜息狀態網路

當大腦並沒有高度活化的時候，就會進入某種休息狀態。其中一種最常見的模式是「預設模式網路」。當大腦在處理各種事務的時候，大腦會對各種感覺訊號做出回應、訂定行動計畫，然後實際執行某些動作。反過來，當大腦處在休息狀態時，大腦雖然還是持續產生行動計畫，但卻沒有付諸執行，僅僅是想像這些情境。大腦休息的時候，內側額葉皮質會保持活性，進行所謂的自省；當大腦專注在某一件事情上的時候，外側額葉皮質會保持活化，進行程序性的思考，適合用來處理各種事情。

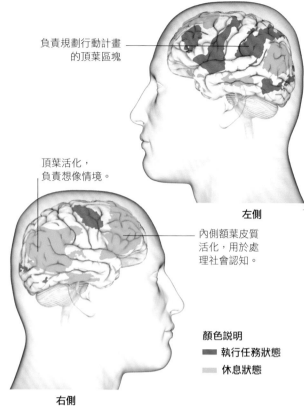

負責規劃行動計畫的頂葉區塊

頂葉活化，負責想像情境。

左側

內側額葉皮質活化，用於處理社會認知。

顏色說明
■ 執行任務狀態
□ 休息狀態

右側

執行任務狀態與休息狀態
這兩種大腦掃描，表現了大腦的兩個狀態：休息狀態與執行任務的狀態。綠色區域是休息狀態活化的區域。當我們開始執行某項任務的時候，紫色區域會被活化，而綠色區域的活性會下降。

解讀「預設模式網路」

雖然每個人活化的「預設模式網路」大同小異，但還是有極小的個體差異，而且看似與人格差異有關。不同研究中心的研究者，運用腦電波圖，畫出每個人不同的「預設模式網路」，然後標記上每個人不同的人格特質。藉由記錄這些資料，未來可能發展某種運用腦電波來檢測人格的測試。

「預設模式網路」與社會意識

「預設模式網路」活化的腦區，與人想像身處某種社會情境、以及自己和其他人的關係時所活化的腦區極為相似。這似乎意味著當我們覺得放鬆的時候，大腦其實會開始反思我們與其他人的關係和在社交世界中的地位。

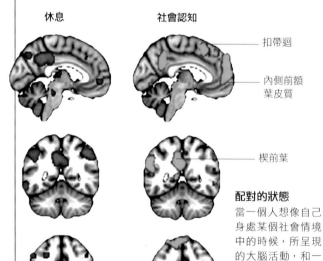

休息

社會認知

扣帶迴

內側前額葉皮質

楔前葉

配對的狀態
當一個人想像自己身處某個社會情境中的時候，所呈現的大腦活動，和一個人處於休息狀態的大腦活動相當接近，內側前額葉皮質和扣帶迴都會跟著活化。

大腦的自我

和「預設模式網路」相關的想法，往往都是以自身為中心，並且跟自身的過去經歷和社會階級有關。這些想法通常與過去某些模糊的記憶相關，混有不少情緒。這也就是佛洛伊德所謂半隱沒的心理狀態，稱為自我。有些研究者認為「預設模式網路」功能上類似佛洛伊德學派的自我。

佛洛伊德的心智理論
佛洛伊德認為大腦多半在無意識狀態下運作。所謂的自我，隱了一部分對自己的有意識參與的心智狀態。剩下有意識參與的心智狀態，控制著我們的思考和行為，近似我們在工作時的心智狀態。

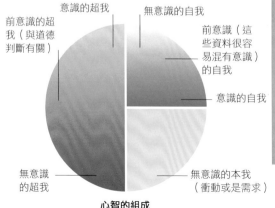

意識的超我

無意識的自我

前意識的超我（與道德判斷有關）

前意識（這些資料很容易混有意識）的自我

意識的自我

無意識的超我

無意識的本我（衝動或是需求）

心智的組成

思緒漫遊

人類有將近三分之一的清醒狀態，處於靜息狀態。當人們在做某些毫不費力的事情，例如在筆直且空曠的道路上開車，靜息狀態的比例可能又會更高。有個實驗請受試者待在實驗室中無所事事，無論心智是否渙散，只能夠讀書和看雜誌。結果一個半小時之後，多數人都認為自己胡思亂想了一到三次。

靜息狀態與創意

當大多數人被要求，需要與外在世界互動，從預設模式切換到工作模式的時候，都能相當俐落地轉換。但有些人的預設模式和工作模式卻能夠同時運作。這會讓他們更具創造力，在預設模式時思緒的自由流動和無拘無束，很可能會讓他們跳脫工作模式較為聚焦和僵化的思維模式，進而發想出問題的巧妙解法。然而這兩種模式重疊也往往與思覺失調症和憂鬱症相關。這可能也解釋了為什麼思覺失調症的患者會產生那麼多特別的想法、憂鬱症患者為什麼難以專心在一件事情上。

預設狀態時的活化

思覺失調症患者與他們的親人，在預設狀態時各腦區之間的聯繫都較正常人緊密，這表示如果有任何一個區域被活化，整個網路都會被活化。

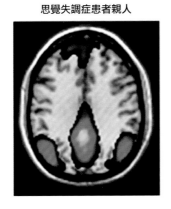

控制組

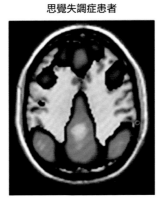

思覺失調症患者親人

思覺失調症患者

動物的預設狀態

除了人類以外，我們發現動物身上也具有預設狀態。事實上，研究人員發現，至今所測試的所有動物都具有預設狀態，甚至連狗或是老鼠都有。目前認為預設狀態時最為活化的腦區，在具有社交行為的動物身上越是高度發育，其中人類的社交行為最強，所以也理所當然地有最大的「社交大腦」。有理論認為，預設狀態會讓所有具社交性的動物，想辦法留在他們的社群、跟上社群的發展。

自動導航

當我們沒有積極地在處理某個任務的時候，大腦就會進入靜息狀態。這會帶出我們的另一種本性，每分每秒的活動將會進入自動導航，意識大腦則會進入反思狀態。

轉換意識狀態

大腦能夠產生各種意識體驗，有些甚至能夠改變我們的知覺和情緒，讓整個世界有了戲劇性的轉變。而意識轉換正是當今神經科學最熱門的題材。

轉換大腦的狀態

人類大腦清醒的時候，有可能在白日夢狀態、放鬆的知覺狀態與高度專注間變換。但大腦能創造的意識經驗，顯然遠遠比這些都還要來得廣闊。有些時候我們處於極度狂熱或是虛脫狀態，例如我們參與了某種高度情緒化的活動，就很容易會自然地跳脫正常的範圍。我們甚至會藉由參與長時間的舞蹈祭典、冥想或是服用藥物，來故意跳脫正常狀態。

靈魂出竅狀態
靈魂出竅是一種意識的轉換，可藉由催眠、藥物或是某些儀式誘發。靈魂出竅的感覺可能是一種極度愉悅，也可能是恐怖的體驗。

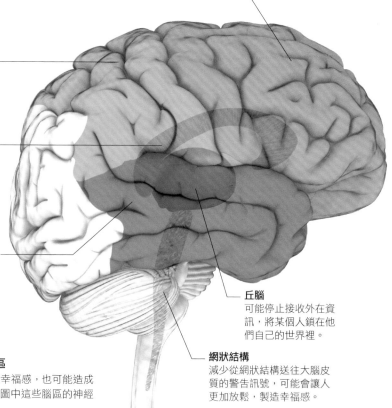

額葉
可能會在意識轉換的時候失去作用，減少批判性思考；也可能在冥想時高度活化，增強注意力。

頂葉
改變頂葉活化的狀態可能會產生靈魂出竅、或是時空扭曲的體驗。

胼胝體
用於讓左右大腦半球相互溝通的神經纖維束。當兩個半球能夠高度協調或是能夠快速切換的時候，會產生幸福感。

顳葉
顳葉的活化狀態如果相當紊亂，可能會生成恐怖、難以解釋的體驗，會看到一些光量或是隱形的東西。

與意識轉換相關的腦區
意識轉換有可能會造成幸福感，也可能造成恐懼感。這些感覺都與圖中這些腦區的神經活動有關。

丘腦
可能停止接收外在資訊，將某個人鎖在他們自己的世界裡。

網狀結構
減少從網狀結構送往大腦皮質的警告訊號，可能會讓人更加放鬆，製造幸福感。

解離狀態

解離狀態是指原本某些合而為一，形成意識的元素（例如：對當下的感覺、想法以及情緒等等），被分開或是與意識切割開來。許多的意識轉換，都屬於這個類別。通常解離狀態會被視為是一種心理或是行為上的疾患，但有些「正常」的意識狀態，像是白日夢或是高度專注，也一樣是一種解離狀態。更準確的說法應該是把這些意識狀態當成一種光譜，一端放著高度統合且完整的體驗，一端放著相對較為破碎的意識體驗。

催眠

催眠是一種意識解離的形式，催眠會讓人們的注意力集中在某個單一的想法、感覺或是點子上。體驗催眠狀態時，原本會導致分心或是專注的因素都會被排除。被催眠的人，可能更容易接受催眠者的建議。所以催眠也常用於治療某些成癮習慣，像是戒菸。

高度統合	一般	高度分散

| 感到身心合一或是體會到意義 | 極度放鬆，較少自我檢討的念頭 | 白日夢：能夠快速回到警覺狀態 | 高度警覺與注意 | 與自身解離且遠離現實 |

正念訓練

大腦掃描影像研究認為，正念訓練可能會使杏仁核較小，也減少連結到恐懼、焦慮以及恐慌相關的腦區。會讓生成思考與平靜反應的前額葉皮質增厚。

杏仁核

平靜效應

杏仁核對威脅和意外容易生成情緒反應。正念訓練似乎能夠讓這些區域平靜下來。

正念訓練

冥想訓練人們維持專注，對於周邊的事物不要太過度反應。正念訓練是當今正紅、最時尚的訓練方式。另外像是超覺靜坐、禪學等其他類似的訓練，都是希望能夠安定人心，減少焦慮。

靈魂出竅體驗

靈魂出竅指的是內在的某種表象脫離肉體的體驗。這種體驗常常在夢中發生，但如果發生的時候是清醒狀態，常常會被以為是超自然現象。靈魂出竅常發生在起床時，大腦還沒有完全與外在世界重新連結之前（詳見第 173 頁）。目前認為與顱頂交界的活性有關。

瀕死體驗

靈魂出竅的時候常常會有強烈的狂妄感，這也是一般瀕死體驗所強調的關鍵特色。

集體潛意識

知名瑞士心理學家卡爾‧榮格（1875－1961）發明了集體潛意識的概念，指生物群體共同擁有，與先祖有關的潛意識狀態。他認為這包含了原型的概念（內在的、統一的概念），像是母親、上帝、英雄等等，而我們藉由傳說、符號或是本能來意識到他們的影響力。他認為集體潛意識是某種群體記憶，可能已經內建在我們的大腦結構中。

睡眠與夢境

我們一生當中約有三分之一的時間在睡覺。即便我們在睡夢中，大腦還是一樣保持活躍，執行各種重要的功能。人在睡覺的時候，大腦會製造夢境，這往往給了我們很多強烈且怪異的感受。

睡覺中的大腦

　　至今我們仍不清楚為什麼睡眠對我們如此重要。有個理論認為這是為了要讓身體有時間休息、自我修復，這種說法認為睡眠是為了要排出細胞活化時，積在腦脊髓液中的分子碎屑。另外一個說法認為，睡眠不過是要讓人們每天能夠有一段脫離危險的時間，只是這個習慣延續至今罷了。第三種說法認為大腦每天需要脫離外在世界一陣子，來整理、處理和記下各種資訊。記憶等重要功能的確發生在睡夢之中，但究竟是不是首要目標，還有爭議。人體透過神經傳導物質控制睡醒循環，以決定要進入睡眠或是恢復清醒。研究認為血液中的化學物質腺苷（Adenosine）的濃度上升，會在我們清醒的時候，讓人覺得昏昏沉沉；當我們睡著的時候，腺苷會逐漸裂解。

睡眠問題

　　大約有五分之一的人有睡眠問題，最常見的睡眠問題是失眠（難以入睡或是持續保持清醒狀態）。失眠通常會給予能夠結合 GABA（抑制性神經傳導物質）受器的藥物。嗜睡症指的是會突然入睡，或是一整天異常疲倦的患者。嗜睡症患者無法進入一般健康成人所體驗的深度睡眠，所以一直非常想睡。當他們睡著的時候（往往是突然的），他們能夠突然進入快速動眼期，開始做著非常栩栩如生的夢。夢遊則常發生在深層睡眠期，此時原本該被抑制的肢體動作會解除抑制，但睡眠的其他機制仍持續運作。夢遊者能夠做出許多複雜的事情，像是開車等。但動作相當機械化，畢竟他們只是遵守他們儲存在潛意識大腦中的行動計畫。

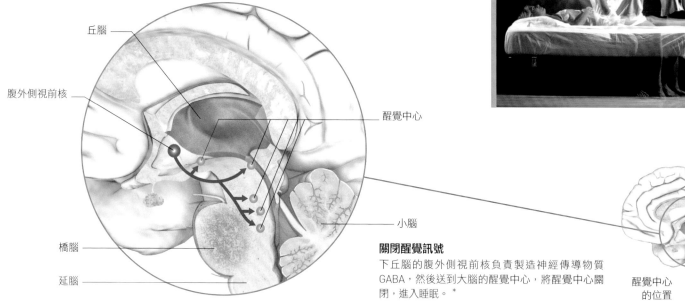

丘腦

腹外側視前核

橋腦

延腦

醒覺中心

小腦

關閉醒覺訊號
下丘腦的腹外側視前核負責製造神經傳導物質 GABA，然後送到大腦的醒覺中心，將醒覺中心關閉，進入睡眠。 *

醒覺中心的位置

顏色說明

— 清醒期
— 快速動眼期
— 非快速動眼期

睡眠循環

雖然睡眠看似一個持續不變的狀態，但其實會進入好幾次的循環。人做夢的時候是第一階段，第二階段則是完全失去意識、肌肉癱瘓。第三和第四階段是深層睡眠，大腦的活性降低。快速動眼期通常表示大腦正在做栩栩如生的夢。

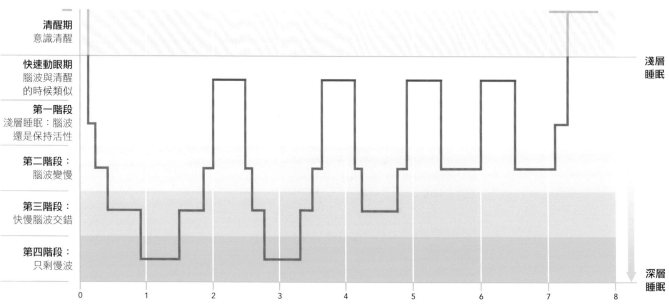

清醒期
意識清醒

快速動眼期
腦波與清醒的時候類似

第一階段
淺層睡眠：腦波還是保持活性

第二階段：
腦波變慢

第三階段：
快慢腦波交錯

第四階段：
只剩慢波

淺層睡眠

深層睡眠

睡眠時間（小時）

0　1　2　3　4　5　6　7　8

*【審訂註】下丘腦的腹外側視前核就是我們的睡眠促進中樞（sleep promoting center）。

做夢中的大腦

夢境主要可分為兩種。深層睡眠中的夢境通常較為模糊、情緒化且不合邏輯，往往很快就會忘記。此時大腦較不活躍，但可慢慢地將某些資訊轉為記憶。快速動眼期的大腦相當活躍，會製造出許多栩栩如生且強烈的「虛擬實境」，甚至還會有對白。快速動眼期做夢時，處理感覺的腦區會非常活躍，並關閉專門對各種體驗進行批判性分析的前額葉。所以我們對夢中發生的各種荒謬的事情，都完全能接受。

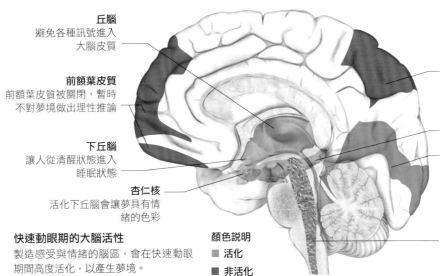

丘腦
避免各種訊號進入大腦皮質

前額葉皮質
前額葉皮質被關閉，暫時不對夢境做出理性推論

下丘腦
讓人從清醒狀態進入睡眠狀態

杏仁核
活化下丘腦會讓夢具有情緒的色彩

頂葉皮質
空間感與控制動作的能力被暫時關閉

海馬迴
將新的記憶送到皮質各處儲存起來

視覺皮質
不需從眼睛輸入任何訊號，就能產生內在影像。

網狀結構
睡眠與清醒的開關

快速動眼期的大腦活性
製造感受與情緒的腦區，會在快速動眼期間高度活化，以產生夢境。

顏色說明
■ 活化
■ 非活化

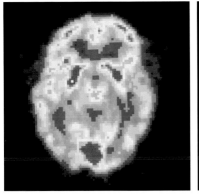

清醒
這張正子攝影掃描可以看出當一個人清醒的時候，大腦會活化的區域（紅色與黃色區域），綠色與藍色區域為較不活化的區域。

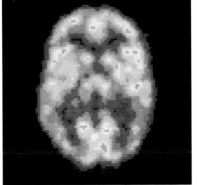

深層睡眠
這張正子攝影掃描可以看出，當一個人進入深層睡眠的時候，許多腦區會安靜下來。紫色區域是相對最不活化的地方。

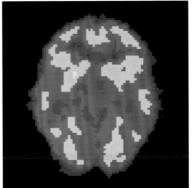

藥物輔助的睡眠
多數的安眠藥物都能夠將人導入比一般更深層的睡眠。這張正子影像中的紫色區域表示多數的腦區都處於不活化狀態。

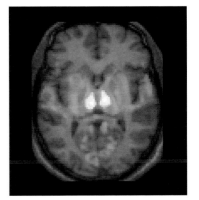

快速動眼期睡眠
功能性核磁共振顯示快速動眼期睡眠的時候活躍的腦區（黃色最為活躍，紅色次之）。這包含了許多產生感覺的腦區。

清醒夢

一般來說，從睡夢狀態切換到清醒狀態，大腦中有很多變化會同時發生。阻斷訊息進入的機制會被排除，外界的感覺刺激能夠重新進入大腦，覆蓋並關掉產生夢的那些內部感覺訊號。抑制運動皮質向外發送訊號的機制也被移除，讓身體能夠重新動起來。另外也會重新活化額葉，讓我們回復一般的意識狀態，知道我們自己是誰，也知道我們在哪裡，而且能夠分辨出虛幻與現實。但如果額葉在睡夢中被喚醒，那麼就會造成清醒夢，此時阻斷內部和外部訊號傳遞的障礙還沒被移除。當額葉活化之後，做夢的人就能夠推論出他們現在是真的在作夢，而且可以在正常心智狀態下體驗各種事物。

凡事皆有可能
就像在做白日夢一樣，我們也能在清醒夢中控制自己的動作，而且感覺會更加強烈，就像真的一樣。

睡眠癱瘓（俗稱鬼壓床）
當人們在抑制動作的機制還沒解除前突然醒來，就會發生睡眠癱瘓的狀況。*這種可怕的狀況，就像是被重物壓著。也可能因為這樣造就了各種鬼魅壓床的傳說。

佛洛伊德與心理分析

西格蒙德・佛洛伊德是奧地利的心理學家，創建了心理分析的研究。他認為夢境是「通往潛意識的大道」，他認為夢境呈現了我們在清醒的時候所壓抑的情緒和慾望。他猜想這些被壓抑的慾望太過震撼，以至於無法被意識承認，甚至在夢中，這些慾望也只能裝成各種符號的形式呈現。佛洛伊德對夢的解析，目的就是要將這些夢中呈現的符號，還原成做夢者原本真實的慾望。

*【審訂註】在睡眠癱瘓的情況下，人們還能動作的肌肉就是跟呼吸（如橫膈膜）還有眼球運動有關的肌群。因此在經歷俗稱鬼壓床的狀態下，我們仍可呼吸，眼球也可不受抑制且無助地四處張望。

時間感

大腦的時間感並非恆定，可能會因為不同的經歷忽快忽慢。大腦有很多不同的方式來測量時間。對於較長的時間，例如一整天的長度，則會以荷爾蒙的自然起伏來測量。毫秒等級的時間在大腦的各種運作機制中相當常見，以神經元間的電性變化來表現。

時間的主觀感受

我們對於時間流動的體驗（也就是時間的主觀感受），和時鐘上客觀的時間流動並不相同。主觀的時間感受會忽快忽慢，端看我們正在經歷的狀態而定。如果是分與秒或更精細的時間，則取決於一群神經元放電的頻率。神經元放電的速度越快，我們每秒鐘能接收的訊息就更多，會讓我們覺得時間好像變長了。神經元放電的節奏，是由神經傳導物質控制，興奮性的神經傳導物質能加速放電的節奏，抑制性的神經傳導物質則減緩放電的節奏。年輕人有更多興奮性的神經傳導物質，也因此能夠接受外界事物的快節奏。

時間過得很慢
咖啡因等刺激物質能夠加速大腦運作，收錄更多外在事物。這讓時間有延長的感覺。

時間過得很快
嚴重缺乏多巴胺，像是帕金森氏症，可能會讓大腦變慢，讓外在世界看起來快上許多。

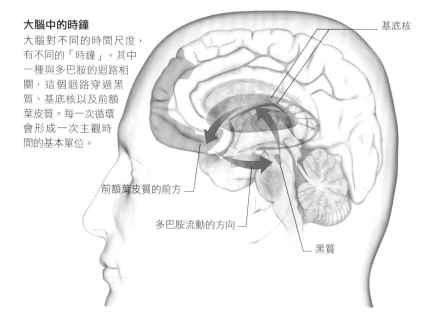

大腦中的時鐘
大腦對不同的時間尺度，有不同的「時鐘」。其中一種與多巴胺的迴路相關，這個迴路穿過黑質、基底核以及前額葉皮質。每一次循環會形成一次主觀時間的基本單位。

基底核

前額葉皮質的前方

多巴胺流動的方向

黑質

僵直症（緊張症）

僵直症在思覺失調症患者身上相當常見。患者會無法動彈，並停止對外界刺激做出回應。他們會持續一整天極度安靜、僵硬，或是維持一個一般人難以維持的奇怪姿勢。似乎當多巴胺迴路的速度變慢時，就會發生這樣的狀況。經歷過這種狀態的人，事後回想起來，他們當時似乎失去了所有時間感。

時間的基本單位

大腦將時間切分成小的基本單位（也就是神經迴路的循環），每一個單位都代表一個單一事件。每個單位的大小取決於相關的神經元放電的速度，無論每個單位的大小，大腦在同一個單位之中只能存取一個事件。同一個單位時間中，如果有兩件事情同時發生，大腦就會掠過後來發生的事情。我們對有些事件的印象總是很模糊，這種情況就如同拍動翅膀的蜻蜓，每一個單位時間裡其實會拍動好幾次翅膀。

體驗各種事件

如果「計時」的神經元每十分之一秒只放電一次，即便有很多事情同時發生，每次也只能記錄一個事件。如果神經元的「時鐘」能夠加速一倍，那麼每個單位時間，就能同時記錄一倍以上的事件。

當成同一個事件
第一格與第二格如果落在同一個單位時間裡，那麼只會記得其中一樣事件。

加速循環
多巴胺循環加速一倍，會記錄更多的事件。

當成分開的事件
如果增加循環的速度，那麼第三格和第四格會被當成是兩個不同的事件。

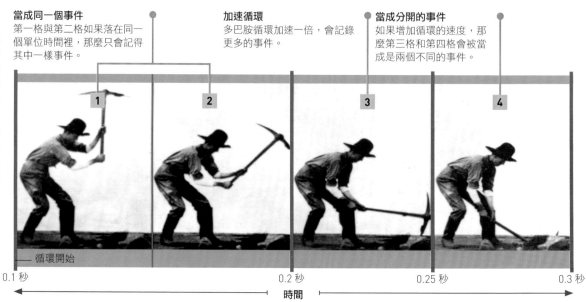

1　2　3　4

循環開始

0.1秒　0.2秒　0.25秒　0.3秒

時間

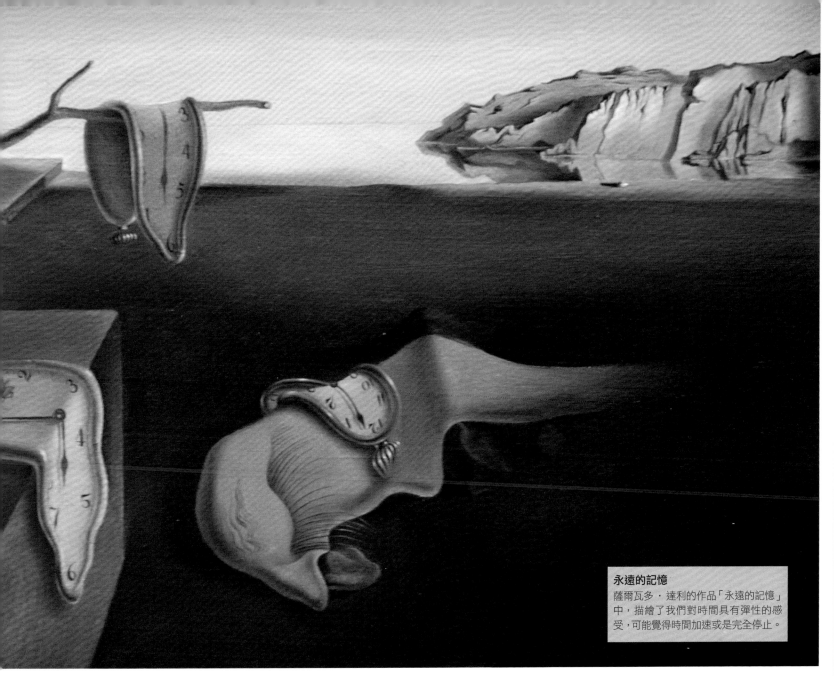

永遠的記憶
薩爾瓦多·達利的作品「永遠的記憶」中，描繪了我們對時間具有彈性的感受，可能覺得時間加速或是完全停止。

回溯時間

根據研究，人類平均需要 0.5 秒，才能讓無意識的感覺訊號處理，轉為有意識的知覺。雖然目前我們都還無法準確意識到這之間的時間差，常常看到東西動了，才以為東西剛開始移動，沒想到下一瞬間就直接感受到自己的腳趾被壓斷。這種對於時間的錯覺，其實是一種巧妙的機制，可以將大腦「意識到」事件發生的時刻回溯到刺激剛進入大腦的時候，雖然這看起來很不可思議，畢竟刺激的訊號抵達皮質，並轉變成有意識的知覺也是用正常的時間來處理，但總之我們騙過了大腦，讓大腦以為事情就發生在當下。另外一個解釋是，意識可能有許多相互平行的時間線，大腦從其中一個跳到另一個之後，再改寫原來的時間線，成為新的時間線。

直接刺激皮質

皮膚刺激

| 0 | 100 | 200 | 300 | 400 | 500 | 600 |

刺激點

直接刺激皮質

| 0 | 100 | 200 | 300 | 400 | 500 | 600 |

時間（毫秒）

時間指標　　　　▎記錄在大腦中的刺激

▎意識體驗的起點　←　回溯時間

直接刺激皮膚

利貝得實驗

如果刺激直接加諸在大腦，那麼就不會有延遲效應。意即直接刺激手部感知的感覺皮質，也能產生跟碰到手一樣的主觀感受。但班傑明·利貝得發現，如果你同時刺激腦部和手，受試者會覺得手部的刺激比大腦的刺激還要早發生。

0.5 秒的延遲

當我們意識到身邊發生某件事情的時候，離事情發生的時間會延遲 0.5 秒左右，但我們往往沒有意識到這個時間差。

191

自我與意識

人腦會產生「自我」的概念，所以我們才能「擁有」各種體驗，並和我們的思想、動機、身體、行動產生連結。我們對「自我」的意識也讓我們能夠在內心自省，運用我們所看到的事物，來引導我們的行為。

什麼是自我？

我們將世界分成了內在的主觀世界以及外在的客觀世界。兩者之間就像是容器的內與外。這個容器，就是所謂的「自我」。這個容器就像我們的肉體一樣，囊括了我們的思考、動機以及習慣。除了在特殊的狀態（詳見第 186 頁），我們所體會的各種經驗都包含了自我，只是多數情況下，我們沒有意識到罷了。能夠意識到自我的存在，也就具備了我們一般的「意識」。當我們意識到了這種感覺，就稱為「自我意識」。

意識程度

自我意識是人類經驗中的核心。在各種層級的意識中，以各種形式存在。

內省	你思考著自己的思想或行動，其中一種形式是，自己對於某個行動的表現有多少意識。
一般意識	你感覺到你的思考是你自己的，而你的動作是基於決策後的結果，你能夠記錄下某些體驗。
知識	你對環境做出回應，例如做出複雜的動作（像是開車），但有可能你不會意識到自己有做出這樣的動作。
無意識	進入深層睡眠，你的大腦不再感受外在世界，或是產生任何對萬物的體驗。

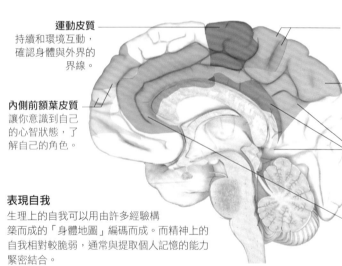

運動皮質
持續和環境互動，確認身體與外界的界線。

內側前額葉皮質
讓你意識到自己的心智狀態，了解自己的角色。

感覺皮質
感知身體各處的感覺，不斷提醒肉體的具身化。

頂葉皮質
標記了身體與外在世界的關係

後扣帶迴
提取個人記憶和社會互動的意識時，會活化後扣帶迴。在預設模式具有關鍵角色。（詳見第 184 頁）

前扣帶迴
持續監控我們自己的動作

表現自我
生理上的自我可以用由許多經驗構築而成的「身體地圖」編碼而成。而精神上的自我相對較脆弱，通常與提取個人記憶的能力緊密結合。

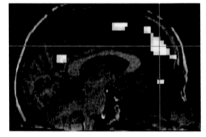
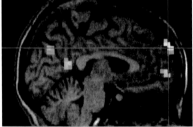
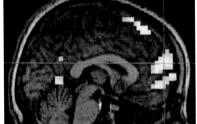
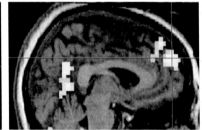

自我投射的想法
這種想法會讓大腦中好幾個區域活化。最重要的區域就是大腦前方與後方，標記人體地圖各區位的腦區。大腦前方的腦區尤其關注自我的心智層面。

檢驗「自我」
試著檢驗自我，就像用眼睛看穿自己的眼睛一樣，是不可能的。人類不可能用自己觀察外界的眼睛，來觀察自己的眼睛。實際上，我們常常用自我的倒影，來檢驗「自我」。

代理與動機

代理指的是控制行動的一種感覺。我們總以為意識控制我們的行為，但這其實並不正確。班傑明‧利貝得做過一個極為有名的實驗（參考下圖），發現人類在無意識狀態下，就能開始做出行動計畫並執行某些動作，這甚至比人意識到自己正在做決策的時間還要早。就像我們的大腦中有個代理者一樣，製造出「決策」的假象。代理者現象的演化，最主要不是要警告我們自己的動作，而是要能夠提醒我們，其他人可能做出對我們有害的行動。我們除了把自己當成自己的代理者，也直覺以為可以是其他人的代理者，並認為自己了解他們的動機，可以預測他們的下一步。

自由意識的實驗

利貝得要求自願者按照自己的意願移動手指，並在一個大錶面，用揮手的方式記錄他們決定要移動的瞬間。在此同時也監控他們的大腦活性，腦電波顯示大腦在無意識狀態下活化，計畫動作並將相關訊息送到相關肌肉。當眼睛看到動作發生的時候，也記錄下動作發生的時間點。這個實驗證實了決定做出動作的意識，會比大腦在無意識下將指令送到肌肉晚 0.2 秒左右。

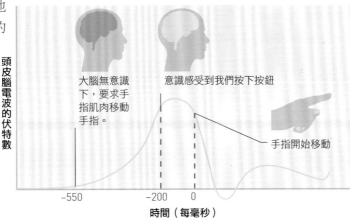

頭皮腦電波的伏特數

大腦無意識下，要求手指肌肉移動手指。

意識感受到我們按下按鈕

手指開始移動

時間（每毫秒）
−550　　−200　　0

代理人的演化

意識到自己下一步要做什麼的能力，是一直到晚期才演化出來的，此時大腦中負責策畫的腦區會和意識相關的腦區連結起來。

思覺失調症和代理人

思覺失調症的患者無法正常地感受到代理人的存在。有些人會認為自己的行動是基於其他人的意志，宣稱他們被外界力量控制；有一些則會將某些無關的理由和他們的動作連結，例如想要移動太陽。研究認為，正是代理人意識的混亂，導致無法預測某個行動的因果關係。

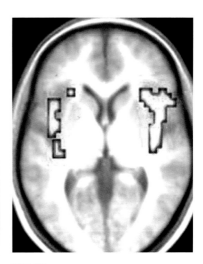

聽幻覺

這張功能性核磁共振顯示了思覺失調症患者出現聽幻覺時的情形。左大腦半球的語言區會製造出含糊的言語，並被解讀成好像真的是來自外界的聲音。這種情況嚴重扭曲了內在的代理人意識。

自我解離

大腦儲存了各種「身體地圖」，是身體的內在代表。最早形成且最基本的身體地圖，讓我們知道身體的界線到哪裡，以及從哪裡開始算是外在世界。更進階的身體地圖，能讓我們了解這個世界的空間位置。一般而言，內在地圖跟身體位置緊密結合，但也有可能用某些方式將它們分開。如果一個人失去了一隻手，可能會出現幻肢痛這種誤以為自己的手還在的現象（詳見第 104 頁）。經過一些特殊的方式，人類也可能誤以為自己多了一隻手，或是自己的身體不是自己的感覺。

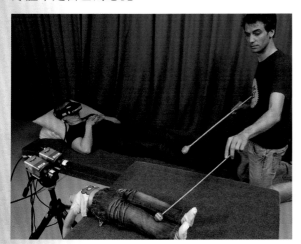

嬰兒的身體地圖

嬰兒還無法分辨自己的身體和外界事物，直到他們的身體地圖開始從外在世界接收資訊。

虛擬身體

人可以運用欺騙的手段讓人以為他們失去自己的身體，甚至接上另一個身體。在某個實驗中，受試者穿戴虛擬實境的頭盔，把他們對自己腳的視角，以洋娃娃尺寸的假腳取代。當觸碰這些娃娃的時候，這些人也會有所感覺，就好像這些假腳就是他們自己的腳一樣。他們甚至也會覺得自己相對周邊環境，縮小了很多。

失去自我

正常意識下（甚或是無意識下），一般人通常都可以意識到自我的存在。這表示我們觀看世界是從自身出發、把我們自己當成代理人，植入我們的觀點，然後加入各種情緒和行為。有時候當我們進入「心流」狀態，或是失去控制的時候，看似會暫時失去「自我」（詳見下方）。這樣的狀態很有可能是極其愉悅，也有可能極度危險。

心流	在這樣的快樂狀態下，我們會完全沉浸在某件事情中，甚至沒意識到自我意識消失，避免去抑制或干擾大腦正在做的事情。這讓我們能夠接收更多相關資訊，表現更好。
失去控制	無決控制自己的情緒，可能會變成削弱自我的事件，不像是進入心流狀態一樣，後果很有可能是非常糟糕的。大腦成像研究顯示，當大腦前額葉區域沒有好好回應前扣帶迴（負責掌握人的動作）所發出的警告，就很有可能會失去控制。當人們面對挑釁，前扣帶迴會讓情緒大腦做出衝動行為，也往往會啟動前額葉抑制相關反應。當一個人受到不尋常的壓力或是極度疲倦時，前額葉抑制的能力可能無法正常運作，就會迸發真實情緒。經歷過這種狀態的人常常覺得，自己被情緒接管了，感受到他們內心的代理者被情緒挾持了。

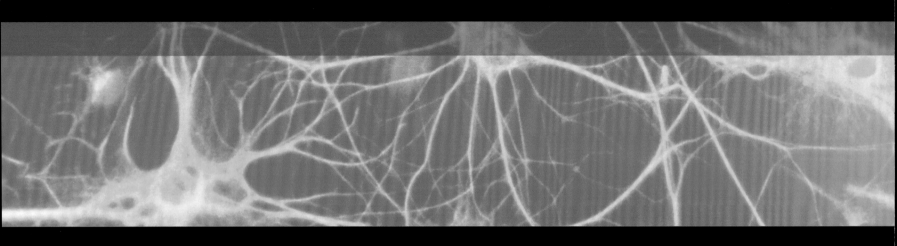

每個大腦都是獨一無二的。雖然彼此有相同的基本結構，但每個大腦都是遵照內建的特定基因組所製造出來的成果，並與環境產生複雜的互動。我們往往以為我們每個人的不同是源自於人格上的差異，但近期的研究認為，人格是一種可變的現象。面對不同的情境，我們內建了許多不同的人格特質。

大腦的個體差異

先天與後天

先天與後天是兩大形塑大腦功能的重要因素。先天因素通常指的是每個人的基因型，也就是每個人從親代繼承而來的特定基因組。大腦也會受到後天因素影響，每個人一生中接觸的所有環境因素，都有可能會造成影響。

基因與環境

　　基因是一種連結到單一或多種生理特質（例如虹膜的顏色）的遺傳資訊。人類細胞的細胞核中，大約有 20000 組基因，也就是所謂的基因組。基因位在染色體上。一般人會具有 22 對染色體與 1 對性染色體，基因由 DNA（參見下方圖表）組成，有些基因則需要以生產蛋白質的形式才能進行表現。過去認為，99% 的基因都未進入編碼系統，沒有真正地做出蛋白質，多半都以為沒有功能，被戲稱為「垃圾 DNA」。基因的調節就像是個雙向開關，能夠開起活性或關閉活性，也能增強表現或抑低表現。大腦中，基因表現也會影響神經傳導物質的濃度，因此能影響像是人格、記憶以及智能等複雜的功能。反過來，神經傳導物質也會影響基因表現，所以大腦功能也會受到各種因素，像是飲食、地理環境、社交情形甚至是壓力程度的影響。

標記在 DNA 上的化學標記也會改變基因表現，也就是表觀遺傳改變（詳見次頁）。

音樂腦
擁有音樂腦可能是因為自小在重視音樂的家庭中成長，以及（或是）受到基因的影響。

去氧核醣核酸（DNA）分子

　　除了成熟的紅血球沒有細胞核之外，多數人類細胞的細胞核中都可以找到 DNA。DNA 分子就像扭曲的階梯一樣，呈現雙螺旋的外型。這兩股螺旋透過相互成對的鹼基連結在一起。總共有四種鹼基，分別是 A（腺嘌呤），T（胸腺嘧啶），C（胞嘧啶），G（鳥糞嘌呤）。一般而言有固定的連接組合，A 與 T 相接，C 與 G 相接。細胞可以讀取鹼基的順序，用來作為製造蛋白質的指令。

C 與 G 之間有三個鍵結
磷酸根
C　　　G
T　　　A
G　　　C
A　　　T
五碳糖
A 與 T 之間有兩個鍵結

為速度而生
就像許多的體能活動一樣，短跑的表現也會受到基因的影響。例如 IGF（胰島素生長因子）的基因就會影響運動員的肌肉質量。雖然多數成功的短跑選手都有一定的基因優勢，但光靠一個好的基因顯然還不夠。運動員如果想要獲得冠軍，還是得努力訓練，並保持求勝的野心。

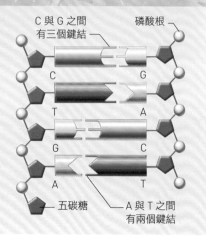

基因與大腦

　　細胞會根據基因製造出各種蛋白質，這些蛋白質則會在身體各處扮演許多角色。有些會形成各種架構，像是毛髮，有的則可能會形成酵素，調控體內各種生化流程。例如，有些基因組中的基因，可能是用來製作血清素的蛋白質，而血清素是一種影響心情的神經傳導物質。基因上任何一點的變動，都會些微改變蛋白質分子，可能會大幅地增強它們的功能，或是減少它們的功能。因此基因的變異，可能會導致某個人的血清素增加，或者是減少另一個人的血清素。血清素減少意味著有可能更加憂鬱，更有可能出現暴食症狀。這也通用於其他的神經傳導物質，像是多巴胺，缺乏多巴胺已經證實會增加冒險行為。基因型會影響大腦的結構與功能，進一步影響我們的行為。另一個改變行為的方式是透過表觀遺傳學的機制來達成。這種方式是藉由改變 DNA 中基因附近的分子表現，來改變基因的活化模式，而不是改變基因本身。經由表觀遺傳學作用的改變，可能會延續好幾個世代。創傷已被證實可能會增加壓力荷爾蒙的釋放，造成腦細胞在表觀遺傳學上的改變。孩童時期經歷受虐而有自殺經驗的人被發現有更多表觀遺傳學上的變化，這些變化確實影響大腦。他們的下一代也有類似的改變，比起其他人更有可能出現自殺的意念。目前研究也試圖找出逆轉這種變化的方法。

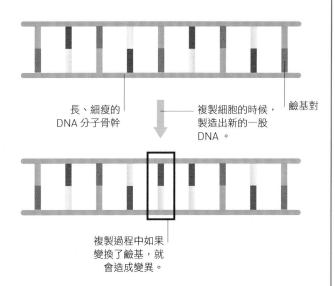

長、細瘦的 DNA 分子骨幹

複製細胞的時候，製造出新的一股 DNA。

鹼基對

複製過程中如果變換了鹼基，就會造成變異。

變異
基因由一系列的鹼基組成，相連的分子形成了 DNA 中的橫桿（參見前頁）。鹼基包含鳥糞嘌呤（G）、胞嘧啶（C）、腺嘌呤（A）與胸腺嘧啶（T）這四種分子，A 與 T 成對，C 與 G 成對。特定基因中的鹼基對順序。對每個人都是差不多的，順序上的些微變化正是讓我們更加特別的原因。這些變化也有可能是細胞複製過程中的錯誤或突變。

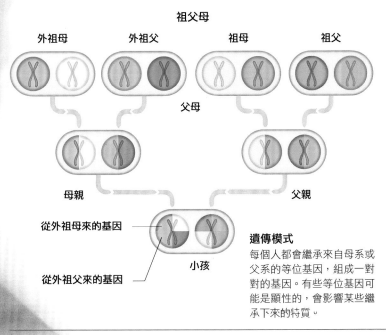

祖父母

外祖母　　外祖父　　祖母　　祖父

父母

母親　　　　　　　　　　**父親**

從外祖母來的基因

小孩

從外祖父來的基因

遺傳模式
每個人都會繼承來自母系或父系的等位基因，組成一對對的基因。有些等位基因可能是顯性的，會影響某些繼承下來的特質。

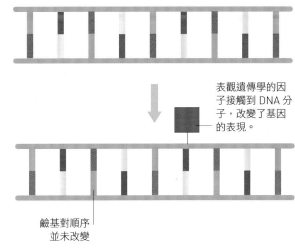

表觀遺傳學的因子接觸到 DNA 分子，改變了基因的表現。

鹼基對順序並未改變

表觀遺傳學上的改變
表觀遺傳學上的變化，指的是在不需要變動鹼基順序的前提下，改變基因的活性。*¹ 表觀遺傳學的因子會連結到 DNA 上，改變某一個或多個基因的活性，讓這些基因的功能難以和原本發揮的狀態相同。表觀遺傳學的因子也可以往下傳好幾個世代，但並不像突變，這些因子終究會消失。

大腦的可塑性

　　我們一度以為大腦打從出生之後就一成不變，神經細胞也是固定的數量，神經網路也是固定的。唯一的變化，就是神經細胞會不斷死亡，然後大腦容量會持續縮小。但研究人員也發現經驗和學習，會重新改變大腦的迴路。其中一個證明神經可塑性的例子，就是長期增益效應，這也是記憶和學習會產生新迴路的方式（詳見第 158 頁）。藥物上癮或是中風之後會重新形塑大腦，加強某些路徑或是創造新的路徑，甚至是形成新的大腦細胞（神經新生）。看起來，大腦有某種自我修復的能力，讓大腦的一生都能夠持續成長。

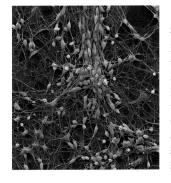

神經元誕生
這張著色處理後的電子顯微鏡照片中，可以看到神經前驅細胞。這些細胞的分化程度介於幹細胞和完全分化的細胞間。這些前驅細胞將會分化成神經元，或是其他神經組織的細胞。*²

*¹【審訂註】因鹼基的排列順序並沒有改變，因此表觀遺傳學並不改變基因本身，故名「表觀遺傳」（表觀基因），藉以和基因學有所區別。
*²【審訂註】神經前驅細胞有可能分化為神經元（神經細胞）或是神經膠質細胞。

影響大腦的因素

每一個人的大腦都有些不同，有些研究認為性別與性向反映了大腦結構和功能上的差異。慣用右手和慣用左手的人大腦結構不太相同，社會與文化也能夠影響大腦處理某些事件的方式。

男性大腦與女性大腦

研究大腦間的性別差異，往往具有爭議。有些人認為這些差異是文化性的，而非生理上的差異。不過有許多研究的確也發現了男性與女性大腦在解剖結構上的不同。女性的胼胝體和前聯合（連結大腦半球）較男性要大。因為右大腦多半負責情緒，和負責分析的左大腦如果連結得更加緊密，也許解釋了為什麼女性較容易意識到情緒變化，也因此能讓情緒更加融入思考與口語。影像研究也證實了大腦在性別間具有空間結構上的差異，男女各腦區各以不同的方式相連。當然，並不排除這可能是受到文化的影響。

群眾之一
這群人中每一個人的臉都獨一無二，不盡相同。他們的大腦也是一樣。先天的基因差異只是其中一個因素，每個人生命中所處的文化與環境，都會造成極大差異。

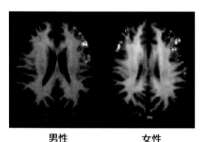

回應語言問答
功能性核磁共振掃描顯示，當女性在回應語言問答的時候，左右兩側的大腦都會被活化；但男性多半只活化左大腦半球（圖中的右側）。

男性　　　女性

同性戀大腦

大腦影像研究顯示同性戀者在表達心情、情緒、焦慮以及攻擊性等行為的腦區活化方式，與另一性別的異性戀者非常相同。異性戀男性的大腦活化區域較為不對稱（右腦稍微較大），這與同性戀女性相同。同樣的，異性戀女性與同性戀男性大腦相互連結的模式也相當接近，尤其是與焦慮相關的腦區。

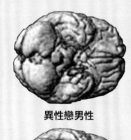

異性戀男性　　　異性戀女性

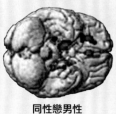

同性戀男性　　　同性戀女性

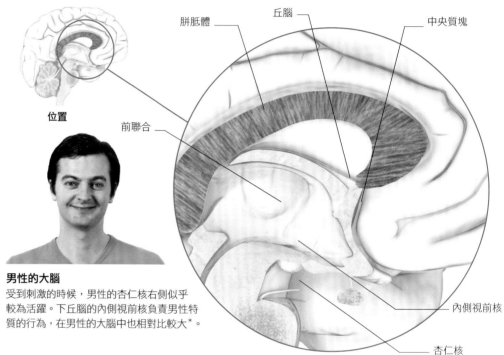

位置

男性的大腦
受到刺激的時候，男性的杏仁核右側似乎較為活躍。下丘腦的內側視前核負責男性特質的行為，在男性的大腦中也相對比較大*。

胼胝體　丘腦　中央質塊　前聯合　內側視前核　杏仁核

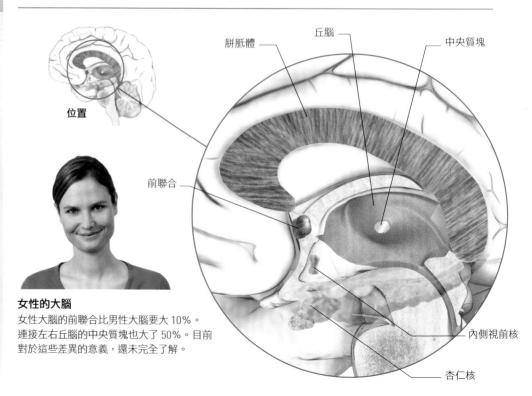

位置

女性的大腦
女性大腦的前聯合比男性大腦要大 10%。連接左右丘腦的中央質塊也大了 50%。目前對於這些差異的意義，還未完全了解。

胼胝體　丘腦　中央質塊　前聯合　內側視前核　杏仁核

*【審訂註】下丘腦的內側視前核是人體中樞神經系統中，少數具有性別差異的核區之一。

左手或右手？

約有 88% 的人都是右撇子，習慣用右手處理各種需要精細運動的功能，例如簽下他們自己的名字。針對工具等的考古學證據也發現，這樣的狀況至少已經持續了好幾百萬年。另外有將近 70% 的左撇子，語言優勢大腦就像右撇子一樣位於左腦，另外的 30% 的人，語言優勢大腦則同時位於兩個大腦半球。這種特殊的結構，可能會讓他們比起別人更能夠整合許多點子，但目前這個理論，還缺乏足夠的證據支持。

  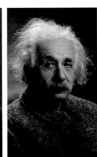

查理・卓別林　　巴拉克・歐巴馬　　亞伯特・愛因斯坦

慣用左手的專業人士
有很多具有才華且聰明的人都是左撇子，最近的八位美國總統裡面，就有五位是左撇子。這不禁引起了廣泛的討論，認為左撇子是不是特別的有天分。不過統計數據上顯示，左撇子相對於右撇子在智商或是其他認知功能上，只有些微與幾乎沒有持續性的差異。

家族效應

每個人一生中如何回應壓力的方式，在人生的非常早期就被決定了，有很大一部分其實與他們早期的經驗有關。某個研究中，研究人員趁嬰兒睡覺時，應用功能性核磁共振掃描了他們的大腦，發現他們的大腦中有兩個回應情緒刺激的區域，會因為聽到憤怒的聲音而活化。父母常常在家爭吵的嬰兒，比起來自相對平靜家庭的嬰兒，這些區域也容易被活化。研究認為，慢慢對憤怒的聲音的反應，往往在襁褓時期就已經建立。

處於壓力之下的嬰兒
影像研究發現，睡眠中的嬰兒大腦顯示，讓他們接收到任何憤怒的聲音，腦中調節情緒和壓力的區域就會活化。

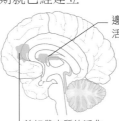

邊緣系統的活化

尾核、丘腦和下丘腦的活化

前扣帶皮質的活化

雙胞胎

研究發現，在出生後分別被送到不同家庭中成長的雙胞胎，即便長大成人之後，就像他們的外觀一樣，也還是會具有相當類似的興趣和人格。這表示基因如何持續在一生中發揮效果，甚至常常超越環境的影響。無論是同卵或異卵雙胞胎，在胚胎期間都會明顯地相互競爭資源，胚胎在子宮中的位置，會影響他們接收的荷爾蒙。以一對雙胞胎男孩為例，其中一個很有可能會阻礙到另外一個吸收雄性激素，也就降低另一個胚胎的大腦男性化程度。而和一個男孩待在一起的雙胞胎女孩，因為母親懷了男孩，大腦釋放了較高程度的雄性激素，也有可能因此會接受到超過一般濃度的雄性激素。研究發現這樣的女孩，比起雙胞胎都是女性的孩子，要較為男性化一些。

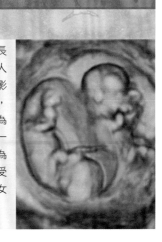

文化的影響

研究人員發現文化的確影響大腦運作的方式。研究人員運用功能性核磁共振，掃描了在美國與東亞長大的受試者，讓受試者試著回答一些線條和方框組成的謎題（詳見下方）。美國的文化相對而言，更重視個人主義；而東亞的文化傾向重視家庭或是社群。在美國長大的受試者，對於隱含脈絡的事情較為吃力；而在東亞長大的受試者，則對於判斷獨立的線條有些困難。大腦的活性在這些受試者試著處理與他們文化舒適圈相關的任務時，活性會急遽下降。受試者也被詢問到他們自認為和自己所代表的文化有多接近，他們的大腦往往會對於處理那些和他們文化相反的內容較為吃力。

相對組任務　　　　絕對組任務

東亞組

美國組

比較組方格

絕對組

相對組

認知功能測試
方框中直線的長度，可能會因為方框的大小不同，和其他直線比起來有不同長度。大腦是否能夠輕易地判斷出這條線的長度，往往會與測試中所提供的脈絡和文化背景有關。

絕對組與相對組的任務
在絕對組任務中，直線的長度會與比較組方格中的線相同。而相對組任務中，直線的長度，則會與比較組方格中的直線與方格，成相對的比例。

大腦活化模式
大腦活化的模式，東亞人的大腦對於相對組的任務較不需動腦，美國人則相反，對絕對型的任務比較不需動腦。這是因為這些「較簡單」的測試和他們的文化語言較為一致的關係。

人格

一般而言認為所謂的人格，是指某個人常常表現出來的一些行為特徵。有些人會在不同的場合和不同的時間，表現出相同的行為；有些人則更具靈活性。

學著成為「你」

每一個人都有一張基因的藍圖，賦予我們一些個性，像是積極或是外向。雖然基因大大地影響了我們的人格發展，但學習該做出什麼行為，也影響了我們最終是什麼樣的一個人。人格可以被視為是一種習慣性的反應。這些反應很有可能來自複製照顧者、或是電視上的行為。如果某個反應被重複相當多次，那麼就會印記在記憶當中，也就會變成某個人先天的一種傾向。

模仿行為
很多形塑人格的心智習慣，最初多半來自模仿在我們嬰兒時期主要照護我們的人。

人格和大腦

各種不同的人格特質，看來已經與大腦不同的活化模式相互連結。有些與特定基因的表現和突變有關。例如，有些人能夠製造出更多興奮性的神經傳導物質，這些人需要很多刺激，才能體會到一樣的刺激感。相對於某些人而言，便比較不會去尋求刺激。

大腦中標記人格的區域

外向	外向性格會降低大腦清醒的神經迴路中對刺激的活性（如圖所示）。所以他們需要更多刺激，保持他們的活力。	前扣帶皮質 / 背外側前額葉皮質 / 丘腦
積極	具有衝動型暴力基因的人，扣帶皮質較小，活性也奇低無比。扣帶皮質負責監控並引導我們的行為。	扣帶皮質
社交行為	善於社交的人的紋狀體（負責獎賞反映）比害羞的人在見到友善面孔的時候反應較強。迴避社交行為的人遇到不友善面孔時，在杏仁核的反應較強。	紋狀體 / 杏仁核
尋求新奇感	喜歡尋求新奇感的人，紋狀體與海馬迴的連結可能較好。海馬迴會送訊號給紋狀體（負責記錄愉悅），以辨識出是否為新的體驗。	紋狀體 / 海馬迴
合作	具合作性格的人，當他們覺得自己受到不平等對待時，腦島會活化；不具合作性格的人並不會記錄這些不公平的事件，大概是因為信任感較低的緣故。	腦島
樂觀	想起未來的正面事件所帶來的樂觀，會導致杏仁核和前扣帶迴的高度活化。	扣帶皮質 / 杏仁核

Param
"D
AVEC
FREDRIC MARCH
MIRIAM HOPKINS ET ROSE HOBART
REALISATION DE ROUBEN MAMOULIAN

人格測驗

人格測驗運用在很多地方，例如決定一個人是否適合某個工作或是晉升。有些標準化測試，需要人們根據他們的典型行為回答一些問題。測驗的結果用來決定一個人的人格組成，將人們分類成幾個不同的類型。邁爾斯－布里格斯性格分類測試（右下圖），會基於某些屬性的不同導向來分類性格。特質測試並非將人們歸類幾個大項，而是根據他們所處的維度，描繪出一個組合。而羅夏克墨漬測驗等投射測驗，讓人回應模糊的圖像刺激，據說能因此顯示出人格的各種面向。

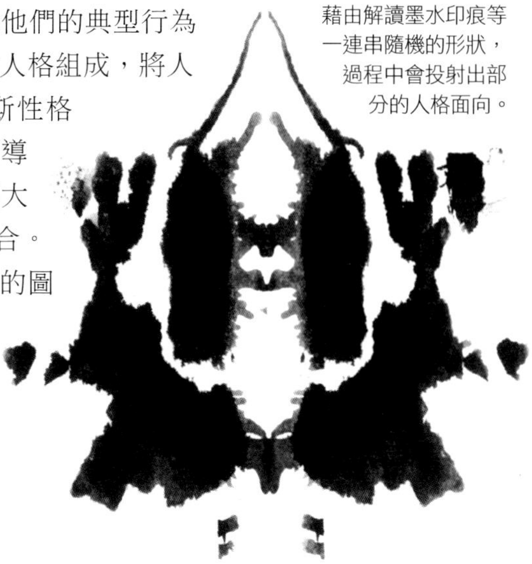

投射測驗
藉由解讀墨水印痕等一連串隨機的形狀，過程中會投射出部分的人格面向。

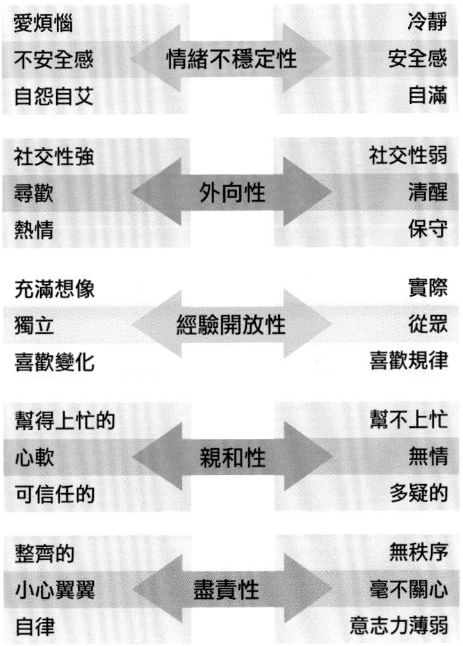

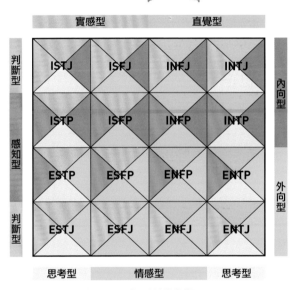

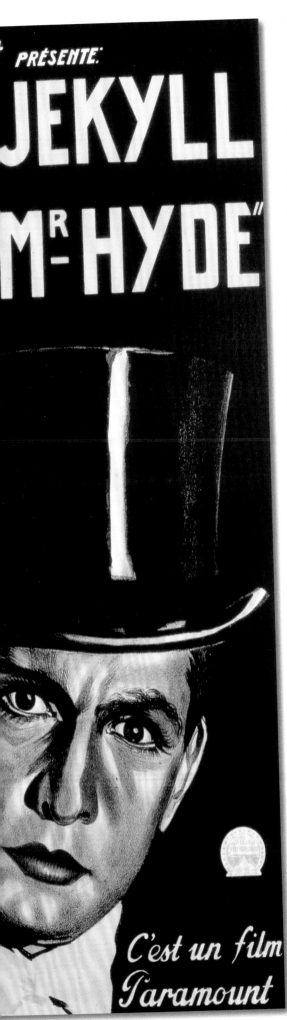

愛煩惱
不安全感
自怨自艾
情緒不穩定性
冷靜
安全感
自滿
社交性強
尋歡
熱情
外向性
社交性弱
清醒
保守
充滿想像
獨立
喜歡變化
經驗開放性
實際
從眾
喜歡規律
幫得上忙的
心軟
可信任的
親和性
幫不上忙
無情
多疑的
整齊的
小心翼翼
自律
盡責性
無秩序
毫不關心
意志力薄弱

五大人格特質測試
根據這個人格測試模型，人格的基本差異可以簡單被拆分成五個維度。人們在各個維度中可能有很多變化。

實感型
直覺型
判斷型
感知型
判斷型
ISTJ
ISFJ
INFJ
INTJ
ISTP
ISFP
INFP
INTP
ESTP
ESFP
ENFP
ENTP
ESTJ
ESFJ
ENFJ
ENTJ
內向型
外向型
思考型
情感型
思考型

邁爾斯－布里格斯性格分類測試的指標
邁爾斯－布里格斯性格分類測試會問受試者許多問題，並將人們分成 16 種不同的類型。儘管有許多批評認為這個方法毫無效力，但這個方法目前仍是商業界相當普遍的人格測試。

多重人格？

像邁爾斯－布里格斯性格分類測試這樣的測試，已經證實會因為受試者身處的狀況不同而出現不同結果。人們做性格試驗的結果，會隨著時間不同而不同，但還是會假定他們有一個主要的、相對於其他較為真實的人格。有些證據顯示，幾乎每一個人都有一個以上的人格，有的人甚至有多重人格。某個人格的記憶，其他人格不一定能夠讀取。解離性身分障礙是多重人格的極端異常，但對於一般人來說，所謂多重人格指的多半是心情的變化、小失憶、具備不同技能、不同行為以及不同世界觀。

PRÉSENTE:
JEKYLL
Mr-HYDE"
C'est un film
Paramount

《變身怪醫》
戲劇化地人格切換或是分裂人格，是恐怖電影或是鬼片常見的劇情。這反映了我們對於人格不穩定的人難以信任。

解離性身分障礙

屬於一種分裂出多個完整人格的極端現象，患者可能會在人格間切換，但卻完全不記得前一個人格的記憶。行為上也會隨著人格有所不同。有些患者的每個人格間互相沒有記憶，都有各自的記憶空缺。有些患者有時候甚至會發現，他們的某些人格會做出一些他們不認可的事情。

如何監測大腦或給予刺激

現在的科技已經有可能在螢幕上看著大腦活化，並刻意改變大腦活化的方式。這也就是神經回饋。
更準確地說，我們現在已經可以藉由穿過顱骨，或將電極貼在大腦上的方式，將電子訊號輸入，
對大腦進行刺激。

神經回饋

　　大腦會因為每個人感受、思考和察覺的不同，而不斷改變活化的狀況。神經回饋的過程中，一開始要先讓大腦對外界刺激有活性的變化，才能讓人跟著做出反應。舉例來說，腦電波的感測器就能夠用來擷取人類腦波。不同的心智狀態，例如放鬆或是焦慮，都會有特定的腦波模式，可以被轉為動態且能夠觀察的視覺波。腦電波記錄下來的大腦活動會被送進某個裝置，這個裝置能夠將腦電波轉為人類輕易理解和調控的形式。這些形式有可能會是某些上上下下的線條，或是更加複雜的圖樣等。受試者所要做的就是試著用大腦，改變螢幕上的資訊（也就是腦波的形式）。螢幕上也會亮出他們嘗試的結果，此時人們就能學習到自己的想法如何改變腦波，達到特定的心智狀態。不斷重複操作之後，就能讓人學會如何控制自己的腦波，達到自己想要的心智狀態（如極為放鬆或是極為專注等）。

音樂天分
神經回饋會幫助音樂家進入更好的心智狀態，演奏得更好。來自倫敦皇家音樂學院的學生，在接受一個療程的治療後，提升了 15% 的表演水準。

第一步
腦電波（或是類似的讀取腦波裝置）偵測某個人的各種神經活動，這些資訊會傳到電腦中。

第二步
電腦將會將這些神經模式轉為動態的視覺影像，有可能是有明確目標的互動式遊戲，需要受試者讓特定物件移動。

第四步
玩家會將遊戲中獲勝的經驗與當下的大腦狀態連結。然後再次重複該流程，透過不斷重複，讓玩家能更輕鬆地達成。

第三步
人們只需要改變大腦狀態就能夠玩遊戲。機器會記錄神經變化，例如記錄放鬆的狀態或是以獲勝來獎賞大腦。

回饋迴圈
神經回饋流程教導人們改變大腦狀態。一旦人們學習如何使用裝備，就會發現用意念操控心智狀態相當容易。

控制心智功能
腦電波是一種運用在神經回饋中，常見讀取大腦的設備。好幾個貼在頭皮上的電極會擷取由神經元發射的電波，並轉為可見的視覺波。

電痙攣療法

　　電痙攣療法的過程會送出一道強大的電流穿過大腦，讓所有的神經元都受刺激而造成癲癇（詳見第 226 頁）。這被視為是治療慢性憂鬱症的最終療法，通常對藥物和心理治療無用的案例會有效果。至今我們還不完全了解，為什麼電痙攣療法會有效果。目前認為，這可能是因為強大的電流會重新設定所有過度放電的神經元，降低這些神經元的敏感性。電痙攣療法所誘發的癲癇相對短暫且無害，而且醫師會給予肌肉鬆弛劑，以避免抽搐。不過，使用此療法的患者常常表示有記憶上的問題。

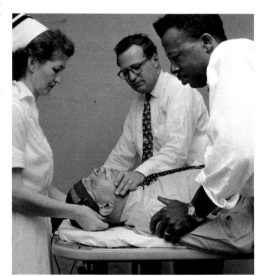

歷史上的電痙攣療法
電痙攣療法曾經在 1950 年代是精神療養中心廣泛使用的療法。在當時就是一種非常殘酷的療法，會誘發全腦的痙攣，使患者強烈抽動。

穿顱磁刺激

穿顱磁刺激會將磁脈衝穿透顱骨，打入大腦。磁脈衝會暫時擾亂該腦區的正常運作。重複刺激某一個區域的話，會對該腦區造成長期影響，改變原有的運作方式。例如目前已知，穿顱磁刺激可以改善憂鬱症患者，部分腦區活性較低的狀況，或是減少強迫症患者腦區過度活躍的現象。穿顱磁刺激的療程已經是許多疾病的常見治療。

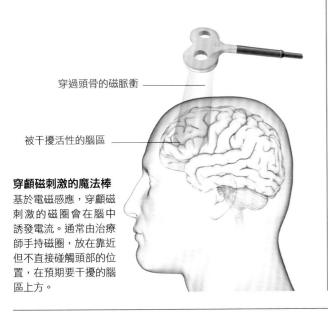

穿過頭骨的磁脈衝 ——

被干擾活性的腦區 ——

穿顱磁刺激的魔法棒
基於電磁感應，穿顱磁刺激的磁圈會在腦中誘發電流。通常由治療師手持磁圈，放在靠近但不直接碰觸頭部的位置，在預期要干擾的腦區上方。

深度腦刺激

進行深度腦刺激的時候，會將電極以手術方式放進大腦。它們會放射出電流到鄰近的目標區域，活化其他休眠中的神經元，以造成腦部的區域變化。這些電極以非常細的電線相互連結，然後穿過頭骨上的小孔，放到大腦深處。這些電極會根據患者的症狀，放在不同位置，每一個患者的位置都會非常不同。有些案例，這些電線會連結到外部的開關，讓患者能夠依照需求開關電流。

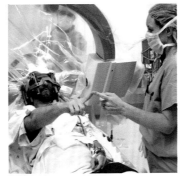

腦部手術
患者在手術過程中保持清醒，這樣才能和手術人員溝通。患者的反應會引導手術團隊將電極放到正確的位置上。

治療中風

神經刺激可能可以幫助中風患者加速復原。刺激受損的腦區，會讓周邊的神經元成長，並接管受損細胞原有的功能。同樣的，在另一大腦半球相對於受損腦區的對應區域給予抑制性的電刺激，則能夠避免該對應區域代償掉受損腦區的功能，阻礙受損腦區的復原。

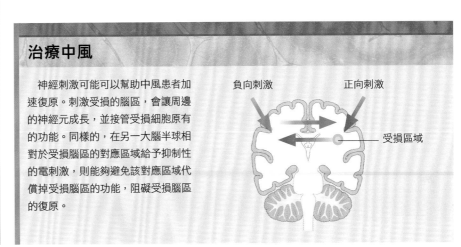

負向刺激　正向刺激

受損區域

經顱直流電刺激術

經顱直流電刺激術是一種透過頭皮下的電極，送出些微電荷穿過皮質，對特定神經元進行抑制或刺激的方法。電流大小大約兩個毫安培，小到多數的人都不會意識到。數以千計的研究認為，這是一種安全且能有效減緩情緒障礙、慢性疼痛、耳鳴、運動與語言疾患的方法，尤其對中風後的患者特別有效，甚至對思覺失調症患者和失智症也有療效。這也能提升一般人的腦功能，甚至能夠增強數學能力和創意，讓人學得更快。

創意：前額葉區域
（研究認為負向刺激也具效果）

憂鬱症：前額葉皮質

語言流暢度和提升對口語的記憶：布洛卡區

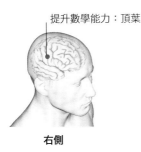

提升數學能力：頂葉

右側

左側

不同腦區
用經顱直流電刺激術刺激（或是抑制）不同腦區會有不同效果。紅色點為陽極刺激，藍色點為陰極抑制，能夠改變特定體驗或是提升特殊技能。

顏色說明
● 陽極刺激
● 陰極抑制

光遺傳學

光遺傳學讓大腦中特定的神經路徑，能夠透過光來進行開關。目前多半還運用在研究動物上，用來標記大腦迴路。但最終希望能作為醫療目的的使用。第一個可能的應用是修復眼中對光無感的視網膜細胞。這項技術需要將藻類中的光敏分子，插入特定的腦細胞，再運用光纖放進腦中，當啟動光的時候，含有光敏分子的神經細胞就會被活化。取決於這個神經細胞的位置，這種刺激的方式可以改變特定的行為模式，或是創造新的記憶和習慣。

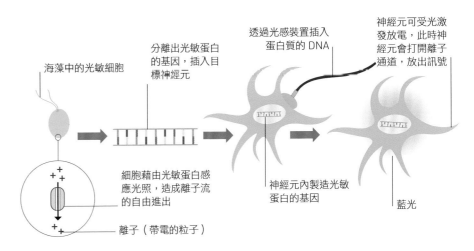

神經元可受光激發放電，此時神經元會打開離子通道，放出訊號

透過光感裝置插入蛋白質的DNA

分離出光敏蛋白的基因，插入目標神經元

海藻中的光敏細胞

細胞藉由光敏蛋白感應光照，造成離子流的自由進出

神經元內製造光敏蛋白的基因

藍光

＋＋＋

離子（帶電的粒子）

插入分子
有很多方式可以在腦細胞中插入光感分子。最常見的方式就是運用病毒作為載體，感染某些神經元。

異於常人的大腦們

每一個人的大腦乍看之下非常相似，整體而言變化不大。但有些人的大腦卻顯然異於常人。很多生理構造不同的大腦創造了截然不同的人類行為，和觀看世界的全新觀點。

分裂的大腦（裂腦）

胼胝體肩負著溝通左右大腦的功能。在相當極端的狀況下，為了避免癲癇範圍擴散，癲癇患者的胼胝體會被手術切除。在一系列的實驗中，研究者試圖分別向裂腦患者的兩側大腦半球，投射不同影像（詳見下方的裂腦實驗）。一般而言，左右大腦半球會透過胼胝體交換訊息，但沒有了胼胝體，兩側就只能各自辨識各自的圖像。患者的語言優勢左腦僅能看到投射至左腦的圖片，因此除了該圖片外，患者會主述沒有看到其他東西。*但他們還是能夠用左手（由右大腦半球控制），指出透過右大腦所看到的事物。但因為左右腦缺乏溝通，他們無法回答自己為什麼指出那個物體的理由。因此當時認為右大腦半球（對右撇子來說）雖然無法「說話」，卻也能夠取得足夠的資訊來影響行為。

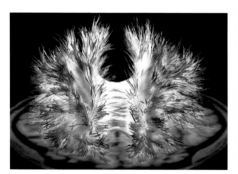

連結左右大腦半球
擴散張量影像清楚地展示了組成胼胝體的一大束神經纖維，這些神經纖維連結了左右大腦半球。

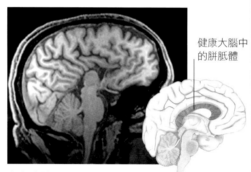

健康大腦中的胼胝體

沒有連結
有的時候胼胝體沒有發育完全（如核磁共振所示），這會讓左右大腦半球無法正常相連。

測試你的胼胝體

閉上眼睛並將雙手手掌朝上張開。請其他人碰觸你其中一隻手的某個指尖，這時你用你另一隻手的拇指碰觸相對應的同一個手指的指尖（如下圖）。如果資訊在兩個半球之間正確地流動著，你應該閉著眼睛就可以做到這個動作。

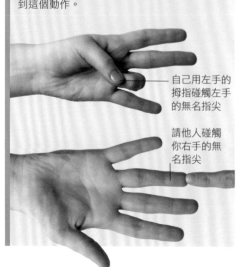

自己用左手的拇指碰觸左手的無名指尖

請他人碰觸你右手的無名指尖

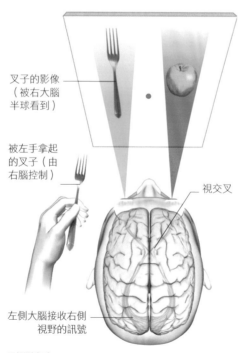

叉子的影像（被右大腦半球看到）

被左手拿起的叉子（由右腦控制）

視交叉

左側大腦接收右側視野的訊號

裂腦試驗
在裂腦試驗中，即便患者主述僅看到蘋果，沒有看到叉子這個圖像，但右側大腦接收到的資訊，還是可以透過引導左手將之選擇出來。

*【審訂註】由於右腦（絕大部分）不具語言區，因此即使患者的右腦確實看到投射至右腦的圖片，這個來自右腦的訊號也無法透過胼胝體傳送至左腦，並藉由左腦用言語表達出來。

超級大腦運作中
物理學家亞伯特・愛因斯坦（1879－1955）宣稱他能整體地看透他的數學理論，而不是一片一片靠努力拼湊出來的。他腦中的結構特殊，也許能夠解釋為什麼他可以具備這種能力。

奇怪的大腦

透過大腦掃描影像，我們得以一窺某些驚人的生理異常，像是完全失去單側大腦半球的大腦。長大之後才失去單側大腦半球，很有可能會導致毀滅性的結果。但是有些案例，在嬰兒時期大腦發育極其受限，卻能夠用剩下的大腦過著完全正常的生活，幾乎沒有任何後遺症。

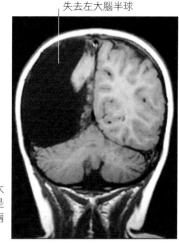

失去左大腦半球

只剩半邊大腦
儘管移除了單側大腦，這個女孩還是能夠靈活地運用兩種語言。

大小並不重要

大腦的尺寸通常不會改變太多，只有極少的證據暗示著腦部越大越聰明。舉個極端的例子，愛爾蘭的作家強納森・史威夫特（1667－1754）在死後，發現他的大腦重達2000克（70.5盎司）。1928年，莫斯科大腦研究中心開始收集像是生理學家伊凡・帕夫洛夫（1849－1936）等俄羅斯名人的大腦，並進行標記。他的大腦尺寸則和強納森・史威夫特相反，只有1517克（53.5盎司）重。

強納森・史威夫特　　伊凡・帕夫洛夫

大小不一樣
聰明的名人擁有不同尺寸的大腦，但尺寸和智商的關係，仍然不夠明確。

恐怖分子的大腦

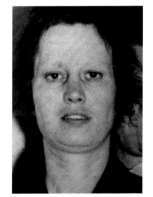

烏利克・邁因霍夫（1934－1976）是巴德－邁因霍夫幫的成員，與1970年代德國多起謀殺、爆炸和綁架案件有關。她被捕之後，在獄中自殺。在她死後，研究發現，她的暴力行為很有可能導因於某次手術中因為血管腫脹導致的腦損傷。

殺手的面貌
1972年，當邁因霍夫被捕的時候，拍下這張罕見的照片。1962年，她在一次腦部手術後，放了一個金屬血管夾，也正是如此讓警察認出了她。

愛因斯坦的大腦

在亞伯特・愛因斯坦死後，他的大腦被保留了下來。很多年後，珊卓拉・魏特森博士比較了愛因斯坦和腦庫中其他大腦的差別。發現愛因斯坦的大腦比一般人寬，而且缺乏一部分會穿經頂葉的腦溝。這影響了與數學和空間推理相關的腦區，也很有可能正因為缺了這條腦溝，使神經元更能夠輕易地相互溝通，使他具有優於常人的能力，用數學來描述我們的宇宙。

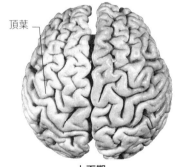

頂葉

上面觀

外側溝

側面觀

數學的大腦？
愛因斯坦的大腦比一般人更寬（上圖），而且缺少頂葉通常會有的外側溝。

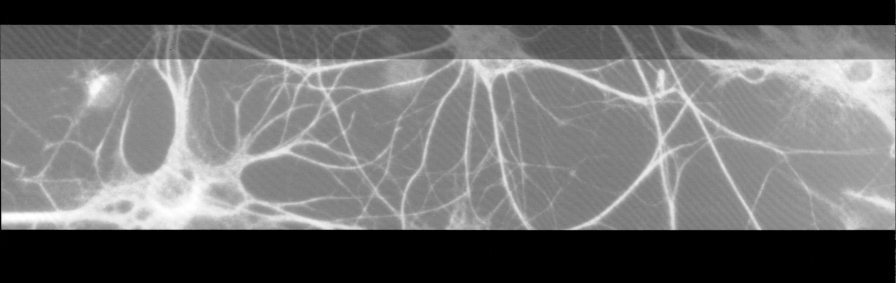

人的一生中，大腦會持續變化，並對我們的能力和行為做出極其深遠的影響。大腦的發育從受孕後幾週就開始，然後會以令人不可置信的速度，快速成長，每分鐘都能生成數以千計的神經元。接著成長速度會放緩，一直到我們 20 多歲時，大腦才發育完成。隨著我們年齡漸長，會開始面對不可逆的自然退化，但大腦也有許多和老化對抗的補償機制。

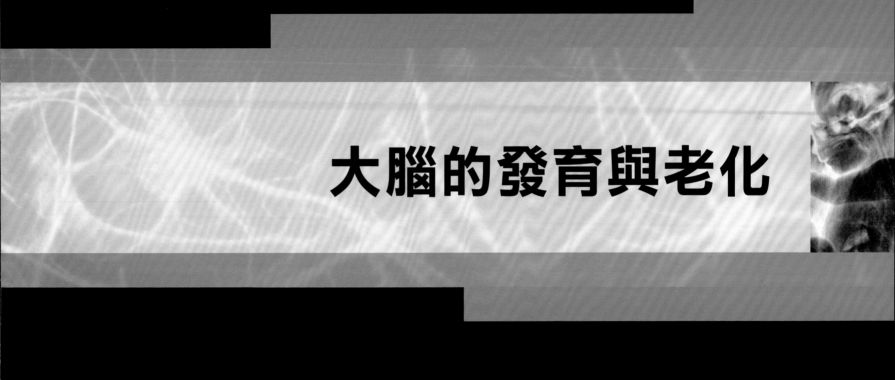

大腦的發育與老化

嬰兒的大腦

人腦是由生長中的胚胎最外圍的組織所形成，經過多次的演變，才形成可見的器官樣貌。經過一段細胞快速生長的時期，新生的神經元會四處移動，形成大腦的各個區塊。整個過程需要花二十年左右的時間，才能讓大腦完全成熟。

從受孕到出生

在受孕之後，胚胎只不過是一小團細胞。大約是在受孕後三週，當細胞逐漸分化出胚層後，才逐漸開始發育出大腦和神經系統的原型。最外圍的細胞會逐漸加厚、變平，沿著胚胎背部，形成神經板（詳見下圖）。此處會加寬並向內凹陷，形成充滿液體的神經管，後續會演化成大腦和脊髓。懷孕四週後，大腦才會開始從神經管最上方末端的腦泡開始發育，神經管下方則發育成脊索。大腦包括皮質在內的主要部分，則在懷孕七週後才能看到。懷孕八週後，大腦開始快速成長發育，變得更加複雜。

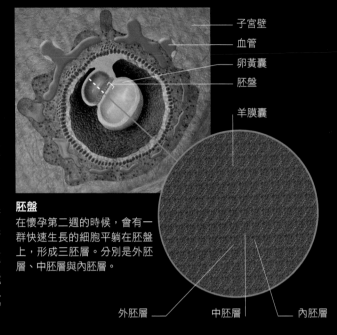

子宮壁
血管
卵黃囊
胚盤
羊膜囊

外胚層　　中胚層　　內胚層

胚盤
在懷孕第二週的時候，會有一群快速生長的細胞平躺在胚盤上，形成三胚層。分別是外胚層、中胚層與內胚層。

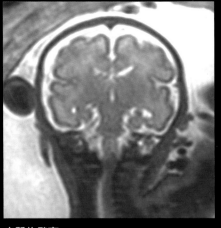

皮質的發育
大腦皮質由前腦發育而來，這是神經管所形成的三個腦泡中，最前面的那一個。額葉最先形成，其次是頂葉、顳葉和枕葉。

胚胎發育的顏色說明
- 前腦
- 中腦
- 後腦
- 脊索

大腦
小腦
腦幹

神經管形成
前腦泡突出
神經管

懷孕第三週
懷孕第三週後，神經管會沿著胚胎背後逐漸發育完成，前腦泡突出的範圍也會越來越明確。

耳芽
眼芽
神經管

懷孕第五週
懷孕第五週已經能看到未來的前腦、中腦和後腦。也能看到最初的眼睛和耳朵。視神經、視網膜和虹膜也開始成形。

顳神經
耳芽
眼芽

懷孕第七週
此時的胚胎大約 2 公分（0.75 吋）長，未來會形成腦幹、小腦和大腦的突起已經清晰可見。顳神經和感覺神經也開始發育。

懷孕第十一週
大腦開始膨大，眼睛與耳朵發育更加成熟且已經移動到了正確的位置。此時胚胎的頭部還是比身體大。後腦已經分化成小腦與腦幹。

神經管的形成

神經系統發育過程中的一大關鍵，就是形成神經管。這個過程稱為神經胚形成，由形成原始的脊髓開始，會傳送特定訊號給覆蓋在上方的組織，使組織變厚，形成神經板。神經板會向內凹，形成神經溝。溝內的皺褶會相互融合、關閉形成神經管。有些神經褶的組織會突起形成神經嵴，後續會成為周邊神經系統。

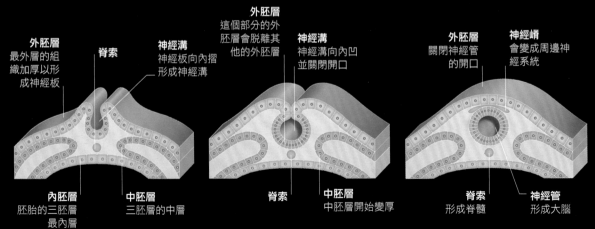

外胚層
最外層的組織加厚以形成神經板

脊索

神經溝
神經板向內摺形成神經溝

外胚層
這個部分的外胚層會脫離其他的外胚層

神經溝
神經溝向內凹並關閉開口

外胚層
關閉神經管的開口

神經嵴
會變成周邊神經系統

內胚層
胚胎的三胚層最內層

中胚層
三胚層的中層

脊索

中胚層
中胚層開始變厚

脊索
形成脊髓

神經管
形成大腦

神經溝的形成　　　　**神經溝的關閉**　　　　**神經管形成**

神經生長與修剪

人類出生前，大腦的發育只會完成六分之一，三歲前會有明顯成長。此時的發育多半都是結締組織的生長，而神經元間也開始慢慢形成彼此聯繫的路徑。等到三歲的時候，緻密的神經纖維網路就需要修剪，也就是所謂的細胞凋亡。神經修剪讓留下來的連結能夠運作得更有效率。這就像將雜訊從某個無線電波訊號中抽離，只留下不受干擾的內容。

  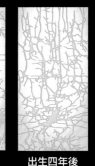

出生　　**出生兩年後**　　**出生四年後**

神經網路
在出生後的前幾年，大腦中的神經元間形成密集、相互連結的神經纖維網路。四歲的時候，這些連結會因為神經凋亡，變少一些。

語言與發育

語言能力還有其他的高階功能，雖然早就深植在大腦中，但還是需要一些適當的刺激，才能發育得更為完善。嬰兒大概六個月左右開始牙牙學語，一開始可能是一連串的音節，然後逐漸形成一些子母音的組合。而全世界的大人，面對嬰兒的牙牙學語，都會以「媽媽語」來回應。所謂的「媽媽語」就是喃喃地哼著重複的聲音，像是「咕咕」這樣簡單的字。這都幫助孩子發展語言功能，也促進情感上的連結。

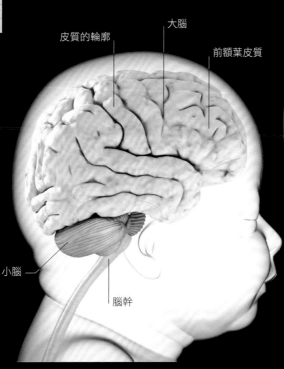

形成腦溝　形成腦迴　位於外側溝深層的腦島

額葉

小腦

皮質的輪廓　　大腦

前額葉皮質

小腦　　腦幹

出生後25週
此時左右大腦半球已經明確地分開，陸續形成了較深的凹陷和明顯的突起，也就是腦溝和腦迴。小腦則塞進了大腦後方。

出生之後
此時大腦已經發育，腦溝和腦迴也越來越複雜。嬰兒出生後所擁有的神經元數量和成人幾乎一樣，大約是一千億個左右。大多數的神經元都在懷孕前六個月形成，只是並未發育成熟。

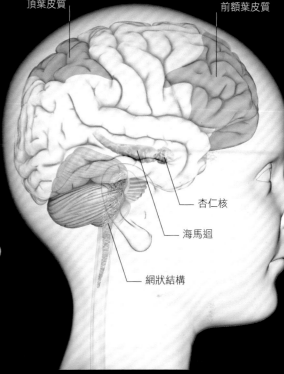

頂葉皮質　　　　前額葉皮質

杏仁核

海馬迴

網狀結構

出生後三年
某部分的大腦，例如前額葉皮質，還未和其他腦區建立連結，神經纖維甚至也還沒有加上髓鞘，所以還無法好好地傳遞訊息。這限制了額葉思考與判斷的能力。杏仁核與海馬迴的發育，讓人可以形成記憶。

環境情景與臉龐

有些基本的大腦功能，會在出生前就已經就定位。大腦最後方一開始就已經設定好要接收來自眼睛的資訊，專門將這些資訊轉換成視覺資料。而此時邊緣系統也已經開始負責辨識「好」與「壞」的事件。其他更加細微的區域也已經底定。

成人　　**六個月大的嬰兒**　　　**成人**　　**六個月大的嬰兒**

 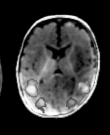 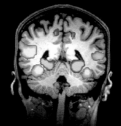 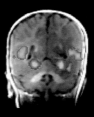

顏色說明
　被情景活化的腦區　　　　　　　被臉龐活化的腦區

準備看見
對六個月大的嬰兒進行大腦掃描後發現，他們已經像大人一樣，有獨立用來處理臉部的腦區。

童年與青少年時期的大腦

隨著大腦的發育，會創造越來越多的神經路徑，連結了各個功能區。最早完成整合的是與知覺有關的腦區，緊接著是運動區。

運動能力
靈活的肢體動作，取決於負責知覺與運動的腦區是否在早期相互連結有關。

童年的大腦

　　大腦在人類童年與青少年時期持續成熟，整個過程要一直到約 20 歲末期才會完全結束。在這段過程中，不同的腦區會相互連結，創造出越來越複雜且可控的行為。當神經元像其他神經元持續發出軸突時，就會產生連結，而軸突上若覆有由脂肪組織構成的髓鞘*，則能夠讓電子訊號的傳遞更加快速且可靠。*

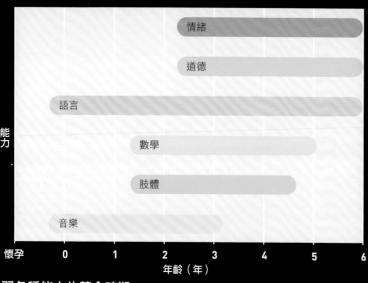

學習各種能力的黃金時期

　　人類是否具備特定能力，與相關腦區是否發育成熟有關。這張時間表的時序，主要由基因控制，表示在孩童的大腦相關腦區未成熟之前，是很難教會他們相關技能的。舉例來說，在孩子三歲以前，由於他們的前額葉發展還不夠完全，還無法做出與道德相關的決策，所以很難教會孩子進行道德判斷。當相關的區域逐漸成熟，只要給予相關的刺激，孩子也能輕鬆地、很快就學會相關的技能。如果錯過了學習該技能的黃金時期，後續要學習的話，也會相對較為困難。

改變連結

　　藉由兩百張左右的功能性核磁共振掃描，科學家畫出了平均年齡 7 到 10 歲左右的孩子大腦成長的過程。他們發現連結到周邊腦區的神經纖維會減少，但隨著大腦越來越成熟，邊緣系統和額葉皮質的連結則越來越多。

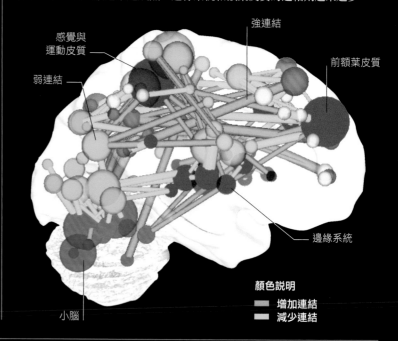

感覺與運動皮質
強連結
前額葉皮質
弱連結
邊緣系統
小腦

顏色說明
▬ 增加連結
▬ 減少連結

持續整合

　　為了要像成人大腦一樣思考和運作，發育期的大腦必須要更加高度整合。這讓我們更能深入理解我們的感知，並深思我們即將要採取的行動。為了要能更加高度整合，腦區間的連結需要「髓鞘化」，脂肪會包覆在軸突外面，讓電訊號的傳遞更為順暢。

髓鞘化
以下這些腦部掃描顯示了不同年紀，大腦神經連結髓鞘化的平均程度。黃色表示完全髓鞘化，綠色是局部髓鞘化，藍色是未髓鞘化。

顏色說明
▬ 完全髓鞘化　　　▬ 沒有髓鞘
▬ 局部髓鞘化

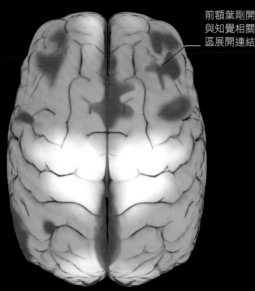

前額葉剛開始與知覺相關腦區展開連結

5歲

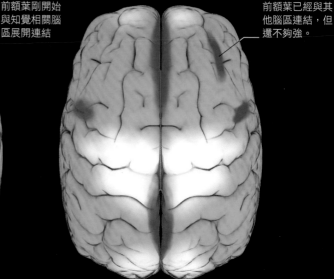

前額葉已經與其他腦區連結，但還不夠強。

8歲

*【審訂註】中樞神經系統的髓鞘主要由寡樹突神經膠細胞形成；周邊神經系統的髓鞘則主要由許旺氏細胞形成。

青少年的大腦

進入青春期後一直到成人初期，人腦會出現戲劇化的結構轉變。這個過程通常外顯為衝動的叛逆行為，甚至是突然的人格改變。當這些改變同時發生的時候，青少年的大腦是相當脆弱的。這時期常會出現喜歡冒險或是抱持悲觀態度等人格特質，極端時甚至會讓他們陷入某些異常行為，例如嗑藥、有勇無謀的犯罪行為、極端焦慮或是憂慮的狀態等。隨著大腦的發育更加成熟，許多人會度過這個過程，但有的時候這個過程卻也是未來會具有長期身心問題的開端。

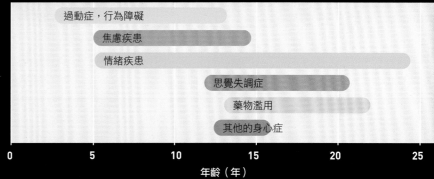

青春期會發生的身心異常

- 過動症，行為障礙
- 焦慮疾患
- 情緒疾患
- 思覺失調症
- 藥物濫用
- 其他的身心症

年齡（年）　0　5　10　15　20　25

身心健康的風險

青春期期間，大腦所發生的戲劇性變化會讓青少年容易發生身心相關的疾患。五分之一的青少年自此會發生心理上的疾病，一路延續到成年時期。

大腦的改變

不論是什麼性別，青少年的大腦都會因為分泌睪固酮，面臨急遽的改變。這種荷爾蒙會突然讓大腦中的神經路徑，維持一段時間的可塑性，讓神經更容易建立連結，也更容易打斷連結。這讓青少年能夠輕易地學習新事物，建立新的習慣和個人特質，但也很容易就又會再度改變。青少年的大腦極為不穩定，形成了許多令人難以理解的變化、喜歡冒險和叛逆的行為傾向。此時前額葉皮質還正在發展中，這也有可能是導致衝動和草率決策的原因。主導運動技能的基底核也和此有密切關聯。另外胼胝體是負責連結左右大腦半球的神經路徑，此時也會增厚，增強大腦半球間處理資訊的能力。

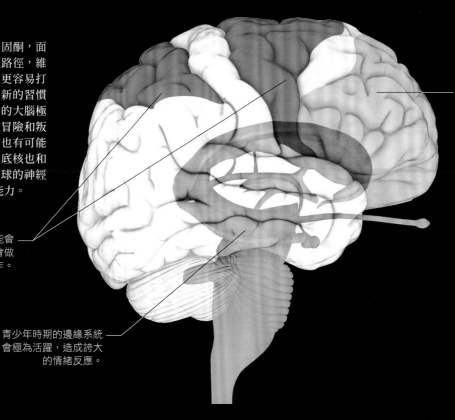

此時前額葉並未發育完全，還無法持續控制各種情緒上的衝動。

大腦運動區與肢體可能會無法完全同步，可能會做出有些笨拙的動作。

青少年時期的邊緣系統會極為活躍，造成誇大的情緒反應。

大腦發育中

此時大腦很多區域都正在發育中，每一個區域都與青少年暫時性的特殊人格特質有關。

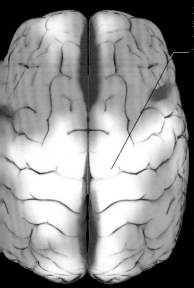
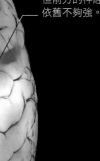

大腦後方的神經連結已經陸續形成，但前方的神經連結依舊不夠強。

12歲

神經連結已經建立完成，但青少年的大腦正經歷天翻地覆的改變，因此這些神經褲結還不夠穩固。

18歲

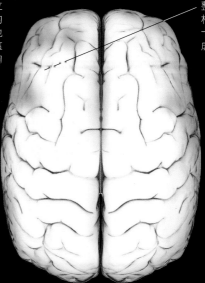

整個大腦已經完成相互連結，未來的十年也還會繼續形成新的連結。

20歲

成人的大腦

大腦和其他器官不太一樣，在成熟之前都會不斷成長，成年之後也還會持續進行重整。新的腦細胞也會不斷生成，為了應對生命中不同的經驗，大腦結構也會不斷改變。

漸成熟的過程

人類的大腦需花上一段時間才會逐漸成熟。約莫要等到 20 多歲到 30 歲初期的時候，最後一個成熟的腦區——前額葉皮質才會完全成熟，並達成髓鞘化（神經細胞的軸突外圍包覆髓鞘的過程。髓鞘可讓訊息的傳遞更加快速）。一旦前額葉皮質的功能完全成熟，當面對情緒化的內容時，就會更加活化。這說明了為何青少年或小孩的情緒起伏比較大，一旦前額葉皮質完全發育，就可以在必要的時候抑制情緒，做出更經深思和克制的反應。

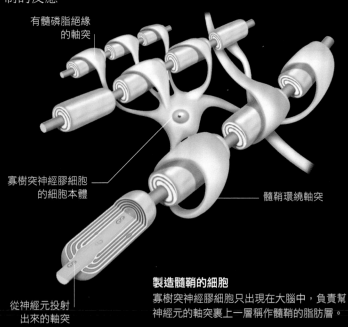

製造髓鞘的細胞
寡樹突神經膠質細胞只出現在大腦中，負責幫神經元的軸突裹上一層稱作髓鞘的脂肪層。

有髓磷脂絕緣的軸突

寡樹突神經膠細胞的細胞本體

髓鞘環繞軸突

從神經元投射出來的軸突

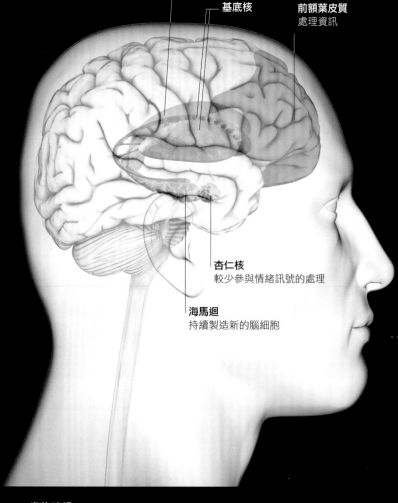

30 歲的時候
此時前額葉皮質已經發育成熟，能夠增強執行的功能。這表示大腦比較不仰賴杏仁核處理情緒的資訊。其他在青春期還正在發育的區域，此時也漸趨成熟。

胼胝體
完全發育後，讓資訊可以更自由地穿梭在左右大腦半球之間。

基底核

前額葉皮質
處理資訊

杏仁核
較少參與情緒訊號的處理

海馬迴
持續製造新的腦細胞

神經新生

以往都認為成人大腦中的腦細胞數量，從很早的時候就不會改變了。形成新記憶、學習新的事物，完全仰賴神經元間新增更多連結來達成。雖然神經元間的重新連結，對於學習非常重要，但現在認為，即便是成人也會持續生成新的腦細胞。神經新生主要發生在海馬區的齒狀迴，這是對學習與記憶相當重要的核心區塊。人的一生中，海馬迴裡大約三分之一的神經元，會陸續被更新。

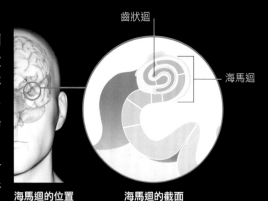

齒狀迴

海馬迴

海馬迴的位置　　**海馬迴的截面**

形成記憶的地方
海馬迴是大腦中相當重要的區塊，對於回憶和形成記憶非常重要。發生在齒狀迴的神經新生現象（詳見下頁），能幫助海馬迴編入新的資訊。科學家在動物腦中注入具放射活性的標記物，這些標記物會連結到分裂中的細胞，藉以測量神經新生的現象。在犧牲動物後計算有哪些細胞被標記，就能知道有多少細胞正在分裂，並得知神經細胞新生的詳細數量。

高階功能

人腦會持續地成熟，直到 20 歲晚期才逐漸停止，這段時間主要的變化，多半集中在與高階功能相關的腦區，例如逐漸活躍的前額葉皮質，負責統整大腦其他資訊，以形成一個較為全面的世界觀。在此之前，負責情緒的腦區還未與負責思考、判斷和行為抑制的區域相互連結。直到這些連結越來越穩定之後，人會越來越不那麼衝動和情緒化，且會變得更加小心、思考更周全，並試著做出更好的判斷。

成年人的新記憶

正因為有新生的腦細胞，才能讓新的資訊被儲存下來，但也同時擾亂了既有的記憶，重寫了原有的模式。多數的記憶都是在海馬迴中形成，然後被送回其他腦區，形成長期記憶。短時間內，記憶會同時存在於海馬迴跟其他地方。但幾年過後，海馬迴中的相關記憶會被清空。在這段記憶完全地轉移成功之前，新生的神經細胞很有可能會弱化儲存在海馬迴中的記憶。這也許就是為什麼我們很少能回想起非常小的時候的記憶。

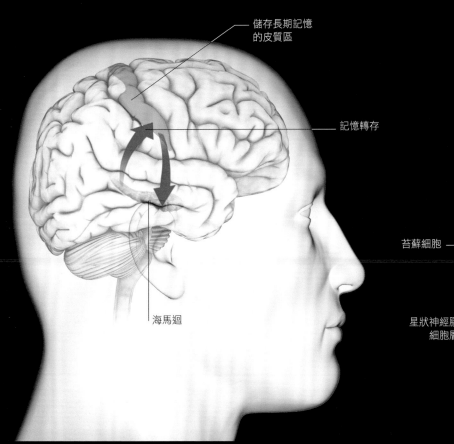

轉存為長期記憶
人類記憶一開始會在海馬迴形成某種神經活性的模式，接著才會被送到皮質某區儲存（詳見第 160 - 161 頁）。

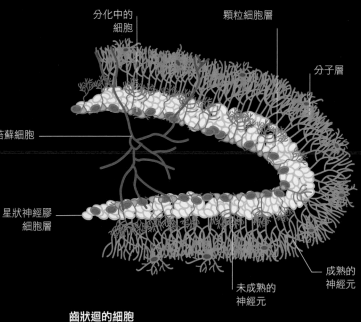

新細胞的位置
這張光學顯微照片是海馬迴的放大切面，圖中可見齒狀迴內的神經細胞都被染色，齒狀迴就是神經細胞新生的地方。

齒狀迴的細胞
成人身上只有兩個區域會持續新生神經細胞：嗅覺皮質（有部分位於前額葉皮質，負責嗅覺）和海馬區的齒狀迴。這個區域的星狀神經膠質細胞會製造一種蛋白質，觸發神經元新生。新生的細胞分裂後，從齒狀迴的顆粒細胞層移動到分子層，逐漸成熟。

親子關係

養育小孩是成人生活中的重大事件，通常會帶來大幅度的行為改變。這也會同時改變爸爸與媽媽的大腦。無論是爸爸或媽媽的大腦，荷爾蒙（例如催產素和泌乳激素）濃度都會上升，這會興奮大腦抱持警覺的核區（例如杏仁核），讓人們更加在乎身邊的動態，對於嬰兒的行為（像是哭和其他表達）更加敏感。男性的睪固酮則會下降，泌乳激素上升，讓他們的大腦暫時更像女性。

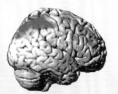

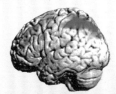

右大腦半球　　　　**左大腦半球**

大腦的改變
研究人員認為成為父母，也會增加神經新生。如同左邊的核磁共振圖，研究發現，新手媽媽的皮質有增厚的現象。

看見寶貝
父母的人腦對於自己小孩的臉龐，會比其他人有更強烈的反應。母親與孩子之間連結的緊密程度，決定了母親（尤其是杏仁核）的反應強度。罹患產後憂鬱的母親比起和孩子強烈連結的母親，杏仁核的反應較弱。
影像研究發現，所有的大人對孩子的臉龐都會有特殊反應。與情緒相關的眶額皮質，會在大人們看到嬰兒的時候變得活躍，但看到成人的時候卻沒有這樣的反應。只要是成人，無論是否曾為父母，也無論性別，都會出現這種極具象徵性的反應。這意味著演化的過程中，希望我們能夠對人類嬰兒有一定程度的情感連結。

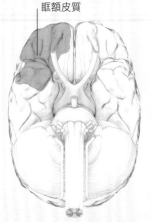

下側觀

老化的大腦

傳統上對老化的看法都是認為，大腦和身體會逐漸走向退化。此言的確不假，因為神經元的數量的確會隨著
時間減少，剩下來的神經元，傳遞神經衝動的過程也會逐漸變慢。這會讓思考的速度變慢，衍生某些與記憶
相關的問題。反射也會較差，造成動作和平衡上的困難。

自然退化

以前，人們很少活到 50 歲以上，所以我們的大腦也還未演化到能夠適應這般
高齡的狀態。老化的大腦是人類歷史和演化上相對全新未見的狀態。大腦與神經
系統的自然退化和疾病無關，所以千萬別和失智的病理機轉搞混，失智有其特定
的模式。最近的研究顯示多數的神經元，在人們離世的時候都還相對健康，大腦
在 20 歲到 90 歲的期間，體積與大小僅僅只少了百分之五到十左右。除了體積與
大小之外，大腦的形狀也會有
所改變，腦溝變寬，並形成了
許多纏結和斑塊（小型的圓盤
狀增生物）。目前我們對這些
纏結和斑塊增生的功能角色尚
不清楚，但無論是健康或是罹
患阿茲海默氏症的患者，都會
有類似的改變。

包覆髓鞘
的軸突

失去髓鞘
的區域

髓鞘陸續瓦解

包覆在軸突外的髓鞘，對於神經元彼此之
間的溝通來說，相當重要。這個以蛋白質
為基礎的結構會隨著年紀而瓦解，讓大腦
迴路的效率降低，造成平衡困難或記憶問
題。如左圖的藍色與紫色區域所示，陸續
瓦解的髓鞘一路從大腦皮質延伸到脊髓，
綠色部分則是相對較健康的區域。

年齡和興奮的程度

多巴胺是一種用來觸發興奮和快速決策的神經傳導物質。
大腦影像顯示，隨著年紀老化，多巴胺迴路的活性也會跟
著下降。因為多巴胺與尋求刺激和承擔風險有關，這或許
也解釋為什麼某些行為會隨著年齡增大而改變。血液中多
巴胺濃度較低，也許就是為什麼比起年輕人，老年人會更
希望擁有安靜祥和的生活的理由。

對聖誕節的興奮感

小孩子們非常喜歡打開禮物的興奮感，但因為多巴胺濃度
降低的因素，成年人似乎就並不這麼興奮。多巴胺負責誘
發獎賞（這個例子中是聖誕節禮物）機制，但對成年人來
說影響較小。

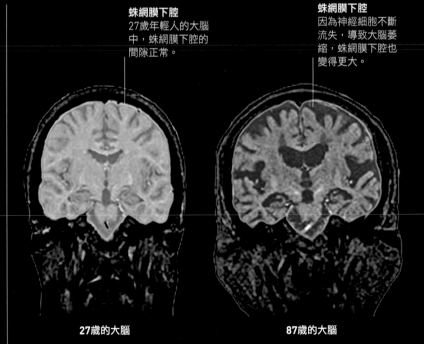

基底核
在較年輕的大腦
中，這群神經細
胞相對較正常。

基底核
明亮區域表示有
含鐵物質堆積

蛛網膜下腔
27歲年輕人的大腦
中，蛛網膜下腔的
間隙正常。

蛛網膜下腔
因為神經細胞不斷
流失，導致大腦萎
縮，蛛網膜下腔也
變得更大。

27歲的大腦　　　　　**87歲的大腦**　　　　　**27歲的大腦**　　　　　**87歲的大腦**

基底核
這一系列的核磁共振掃描，可以看出年輕成人的大腦與老人大腦，各個重要部位
的差異。這兩張掃描標示了在肢體協同運動中扮演了重要角色的基底核。

蛛網膜下腔
蛛網膜下腔圍繞在大腦外圍，是腦出血的常見位置（詳見第 229 頁）。當大腦老
化，蛛網膜下腔會明顯地變大，表示大腦體積變小。

老化的好處

大腦其實可以代償老化所帶來的效應,隨著年紀增加,心智狀態亦有可能持續增進。對 45 到 50 歲的群體,大腦顳葉與額葉的髓鞘會相對增加,使他們更能好好地處理各種知識。另外,全面性的研究也發現,認知能力較好的長者,比起年輕人或是能力較差的長者,往往能夠更好地同時使用左右大腦或是另一側的大腦。這也許就是大腦代償認知能力下降的方式,強化思考和記憶的功能。

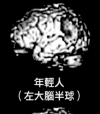

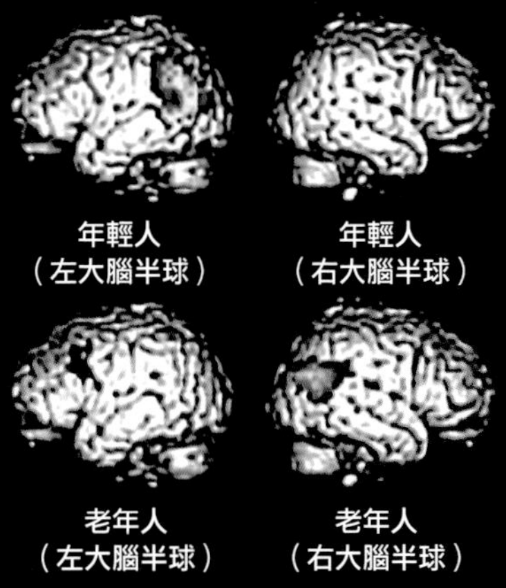

年輕人
(左大腦半球)

年輕人
(右大腦半球)

老年人
(左大腦半球)

老年人
(右大腦半球)

比較大腦活化的程度
有一個功能性核磁共振掃描的研究,比較了年輕成人(右圖上排)和年長成人(右圖下排),理解語句時的大腦活躍程度差異。結果發現,理解力較好的年長者會使用其他腦區,來彌補語言區的退化。

蛋白質堆積

某個最新的研究檢查了五位 80 歲長者的大腦,這些長者的記憶測試,與同年齡、沒有失智傾向的正常人相比,表現都非常好。這些在記憶測試中表現良好的長者,比起其他族群,大腦中由「Tau 蛋白」所形成的纏結較少。這些在大腦中的纏結,如今認為最終會是殺死腦細胞的原因之一。

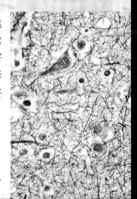

纖維狀的纏結
阿茲海默氏症患者的大腦中,常常可以在顯微鏡下找到大量蛋白纏結(圖中的黑色團塊)。

讓大腦保持年輕

關於大腦老化的新研究認為,大腦功能下降的程度,可能會因為像是運動習慣等生活因素的不同,而有所減緩。研究也發現血糖可能會破壞體內某些重要的蛋白質,因此減少飲食量、降低血糖,也會減緩退化的速度。換言之,像是第一型糖尿病患者這一類血糖較高的人,比起一般非糖尿病患者,大腦老化的癥狀也較多。

運動

休息

健康飲食

鍛鍊智力

維持健康生活型態的好處
有些生活型態的因素會刺激神經組織的生長。緩和的有氧運動像是健走、足夠的睡眠、良好的飲食以及心智活動,的確會幫助延緩年齡所造成的心智能力下降,防止老化帶來的問題,例如記憶功能障礙等。

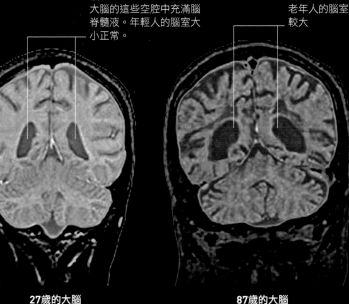

腦室
大腦的這些空腔中充滿腦脊髓液。年輕人的腦室大小正常。

腦室
老年人的腦室較大

27歲的大腦

87歲的大腦

腦室
大腦的腦室中富含腦脊髓液。腦脊髓液具有許多生理功能,能夠幫助保護大腦遠離傷害並輸送荷爾蒙。腦室會因為老化導致的灰質流失,而逐漸增大。

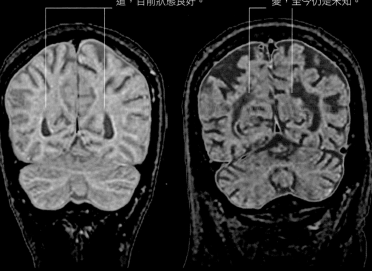

由神經路徑組成的白質
白質是協助資訊處理的灰質細胞間,相互溝通的管道,目前狀態良好。

由神經路徑組成的白質
為什麼隨著年紀增長,白質的外觀會出現改變,至今仍是未知。

27歲的大腦

87歲的大腦

由神經路徑組成的白質
白質主要由支持細胞(神經膠細胞)組成,當大腦老化,神經膠細胞的數量減少,神經元的功能與效率也會因此下降。

未來的大腦

當人類發現大腦的運作方式加上想要改變大腦、提升大腦的野心，開發人造大腦很快就不再只是小說情節，而是極有可能發生的事實。用在讀心術、思想控制以及人工智慧的科技已經伴隨在我們身邊，日復一日都更加深入我們的生活。

腦機介面

　　當一個人在思考的時候，大腦會送出某種電子訊號。科學家已經可以應用感應器去擷取這些電子訊號，並無線傳送到其他的電子設備，讓人可以透過意念就能移動或是改變某些物件。該領域多數的研究多半都希望，能夠開發出某種設備，幫助神經系統受損的人，可以再次透過意念控制，進而操作他們的癱瘓肢。這些科技也應用在某些電子遊戲的開發，單單運用意念就能夠玩電玩。

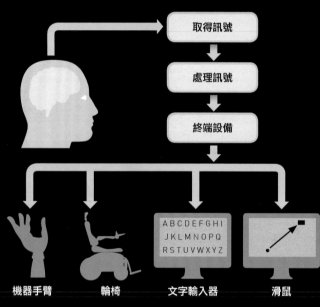

取得訊號

處理訊號

終端設備

ABCDEFGHI
JKLMNOPQ
RSTUVWXYZ

機器手臂　　輪椅　　文字輸入器　　滑鼠

再次取得控制能力
意念控制科技能夠讓人輕易地，用意念就能控制人工義肢、輪椅或是電腦。接收到來自大腦的訊號後，再加以分析跟記錄，然後才會傳到設備上進行操控。

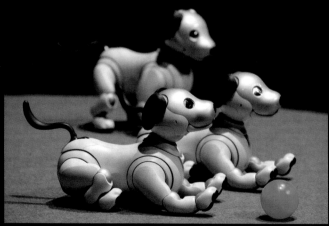

能幹的機器人
現代化的機器人多半設計用來幫助人類實現各種功能。最新的機器人不只能夠當稱職的服務生、做家事、協助處理醫院的庶務、上戰場，甚至也能作為互動的寵物，撫慰人心。

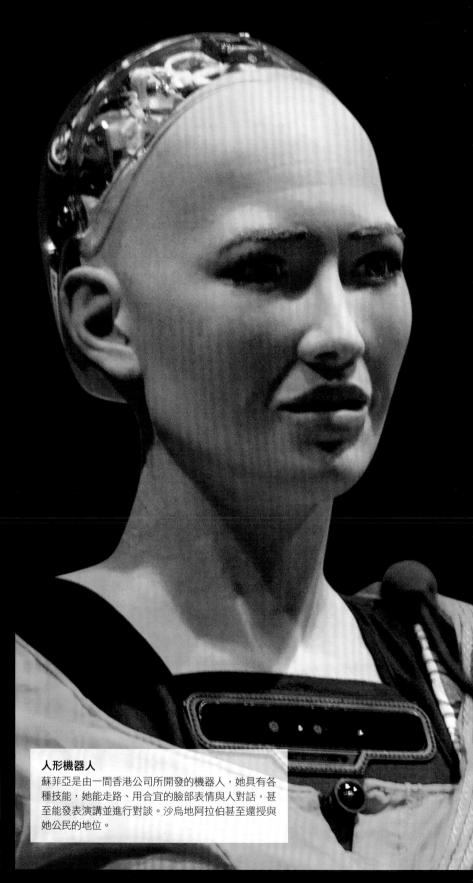

人形機器人
蘇菲亞是由一間香港公司所開發的機器人，她具有各種技能，她能走路、用合宜的臉部表情與人對話，甚至能發表演講並進行對談。沙烏地阿拉伯甚至還授與她公民的地位。

讀心術

現在已經可以將功能性核磁共振掃描得到的影像，某種程度上清楚地轉譯成那個人所看到的畫面。為了要做到這個效果，必須要將某個人專心看著某個影像時，所做的功能性核磁掃描，經由複雜的電腦軟體，將大腦的活躍狀況轉譯成視覺訊號輸出。諸如這樣的「讀心術」之所以能夠成功，是因為視覺皮質的神經元已經特化，只會對特定的刺激（水平線或垂直線）有所反應。因此這些神經元放電的模式，等同指向了神經元所接收到的某種視覺刺激。

重建臉部
加拿大的科學家已經能藉由腦電波掃描結果，解碼人們看到的臉部資訊，並將資訊交由電腦，還原人們看到的原始臉龐。

原始刺激　　　重建結果

測謊

讀心術並不只限於揭露一個人所看到的影像。大腦掃描研究已經發現，當一個人正在撒謊，他們的大腦會跟在說實話的時候，發出不同的神經活躍的模式。藉由分析功能性核磁共振所捕捉到的大腦活躍情形，這些資料已經被用於開發「測謊機」。雖然這樣的機器還在開發中，但目前已經宣稱準確度超過九成，要比傳統的測謊儀來得準確許多。

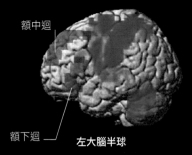

額中迴

額下迴　　　**左大腦半球**

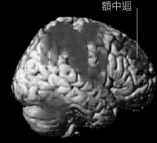

額中迴

還原真相
人們說謊和說實話的時候，所活化的大腦區塊並不相同。紅色區域活化時表示正在說謊，而藍色區域活化時，表示正在吐露事實。

右大腦半球

人工智慧

科學家已經著手研發非生物性的智慧系統將近數十年的時間了，現在已經成功地開發出許多電腦程式，這些程式不僅能夠達到、甚至超越人腦的水準。例如下棋的程式，現今的發展已經能夠與世界級的選手相抗衡。不過，現階段我們也漸漸了解，要開發出像人腦一樣靈活的系統，並實際應用在不斷變化的現實環境中將極為困難。為了克服這個問題，研究人工智慧的目標，已經從單純開發更高階的電腦，變成要創造出具有「情感」的機器，不需要仰賴太龐大的計算能量，就能夠做出相對粗淺、更為整體且直覺化的判斷。

圍棋贏家
阿爾法圍棋（Alpha Go）是一支由 Google Deep Mind 所開發的程式，在2017年圍棋的未來高峰會上，打敗了當時世界第一的棋手柯潔。圍棋是一種古老的遊戲，複雜度遠遠超過西洋棋。

恐怖谷理論

當機器人的外表越來越像人類的時候，人們反倒會覺得越來越詭異。像是蘇菲亞這樣的機器人（詳見前頁），剛好就掉進了所謂的「恐怖谷」。這張圖描述了人們對機器的感覺，縱軸是人們對於機器的好感程度，橫軸是這個機器的外貌有多接近人類，「恐怖谷」則位於整張圖的最低點。雖然機器人反過來並不特別「害怕」人類，但只要當機器人看起來非常像人類（但總覺得不太對勁時），就會立刻讓人產生不安的感覺。

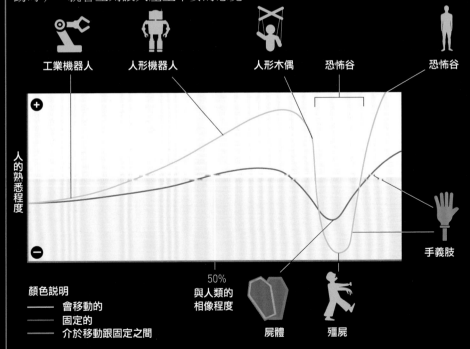

工業機器人　　人形機器人　　人形木偶　　恐怖谷　　恐怖谷

人的熟悉程度

手義肢

顏色說明
—— 會移動的
—— 固定的
—— 介於移動跟固定之間

50%

與人類的相像程度

屍體　　殭屍

怪物還是機器？
這張圖表中，雖然人形機器人比工業機器人純功能性的外表更令人親近，但親近度卻有一個低點，外型越是和人類相似的機器人，親近度反倒會驟降。這也就是所謂的恐怖谷效應。

尖端科技

近來仿生科技的進步，讓醫師已經能用意念控制的人造義肢取代受傷的肢體，其功能就跟原有的肢體幾無差異。另外一個突破，則是能夠透過電子節律器來改變大腦功能。像是人工仿生眼之類的人工感覺器官也已經進入試驗階段。其他像是記憶補強器、可替換的人工海馬迴等人造腦部零件，也已近在眼前。

電極

大腦探針
透過這張X光片可以看到一枝插在大腦中的電極，這項手術稱為深腦刺激。

人工仿生眼

因為眼疾（相對於因為腦部視覺區受損）而失明的人，在人工仿生眼的幫助下，很快就能重見光明。目前人工仿生眼的原型已經開發完畢，在眼窩的深處，埋藏著一張電腦晶片，這張晶片連結到眼鏡上的微型攝影機。經由攝影機捕捉到的影像會送到晶片上，轉換成電子訊號後，透過視神經傳給視覺皮質。

倫理與科技

隨著生物醫學科技持續進步，也不斷誘發了更多道德和倫理上的困境。因為大腦所產生的各種「產品」：思想、感受、渴望等，一直被視為是「自我」的一部分，因此運用在大腦的科技令人特別敏感。幹細胞（未成熟的細胞，有可能分化為各種類型的細胞）有天可能會用於修復受損的神經元。然而，由於過去多數的幹細胞都由胚胎收集而來，因此幹細胞在其他醫學領域的應用廣受爭議。如今已經有其他獲取幹細胞的方式。

奈米機器人
未來微型機器人可以重新改變我們的身體，讓我們更加強壯、聰明、甚至能夠對抗更多疾病，應對生命中各種複雜的挑戰。

幹細胞
幹細胞現在已經可以透過臍帶血的方式取得。過去必須從胚胎上取得幹細胞的方式，引起廣大的道德爭議。

丘腦

視網膜植入物
安裝在視網膜上

因為眼疾的緣故，雖然光還是會通過瞳孔，但接收光源的感光受器已經開始死亡。

攝影機
安裝在眼鏡上：當捕捉到影像的時候，會直接送到耳後的微型處理器。

視神經

瞳孔

視網膜截面

視網膜植入物
接收來自微型處理器的訊號，並轉為電子脈衝，透過視神經將訊號送到視覺皮質。

因為疾病被破壞的感光受器

大腦與身體的強化
包括感覺器官等身體上的任何一個部位，未來都很有可能會有相對應的人造零件。有些零件已經開始開發，但像上圖所提到的迷走神經刺激器，目前已經在臨床上廣泛使用。

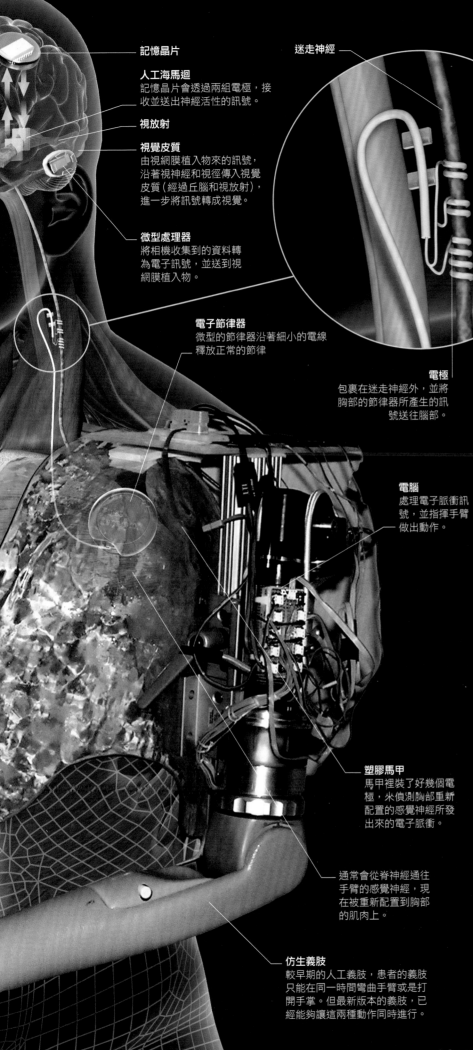

記憶晶片

人工海馬迴
記憶晶片會透過兩組電極，接收並送出神經活性的訊號。

視放射

視覺皮質
由視網膜植入物來的訊號，沿著視神經和視徑傳入視覺皮質（經過丘腦和視放射），進一步將訊號轉成視覺。

微型處理器
將相機收集到的資料轉為電子訊號，並送到視網膜植入物。

電子節律器
微型的節律器沿著細小的電線釋放正常的節律

電腦
處理電子脈衝訊號，並指揮手臂做出動作。

塑膠馬甲
馬甲裡裝了好幾個電極，米偵測胸部重新配置的感覺神經所發出來的電子脈衝。

通常會從脊神經通往手臂的感覺神經，現在被重新配置到胸部的肌肉上。

仿生義肢
較早期的人工義肢，患者的義肢只能在同一時間彎曲手臂或是打開手掌。但最新版本的義肢，已經能夠讓這兩種動作同時進行。

迷走神經

電極
包裹在迷走神經外，並將胸部的節律器所產生的訊號送往腦部。

迷走神經刺激

迷走神經是從腦幹延伸到許多內臟的顱神經，對於調控大腦喚醒機制有重要地位。刺激迷走神經，會讓許多不同的大腦疾患，像是慢性癲癇或是重度憂鬱症獲得改善。過程中僅需要將由鋰電池供電的節律器，放進胸部，讓節律器送出規律的節律波，透過電線，傳送到左迷走神經（因為右迷走神經直接通往心臟），節律波可沿著左迷走神經上行並影響腦部的神經活性。*電子訊號的頻率跟強度都可以依照症狀的嚴重程度加以調整。

仿生手臂

透過意念控制的仿生手臂已經開發完成，目前正在開發第二代手臂，將會更加真實且具靈活性。目前的版本是藉由重新配置從大腦通往手掌的運動神經，並在末端加上電極，這些電極會透過電腦操控手臂。感測器也會往大腦送出有限的感覺訊號，讓使用者能夠感受到溫度和壓力。

未來趨勢

仿生科技的快速發展，也引發了各種關於「何為人類」的反思。由於大腦是我們覺得所有器官中特別親密的器官，因此與人類大腦相關的科技更是飽受爭議。下方提及幾個常見引發討論的問題：

問題	解答
如果科技持續以現在的速度進步，那麼我們可以預見大腦功能會如何改變？	某些「思想」機器讓我們能夠僅靠意念就控制整個世界。合成的大腦零件將來能夠替換有問題的腦區；刺激相關的腦區，很有可能可以控制意識狀態。
這些科技會不會改變我們身而為人的部分？而這是令人可接受的嗎？	廣義而言，目前已經有許多類似的科技在協助人類生活，且被廣為接受。我們已經有仿生手臂、腦部節律器，甚至是人工海馬迴的原型（詳見第 161 頁）。
目前主要需要克服的技術困難是什麼？	目前主要遇到的困難是腦功能的分區，即便近十年已有了長足的進步，各個腦區間複雜的交互關係還有許多值得探索的空間。
將來機器會具有意識嗎？	目前似乎沒有理由說不。但最核心的挑戰很有可能不是技術問題，而是人類意識移植到非人智慧體上相關的道德困境。

隨著人類歷史的進步，我們對於大腦疾患的各種觀點和成因，有了極大的改變。時至今日，不同的文化對於要如何區分正常和不正常的身心狀態，也有著極大差異。但就像我們對於大腦如何運作的認知，已經有了革命性的進展一樣，我們對於大腦的病理機轉，也不斷地獲得深入的了解。縱使如

大腦的疾病與疾患

當大腦出了問題

每一種身心狀態都能對應到由某種神經處理流程和模式所構成的大腦狀態。直到不久之前，人們都還無法一窺神經如何處理資訊的流程。直到高端的影像技術陸續發明之後，我們才能夠將這些過程視覺化，也漸漸了解原來過去所謂的精神疾病，其實是神經性的腦病變。

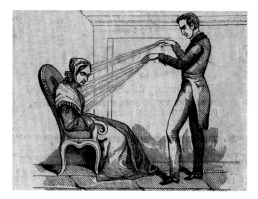

驅魔
驅魔是一種民俗儀式，目的是從活人的身上驅除不好的惡靈。中世紀的時候，驅魔一度相當流行，當時多半認為被魔鬼附身是精神疾病的原因。

過去對於精神疾病的理論

四種體液說
希波克拉底認為疾病的起源，是因為四種體液（血液、黏液、黃膽汁和黑膽汁）間缺乏平衡的關係。

過去精神疾病一直都被認為是靈魂的疾病。中世紀的時候，人們認為正是因為惡魔（邪惡靈魂）附身，才使得人們變得憂鬱（缺乏靈性）或是發狂。與精神疾病相關的生理學理論則認為，這很有可能是「四種體液」的不平衡所導致。當時人們認為一個人身體和心智的健康與四種體液的平衡相關，因為各種「外力」導致體液流動的變化或受阻，都會影響健康。以十九世紀的醫師法蘭茲·安東·梅斯梅爾為例，他就認為他發現了會影響健康的動物磁性，如果動物磁性受阻，甚至會導致人們發狂。他認為有效治療方式，就是透過催眠控制動物磁流。西格蒙德·佛洛伊德（詳見第 189 頁）則因為創造了「潛意識」的概念而大受歡迎，他還主張壓抑慾望會導致精神官能症狀。基於將隱藏起來的衝突重新帶到意識表面的原理，他創建了精神分析學派。

治療能量
「催眠師」們用催眠治療焦慮，不過當時他們認為自己正運用的是動物磁性（能量流）。

什麼是精神疾病

當一個人認為他對這個世界的認知，與其他人有極大差異，或是他的行為很難讓他與社會正常互動的時候，此時很有可能是罹患了精神疾病。不過精神疾病不斷變動的特質，讓診斷變得異常困難。然而對精神疾病標準化的診斷還是相當重要，是否罹患精神疾病，往往可能決定了一個人是否應該為某些罪行負責、是否適合擔任某些特殊的工作，或者是否能夠請領國家補助。正確的診斷在臨床上也相當重要，唯有正確診斷才能給予適當的治療。現今最常用來診斷和治療精神疾病的指引，是由美國精神醫學會（下方圖表）所出版的「美國精神疾病診斷準則手冊」（DSM）。

現代化的診斷工具
有些精神疾病能夠靠大腦掃描診斷，例如電腦斷層或是核磁共振，就善於找出腫瘤或是損害區域。功能性的大腦影像，則能夠用來探索像是癲癇這種異常的大腦模式。

診斷精神疾病

第一版的精神疾病診斷準則手冊於 1952 年出版，內容延續自美軍在第二次世界大戰時的研究成果。現在最新的第五版精神疾病診斷準則手冊，是在歷經了 14 年的研究後，於 2013 年出版的版本。第五版精神疾病診斷準則手冊收集了某些症狀最新的診斷和分級標準。舉例而言，亞斯伯格症現在歸屬於自閉症譜系中的一部分，而非自行獨立成一個病症。不過對於手冊是否充分反映了當今腦科學研究的進步，還是相當具有爭議。手冊中多數的診斷，還是基於患者的行為測試，而非大腦影像結果或是各種生物標記。第五版精神疾病診斷準則手冊未能將神經科學研究納入精神疾病的診斷，讓全美最大的心理研究中心：美國國家精神衛生研究院，強烈反對這本手冊。

憂鬱症的顯像
大腦影像掃描能夠幫助診斷像是焦慮或是憂鬱等疾患。其中一種方式，會運用腦電波來呈現異常的電氣活動。右下這張圖中的橘色區域，表示該區的慢波量過多。這種模式通常與憂鬱有關。

正常的大腦
大腦前方
大腦後方

憂鬱
大腦前方
右前額葉不正常的活動
大腦後方

身體疾患

幾乎所有的精神疾病，在生理上都會透過某種模式的神經活性，來影響行為或是對經驗的感受。但只有明顯與受損區域直接相關的症狀，才會被稱為是一種身體疾患。

發育性
成長中的大腦對於像是缺氧等環境傷害相當敏感。生產前或生產中所發生的各種問題，可能都會導致永久性的傷害。

創傷性
腦部創傷通常與車禍等導致頭部受傷的意外事件有關，有時也與腦血管的事件相關，例如中風或是腦血管瘤。

退化性
大腦就像其他的器官一樣會出現退化性的症狀，導致記憶功能損傷、認知功能受損，更嚴重的話可能會導致失智。

疾病的原因

有些精神疾病的病因是因為身體受傷，例如頭部外傷或是退化，才會影響正常的大腦功能。其他像是「錯誤的」基因或是發育問題，也有可能會在懷孕或是嬰兒期造成影響。有很多精神疾病的案例，並無法真的清楚回溯病因，也無法簡單用功能性問題帶過。雖然功能性的疾患多半跟大腦功能的異常有關，但也有很多症狀並無法清楚釐清病因。

病因複雜

從這張文氏圖可以看出，多數的精神疾病都有複雜的多重病因。各種症狀的位置也還未有定論，畢竟只有極少數的案例，會狹隘地只具有單一病因。對大腦的了解越多，原本顯而易見的病因也會有所改變。

退化性

- 阿茲海默氏症
- 帕金森氏症
- 運動神經元疾患

受傷、創傷、感染

- 癲癇
- 腦膜炎
- 腦炎
- 血腫
- 水腦症
- 庫賈氏症
- 多發梗塞性失智
- 中風
- 腫瘤
- 多發性硬化症
- 妄想症
- 憂鬱症
- 膿瘍
- 休克
- 癱瘓
- 腦性麻痺
- 自閉症譜系
- 發展遲緩
- 成癮症

發育性／基因性

- 嗜睡症
- 唐氏症
- 杭廷頓氏症候群
- 神經管缺損
- 妥瑞氏症
- 人格疾患
- 焦慮疾患
- 飲食疾患
- 季節性情緒失調
- 強迫症
- 思覺失調症
- 體化症
- 慢性疲勞症候群
- 躁鬱症
- 創傷後壓力症候群

功能性

- 注意力不足過動症
- 孟喬森症候群
- 恐懼症
- 行為障礙
- 身體畸形性疾患
- 慮病症

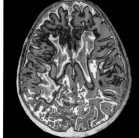

多發性硬化症

這張核磁共振掃描可以清楚看到，多發性硬化症（詳見第235頁）的患者腦中有去髓鞘化的病灶（粉紅色）。這很有可能是因為基因的脆弱或是傷害所造成的退化。

病因多如繁星、複雜如譜系

傳統上很多認為無關的疾病，現在都認為其實有所相關。舉例來說，自閉症患者最核心的障礙，出在於無法同理其他人的心智狀態。雖然有多如繁星的症狀，但都環繞著這個核心症狀，目前可以被粗略分為三種相互重疊的行為特質。過去認為這三種特質完全不同，但現在發現他們具有相同的核心缺陷，似乎意味著其實有共同的基因特徵。和自閉症譜系相反，精神疾病的核心症狀，是對於他人的心智狀態有過多的揣測。同一個特質下，相互重疊的疾病，都會有類似的核心症狀。

精神疾病譜系的核心

精神疾病譜系的核心就是過度旺盛的認知功能和誇大的行為舉止，對於其他人的心智狀態過度敏感（到了幻覺的程度）。

- 躁鬱症的憂鬱狀態
- 憂鬱症的憂鬱狀態
- 思覺失調症
- 極度侷限的興趣、重複性的行為
- 精神疾病譜系

顏色說明

— 機械性的認知表現
— 情緒性的認知表現

自閉症譜系　　平衡態　　精神疾病譜系

認知任務表現

自閉症-精神疾病的譜系

完全相反的問題？

雖然這兩者看似完全無關，但自閉症譜系和精神疾病譜系其實可能有所相關。這兩類症狀其實是位於正常行為兩側的兩個極端。

自閉症譜系的核心

自閉症譜系的核心為低度心智表現，患者無法同理他人的心智狀態，也無法將自己置身於對方的狀態。

- 對於互惠行為有障礙
- 語言、溝通障礙
- 行為特質

行為特質

精神疾病和自閉症狀在這裡被分為不同的行為特質，各自有各自的核心症狀。

自閉症譜系

頭痛與偏頭痛

頭痛是相當常見的症狀,但引發頭痛的原因卻難以確定。大腦本身並沒有痛覺的神經受器。很多情況都被認為是腦膜、頭頸部的血管或肌肉因張力增加,刺激了周遭的痛覺受器,這些訊號送到大腦的感覺皮質後,產生頭痛。有某些類型的頭痛,像是偏頭痛,就被認為是神經元過度活化,影響了大腦的感覺皮質所導致。

張力型頭痛

也被稱之為壓力型頭痛。張力型頭痛可能是最常見的一種頭痛。

一般來說,張力型頭痛會持續一段時間,可能會跟著脈搏跳動,多半發生在前額或是整個頭部。疼痛的感覺伴隨著頭部肌肉的緊縮,或是伴隨著整個頭部的緊繃感,有時甚至會感覺到眼窩後方有一股強烈的壓力。張力性頭痛一般而言與壓力有關,會導致頸部和頭皮的肌肉緊張。反過來也會持續刺激這些區域的痛覺受器,傳遞更多痛覺訊號到感覺皮質。

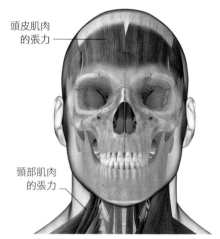

頭皮肌肉的張力

頸部肌肉的張力

肌肉張力
頭皮肌肉和頸部的痛覺受器,因為肌肉緊張受到刺激,形成張力性頭痛的來源。

叢集性頭痛

叢集性頭痛發作時間較短,但較為嚴重,會造成比較強烈的痛感。

叢集性頭痛通常會在一天之內造成多次的痛感(一般來說是一到四次),然後會有一段時間感受不到痛覺。叢集性頭痛好發的時間,通常會集中在好幾週,甚至一兩個月裡。接著可能會有好幾個月或幾年的空窗期,甚至有些人並未再次發作。目前還不清楚叢集性頭痛的病因,但有些證據指出,很可能是因為下丘腦的神經細胞活性異常所導致。

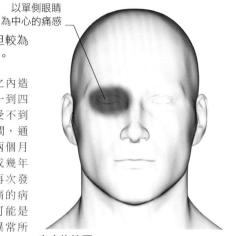

以單側眼睛為中心的痛感

疼痛的範圍
叢集性頭痛通常只會影響單側頭部,而且多半環繞在眼睛周圍,變得淚眼汪汪,有時甚至會引起發炎。

偏頭痛

偏頭痛是一種強烈且與脈搏同步的頭痛,身體移動會讓頭痛變得更為嚴重,往往會伴隨感覺障礙和嘔吐的症狀。

偏頭痛通常發生在頭部前方,或是單側頭部,不過疼痛的位置很有可能在過程中會不斷移動。

偏頭痛可分為兩大類:典型性偏頭痛與尋常性偏頭痛。典型性偏頭痛發作前會有預兆,然後是一系列的警告症狀:視覺障礙(會看到閃光或是其他扭曲的影像)、身體僵直、刺痛、麻木、難以言語甚至出現動作協調障礙。尋常性偏頭痛則不會有預兆。這兩種偏頭痛都有前驅期,都會出現專注困難、心情改變、疲倦或是過度活躍的情形。尋常性偏頭痛在前驅期結束後,就會開始頭痛;典型性偏頭痛前驅期結束後,則會先出現預兆,才會開始頭痛。

頭痛的程度會因為身體移動而更加嚴重,甚至會伴隨著噁心(嘔吐)的症狀,對聲音、光,甚至是味道,都會變得極其敏感。頭痛結束後會有一段恢復期,這段時間可能會覺得異常疲倦、難以專心,且對刺激仍持續維持高敏感。

病因與觸發機制

偏頭痛的詳細病因,至今仍不清楚。但最近的研究認為,可能是因為部分大腦的神經突然活躍起來,甚至刺激了感覺皮質,導致痛感。另外,也發現了許多可能觸發偏頭痛的外在因素:例如飲食因素(飲食不正常、某些特定食物和脫水)、生理因素(疲倦或是荷爾蒙濃度改變)、情緒因素(壓力或是過度震驚)、環境因素(天氣變化或是環境悶熱)。

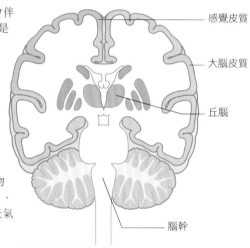

感覺皮質

大腦皮質

丘腦

腦幹

偏頭痛的致病機轉
雖然現在還不了解導致偏頭痛的神經路徑為何,但可能與腦幹、丘腦和感覺皮質高度的神經活躍有關。

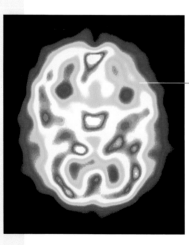

大腦低度活躍區域

發作期
單光子電腦斷層掃描(SPECT)可以看到偏頭痛發作期間,大腦各區域不同的活躍程度:紅色與黃色是高度活躍,綠色與藍色則是低度活躍。

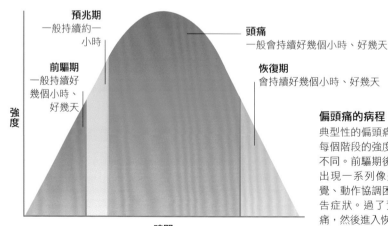

預兆期
一般持續約一小時

前驅期
一般持續好幾個小時、好幾天

強度

頭痛
一般會持續好幾個小時、好幾天

恢復期
會持續好幾個小時、好幾天

時間

偏頭痛的病程
典型性的偏頭痛一般會有四個階段,每個階段的強度和持續時間都會有所不同。前驅期後通常會出現預兆,會出現一系列像是視覺障礙、異常感覺、動作協調困難或是難以言語等警告症狀。過了預兆期之後會開始頭痛,然後進入恢復期。

慢性疲勞症候群

又稱為肌痛性腦脊髓炎（ME），慢性疲勞症候群是一種複雜的症狀，會維持很長一段時間的極度疲倦。

慢性疲勞症候群的成因至今未知。可能與病毒感染，或是持續一段時間的情緒壓力有關，但很多患者都沒有任何特殊的誘發因子。主要的症狀是，至少持續幾個月以上極度疲倦的狀態。

其他的症狀可能就因人而異，一般而言會覺得自己難以專注、出現短期記憶障礙、肌肉骨骼疼痛、覺得不舒服，或是在輕度運動後就極度疲倦。這症候群通常與憂鬱症和焦慮有關，但還不清楚這之間的因果關係。

慢性疲勞症候群通常是由症狀來診斷，許多的檢查和心理評估也都能幫助確診。這是一個長期的病症，中間也許會有舒緩的時候，有時甚至會自行痊癒。

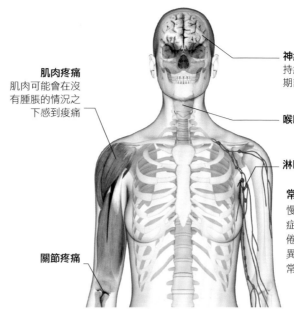

肌肉疼痛
肌肉可能會在沒有腫脹的情況之下感到疲痛

神經症狀
持續性的疲倦、難以專注、短期記憶障礙、頭痛與睡眠障礙

喉嚨痛

淋巴結有壓痛

常見症狀
慢性疲勞症候群最主要的症狀是持續性的極度疲倦。其他的症狀則因人而異，如左圖所列出的幾個常見共同症狀。

關節疼痛

頭部外傷

頭部外傷包括沒有長期影響的輕微撞擊，到可能致命的大腦創傷。

頭部外傷一般來說分為兩種：封閉型與開放型。前者頭骨並沒有破裂，後者的頭骨可能有骨折，甚至大腦有暴露在外的可能。封閉型的頭部外傷，可能對大腦造成間接傷害。舉例來說，沒有造成頭骨骨折的一記頭部重擊，可能會因為頭骨內側撞擊大腦，間接造成該區域的大腦損傷。有時甚至也可能會導致受損區域對側的傷害（對衝性損傷）。開放性的頭部傷害，則可能是因為穿刺傷，或是銳器直接重擊頭部，使頭骨骨折，甚至穿刺到大腦。

相關效應

頭部外傷可能會撕裂血管導致腦血腫（詳見第229頁）。輕微的頭部外傷通常只會導致相當輕微且短暫的症狀，例如頭上的瘀青。即便是相當輕微的頭部外傷，有時也可能會暫時影響腦部功能（腦震盪）。如

果曾經因此失去意識，還可能會併發持續好幾天的意識混亂、頭暈甚至視力模糊，或者是發生創傷性失憶。重複發生腦震盪最終會導致大腦損傷，造成「拳擊手腦病症候群」（punchdrunk syndrome），症狀包括認知功能障礙、進展性失智症、帕金森氏症候群（詳見第234頁）、震顫和癲癇。

嚴重的頭部外傷可能會失去意識或休克，通常會造成大腦損傷，嚴重者甚至會導致死亡。即便沒有導致死亡，大腦損傷的效應會跟受傷的範圍和嚴重程度有關。可能會導致肢體無力、癱瘓、記憶障礙、無法專注、智力損傷，甚至人格的轉變。這樣的效應往往會維持很長一段時間，甚至是永久性的。

頭骨骨折

這張立體的電腦斷層掃描圖中，可以清楚看到頭骨上有多處骨折，甚至有兩處骨折凹陷，向內造成擠壓且變成碎片。這樣的傷口通常是銳器重擊所造成，嚴重的話，很有可能導致大腦損傷甚至死亡。

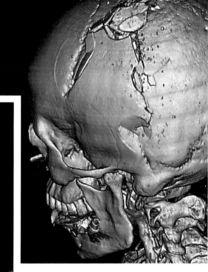

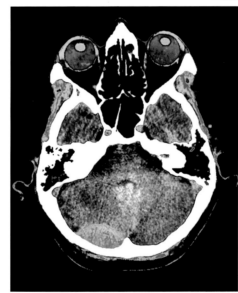

血腫

這張著色後的電腦斷層掃描圖中，可以看到一大塊硬腦膜外血腫（橙色），所謂的血腫就是頭部外傷後所累積的一團血塊。如果沒有接受治療的話，血腫很有可能壓迫到大腦，導致大腦損傷或是死亡。

移動中的人

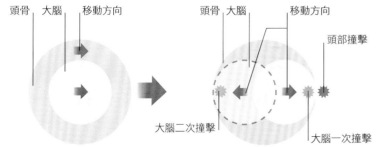

頭骨　大腦　移動方向

頭骨　大腦　移動方向
頭部撞擊

大腦二次撞擊
大腦一次撞擊

1 此情境中，人正在快速移動。例如正在開車，頭骨和大腦都以相同的速度移動。

2 如果移動突然因為撞擊而停止，大腦會先撞到前面的頭骨，然後反彈到後方的頭骨，造成對衝性損傷。

沒有移動的人

大腦　頭骨

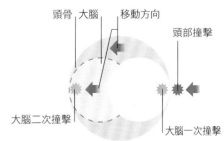

頭骨　大腦　移動方向
頭部撞擊

大腦二次撞擊
大腦一次撞擊

1 此情境中人沒有移動，頭骨和裡頭的大腦也都沒有移動。

2 如果頭部突然遭受重擊，頭骨會先向內撞擊到大腦前方，然後大腦反彈撞擊後方的頭骨，造成對衝性損傷。

癲癇

癲癇是一種大腦功能的疾患，可能會重複發作，造成某段時間意識狀態改變。

一般來說，大腦中的神經活性通常會受到管制。當癲癇發作的時候，神經元會異常放電，干擾正常的大腦功能。雖然發作（seizure）是癲癇的特徵之一，但並非只有癲癇才會造成發作。

癲癇發作的機制目前仍不明朗，可能與大腦中化學物質不平衡有關。一般來說，神經傳導物質GABA（γ-胺基丁酸）能夠藉由抑制大腦中的神經元，幫忙調節大腦活性。當GABA的濃度太低時（很有可能跟調節GABA濃度的酵素異常有關），神經元就不再受到抑制，會讓大量的電子脈衝通過大腦，造成發作。癲癇有許多可能的成因，但多半案例的成因不明。基因也可能扮演了某些角色。其他原因尚有：曾經遭受頭部外傷、生產時的創傷、腦膜炎或腦炎等腦部感染、中風、

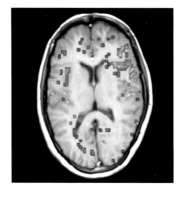

發作
這張大腦掃描是某位癲癇患者右額葉發作時的狀況，也就是圖中右前方許多橘色點聚集的區域。

腦腫瘤或是藥物和酒精的濫用，也都有可能導致癲癇。

有些人發現某些特殊原因也會觸發癲癇發作。這些觸發因子包括：壓力、睡眠不足、發燒、閃光、古柯鹼、安非他命、搖頭丸和鴉片等藥物。有些罹患癲癇的女性，據傳在經期開始前較容易發作。

廣義而言，癲癇發作分成兩種類型：全身型發作和局部發作（詳見下方表格）。癲癇發作通常

由大腦的某一區開始，這個腦區可能有一些疤痕組織或是結構上的異常，然後再從這個區域向外延伸到大腦的其他區域。

有些患者在發作前，會感受到某些警告的前兆。警告前兆可能是聞到或嗅到奇怪的味道、某種預感、似曾相識的感覺或是超現實的感覺。在多數的案例，發作都會自行停止。有的發作會持續一段時間，有的甚至還沒從前一次發作中恢復，就又發生下一次發作。這稱為癲癇重積狀態，必須緊急送醫。

癲癇重積狀態

癲癇重積狀態指的是一種可能致命的狀態，這種狀態下，癲癇會持續發作一段時間，或是癲癇發作後，在患者還沒有恢復意識前就又再次發作。癲癇重積狀態的精確定義並未確定，但廣義來說，只要當單次發作時間超過30分鐘（台灣臨床以5分鐘為定義）或是連續的發作時間超過30分鐘，就算是癲癇重積狀態。對於癲癇患者來說，忘記服用抗癲癇藥物，是最常發生癲癇重積狀態的原因。對其他案例來說，有可能是因為腦腫瘤、腦膿瘍、腦外傷、腦血管疾病（例如中風）、代謝性疾病或是濫用藥物等誘發癲癇重積狀態。因為癲癇重積狀態是非常嚴重的症狀，如果沒有緊急給予適當的靜脈注射藥物，控制發作狀況，可能會導致永久殘障，甚至死亡。

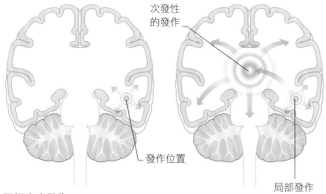

次發性的發作

發作位置

局部發作

局部癲癇發作
局部癲癇發作只會影響大腦部分區域（上圖左側）。但有的時候局部發作也會擴大成全身型發作（上圖右側）。

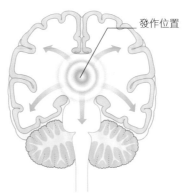

發作位置

全身型癲癇發作
全身型發作時，幾乎所有的大腦都會被異常的神經活性影響。

癲癇發作的類型

依照大腦受到異常神經活性影響的範圍大小，癲癇發作可以被分為兩大類：局部發作和全身型發作。

局部發作
這一類的發作，神經元的異常活性會被限制在大腦中相對較小的區塊。主要有兩大類：簡單型局部發作和複雜型局部發作。

簡單型局部發作
這一類的發作，可能會讓某一側的身體抽搐；麻木或刺痛；手臂、腿部、臉部肌肉僵硬；出現視幻覺、嗅幻覺或味幻覺，以及突然高張的情緒。患者在發作過程中全程會保持清醒。

複雜型局部發作
這一類的發作，患者會相當困惑甚至毫無反應；會變得很古怪、不斷重複、出現顯然毫無意義的動作；儘管沒有感受到痛，但會尖叫或大哭出來。患者在發作過程中意識清醒，但通常沒有自己發作的記憶。

全身型發作
這一大類的發作，神經元異常的活性會影響幾乎所有的腦細胞。以下分為六種次分類：

強直型發作
這一類的發作，肌肉會突然僵硬，讓人突然失去平衡而向後摔倒。強直型發作通常不會有任何前兆，維持時間很短，患者會很快恢復。

陣攣型發作
這一類的發作和肌陣攣發作非常相像，四肢或身體會不斷抽搐或顫動。雖然相對會持續比較長的時間，但也大概只會維持兩分鐘左右。陣攣型發作的患者，發作的時候很有可能會失去意識。

肌陣攣發作
通常會在起床後短暫發作。這種發作會使手臂、腿部或身體抽搐或顫動。這種發作通常只會維持幾分之一秒，但有時候也會在很多的時間內重複發作。肌陣攣發作可以獨立發生，但常常會伴隨著像是強直陣攣型發作等其他發作形式。

失張力發作
此發作又稱為墜落型發。發作過程中，肌肉會突然無力，人會突然癱軟，會讓他們失去平衡，向前跌倒。就像強直型發作，失張力發作通常也沒有任何預兆，發作時間短，患者發作後會很快恢復。

強直陣攣型發作
又稱為大發作（grand mal），這類癲癇一開始就讓身體變僵，然後會出現一系列無法控制的抽搐或顫動。患者發作的時候會失去意識，甚至失禁。一般來說，這一類的癲癇在幾分鐘後會自行結束，發作結束之後，會變得昏昏欲睡且感到很困惑。

失神型發作
又稱為小發作（petit mal），這一類的癲癇發作主要對象是小孩。發作的過程中，患者會突然失去對周邊環境的所有意識，空空地盯著某個地方。這種癲癇通常每次只會持續30秒以內，但有的時候，一天之內會發生非常多次。

腦膜炎

腦膜炎指的是腦膜發炎的狀態。腦膜是覆蓋在大腦和脊髓外部的薄膜狀組織*，腦膜炎有可能是細菌或病毒感染的後遺症。

一般來說，感染源通常是透過血液，從其他地方感染腦膜；但也有一些案例是在頭部開放性創傷後，造成腦膜感染。腦膜炎往往是其他疾病的併發症，像是萊姆症、腦炎、結核病、鉤端螺旋體病等。病毒所造成的腦膜炎，通常是皰疹病毒或是水痘病毒。相對症狀較為輕微，就像感冒一樣。極少數會造成嚴重的症狀，導致四肢無力、癱瘓、無法言語、視力模糊、癲癇發作或是休克。

細菌性腦膜炎

這五顆顯微鏡下的球菌就是腦膜炎奈特氏菌，又稱為腦膜炎雙球菌，是細菌性腦膜炎最常見的病原體。

細菌感染導致的腦膜炎，相對病毒所造成的腦膜炎較為少見，但症狀會更加嚴重，且有可能致命。有很多細菌都可能成為病原體，一般最常見是腦膜炎雙球菌或是肺炎鏈球菌。症狀發展的速度可能會相當快速，幾個小時內可能會發燒、頸部僵硬、嚴重頭痛、噁心、嘔吐、對光異常敏感、意識混亂與嗜睡，有時候甚至會誘發癲癇發作，甚至失去意識。在腦膜炎雙球菌所誘發的腦膜炎患者身上，細菌會很快在血液中滋生，按壓皮膚會產生紅紫色且不會消失的疹子。如果未及時接受治療，細菌性的腦膜炎可能會影響腦脊髓液，刺激免疫反應，使顱內壓上升，甚至導致大腦受損。

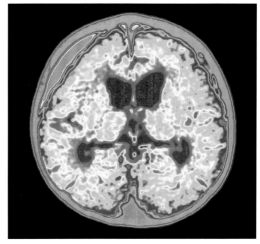

腦膜炎所引發的腦膿瘍
在這張顏色強化過後的核磁共振掃描中，可以看到硬腦膜和蛛網膜間有大片的膿瘍（圖片左上橘色區域）。這是腦膜感染後所形成的結果。

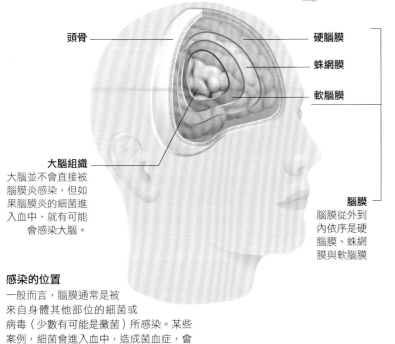

頭骨
硬腦膜
蛛網膜
軟腦膜

大腦組織
大腦並不會直接被腦膜炎感染，但如果腦膜炎的細菌進入血中，就有可能會感染大腦。

腦膜
腦膜從外到內依序是硬腦膜、蛛網膜與軟腦膜

感染的位置
一般而言，腦膜通常是被來自身體其他部位的細菌或病毒（少數有可能是黴菌）所感染。某些案例，細菌會進入血中，造成菌血症，會影響大腦和其他器官，甚至導致喪命。

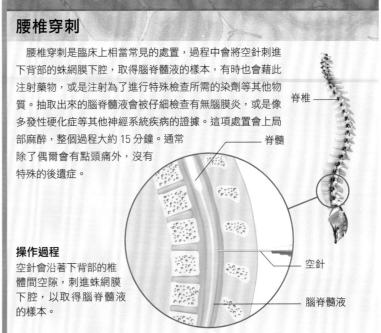

腰椎穿刺

腰椎穿刺是臨床上相當常見的處置，過程中會將空針刺進下背部的蛛網膜下腔，取得腦脊髓液的樣本，有時也會藉此注射藥物，或是注射為了進行特殊檢查所需的染劑等其他物質。抽取出來的腦脊髓液會被仔細檢查有無腦膜炎，或是像多發性硬化症等其他神經系統疾病的證據。這項處置會上局部麻醉，整個過程大約 15 分鐘。通常除了偶爾會有點頭痛外，沒有特殊的後遺症。

脊椎
脊髓
空針
腦脊髓液

操作過程
空針會沿著下背部的椎體間空隙，刺進蛛網膜下腔，以取得腦脊髓液的樣本。

腦炎

腦炎指的是大腦的發炎現象。通常是因為病毒感染或是自體免疫異常所引起。

腦炎是很少見的狀況，嚴重度從輕微到嚴重，變化度很大。有的難以察覺，有的卻甚至會喪命。

只有某些特定的病毒才能夠進入中樞神經系統，並影響神經，進而造成腦炎。例如：皰疹病毒（造成唇皰疹）、水痘病毒和麻疹病毒。有時候這些感染也會影響腦膜，造成腦膜炎。多數的案例，免疫系統會在病毒感染影響大腦前，就予以清除。不過如果免疫系統被突

破的話，那麼就有極高的風險會變成腦炎。隨著腦炎的進展，感染會導致水腫，如果某部分的大腦腫到壓迫頭骨的時候，很有可能會導致大腦損傷。極少數的狀況，自體免疫現象也會誘發腦炎，免疫系統會攻擊大腦，造成發炎與大腦受損。

輕微的腦炎通常只會誘發輕微的發燒和頭痛。較嚴重的案例，可能會導致噁心嘔吐、全身虛弱、失去協調、癱瘓、對光異常敏感、失去言語能力、喪失記憶、異常行為、頸部與背部僵硬、昏昏欲睡、意識不清、癲癇發作甚至休克。更嚴重的腦炎案例，有可能會導致永久腦損傷，甚至致命。

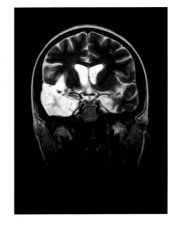

病毒性腦炎
這張顏色強化的核磁共振大腦掃描中，可以看到顳葉有一塊不正常的組織（橘色區域）。這塊區域是皰疹病毒造成的感染，皰疹病毒是病毒性腦炎最常見的病原體。

*【審訂註】腦膜有三層，由外到內分別是硬腦膜、蛛網膜與軟腦膜。

大腦膿瘍

大腦膿瘍就是一團被發炎組織包圍的膿包。大腦膿瘍形成的位置，可能會在大腦內部或是大腦表面，同一時間也很可能會形成好幾個膿瘍。

　　大腦膿瘍多半是細菌感染引起，極少狀況可能是黴菌或是寄生蟲感染所引起。只有免疫系統異常的人，例如愛滋病患者、化療中的患者或是正在服用免疫抑制藥物的人，才會受到黴菌或是寄生蟲的感染。

　　大腦膿瘍可能源自頭部的穿刺性外傷或身體其他部位的感染，例如：口腔膿瘍、中耳炎、鼻竇炎或是肺炎。使用未消毒的針具注射藥物，也可能會導致大腦膿瘍。

症狀和影響

　　一旦膿瘍形成，周邊的組織就會開始發炎，導致大腦腫脹，頭顱內的壓力也會上升。依照膿瘍的位置不同，在幾天到幾週之內會出現各種症狀。較常見的症狀是：頭痛、發燒、噁心嘔吐、頸部僵硬、昏昏欲睡、意識不清，甚至癲癇發作。有可能會出現言語困難、視力問題和四肢無力的狀況。

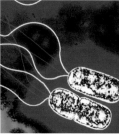

細菌感染源
大腦膿瘍可能與各種細菌有關，綠膿桿菌（左圖）、鏈球菌（右圖）是最常見的兩種細菌。

　　大腦膿瘍可以藉由大腦掃描和檢查來進行診斷，並判別病原體的種類。如果沒有接受治療的話，大腦膿瘍可能會使人失去意識、甚至休克（詳見第 238 頁）。有可能會導致永久的傷害，有些嚴重案例甚至會因此喪命。藥物治療可以清除感染並減輕大腦腫脹，但可能需要開顱（在頭骨上開一個小孔的一種醫療處置），從大膿包中將膿液引流出來。

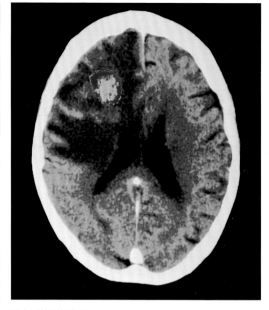

腦組織裡的膿瘍
這張強化顏色的電腦斷層掃描圖中，可以看到這位愛滋患者的大腦中，有一塊好大的膿瘍。因為感染愛滋，導致免疫功能缺失的患者，特別容易形成膿瘍。

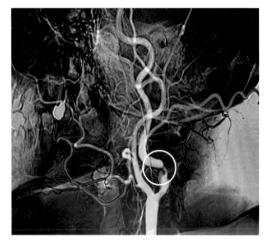

短暫性腦缺血發作

這是指因為部分腦血流突然被截斷，導致暫時失去部分腦功能的狀況。

　　短暫性腦缺血發作又稱為小中風，這通常是因為有血塊暫時堵住了供應大腦血流的動脈所導致的狀況。也有可能是因為動脈粥樣硬化（動脈壁上累積的脂肪碎片），使動脈極度狹窄所導致。有許多危險因子與短暫性腦缺血發作有關，例如：

頸動脈狹窄
這張 X 光片可以看到位於頸部的頸動脈有個狹窄區域（圈起來的地方）。如果有栓塞暫時卡住這裡，也有可能會導致短暫性腦缺血發作。

糖尿病、心肌梗塞的病史、高血脂、高血壓以及抽菸。

　　短暫性腦缺血發作的症狀通常來得相當快，而且會因為缺血所影響的腦區不同，臨床症狀變化極大。不過多半都會有單眼視力模糊，甚至失去視力、難以正常說話或是理解對話內容、意識混亂、肢體麻木、無力，甚至單側癱瘓、無法協調、頭暈、直接失去意識的可能。如果這些症狀持續超過 24 個小時，那麼這次發作就可被歸類為中風。有短暫性腦缺血發作的病史，也會增加中風的機率。

　　為了避免中風，治療短暫性腦缺血發作，可能會施行動脈內膜切除術（移除動脈中動脈粥樣硬化的部分）、給予抗凝血藥物（例如阿斯匹靈）。治療任何可能的危險因子並戒菸，也對病情相當重要。

1 暫時阻斷
像是頸動脈這樣一條供應大腦血流的動脈，可能會突然因為從其他地方而來的栓塞或是動脈血栓而被暫時阻斷。將大腦動脈阻斷，可能會導致大腦缺氧和失去養分補給，造成短暫性腦缺血發作的各種症狀。

2 疏通阻塞處
當血流穿過阻塞的地方，氧氣和養分會再次流經大腦，所有的症狀也會因此消失。但是短暫性腦缺血發作，日後還有可能會再次發作，每一次的發作都會增加中風的機率。

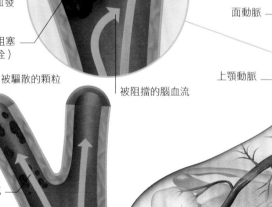

血管阻塞
（因為栓塞或血栓）

被驅散的顆粒

被阻擋的腦血流

恢復血流

顳動脈

頸總動脈

面動脈

上頜動脈

頭部與頸部的血液供應
頸總動脈是供應頭部和頸部充氧血的主要血管。暫時阻斷頸動脈可能會導致短暫性腦缺血發作。*

---

*【審訂註】頸總動脈會分成頸內動脈與頸外動脈兩大終末支，頸內動脈會進入顱腔供應大腦，頸外動脈則負責供應（顱腔外）頭頸部組織的血流。

中風

通往大腦的血流供應受到干擾的時候，可能會導致部分大腦組織受損。

干擾通往大腦的血流供應，可能導因於大腦動脈阻塞（缺血型中風）、大腦動脈破裂出血（出血型中風）、大腦中的血管出血（可能是動脈瘤破裂）或是蛛網膜下腔出血等（參見下圖右側）。相關的危險因子包括年齡、高血壓、動脈粥樣硬化、抽菸、糖尿病、心臟瓣膜缺陷、心肌梗塞的病史、高血脂、某些心律不整的疾病，以及鐮刀型紅血球疾病等。

症狀和影響

中風的症狀往往來得非常的快，且會因為影響的腦區不同而有所不同，和通常會有突如其來的頭痛、肢體麻木、肢體無力或癱瘓、視力障礙、無法正常說話和理解對話內容、意識混亂、無法協調以及頭暈等。更嚴重的案例，中風可能會導致意識喪失、休克甚至死亡。

中風的治療，隨病因不同而有所差異。如果是缺血型中風，則會使用藥物或手術移除血栓；如果是出血型中風，則可能需要緊急止血手術。非致命性的中風可能會導致長期的殘障和功能障礙，此時就需要接受長期的復健（物理治療或語言治療）。

出血型中風

出血型中風通常是因為腦中有血管破裂，正在出血所導致。高血壓顯然就是一個重要的危險因子，會讓血管更容易破裂。

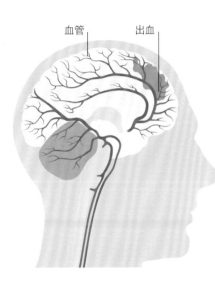
血管　出血

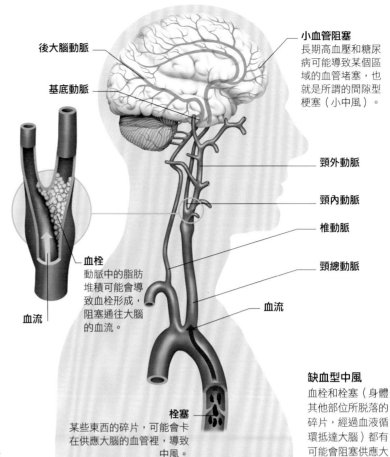

後大腦動脈

基底動脈

血栓
動脈中的脂肪堆積可能會導致血栓形成，阻塞通往大腦的血流。

血流

小血管阻塞
長期高血壓和糖尿病可能會導致某個區域的血管堵塞，也就是所謂的間隙型梗塞（小中風）。

頸外動脈

頸內動脈

椎動脈

頸總動脈

血流

缺血型中風
血栓和栓塞（身體其他部位所脫落的碎片，經過血液循環抵達大腦）都有可能會阻塞供應大腦的血管。

栓塞
某些東西的碎片，可能會卡在供應大腦的血管裡，導致中風。

硬腦膜下出血

因血管破裂而滲漏的血流，可能會在硬腦膜與蛛網膜之間聚積，導致血腫。

硬腦膜下出血最常見的原因是頭部外傷，尤其對於老人家來說，輕微的撞擊也有可能導致硬腦膜下出血。

急性的硬腦膜下出血，在受傷之後，出血的速度可能會非常快速（幾分鐘之內）；而慢性硬腦膜下出血可能會持續好幾天，甚至幾週。無法排出的血液，就會在頭骨下累積形成血腫，壓迫大腦組織造成各種症狀。隨著壓迫的腦區不同，症狀也各不一樣。可能會導致頭痛、單側癱瘓、意識混亂、昏昏欲睡，甚至癲癇發作。更嚴重的話可能會喪失意識和休克。硬腦膜下出血長期的效應，會與出血的位置和大小有關。最嚴重可能會導致死亡。

硬腦膜下出血通常會運用大腦掃描（電腦斷層或是核磁共振）輔助診斷。如果懷疑頭骨骨折，可能也會加上 X 光檢查。如果血腫很小，有可能會自行消失，不需要特殊治療。不過一般而言，都會需要進行手術治療。

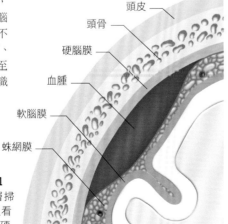

頭皮

頭骨

硬腦膜

血腫

軟腦膜

蛛網膜

硬腦膜下出血
這張電腦斷層掃描圖中，可以看到一個巨大的硬腦膜下出血（橘色），此時硬腦膜下出血已經形成實質團塊。

硬腦膜下出血的位置
腦膜下出血的位置位於硬腦膜（三層腦膜的最外層），和蛛網膜（三層腦膜的中間層）之間。

蛛網膜下出血

蛛網膜下出血發生在蛛網膜和軟腦膜之間。

這類的出血，通常是因為漿果狀動脈瘤破裂，或是大腦動靜脈畸形（罕見）所導致。

顯然高血壓是極為相關的危險因子。蛛網膜下出血的症狀通常會突然出現，而且發展快速（幾分鐘之內）。出血之後，有些人能夠完全痊癒，有些人會留下某些障礙，有些人甚至會因此死亡。大腦中的動脈可能會藉由血管收縮，來減少失血，但這樣也會造成某一部分的大腦缺乏血液供應，導致中風。

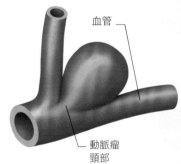

血管

動脈瘤頸部

漿果狀動脈瘤
漿果狀動脈瘤指的是在血管的脆弱點膨出的血管瘤。一般來說，出生的時候就已存在。

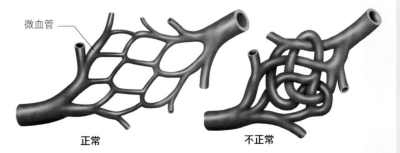

微血管

正常　　　　　　不正常

大腦動靜脈畸形
大腦動靜脈畸形的患者，從出生開始大腦表面的血管即相互糾結在一起，變得很容易破裂，引發蛛網膜下出血。

腦部腫瘤

無論是大腦或是腦膜，都有可能會形成良性或惡性的增生。

原生的腦部腫瘤指的是一開始就在大腦中生長的腫瘤，有可能是惡性也有可能是良性。腦腫瘤的組成可能是各種腦細胞，也可能出現在大腦的任何一個位置。不過成人的原生腦部腫瘤較好發於大腦半球前三分之二的位置。

次發性的腫瘤可能是來自身體其他部位（很有可能來自肺臟、皮膚、腎臟、乳房或大腸）惡性腫瘤的轉移。這些次發性的腫瘤可以同時各自形成，然而大多數造成這一類腫瘤的原因多半未知。在極少的狀況下，有些腫瘤可能會跟特定的基因結構有關。

腫瘤會壓迫大腦的周邊組織，並使顱內壓上升。症狀則與腫瘤的位置和大小有關，不過多半都會有嚴重且持續的頭痛、視力模糊或是其他感覺障礙、語言困難、頭暈、肌肉無力、協調功能不佳、身心狀況異常、行為或人格上的變化，甚至是癲癇發作。如果沒有接受治療的話，腦部腫瘤很有可能會致命。

腦部腫瘤通常透過大腦掃描和神經檢查來做診斷。治療的方式多半是透過手術移除（如果可行的話）、放射治療與／或化療。有時候也會給予幫助腦部消腫的藥物。

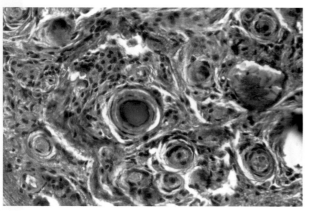

腦膜瘤
這張顯微照片下可以看到腦膜瘤的切片，這是一種腦膜上的良性腫瘤。

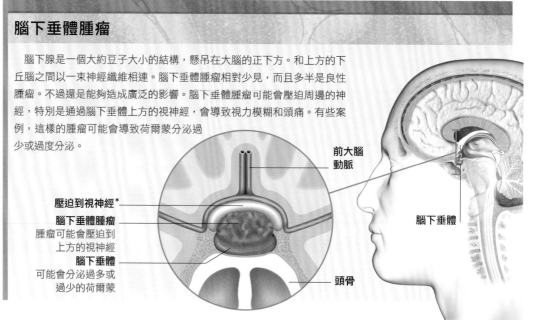

腦下垂體腫瘤

腦下腺是一個大約豆子大小的結構，懸吊在大腦的正下方。和上方的下丘腦之間以一束神經纖維相連。腦下垂體腫瘤相對少見，而且多半是良性腫瘤。不過還是能夠造成廣泛的影響。腦下垂體腫瘤可能會壓迫周邊的神經，特別是通過腦下垂體上方的視神經，會導致視力模糊和頭痛。有些案例，這樣的腫瘤可能會導致荷爾蒙分泌過少或過度分泌。

前大腦動脈

壓迫到視神經*

腦下垂體腫瘤
腫瘤可能會壓迫到上方的視神經

腦下垂體
可能會分泌過多或過少的荷爾蒙

頭骨

腦下垂體

失智

失智的重要特徵是整體大腦功能下降，導致記憶障礙、意識混亂以及行為變化。

失智是因為細微的受損，導致大腦組織萎縮。有很多疾病都會導致失智，後續也會陸續提到。最常見引起失智的原因就是阿茲海默症（詳見次頁）。另一個常見的原因是血管性失智，是因為腦部血液供應減少或受阻，腦細胞逐漸死亡所導致。另外還有可能與突如其來的中風，或是多次的小中風有關。還有一個原因是路易氏體失智症。路易氏體失智症患者的大腦細胞中，會出現許多小小的圓形結構，導致大腦組織的退化。其他原因尚有神經學上的異常，包括：感染愛滋、韋尼克–克沙可夫症候群、狂牛症（詳見次頁）、帕金森氏症（詳見第 234 頁）、亨廷頓氏症（詳見第 234 頁）、頭部外傷、腦部腫瘤（詳見上方）或是腦炎（詳見第 227 頁）等。失智也有可能是因為缺乏維他命和荷爾蒙、或是服用某些藥物的副作用。極少數的失智案例，可能是因為繼承了突變的基因。

症狀和影響

失智的最大特徵就是持續失去記憶、感到困惑和失去方向感。隨著病程發展，也可能會出現怪異和令人尷尬的行為，甚至是人格上的轉換，變得偏執、憂鬱、出現幻覺、不正常的躁動和焦慮。失智的患者可能會創造一些說法，來掩蓋記憶的小缺損或奇怪的行為。隨著症狀日益嚴重，失智患者可能會無法分辨其他人和外在的事物，日常生活也無法自理。

只有極少數造成失智的狀況是可以治療的，例如服用藥物的副作用和缺乏維他命，但多半的失智症目前都還無法治療。多數的失智症會越來越嚴重，所以患者可能需要全天候的長期照護。目前藥物治療可能可以減緩心智功能下降的速度，改善一部分行為症狀。

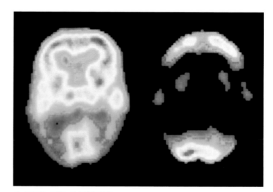

失智患者的大腦活性
這兩張正子掃描中可以看到正常大腦的代謝活性（左圖），以及失智患者大腦的代謝活性（右圖）。黃色和紅色是高活性的腦區；藍色和紫色則是低活性腦區。黑色表示活性極低甚至沒有活性。

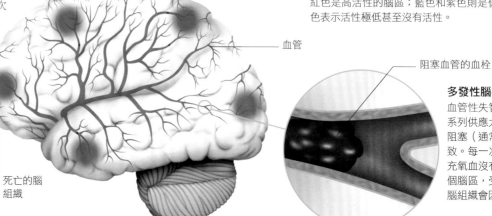

血管

死亡的腦組織

阻塞血管的血栓

多發性腦梗塞失智
血管性失智的病因，是一系列供應大腦的血管受到阻塞（通常是血栓）所導致。每一次的阻塞，會讓充氧血沒有辦法抵達某一個腦區，受影響腦區內的腦組織會因此而死亡。

*【審訂註】更正確地說，腦下垂體腫瘤壓迫到的結構是視交叉，也就是左、右兩條視神經交會，並形成左、右視徑的地方。

阿茲海默氏症

阿茲海默氏症是最常見的失智原因。這是一種持續性的退化性疾病，不斷累積的斑塊沉澱會使大腦嚴重受損。

阿茲海默氏症在 60 歲之前相當罕見，60 歲之後則越來越普遍。多數的患者都無法找出特別的病因。目前認為有幾個特定的基因變異與阿茲海默氏症相關。其中基因變異表現較強的特殊患者，往往發病的時間也比較早（60 歲以前就出現症狀）。晚發型的阿茲海默氏症患者，其病因似乎與負責製造 E 型戴脂蛋白（apolipoprotein E），

這種血蛋白的基因變異有關。這個基因會導致 β 澱粉樣蛋白以斑塊的形式堆積在腦組織中，導致神經元死亡。阿茲海默氏症也可能和神經傳導物質乙醯膽鹼在大腦中的濃度下降有關。另外也有理論認為，是因為鈣離子流進出神經元的機制受到干擾，導致過多的鈣離子堆積在神經元中，讓它們無法接收其他神經元的訊號所導致。每個患者的症狀可能不太一樣，不過阿茲海默氏症的病程通常會經過三個階段（詳見左表）。阿茲海默氏症通常透過症狀來診斷，也可能會參考大腦掃描、血液檢查以及神經心理學檢查的結果來輔助確診。

阿茲海默氏症的階段

每一個阿茲海默氏症患者的病程發展都不太一樣。但隨著疾病的發展，症狀都會越來越嚴重，大腦受損的區域會越來越大，即便某些患者有時候會看起來狀況好像有好轉。

階段	症狀
第一階段	患者會變得更加健忘，所有的記憶障礙，都會使焦慮和憂鬱的狀況更加嚴重。不過健忘也很有可能是正常退化的結果，並非是阿茲海默氏症的專屬症狀。
第二階段	此時，記憶障礙更加嚴重，對於近期的事件幾乎無法記得；對於時間和（或）地點感到困惑；無法專心；無法正常言語（想不起來對的字句）；更加焦慮、心情不穩、人格改變。
第三階段	在第三階段，意識混亂變得非常嚴重，甚至可能出現精神症狀，出現幻覺或妄想。反射功能也可能變得異常，甚至失禁。

治療

目前治療阿茲海默氏症的主要目標是延緩退化的速度，並無法完全阻止大腦功能的下降，患者最終多半需要長期照護。乙醯膽鹼酶抑制劑可能在前、中期階段，會減緩阿茲海默氏症的進展，後期可能會使用憶必佳（Memantine）*。

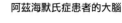
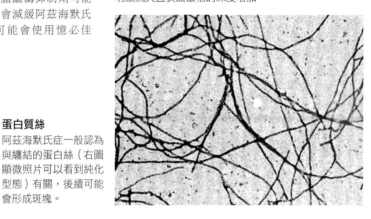

阿茲海默氏症患者的大腦　　　　健康的大腦

大腦結構上的改變
這兩張冠狀切片中，可以看到阿茲海默氏症患者（左圖）相對於健康的大腦，大腦組織明顯流失且表面皺褶的深度增加。

蛋白質絲
阿茲海默氏症一般認為與纏結的蛋白絲（右圖顯微照片可以看到純化型態）有關，後續可能會形成斑塊。

庫賈氏病

異常的普立昂（Prion）蛋白堆積在大腦裡，使大腦組織被大量破壞，也有可能造成失智。

普立昂（Prion）是原本就存在大腦中的一種蛋白質，但實際功能仍不明確。這些蛋白有可能會被不正常地扭曲、在大腦中形成團塊後，破壞大腦組織。這些被破壞的組織死亡後，會在大腦中形成空洞，使大腦看起來像海綿一樣，造成各種神經障礙、失智甚至有可能導致死亡。目前庫賈氏症有四種主要型態：散發型（sporadic CJD）、遺傳型（familial CJD）、醫源型（iatrogenic CJD）及受到牛腦海綿樣腦症（bovine spongiform encephalopathies, BSE）感染，所導致的新型庫賈氏症（variant CJD）。

初期的症狀是記憶出現斷點、情緒變化且表情淡漠。接著可能會出現肢體動作笨拙、意識混亂、無法平衡以及無法正常言語。最後甚至會出現無法控制的肌肉顫動、肢體僵直、視力模糊、失禁、持續惡化的失智、癲癇發作甚至癱瘓。罹患庫賈氏症最終會導致死亡。

新型庫賈氏症

庫賈氏症過去曾經是鮮為人知的疾病，在 1990 年代因為出現了幾個新型庫賈氏症的案例，因此突然受到大眾的注意。這些患者都食用了感染牛腦海綿樣腦症（又稱為狂牛症）的牛隻所做成的餐點。一開始，科學家以為牛腦海綿樣腦症並不會傳染到人類身上，但後來證實並非如此，食品工業開始用嚴格的手段，避免感染的肉品進入人類的食品供應鏈。因此英國死於新型庫賈氏症的人數，從 2000 年的 28 人，到 2008 年驟降為 1 人。

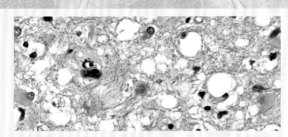

感染庫賈氏症的大腦組織
這張顯微照片中是庫賈氏症患者的大腦組織，可以看到因為神經元流失，整個大腦組織呈現極具特徵性的海綿狀外觀。

庫賈氏症的不同類型

目前庫賈氏症可分為四大類。主要以病因作為鑑別的標準之外，還有其他像是好發年齡和病程長短的差異。

庫賈氏症的類型	特徵
散發型庫賈氏症	又被稱為典型或是自發型庫賈氏症，是最常見的庫賈氏症。主要感染 50 歲以上的人，通常進展速度相當快（約在幾個月之間）。
遺傳型庫賈氏症	這是一種遺傳型的庫賈氏症，與基因突變有關。初次發作可能是在 20 歲到 60 歲間，一般而言，病程相當長，多半是兩到十年。
醫源型庫賈氏症	這種庫賈氏症較為罕見。在進行腦部手術、荷爾蒙治療等醫療處置的過程中，因為接觸被感染者汙染的血液、組織或是其他物質而被感染。
新型庫賈氏症	這類型的庫賈氏症是因為吃了罹患牛腦海綿樣腦症的牛隻所感染。一般而言，會維持一年左右才會致死。所有食品供應鏈都會極力避免使用到受感染的牛隻，因此這類型的疾病相當少見。

腦部手術

腦部手術是神經外科的專業領域，通常會藉由在頭骨上打一個小孔（顱骨切開術），進到腦膜或大腦裡進行手術。有時候，也會經由鼻腔來進行手術。

腦部手術的應用

　　手術能夠用來治療許多疾病，像是切除腦部或是腦膜腫瘤；因為出血導致顱內壓升高，需要減壓；消除血腫或水腦；治療頭部外傷、血管畸形（例如血管瘤）以及大腦膿瘍等。比較少見的狀況下，手術也會用來治療對藥物治療沒有反應的嚴重癲癇或是取得檢體。現在有一種高度實驗性的腦部手術，稱為腦深層電刺激，正在臨床上應用，手術過程中會將電極放進大腦中，用來治療有運動障礙的帕金森氏症（詳見第 234頁）和妥瑞氏症患者（詳見第 243 頁）。

腦部立體定位手術
這位即將進行腦深層電刺激的患者，首先要用外框固定顱骨，這個外框能夠導引外科醫師，準確地找到置放電極的位置。

經鼻顱底手術

　　經鼻顱底手術是一種微創手術，需要將內視鏡深入鼻腔，直達大腦底部。內視鏡能夠讓外科醫師看到手術的位置，並放入各種器械，以進行各種外科處置。這種手術最常使用的時機，是為了要移除位於腦下腺或是位於腦底部腦膜的腫瘤。這種手術並不會在外面留下疤痕，住院時間通常也會縮短，比起傳統手術，術後疼痛也比較輕微。

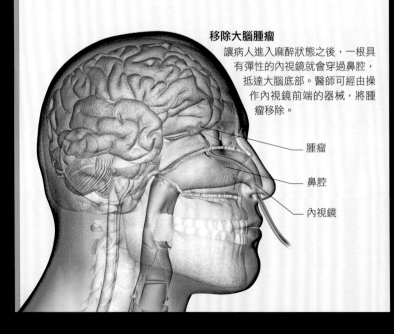

移除大腦腫瘤
讓病人進入麻醉狀態之後，一根具有彈性的內視鏡就會穿過鼻腔，抵達大腦底部。醫師可經由操作內視鏡前端的器械，將腫瘤移除。

腫瘤

鼻腔

內視鏡

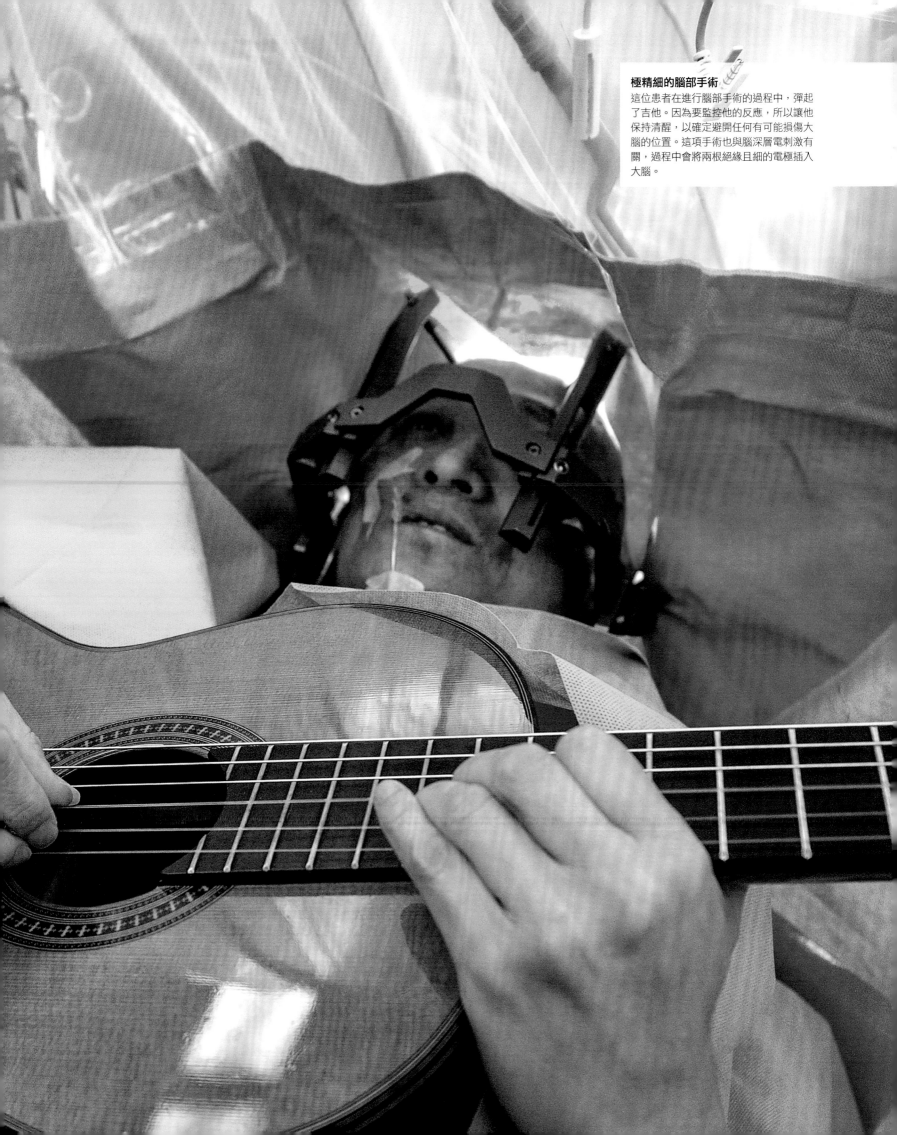

極精細的腦部手術
這位患者在進行腦部手術的過程中，彈起了吉他。因為要監控他的反應，所以讓他保持清醒，以確定避開任何有可能損傷大腦的位置。這項手術也與腦深層電刺激有關，過程中會將兩根絕緣且細的電極插入大腦。

帕金森氏病

這是一種漸進性的大腦退化疾病。帕金森氏病會導致顫抖、肌肉僵直、運動障礙以及平衡困難。

帕金森氏病是因為位於中腦的黑質裡，細胞退化所導致。這些細胞會製造多巴胺這種協助控制肌肉和動作的神經傳導物質。細胞受損會減少多巴胺的製造，導致帕金森氏病相當典型的運動障礙。

多數的帕金森氏病，都並不清楚病因，極少數的案例，具有某些與帕金森氏病相關的基因突變。

帕金森氏病的病程通常相當緩慢（需要幾個月到幾年的時間），最初始的症狀往往是手、手臂和腿部顫抖，嚴重的話會擴展到全身。隨著疾病越來越嚴重，患者也越來越難以啟動自主性的動作；走路看起來相當艱難，要踏出第一步非常困難，行走的時候，也會減少甚至喪失正常的手臂擺動；肌肉會變得更為僵硬；手寫字會變小且難以辨認；彎腰駝背；甚至不再有臉部表情。

帕金森氏病晚期，患者可能會難以說話、吞嚥困難，甚至是出現憂鬱的狀況。智力通常不會受到影響，但多巴胺分泌減少，可能會出現失智的症狀。

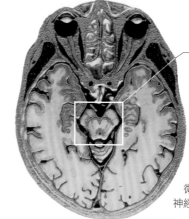

黑質的位置

大腦深處

這張顏色強化後的核磁共振掃描水平切面，可以看到黑質的位置。醫師可能會在這個位置放進微型的電極，以維持神經活性。

健康的大腦
這張切片是健康的大腦組織中的黑質，明顯可見到黑色素聚集。

退化的大腦
這張切片來自罹患帕金森氏病患者的大腦，黑質中帶有色素的神經元，明顯減少。

帕金森氏症

帕金森氏症（Parkinsonism）指的是罹患帕金森氏病（Parkinson's disease）時，可能發生的運動障礙，像是顫抖、肌肉僵硬和動作緩慢。帕金森氏病則指的是一種多巴胺減少的疾病。帕金森氏病是造成帕金森氏症最常見的原因。但並非所有具有帕金森氏症的人都罹患帕金森氏病。其他像是中風、腦炎、腦膜炎、頭部外傷、長期暴露在除草劑和殺蟲劑下、其他退化性的神經疾病或是某些抗精神病藥物，都有可能導致帕金森氏症。

亨廷頓氏症候群

亨廷頓氏症候群是一種罕見的遺傳性疾病，會因為大腦中的神經元退化，造成抽筋般無法控制的動作和失智。

亨廷頓氏症候群的病因，是因為 DNA 在複製多次鹼基後出現了點突變。這個基因突變形成了不正常的亨廷頓蛋白，並在神經細胞中開始累積，導致基底核和大腦皮質中的神經細胞退化。

相關效應

亨廷頓氏症候群的症狀好發於 35 歲到 50 歲之間，有的甚至也會在孩童期間就出現。早期的症狀包括舞蹈症（抽筋、快速且無法控制的動作），笨拙的動作，不自覺地做出扭曲、抽搐的臉部表情。其他的症狀像是言語困難、吞嚥困難、憂鬱、

表情淡漠和失智，所以患者往往無法專注、有記憶的障礙，可能伴隨人格和情緒的變化（好鬥或反社會行為）。亨廷頓氏症候群通常進展相當緩慢，會在初次發病的約 10 到 30 年才致死。

診斷亨廷頓氏症候群，通常會仰賴臨床症狀。

另外也可能會搭配大腦掃描、基因檢測（這是異常基因）和神經心理學測驗。

目前還沒有亨廷頓氏症候群的有效治療，藥物治療的目標則是在降低症狀的影響。維持身心健康也相當重要。

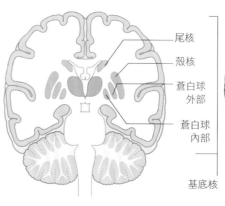

尾核
殼核
蒼白球外部
蒼白球內部
基底核

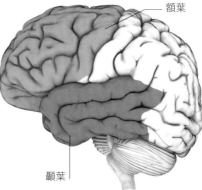

額葉

受影響的區域

亨廷頓氏症候群的病因是因為基底核（一開始是尾核、殼核，然後是蒼白球）的神經元退化導致。也跟額葉和顳葉的退化有關。

顳葉

帶有罹病基因的雙親

沒有罹病基因的雙親

亨廷頓氏症候群的基因

正常基因

罹病的小孩　　沒有罹病的小孩

遺傳的模式

亨廷頓氏症候群是一種自體顯性遺傳的疾病，只要雙親其中一人帶有一套基因，那麼小孩就有二分之一的機會會遺傳這個基因，並在成年後發病。

ACTGTTCAGCAGCAG

連續重複三組 CAG

基因缺陷

第四對染色體上多次重複的一組鹼基（CAG），是導致亨廷頓氏症候群基因突變的原因。是否發病與這套鹼基重複的次數有關（詳見右表）。

亨廷頓氏症候群和CAG重複次數

重複次數	效應
0-15 次	無顯著的影響，亨廷頓氏蛋白功能正常。
16-39 次	亨廷頓氏症候群有可能（也可能不會）會發作。
40-59 次	異常，亨廷頓氏症候群終究會發作。
60 次以上	異常，亨廷頓氏症候群會早期發作。

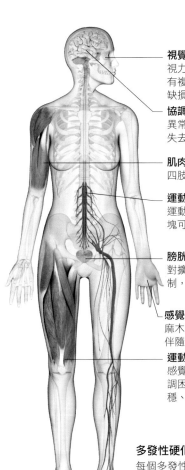

視覺
視力模糊，可能會有複視、視野中心缺損。

協調能力
異常的協調能力、失去平衡

肌肉強度
四肢無力、癱瘓

運動控制
運動神經路徑上的斑塊可能會影響動作

膀胱
對擴約肌失去控制，導致失禁。

感覺
麻木、刺痛，可能伴隨疼痛。

運動
感覺肌肉無力、協調困難與平衡不穩、行走困難。

多發性硬化症常見症狀
每個多發性硬化症患者的症狀有所差異。圖片中記錄比較常見的幾種症狀。

多發性硬化症

多發性硬化症是一種漸進性的疾病，會破壞大腦和脊髓中圍繞在神經元軸突上的髓鞘。

多發性硬化症是一種自體免疫疾病，自體免疫系統會攻擊環繞著包覆神經元、製造髓鞘的細胞。最終在沒有髓鞘包覆的地方，形成硬化的斑痕組織斑塊，導致神經元退化，影響和阻斷神經衝動傳導。目前還不清楚為什麼會出現這樣的自體免疫反應，有可能與基因、環境，甚至是感染因素有關。

多發性硬化症的病程和症狀因人而異。除了常見的症狀（左圖）之外，也可能會造成情緒變化、記憶變差、焦慮或是憂鬱。最常見的類型是緩解復發型的多發性硬化症，這類型的多發性硬化症，症狀日益嚴重一段時間後會逐漸恢復，然後又再次發作。而漸進型的多發性硬化症，則症狀會不斷惡化，不會暫時緩解。多數緩解復發型的多發性硬化症，最終都會變成漸進型的多發性硬化症。

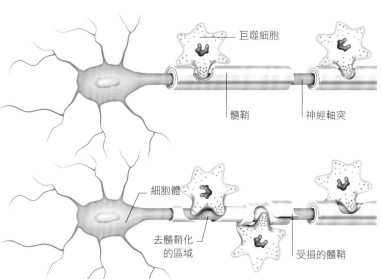

巨噬細胞

髓鞘　　神經軸突

疾病前期
在多發性硬化症前期，會開始破壞環繞在神經軸突旁邊的髓鞘脂肪組織。巨噬細胞也是一種白血球，負責清除這些被破壞的區域。導致軸突的去髓鞘化，使神經傳導出現問題。

細胞體

去髓鞘化的區域

受損的髓鞘

疾病晚期
隨著疾病進展，有越來越多神經上的髓鞘被破壞，使症狀惡化。硬化的斑塊會覆蓋去髓鞘的區域，導致神經退化。

運動神經元疾病

這是一群運動神經元會持續退化的疾病，肌肉會越來越虛弱無力。

目前仍然不了解多數運動神經元疾病的病因。基因因素被認為是影響病情的重要關鍵。有些很少見的運動神經元疾病，就具有遺傳性。運動神經元疾病可能會影響上運動神經元（介於運動皮質和腦幹之間的神經元），和（或）下運動神經元（位於脊髓和腦幹中，連結中樞神經系統和肌肉的神經元）。上運動神經元受損可能會導致痙攣、肌肉無力與過強的反射。下運動神經元受損則會導致肌肉弱化、癱瘓以及骨骼肌萎縮。

除了肌肉之外的症狀，有些患者可能出現人格改變與憂鬱的狀況，但是智力、視覺和聽力都不會受到影響。運動神經元疾病有很多種類型，最常見的是肌萎縮性脊髓側索硬化症（ALS，或是盧‧賈格里症）以及漸進性延髓萎縮。這兩種疾病都會同時影響上運動神經元和下運動神經元。

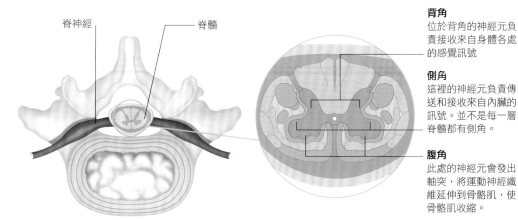

脊神經　　　脊髓

背角
位於背角的神經元負責接收來自身體各處的感覺訊號

側角
這裡的神經元負責傳送和接收來自內臟的訊號。並不是每一層脊髓都有側角。

腹角
此處的神經元會發出軸突，將運動神經纖維延伸到骨骼肌，使骨骼肌收縮。

脊髓的神經路徑
脊髓的神經纖維都聚成束狀，這些神經路徑與神經衝動的傳遞方向和傳遞的訊號類型有關。運動神經元疾病可能會影響位於脊髓腹角的下運動神經元。

上行路徑
這些神經纖維負責將身體的感覺訊號傳到大腦。

下行路徑
這些神經纖維負責將大腦的運動訊號送往脊髓腹角的下運動神經元，再由下運動神經元傳至四肢的肌肉。

口腔與喉嚨
吞嚥困難、言語困難、咀嚼困難

頸部
頸部肌肉弱化導致頭部向前傾

胸部與橫膈膜
呼吸肌弱化導致呼吸困難

腿部與手臂肌肉
手與腿部肌肉弱化、僵硬；偶爾會疼痛、痙攣，最終不良於行。

影響的範圍
運動神經元疾病的症狀與影響的範圍有關，因人而異。多數狀況，這項疾病會持續惡化，最終致命。上圖列出幾個主要的症狀。

史蒂芬‧霍金
知名的理論物理與宇宙學家史蒂芬‧霍金，於 2018 年過世，享年 76 歲。很少有罹患運動神經元疾病的患者，能夠像他一樣活那麼長的時間。一直到他生命的最後，霍金都不斷地保有他的智慧，並勤奮工作。

癱瘓

因為神經和肌肉的疾病，影響肌肉功能，導致部分或完全喪失對肢體運動的掌控。

癱瘓有可能只會影響單一的小肌肉，也有可能會影響全身多數的肌肉。一般會以影響多大的身體範圍，來進行分類。偏癱（Hemiplegia）指的是身體有某一側無法動彈。截癱（Paraplegia）指的是雙腳和一部分的肢體無法動彈。四肢癱瘓（Quadriplegia）指的是四肢皆無法動彈。癱瘓也可以區分為癱軟型（flaccid）或僵直型（spastic）。

任何可以影響運動皮質，或是影響從運動皮質發出、穿經脊髓下行直達脊髓腹角下運動神經元的運動神經路徑的損傷或疾病，都可能會造成癱瘓。肌肉相關的疾病或是重症肌無力（一種影響神經和肌肉間交界處的疾病），也有可能會造成癱瘓。受影響的區域有時會有麻木感。

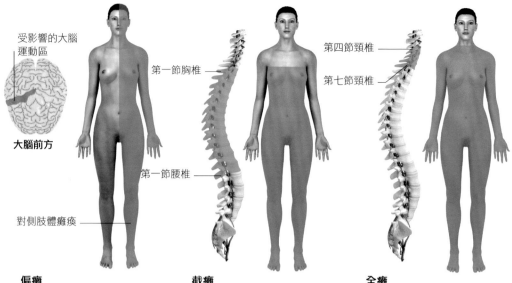

受影響的大腦運動區

大腦前方

第一節胸椎

第一節腰椎

對側肢體癱瘓

第四節頸椎

第七節頸椎

偏癱
有一半的身體會因為大腦運動區受損而癱瘓

截癱
中段或下半段脊髓的損傷，可能會導致雙腳和部分的肢體癱瘓。

全癱
頸部下方的運動神經受損可能會導致全癱。更上方的頸部受傷通常會致命。*

唐氏症

又稱為第二十一對三染色體症。唐氏症是一種染色體的異常，會影響心智和身體發育。

唐氏症是最常見的一種染色體異常疾病，病因通常是因為在第 21 對染色體的位置多了一根染色體。患者所有的體細胞因此都有 47 根染色體，而非 46 根。另外一個可能是因為第 21 對染色體斷裂並連結到其他染色體，這過程我們稱為轉位。雖然細胞的染色體數量正常，但第 21 對染色體的大小異常。極罕見的狀況之下，鑲嵌現象也可能會造成唐氏症，有些體細胞有 47 根染色體，有些則只有 46 根。至於為什麼這些基因異常會影響心智和身體發展，目前仍不清楚。

大多數的案例都沒有造成基因突變的明確理由，不過母親懷孕時的年齡的確是一個危險因子。30 歲過後才懷孕的婦女，胎兒罹患唐氏症的風險會顯著上升。如果父親的年齡超過 50 歲，也是危險因子之一。已經有一個第 21 對染色體異常、罹患唐氏症孩子的父母，也會有比較高的機率，再度生出罹患唐氏症的孩子。

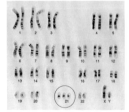

正常的全套染色體
這張核型分析（可以一次看到所有的染色體）來自一位正常男性。共有 46 根染色體，包括 22 對體染色體，加上一對性染色體（X 與 Y）。

三條第二十一對染色體
這張核型分析來自一位罹患唐氏症的男性。原本應該只有兩條的第二十一對染色體，變成三條（因此稱為 trisomy 21），這是唐氏症特有的症狀。

症狀

患者症狀的嚴重度差異極大，多半運動和語言的發育都會較慢，也有學習障礙。外觀上的症狀通常包括：頭型小、較扁平；眼裂往外上揚；粗短的脖子；大舌頭；手型較小且掌紋斷掌；體型也較小。

唐氏症患者罹患其他疾病的風險也較高，例如心臟疾病（通常會有先天性心臟疾病）、聽覺障礙、甲狀腺功能低下、小腸腔狹窄、白血病以及呼吸道和耳朵的感染。成年後的唐氏症患者，罹患眼疾（例如白內障）的機率也較高。年紀更長之後，罹患阿茲海默氏症的機率，也比一般人顯著增加。唐氏症患者的平均壽命較短，但也有少數患者會進入老年。

唐氏症篩檢

如果孕婦有較高的機率，可能懷有唐氏症的胎兒，都應該進行羊膜穿刺檢查。這是一種能夠早期偵測染色體異常，和其他基因性疾病的篩檢。檢查過程中會將一根長針穿入孕婦的腹部，直達子宮，並抽取一小部分羊水的樣本。將羊水樣本送到實驗室進行分析，幾天之後就可取得報告。一般而言，建議在懷孕 14 週到 20 週的時候，進行羊膜穿刺。

雖然羊膜穿刺已經是相對安全的檢查，但還是有極小的風險（大約是 300 分之 1）會導致流產。流產的理由可能是因為子宮感染、羊水破裂或是有早產病史。極少數的案例，在檢測的時候穿入腹部的長針會碰到胎兒。目前為了避免這種狀況，都會謹慎地搭配超音波，導引針頭穿入，避開胎兒。孕婦在長針刺穿腹部皮膚的時候可能會感到刺痛；當長針刺穿子宮時，刺痛感會再重現一次。孕婦在檢查過程中可能也會感到抽筋，或是少量羊水從穿刺處滲漏的現象。羊膜穿刺能夠讓父親有機會介入懷孕的過程，例如為脊柱裂的孩子進行胎兒手術，或是提前做出某些計畫，例如為狀況特殊的孩子提前做好準備。檢查結果也可讓女性做出是否流產以終止妊娠的選擇。

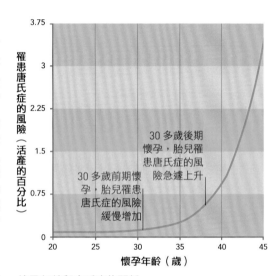

3.75
3
2.25
1.5
0.75
0

罹患唐氏症的風險（活產的百分比）

30 多歲後期懷孕，胎兒罹患唐氏症的風險急遽上升

30 多歲前期懷孕，胎兒罹患唐氏症的風險緩慢增加

20　25　30　35　40　45
懷孕年齡（歲）

懷孕年齡與唐氏症的關係
母親的懷孕年齡與胎兒是否罹患唐氏症有關，30 多歲前期懷孕，胎兒罹患唐氏症的風險緩慢增加。懷孕時間越晚，增加的幅度就越高。

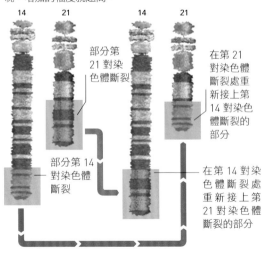

14　21　14　21

部分第 21 對染色體斷裂

在第 21 對染色體斷裂處重新接上第 14 對染色體斷裂的部分

部分第 14 對染色體斷裂

在第 14 對染色體斷裂處重新接上第 21 對染色體斷裂的部分

平衡的轉位效應
唐氏症也有可能導因於轉位效應的緣故。第 21 對染色體斷裂，並重新接到了其他染色體上。在平衡的轉位效應中，也會有其他染色體接上第 21 對染色體斷裂的位置。

*【審訂註】因所有從運動皮質來的運動神經路徑，都會從頸髓開始下行至所有的脊髓節段，因此若頸髓受損，則會導致全癱；較高位的頸髓受損，則因控制橫膈膜的運動路徑也被截斷，因此有可能致命。

腦性麻痺的各種類型	
雖然腦性麻痺還有其他症狀，但主要以運動異常的型態分為四大類型：	
類型	特徵
痙攣型	反射過強；肢體僵硬，也因為過於緊繃、僵硬以及肌肉無力，難以做出動作。
徐動型	臉、手臂和身體不自主地扭動；很難維持特定姿勢。
共濟失調型	難以維持平衡，手和腳的動作容易搖晃；言語困難。
混合型	各種症狀的混合；通常肌張力相當緊張、會有不自主運動。

腦性麻痺

腦性麻痺是一種因為大腦受損，或是大腦發育不正常，而影響動作和姿勢的疾病。

腦性麻痺的成因很多，但多數患者通常都找不到真正的病因。通常腦性麻痺患者的大腦，都在出生前或出生的時候就受損。可能的原因包括：極度早產、生產的時候胎兒缺氧、水腦症（詳見下方）、經由母親傳染給胎兒的感染，或是新生兒溶血，也就是母親和胎兒的血型有所衝突。胎兒出生之後，腦炎和腦膜炎等感染、頭部外傷或是腦出血等都有可能會導致腦性麻痺。

除了動作和姿勢上的異常，所造成的生活不便（無法順利走路、說話和用餐）之外，腦性麻痺也可能會增加其他併發症機率，例如視覺和聽覺障礙或是癲癇發作。腦性麻痺有可能會導致學習障礙。然而每個患者症狀之間的嚴重度，差異極大，有的只是稍微不良於行，有的甚至會導致嚴重殘障。

目前沒有能夠有效治癒腦性麻痺的方法，相關的治療包括：物理治療、職能治療以及語言治療。藥物能夠用來控制肌肉痙攣，並增加關節靈活度。手術也能夠幫忙矯正因為肌肉發展異常所導致的肢體畸形。腦性麻痺並非是漸進性的疾病。

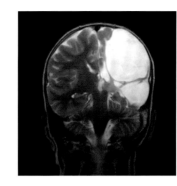

大腦受損
這張頭部核磁共振來自一位罹患腦性麻痺的孩童。左大腦半球的組織異常（位於圖片右側）導致病童右側身體癱瘓。

水腦症

顧名思義，就是大腦「積水」的現象。水腦症患者的顱骨裡累積了過多的腦脊髓液。

因為製造過多腦脊髓液，或是腦脊髓液並沒有順利地被引流，就會造成水腦症。這些液體會累積在顱骨裡，並壓迫大腦，使大腦受損。

這種狀況可能在出生的時候就會發現，一般都會伴隨著其他先天性異常，例如神經管缺損。主要的症狀是頭部會持續且快速地異常變大*。如果沒有治療的話，大腦會嚴重受損，導致腦性麻痺或是其他身體和心智上的殘障，甚至致命。

出生之後一段時間，也有可能會發生水腦症，頭部外傷、大腦出血、感染或大腦腫瘤都是可能的原因。一旦病因消失，水腦的狀況也會改善。

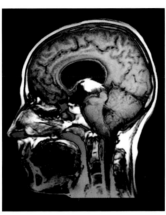

腦室擴大
在這張大腦正中切面的核磁共振掃描中，可以看到因水腦的緣故而極度擴大的側腦室（位於中間的黑色區域）。這種腦脊髓液不正常的堆積，會壓迫大腦。

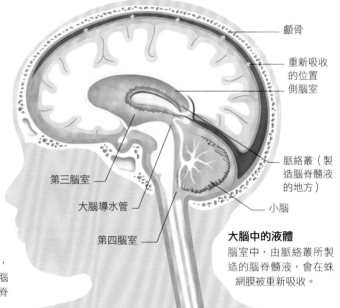

顱骨
重新吸收的位置
側腦室
脈絡叢（製造腦脊髓液的地方）
小腦
第四腦室
大腦導水管
第三腦室

大腦中的液體
腦室中，由脈絡叢所製造的腦脊髓液，會在蛛網膜被重新吸收。

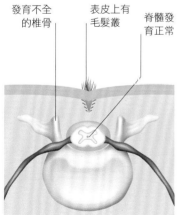

發育不全的椎骨
表皮上有毛髮叢
脊髓發育正常

隱性脊柱裂
隱性脊柱裂的患者通常會有一個或多個椎骨發育不全，但脊髓完好。脊椎的尾端表皮上可能會長出一叢毛髮、凹陷或是脂肪團塊。

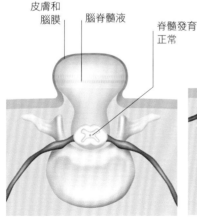

皮膚和腦膜
腦脊髓液
脊髓發育正常

脊髓膜膨出
脊髓膜膨出患者，因椎骨發育不完全，導致腦膜向後突出於椎骨之外，形成一個充滿腦脊髓液的小泡，這個小泡稱為脊髓膜膨出。這類型的神經管發育異常並不損及脊髓本身。

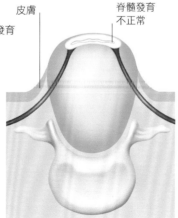

皮膚
脊髓發育不正常

脊髓脊膜膨出
脊髓脊膜膨出是最嚴重的一種脊柱裂。這一類的患者脊髓發育不完全，而且包在已經突出皮膚，內含脊髓液的膨出小泡中。

神經管發育異常

如果神經管沒有正常發育的話，大腦和脊髓都可能會產生各種發育異常。

神經管位於胚胎背部，會逐漸發育出大腦、脊髓和腦膜。目前還並不了解神經管發育異常的原因，但是似乎與遺傳有關，也可能和懷孕過程中服用某些抗痙攣藥物有關。懷孕早期如果缺乏葉酸，神經管也容易發育異常。

神經管發育異常最常見的是無腦畸形和脊柱裂。無腦畸形指的是完全沒有發育出大腦，顯然是致命的狀況。脊柱裂者則是脊髓周邊，椎骨關閉不完全所導致。最嚴重的脊柱裂稱為脊髓脊膜膨出，不但脊髓發育異常，患者可能因此而雙腳癱瘓，且無法控制膀胱。

*【審訂註】新生兒因顱骨尚未完全密合，因此顱骨內堆積過多的腦脊髓液會將顱骨向外推，導致頭部持續變大。

嗜睡症

嗜睡症是一種神經疾病,典型病徵是慢性且不斷發作的嗜睡狀態,在白天的時候常常會突然睡死過去。

目前認為嗜睡症的病因是,大腦中缺乏了食慾素這種蛋白質。降鈣素食慾素是由下丘腦中的細胞所製造,可以幫助調節睡眠和清醒的狀態。罹患嗜睡症的患者,相關的細胞都已經被破壞。目前還不清楚造成細胞損傷的原因為何,很有可能是因為感染誘發了某種自體免疫反應所導致。也有可能跟基因有關,嗜睡症似乎有遺傳的傾向。

嗜睡症主要的症狀是極度嗜睡到無法控制睡眠的衝動。嗜睡症患者可能會在任何時間和地點毫無徵兆地突然睡著。另外一個常見的症狀是在睡眠剛開始和結束的時候,會突然失去肌肉張力(突發性肌無力),讓人雖清醒但產生幻覺。

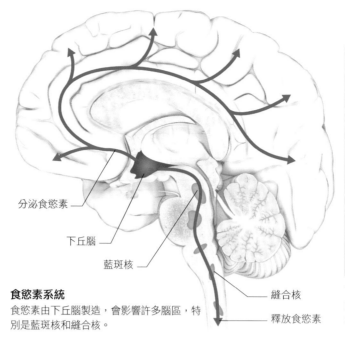

食慾素系統
食慾素由下丘腦製造,會影響許多腦區,特別是藍斑核和縫合核。

分泌食慾素
下丘腦
藍斑核
縫合核
釋放食慾素

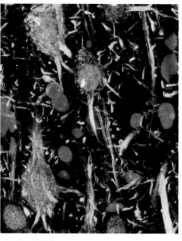

食慾素受體
這張大腦組織的光學顯微照片中,可以看到有許多神經元都有食慾素的受體(紅色)。

昏迷

昏迷是一種失去意識的狀態,對於內在或外在刺激都毫無反應。

昏迷是因為部分維持意識或意識活動的大腦(尤其是邊緣系統和腦幹),受到傷害或是干擾所致。各式各樣的狀況都可能會導致昏迷,例如:頭部外傷、心臟病發或中風後大腦缺乏血液供應、腦炎和腦膜炎等感染、毒物曝露(一氧化碳或藥物濫用)、糖尿病患者長時間高(或低)血糖等。

症狀

依昏迷的程度各有不同。較不嚴重的昏迷,患者可能還會對某些刺激有所反應,而且能夠自主地做出很小的動作。一般所認知的植物人狀態,儘管不會回應任何刺激,也可能還具有睡醒週期、眼睛和肢體的運動、甚至是口語能力。更深層的休克,患者可能不會回應任何刺激,也不會有任何動作,但會保留眨眼和呼吸等自動化的反應。症狀最嚴重的患者,由於腦幹下方已經受損,像

呼吸等基礎的維生功能已經受損或消失,需要維生系統才能維持生命。如果腦幹功能完全消失或無法挽回,那麼會被宣判為腦死。

當患者持續失去意識且對刺激毫無反應的時候,就會被診斷為昏迷。這是相當緊急,且需要立即接受治療的狀況。

1 意識 對於聲音、光線、疼痛和方向感(明確地知道自己的姓名、時間、日期和位置)等刺激的反應正常。

2 困惑 患者雖然清醒,但感到困惑且失去方向感(不清楚自己的姓名、時間、日期和位置)。

3 神智不清 患者失去方向感、躁動不安且無法專注,可能已經出現幻覺或妄想。

4 遲鈍 患者昏昏欲睡,對環境毫不在意,對於刺激的反應相當緩慢。

5 木僵 患者看起來就像入睡狀態,幾乎或沒有任何自主反應,一般來說,只對痛覺和反射有反應(想要逃離痛覺的反應)。

6 昏迷 患者已經完全無法清醒,也不會對任何刺激(包含痛覺)有所反應。已經沒有嘔吐反射,瞳孔對光也沒有反應。

意識的不同程度
有許多不同的系統想要訂定出意識的分級,這裡就列出了其中一種。昏迷的深度則常常以格拉斯哥昏迷指數來評估。

腦死狀態

腦死狀態指的是大腦和腦幹(尤其是腦幹)功能不可逆的中止。腦幹負責維持各種像是呼吸、心跳等基本維生功能。如果腦幹已經沒有任何活性、受損嚴重且無法挽回,那麼這些基礎維生功能再也無法自行運作,需要仰賴外界的維生系統,患者同時也會被診斷為腦死。要能夠確診腦死狀態,需要請兩位經驗豐富的資深醫師,進行一系列的測試。這些測試包括檢查患者對刺激的反應、各種由腦幹所控制的功能以及在沒有呼吸器下自行呼吸的能力。只有兩位醫師都同時確定腦幹和大腦的功能消失,已經無可逆轉,才會確定腦死的診斷。

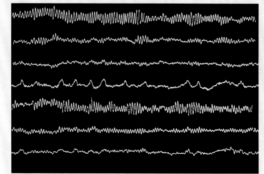

正常的腦電波
大腦活性能夠以腦電波來評估。過程中會將電極貼在頭皮上,然後將這些電極連接到一台機器,記錄大腦運作時的電性變化。

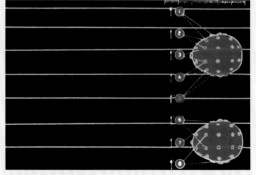

沒有任何大腦活性
腦電波能夠用來協助診斷腦死狀態。如果腦電波的圖形就像上圖一樣,完全攤平,那表示大腦已經沒有任何活性,這也是診斷腦死的其中一個重要條件。

憂鬱症

憂鬱症的患者會持續感到強烈的哀傷、失去希望，每一天都對生命中所有事情提不起任何興趣。

許多的憂鬱症都沒有明確病因。有一些相關的因素可能會誘發憂鬱症，例如：生理疾病、荷爾蒙失調或是在懷孕期間荷爾蒙的變化（孕期憂鬱）、產後憂鬱、生活壓力（例如喪親之痛）等。也有可能是因為某些藥物的副作用，例如口服避孕藥。憂鬱症好發於女性，有家族遺傳傾向，很多的基因突變都會導致憂鬱症的發生。

目前已經發現憂鬱症患者的大腦中，都會出現許多的生理異常，例如神經傳導物質血清素的濃度降低；單胺氧化酶的濃度上升；海馬迴（此區域負責情緒和記憶）的細胞流失；杏仁核和一部分前額葉皮質的神經活性異常等。不過為什麼這些生理學上的異常會導致憂鬱症，目前仍不清楚。

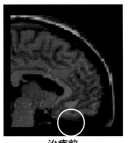 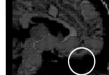

治療前　　　　　治療後

腦深層電刺激
在左邊的正子掃描影像裡，憂鬱症患者的扣帶迴（圈起來的地方）高度活躍。接受六個月的腦深層電刺激後，同一個區域（右圖圈起來的地方）的活性已經降低，症狀也有所改善。

季節性情緒失調

季節性情緒失調的英文縮寫為 SAD（Seasonal affective disorder）。這是一種會因為季節變化而發作的情緒失調。目前還並不清楚發生的原因為何，一般認為有可能因為日光量減少，而造成大腦中的化學反應改變，進而影響心情。一般來說，患者通常在冬天的時候會感到憂鬱、疲倦、缺乏能量、非常想要吃甜食和澱粉類食物、體重增加、焦慮且坐立難安，以及逃避社交活動。這些症狀在春天來臨的時候就會自動消失。一般會用光照療法（坐在特殊的房間，面對特製的發光裝置，模擬日光）或是抗憂鬱藥物，來治療季節性情緒失調。

症狀與治療

憂鬱症的症狀和嚴重程度因人而異。多數的人會經歷以下幾種症狀：多數時間都很不開心；難以克服這種狀態和做出決定；難以專心；持續覺得相當疲倦；焦躁；食慾和體重改變；睡眠模式受到干擾；性冷感；沒有自信；容易生氣；有自傷的意念或嘗試。有些人在極度憂鬱之後，會進入極度狂熱的狀態，這也就是所謂的躁鬱症（詳見下文）。

一般而言，憂鬱症會使用會談諮商、抗憂鬱藥物或是兩者同時來進行治療。運用腦深層電刺激（以放入腦中的電極來刺激大腦）等實驗性療法，治療憂鬱症是否可行，也正在評估中。

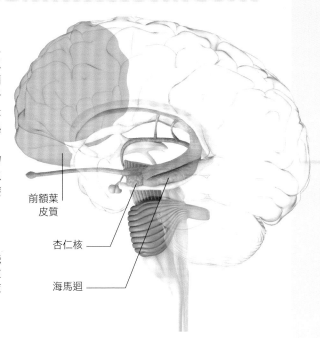

前額葉皮質

杏仁核

海馬迴

與憂鬱症相關的腦區
目前對於憂鬱症的生理機制還不完全了解，只知道有某些腦區可能跟憂鬱症相關，例如前額葉皮質、海馬迴和杏仁核。

躁鬱症（雙極性疾患）

躁鬱症是一種心情擺盪在憂鬱和狂躁之間的情緒疾病。

至今對於躁鬱症（也稱為雙極性疾患）的病因仍不了解，但一般認為與大腦生化、基因和環境因素有關。某些大腦中神經傳導物質的濃度，例如正腎上腺素、血清素和多巴胺可能與躁鬱症相關。躁鬱症有遺傳的可能，和某些基因有高度相關。不過某些環境因子，例如生活中重大的衝擊，也有可能會誘發躁鬱症。

症狀

最常見的症狀就是患者的心情，會在憂鬱和狂躁之間轉換，每一個階段所維持的時間都無法預測。情緒的轉換期之間，患者的心情和行為可能非常正常。憂鬱期的症狀包括失去希望、睡眠障礙、食慾和體重的改變、覺得疲倦、對生命沒有興趣且失去自信，甚至有自傷傾向。而躁期的症狀包括過度樂觀、高度活躍、極度有衝勁、高度自信、思緒飛躍且願意承擔高風險行為。

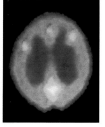 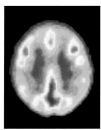

躁鬱症患者的大腦活躍狀況
這兩張正子掃描的影像中，可以看到正常狀態（左圖）和處於躁症狀態（右圖）的大腦活性差異。

創意和躁鬱症

研究許多名人生平會發現，功成名就的藝術家得到躁鬱症的比例比一般人高，有些藝術家甚至能夠利用狂躁的時期，讓創意大為噴發。下圖標記了德國知名作曲家羅伯特 · 舒曼（1810－1856）每個作品創作的時間點，以此看來，舒曼進入狂躁期的時間點和作品的數量具有相關性。他進入躁期之後，創作力會發揮到最大，一直持續到進入憂鬱期。雖然如此，他的作品的品質並未受到情緒的影響。

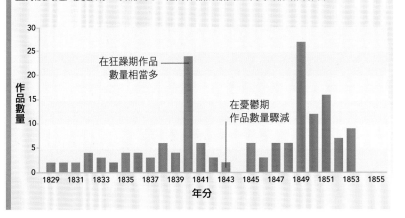

在狂躁期作品數量相當多

在憂鬱期作品數量驟減

作品數量 / 年分

焦慮症

焦慮症是一種症候群。患者常常會感到焦慮與（或）驚慌的感覺，頻繁到足以影響日常生活的程度。

如果因為在某些充滿壓力的場合中，短暫的感到緊張、憂慮，甚至有些恐慌，是非常正常且再自然不過的事情。不過當處在一般的狀態下，焦慮的反應還是過於頻繁，甚至影響日常生活，那麼就有可能是一種疾病了。少數的患者可能有生理相關的成因來解釋他們持續的焦慮，例如甲狀腺疾病或藥物濫用。有的時候在承受極大壓力的狀態下，也會爆發廣泛性焦慮症，例如失去親人。多數的焦慮症患者，都沒有明顯的病因，不過若具有焦慮症的家族病史，看似會增加罹患焦慮症的風險。目前對於焦慮症發作的機制也不完全了解，只知道干擾額葉或邊緣系統中的神經傳導物質，可能會有影響。

不管發作機制是什麼，焦慮症會打亂身體對於壓力反應的控制，也就是「打或逃」的反應。焦慮症會讓正常的壓力反應無法順利結束，或是在錯誤的時間點被活化。

焦慮症有許多不同的形式，最常見的形式是廣泛性焦慮症，會感到過度且不必要的焦慮長達六個月以上。另外一種形式的焦慮症是恐慌症，會突然強烈地對恐懼感到焦慮。

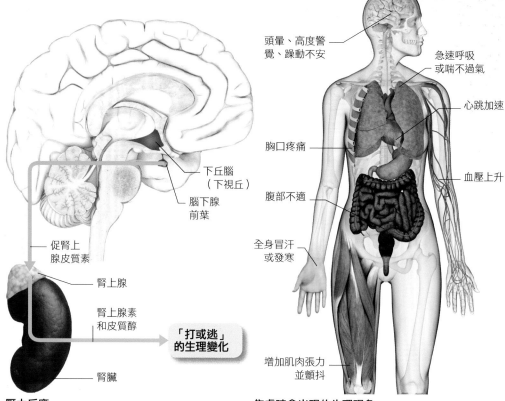

下丘腦
（下視丘）

腦下腺
前葉

促腎上
腺皮質素

腎上腺

腎上腺素
和皮質醇

「打或逃」
的生理變化

腎臟

壓力反應

為了應付壓力，下丘腦會刺激腦下腺製造促腎上腺皮質素（ACTH）。促腎上腺皮質素會刺激腎上腺，製造腎上腺素和皮質醇，然後這些荷爾蒙會啟動「打或逃」的生理變化。

頭暈、高度警覺、躁動不安

急速呼吸
或喘不過氣

心跳加速

胸口疼痛

腹部不適

血壓上升

全身冒汗
或發寒

增加肌肉張力
並顫抖

焦慮時會出現的生理現象

啟動為了應付壓力所產生的「打或逃」反應，會對身體造成極大影響。一般而言，在壓力消失之後，這些反應就會自然關閉。但焦慮症患者的壓力反應會過度敏感，甚至無法關閉。

蜘蛛恐懼症

害怕節肢動物是一種最常見的恐懼症。有這種恐懼的人，即便在不太可能遇到蜘蛛的時候，也會對於蜘蛛感到極度焦慮。

恐飛症

恐飛症有可能會單獨發生，也可能是其他恐懼症的某種表象，例如懼高症或是幽閉恐懼症。

人群恐懼症

人群恐懼症可能與其他的恐懼症有關，例如害怕被人群傳染疾病或是踐踏。

懼高症

懼高症是非常普遍的恐懼症，患者會害怕站在高的地方，甚至是身處大樓高樓層這種封閉的空間。

恐懼症

恐懼症是一種長期、非理性對某些事情、事件或是情境，感到恐慌，甚至影響日常生活的疾病。

目前已經發現有很多不同形式的恐懼症，大致上可以被分為兩種類型：簡單型與複雜型。簡單型的恐懼症，通常是對於特定物件和情境感到害怕，例如：蜘蛛（蜘蛛恐懼症）或是密閉空間（幽閉恐懼症）。複雜型恐懼症則較為無所不在，而且可能混雜了各種焦慮，例如：空間恐懼症（懼曠症）可能包括對人群、公共場合或是搭乘飛機、巴士等大眾交通運輸工具的恐懼，也常常會有無法逃到安全區域（通常是家）的焦慮。社交恐懼（又被稱為社交焦慮失協症）是另一種複雜的恐懼症，患者可能因為害怕在眾人面前丟臉，所以對社交場所或表演場合（例如公開演說），感到極度焦慮。

起因和結果

目前還並不完全了解恐懼症的病因，有些恐懼症似乎與遺傳有關，小孩有可能透過他們的父母，學習到對某件事情的恐懼。而有些患者的恐懼，可能是源自某次災難性的事件或情境。

恐懼症的主要症狀是當遇上害怕的事物或情境時，就會感受到強烈且無法控制的焦慮。光是「預期」會遇到這些令人害怕的事物和情境，就能引發焦慮。更嚴重的話，當真的遇到害怕的事物或情境時，可能會導致恐慌發作，全身冒汗、心跳加速、呼吸困難或全身顫抖。因為極度想要避開這些令人害怕的事物或情境，有時甚至會採取極端的手段。這些恐懼可能會極度限制日常生活，有些人甚至會服用藥物和酒精，試圖想要降低焦慮的程度。

常見的恐懼症	
名稱	描述
雷電恐懼症	害怕閃電和閃光
恐癌症	害怕得到癌症
幽閉恐懼症	害怕密閉空間
恐犬症	怕狗
潔癖	怕被細菌汙染
恐死症	害怕死亡和死掉的事物
恐病症	害怕得到特殊的疾病
恐黑症	怕黑
恐蛇症	怕蛇
針頭恐懼症	害怕接受注射或醫療用針頭

創傷後壓力症候群

創傷後壓力症候群是當一個人目睹或經歷危及生命危險的困境,例如:恐怖攻擊事件、自然災害、強暴和肢體暴力、嚴重肉體傷害或是軍事戰鬥後,所產生的嚴重焦慮反應。

創傷後壓力症候群的外在病因是創傷經歷。對大腦而言,這會讓記憶、壓力反應和處理情緒的相關腦區,出現許多異常的狀況。杏仁核(記憶和情緒處理相關)回應創傷事件的記憶時,會過度活躍,前額葉皮質對於恐懼的刺激毫無反應,使前額葉皮質無法抑制杏仁核,無法抑制創傷記憶的形成。丘腦也可能參與其中;有些人因為基因的關係,杏仁核的尺寸較大,可能會過於誇大對恐懼的記憶,也因此增加罹患創傷後壓力症候群的可能。

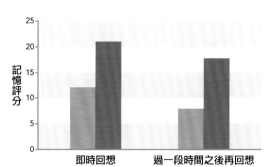

顏色說明
■ 創傷後壓力症候群的患者
■ 控制組

創傷後壓力症候群患者記憶受損的情況
創傷後壓力症候群的患者和正常人(控制組),同時閱讀一段文章後,「馬上」和「過一段時間之後」詢問他們記得多少。創傷後壓力症候群的患者在不同的時間,都得到較低的分數。

症狀與治療

創傷後壓力症候群的症狀,可能在接觸創傷事件後馬上爆發,也可能在幾個月後才逐漸浮現。可能會不斷地回想或是做惡夢,觸發恐懼發生當時相同的強烈感受。患者可能會情感麻木、對於過去喜好的活動不再有興趣、記憶出現問題、過度警覺或是震驚、睡眠障礙並躁動不安。

彈震休克

彈震休克是一種戰鬥創傷的壓力反應,於第一次世界大戰時相當普遍。今天彈震休克被歸類為「戰場壓力反應」,這種反應會造成短暫的生理和心理上的症候群,例如過度警覺和極度疲倦。如果症狀長期持續,就會被歸類為創傷後壓力症候群。

強迫症

強迫症英文縮寫 OCD。強迫症患者腦中會不斷重複出現某些令患者感到焦慮的想法,使得患者不得不去重複某些動作,或是儀式性的行為,試圖想要降低焦慮的程度。

目前還不清楚強迫症的病因,不過一般認為影響強迫症的因素相當複雜,每一個患者可能都有不同誘發強迫症的理由。

強迫症可能與遺傳有關,某些案例的確帶有特定基因。也有可能和小時候感染鏈球菌有關。大腦影像掃描研究認為,強迫症患者大腦中,眶額皮質、尾狀核和丘腦間的溝通迴路異常,影響神經傳導物質血清素的濃度。另外人格特質可能也是一個重要因素,完美主義者較有可能罹患強迫症。

症狀

一般而言,強迫症好發於青少年期間,可能只有出現執迷意念或是強迫行為,也有可能同時出現。執迷意念指的是某些想法、感覺和影像會不斷重複出現,誘發焦慮。例如由於過度害怕塵土,甚至會讓人不敢離開家,以免弄髒自己。強迫行為指的是患者需要重複執行某些動作,才能減輕焦慮的狀況,例如會不斷重複地檢查門鎖等各種事物。患者可能會意識到這些執迷意念和強迫行為並不理性,但卻無法控制。

診斷和預後

若患者在過去兩週大多數的時間內都具有強烈的焦慮,且已經明顯影響到日常生活,就可診斷為強迫症。只要接受治療,多數患者都能康復,不過若處於壓力狀態之下,可能又會誘發症狀。試著將微小的電極插入大腦中,藉由腦深層電刺激遙控大腦活性,有可能是未來對於強迫症的有效治療。

強迫行為
例如:不斷洗手,這種會反覆進行的強迫行為。

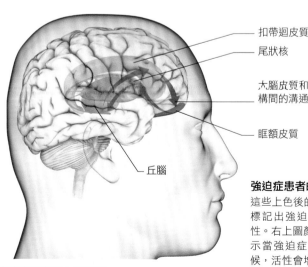

尾帶迴皮質
尾狀核
大腦皮質和大腦深層結構間的溝通迴路
眶額皮質
丘腦

強迫症患者的大腦迴路
強迫症可能與眶額皮質和大腦深層結構間,溝通迴路出現異常有關。

強迫症患者的大腦活性分布
這些上色後的正子掃描影像,標記出強迫症相關的大腦活性。右上圖顏色標記的區域表示當強迫症症狀變嚴重的時候,活性會增加的地方。右下圖顏色標記的區域則代表當強迫症症狀變嚴重的時候,活性會減弱的地方。

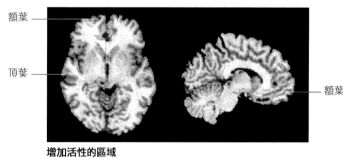

額葉
頂葉
額葉
增加活性的區域

額葉
頂葉
額葉
減少活性的區域

身體畸形性疾患

身體畸形性疾患是一種精神疾病，患者會過度在乎某種外表的身體缺陷，然後因為極度執著自己的身體外觀，因此對自己造成極大的心理壓力。

身體畸形性疾患的病因目前不明，一般認為源自很多因素，有可能與血清素濃度過低有關。身體畸形性疾患也有可能和其他的病症一起出現，例如飲食疾患、強迫症、廣泛性焦慮症等，不過目前我們仍然不清楚這之間的因果關係。

很多人對於自己的外表多少都有不滿意的地方，但身體畸形性疾患的患者，會非常執著於某一個或某些既有的缺陷。身體畸形性疾患最典型的症狀就是不喜歡拍照、試圖想要用衣服和化妝隱藏這些缺點、頻繁地在鏡中檢查自己的外表、頻繁拿自己的外表和別人比對、多次尋求別人對外表的肯定、頻繁地觸碰這些既有的缺陷且會不斷拉自己的皮膚，想要讓皮膚變得更加滑順。另外，當患者意識到有人環繞在身邊的時候，可能會覺得很焦慮，以為別人會注意到這些小缺陷，所以極力地想要避開各種社交行為。有些患者甚至認為藥物或手術的方式，可以幫他們修正這些小缺點。

診斷

身體畸形性疾患需要以精神評估來診斷。要能夠診斷身體畸形性疾患的患者，過度關注外表的行為必須已經造成極大壓力，並影響到日常生活。

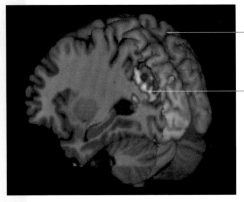

— 右大腦半球

左大腦半球活躍的區域

身體畸形性疾患的患者處理臉部資訊
研究發現身體畸形性患者，傾向使用原本善於處理臉部表情複雜細節的左大腦半球，來處理臉部資訊。一般人則通常使用右大腦半球來處理臉部資訊，避免注意到太多臉部細節。

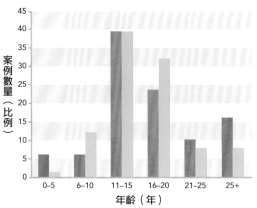

好發年齡
身體畸形性疾患通常都是在青春期的時候初次發作。高峰期是在 11 歲到 15 歲的男孩和女孩，有將近 40% 的案例都好發在這個年齡區間。

顏色說明
■ 女性
□ 男性

體化症

體化症是一種慢性的精神疾病，患者會持續抱怨自己罹患了不存在的疾病。

體化症患者會經歷好幾種不同的生理症狀，且症狀會持續好幾年。這些症狀並非故意產生的，也找不到病因，已經足以干擾日常生活。

這些症狀可能會影響某一部分的生理機能，常見會抱怨自己有消化道、神經方面或是生殖系統的問題。如果症狀和中樞神經系統主導的隨意運動有關，例如癱瘓，這種症狀有時也稱為轉化症（或稱為歇斯底里）。

體化症的病因至今不明。某些案例可能與其他疾病相關，像是焦慮和憂慮。但目前並不清楚這些疾病間的因果關係。

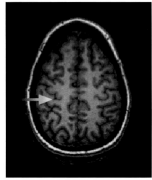

刺激左手

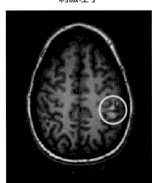

刺激右手

大腦活性
有時候可以在某些體化症的病人身上，偵測到某些異常的大腦活性。這兩張核磁共振掃描，來自某位宣稱他左手失去感覺的患者（圖中的左側為右大腦半球）。大腦掃描中發現即便刺激他的左手，右側大腦感覺皮質的確沒有任何大腦活性（箭號所指的位置），如果刺激不受影響的右手，那麼左大腦半球就會有正常的大腦活性（圓圈的地方）。

歇斯底里

歇斯底里（hysteria）這個詞，源自希臘字 hysterikos，意思是因為子宮不適所導致的醫療疾病。奧地利心理學家西格蒙德・佛洛伊德（詳見第 189 頁）認為，歇斯底里是潛意識要保護患者遠離壓力的一種嘗試。現在心理學已經不再使用這個詞，但日常生活中還是常常用這個詞，來表達某些無法控制的情緒失控。

展示何謂歇斯底里
法國神經學家尚・馬汀・夏柯特（1825 － 1893），一度認為歇斯底里是一種遺傳性的神經疾病。這位神經學家曾經用催眠的方式誘發患者的歇斯底里後，再進行研究。

慮病症

慮病症：患者過度且不切實際地擔心自己會得到很嚴重的疾病。

慮病症會過度誇大不重要的症狀。雖然症狀是真實的，例如咳嗽或是頭痛，但慮病症患者會不斷擔心，這些症狀很有可能暗示自己身懷重病，例如：肺炎或是腦瘤。輕微的慮病症，患者可能只是稍微有點擔心。在嚴重的患者身上，這種慮病的感覺會嚴重影響日常生活，患者會頻繁地去看醫生，希望可以做檢查。即便當檢查結果證實沒有問題，患者還是會堅持他們已經得了重病，並再去看其他醫生。有些人甚至在聽到了某些特殊的疾病之後，就會覺得自己可能也得了那種疾病。例如：聽過阿茲海默氏症之後，只要有任何一點健忘，這些人就會覺得自己可能也得了阿茲海默氏症。很多慮病症的患者，多半都有其他精神疾病，例如：憂鬱症、強迫症、恐懼症或是廣泛性焦慮症。

孟喬森症候群

有時候又稱為醫院成癮症候群。孟喬森症候群是相當少見的精神疾病，患者會不斷裝病製造各種症狀來尋求醫療上的關注。

孟喬森症候群的患者是有意識在偽造他們的症狀，和慮病症患者真的相信自己已經生病，不太一樣。他們假裝自己生病，並不是為了得到明顯的好處（例如經濟上的好處），真正的動機是希望得到醫療人員為他做檢查、治療和關注。孟喬森症候群的患者通常具備良好的醫療知識，才能偽裝出可信的症狀，取得合理的解釋，這也讓診斷孟喬森症候群極為困難。除了偽造症狀之外，他們還會試圖操縱檢查的結果，例如：他們可能會將血液加到尿液樣本中。有時為了要在自己身上製造出各種症狀，甚至會傷害自己、吞下毒藥等。一般來說，他們可能會去很多不同的醫院，重複地表演一樣的症狀。另外有一種類似的疾病，稱為代理型孟喬森症候群（FII），患者可能會幫別人偽造症狀。通常有可能是家長偽造、或誘使他們小孩出現症狀。

診斷這個疾病相當困難，需要進行非常多的檢查，才能排除可能的其他疾病。如果一直都沒有找到可能的其他診斷，就會需要精神科醫師評估，才能診斷孟喬森症候群。

偽造疾病
幾乎每個人在一生之中，都有裝病的經驗，但多數都只是單次的事件，例如為了不想上班或上學所掰出來的。但有些人裝病是因為真的有病理的異常。以下圖表整理各種裝病的方式。

非病理性
這種形式的裝病，通常不過就是利用極小的症狀，作為逃避或是得到注意力的方法。次數相當零星，且通常不是為了錢。

病理性
病理性的裝病，和非病理性的類型不同，可能會重複發生，且往往都跟獲得某些有形的利益有關，例如財務上的報酬等等。

惡意的
藉由故意假造或誇大各種症狀來，獲取顯著的利益，例如財務補償和同情心。這並不是某種疾病，但可能暗示著有心智上的問題。

人為的
藉由故意假造某種疾病，得到情緒上的補償，比如同情心、注意力或更多照顧。孟喬森症候群就是一種極端的、人為的偽病。

妥瑞氏症

妥瑞氏症是一種神經疾病，常見的症狀包括重複地、突然出現不自主的動作（動作抽搐），或是字句的噪音（發音抽搐）。

多數的妥瑞氏症都具有遺傳因素，可能與基因有關，但是相關的基因和遺傳模式目前仍然不明。有些所謂散發型妥瑞氏症，就沒有明顯的遺傳傾向。有很多大腦異常都認為與妥瑞氏症相關，例如基底核、丘腦和額葉皮質功能異常，以及神經傳導物質血清素、多巴胺和正腎上腺素分泌異常等，但實際上的因果關係目前還不清楚。環境因素也可能在妥瑞氏症的病理衍生過程中，扮演重要角色。

症狀和影響

妥瑞氏症最典型的症狀就是動作抽搐，像是眨眼、臉部扭曲、聳肩、頭部扭動等，另外則是發音抽搐，患者會發出咕嚕聲和重複的字詞。穢語症（不自主的罵髒話）則是另一個為人所知的症狀，但其實並不常見。可能也會併發其他的精神疾病，像是憂鬱症和焦慮症。這些症狀通常在小時候發作，在少年時期惡化，但隨後會較為好轉。不過有些患者的症狀會越來越嚴重，甚至延續到成年之後。

診斷

要能夠診斷妥瑞氏症，患者必須同時具有動作抽搐和發音抽搐，並排除其他可能的病症、藥物以及藥物濫用。發作時間必須是過去一年中，一天發作多次，或是多數日子都有發作紀錄，這樣才能診斷為妥瑞氏症。

妥瑞氏症的動作抽搐
這張長時間曝光的照片中，可以看到妥瑞氏症最具特色的重複性動作。照片左側是一位罹患妥瑞氏症的患者，在手指上放了一個燈，以記錄他手部的動作。

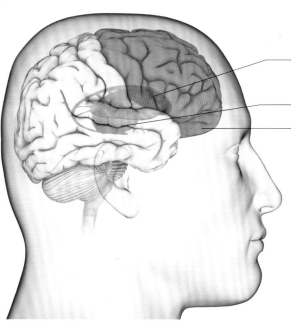

基底核
負責執行各種規律化的動作

丘腦
負責過濾或中繼通往皮質的神經訊號

額葉皮質
在動作排序的工作上扮演關鍵角色

與妥瑞氏症相關的大腦區域
妥瑞氏症患者的大腦研究發現，某些異常可能跟大腦特定區域相關，例如基底核、丘腦和額葉皮質。不過目前我們還不完全了解之間的因果關係。

實驗性的治療方式

多數的妥瑞氏症患者會學著如何和症狀共存，並未接受任何治療。較為嚴重的案例，通常會接受藥物治療，藉以控制運動抽搐。對於具有焦慮和強迫症狀的患者，諮商治療可能也有效果。極少數非常嚴重、令人耗弱、對於其他治療都沒有反應的患者，可能可以考慮腦深層電刺激。不過這項治療方式目前還處於實驗階段，對於這項治療的利弊還不完全清楚。

腦深層電刺激
這種治療方式需要進行腦外科手術，將大腦節律器放到大腦深處（如右圖）。大腦節律器會對特定的腦區持續送出電子訊號，控制該腦區的活性。

思覺失調症

這是一種相當嚴重的精神疾病。思覺失調症的患者對於現實的感知、情緒表達、社會關係、行為舉止以及思考都會相當扭曲。

和一般人所理解的正好相反，思覺失調症並非人格分裂，而是一種患者無法區分現實和想像的精神疾病。

目前還不完全了解思覺失調症的病因，不過我們認為基因跟環境因素會有所影響。思覺失調症是一種遺傳疾病，如果血緣相近的家庭成員有相關病史，那麼可能會有很

高的機率罹患思覺失調症。不過目前認為，基因並不完全足以誘發思覺失調症，環境因素也相當重要，例如：暴露在感染環境、出生前營養不良、生活壓力極大，以及使用大麻等。多巴胺的濃度過高也可能有關，所有抗精神病藥物都會阻斷多巴胺；相反的，增加釋放多巴胺的藥物，都有可能觸發思覺失調症。目前已經發現思覺失調症患者的大腦有許多異常，例如麩胺酸鹽（glutamate）受器濃度過低；海馬迴、額葉和顳葉的灰質都有流失的現象。不過，目前這些異常和思覺失調症還未建立因果關係。

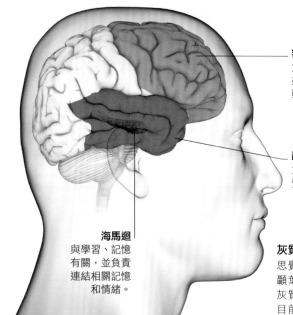

額葉
負責執行功能，例如專注、計畫、驅動和決策。

顳葉
負責整合和傳播聽覺資訊

海馬迴
與學習、記憶有關，並負責連結相關記憶和情緒。

灰質流失
思覺失調症的患者，其顳葉、海馬迴和額葉的灰質有流失的現象，但目前還不清楚這之間的因果關係。

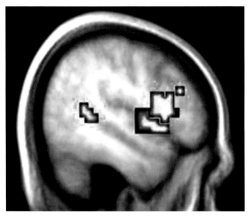

聽見聲音
發生聽幻覺的時候，功能性核磁共振可以看到右大腦半球語言區活躍，而非一般說話時活躍的左大腦半球。這也許可以解釋為什麼這些「聲音」，多半是簡短且貶低患者的話，且讓患者覺得這些聲音來自外在世界。

症狀和治療

思覺失調症有許多不同型態（左表）。通常男性好發於青春期晚期或青年期，女性則晚約四到五年。思覺失調症的症狀和嚴重度都因人而異。一般而言會有以下症狀：幻覺，尤其是聽幻覺；言語混亂、胡說八道（word salad）；缺乏情緒反應或不合宜的情緒反應，例如對壞消息相當開心；思考雜亂無章；舉止笨拙；非自主或重複性的動作；

社交上自我隔離；完全忽視自己的健康和清潔；毫無回應的行為（僵直性行為）。

思覺失調症主要依靠症狀來做出診斷，相關的檢查也會用來協助排除同樣有異常行為的其他疾病。治療包括施予抗精神病藥物等藥物治療，或是諮商會談治療。大約五分之一的人能夠完全康復，剩下的人可能會和症狀共存一生。

各種不同的思覺失調症

類型	描述
妄想型 （PARANOID TYPE）	會出現妄想（通常是被迫害妄想）和幻覺，但思考、口語和情緒相對正常。
混亂型 （DISORGANIZED TYPE）	思考和口語相當令人困惑且漫無章法；情緒反應極為呆板且不合宜；行為沒有組織，常會干擾日常生活，例如同時煮菜和洗碗。
緊張型 （CATATONIC TYPE）	對於周邊的環境缺乏反應是主要的症狀；患者可能會時不時出現奇怪的姿勢，以及毫無目的的動作、不斷重複隨機聽到的詞。
未分化型 （UNDIFFERENTIATED TYPE）	可能出現妄想型、混亂型或緊張型的症狀，但又不明確落在特定的類型之中。
殘餘型 （RESIDUAL TYPE）	身上雖然還有思覺失調症的症狀，但比起剛診斷出思覺失調症的時候，明顯舒緩許多。

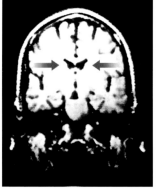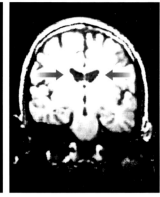

組織萎縮
這兩張核磁共振掃描的圖片來自一對雙胞胎，右圖是罹患思覺失調症者，圖中可以清楚看到側腦室（箭號所指處）變大，表示大腦組織萎縮。左圖來自正常者則沒有這個現象。

妄想症

妄想症患者在沒有罹患其他精神疾病的前提下，會持續抱持著某種非理性的信念。

妄想症患者的妄想多半並不怪異（某些甚至還在可能發生的範圍內）。除了他們的妄想和某些相關的行為之外，患者的表現非常正常。但他們會極端地專注在自己的妄想中，甚至影響他們的日常生活。目前還不清楚妄想症的病因，但如果家族成員有這項疾病或是思覺失調，比較容易

罹患妄想症。沒有社交生活的人也比較有可能得到妄想症。壓力也可能會誘發出妄想症。

妄想症有非常多種：嫉妒妄想症，總是認為他們的伴侶不忠；被害妄想症，認為有人正在找尋他們，且試圖要傷害他們；情愛妄想症，以為正在和某人（通常是名人）相愛；自大妄想症，對自我價值、權力、才華或是知識，過於自大；軀體妄想症，深信自己身體有缺陷或是某種醫療疾病；以及混合型，兩種或多種以上的妄想症。

情愛妄想症（DE CLERAMBAULT'S SYNDROME）
情愛妄想症是一種罕見的妄想症，患者無端地相信有其他人和他/她正在發展戀愛關係。英國小說家伊恩·麥克伊旺的作品《愛無可忍》中，就以此做為故事核心。

成癮

成癮指的是一種狀態，會有一段時間極度仰賴某種事物，沒有了這種事物就會非常痛苦。

任何事物都有可能會成癮，無論對什麼事物成癮，成癮的人都會無法自拔。一般認為成癮的物質或是活動，對大腦的影響就像我們對愉悅體驗的反應一樣，多巴胺的濃度會因此上升。目前並不清楚為什麼有些人比其他人更容易成癮，不過基因和環境因素都有可能扮演某種角色。例如，

在一個有藥物和酒精濫用病史的家庭中長大的孩子，會更容易有成癮的現象。

雖然在某些物質和活動成癮者身上，會有些特定症狀，但成癮者多半會有一些通用的症狀，包括出現耐受性的問題，患者通常需要更多的量才能夠達到期待的效果；戒斷症候群，當這種物質或活動停止後，在生理和心理上出現不舒服的感覺；即便這項物質或活動對身心健康或是人際關係有害，還是堅持要使用等。

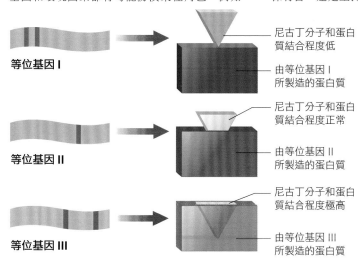

尼古丁分子和蛋白質結合程度低

由等位基因 I 所製造的蛋白質

等位基因 I

尼古丁分子和蛋白質結合程度正常

由等位基因 II 所製造的蛋白質

等位基因 II

尼古丁分子和蛋白質結合程度極高

由等位基因 III 所製造的蛋白質

等位基因 III

基因和尼古丁成癮

研究發現某些成癮的行為可能和基因有關。某些人帶有的特定等位基因，會製造出和尼古丁分子結合程度較低的蛋白質。某些人帶有的特定等位基因，則會製造出和尼古丁分子結合程度正常或較為緊密的蛋白質。結合的緊密程度，影響了尼古丁對身體的效果，換句話說，也影響了尼古丁成癮的可能。

健康的肝臟
正常且健康的肝臟看起來應該是暗紅色，表面平坦，沒有任何凹凸不平或疤痕組織，也沒有任何變色的地方。

肝硬化
圖中的肝臟已經嚴重肝硬化，有大片的疤痕組織和凹凸不平的表面，整體的顏色都不太正常。肝硬化是酒精成癮最常見的併發症。

人格疾患

這類患者習慣性的行為和思考模式，會不斷地在他們的日常生活中造成各種問題。

目前還不清楚人格疾患的病因，但一般認為和基因與環境的影響有關。這些因素可能會增加罹患人格疾患的風險，其中包括：有人格疾患和其他精神疾病的家族病史；童年時期有被虐待的經驗；童年時期家庭破碎的經歷；小時候曾經罹患行為規範障礙（詳見第 248 頁）等。

現在發現人格疾患有許多不同的類型（詳見下表），一般而言，人格疾患的患者都相當堅持自己的想法，做出許多不符情境的行為。通常好發於青少年和青年時期，嚴重度因人而異。人格疾患的患者通常不會意識到他們的行為和思考模式並不適切，但他們可能會意識到某些與個人、社會和同事之間的關係出了問題，因而感到壓力。其他症狀則依照不同類型而有所不同。

人格疾患的類型
人格疾患可以依照行為症狀和思考模式的表現，分為三大群。

A群：古怪或偏離常態的行為或（與）思考

妄想型人格疾患
這一類的患者會無端懷疑或不信任別人，相信別人可能正要傷害他們，會突然具有敵意且情感解離。

類精神分裂人格疾患
這一類的患者對於社交行為毫無興趣、內向且孤僻，情感表達相當淡漠；通常無法理解一般社交上的慣例。

精神分裂型人格疾患
這一類的患者完全與人際社會和各種情緒解離，會表現很多怪異的行為和思考，有很多「神奇」的想法（相信他們的想法可以影響別人）。

B群：戲劇性、難以控制或過度情緒化的思考和行為

反社會型人格疾患
之前稱為社會病態者。具有這種人格的人，會長期忽視別人的感受、權利和安全。他們可能也長期說謊、偷竊或是展現侵略性行為。

邊緣型人格疾患
這一類型的人格對於自我認同有問題、害怕獨處，卻又常常對於感情相當善變。他們可能會有衝動和危險的行為，而且情緒不穩定。

歇斯底里型人格疾患或戲劇型人格疾患
這一類型的人格極為情緒化，且隨時隨地都希望得到關注，他們過度在乎別人的意見、過度關注他們自己的外表。

自戀型人格疾患
自戀型人格疾患總是認為自己比別人還要優越，卻不斷尋求認同；他們會誇大自己的成就，然後展現毫無同理心的行為。

C群：習慣性焦慮、恐懼或是負面的思考和行為

逃避型人格疾患
逃避型人格疾患總是覺得自己不能勝任，對於批評和拒絕過度敏感；他們在社交場合相當膽小，且極度害羞，讓他們總是在人群中被邊緣化。

依賴型人格疾患
這類型的人格極度依賴和臣服於別人之下；覺得自己沒有辦法獨力應對日常生活，總覺得自己強烈地需要一段感情。

強迫型人格疾患
這種人格對於各種規則和道德守則極為堅持，毫無彈性，希望能夠控制所有的事情；往往同時也是完美主義者，這和強迫症（詳見第 241 頁）並不相同，強迫症是一種焦慮症。

飲食疾患

飲食疾患是一種對於食物和（或）體重極度在意和困擾的症狀。

飲食疾患的病因尚不清楚，目前認為和生理、基因、心理以及社會因素有關。社會和同儕對於維持纖瘦的壓力，可能也與飲食疾患有關。對於自身體態的焦慮、自信低落與憂鬱症也都與飲食疾患有所關聯。

飲食疾患的類型

飲食疾患最好發在青少女和年輕女性，但也會影響年長女性和男性。最常見的類型是厭食症、神經性暴食症和狂食症。

厭食症會有自行絕食和體重過度下降的症狀。最主要的特徵就是對於變胖或是增加體重極度恐懼；抗拒維持正常體重；拒絕承認自己體重極度過低。有時候可能會導致死亡。

神經性暴食症的特色是暴飲暴食，但又為了避免變胖，會有代償性的行為，例如：自行催吐、服用瀉劑或利尿劑、過度運動或斷食。因為電解質不平衡，有可能會導致危及生命的心臟疾病。

狂食症類似神經性暴食症，但沒有任何代償性行為，所以通常會相對肥胖。

身體質量指數

身體質量指數（BMI）是表示一個人是否落於健康體重範圍的指標。罹患厭食症的成人，身體質量指數有時候會低於 17.5。

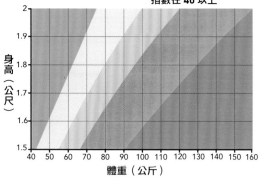

顏色説明

- 身體質量指數低於18.4
- 健康體重，身體質量指數介於18.5 - 24.9
- 超重，身體質量指數介於 25 - 29.9
- 肥胖，身體質量指數介於 30 - 39.9
- 非常肥胖，身體質量指數在 40 以上

（縱軸）身高（公尺）：1.5 1.6 1.7 1.8 1.9 2
（橫軸）體重（公斤）：40 50 60 70 80 90 100 110 120 130 140 150 160

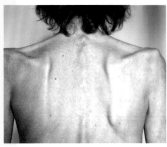

身體組織流失

厭食症會導致體重極度下降，使身體組織流失，變成厭食症患者的特徵。

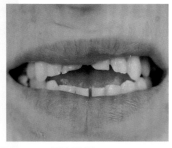

侵蝕牙齒

神經性暴食症患者重複的自我催吐，可能會導致胃酸侵蝕牙齦、牙齦受損，甚至會讓牙齒脫落。

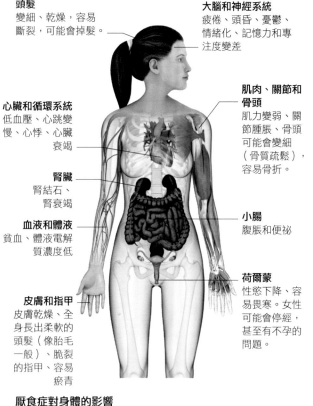

頭髮
變細、乾燥，容易斷裂，可能會掉髮。

大腦和神經系統
疲倦、頭昏、憂鬱、情緒化、記憶力和專注度變差

心臟和循環系統
低血壓、心跳變慢、心悸、心臟衰竭

腎臟
腎結石、腎衰竭

血液和體液
貧血、體液電解質濃度低

肌肉、關節和骨頭
肌力變弱、關節腫脹、骨頭可能會變細（骨質疏鬆），容易骨折。

小腸
腹脹和便祕

荷爾蒙
性慾下降、容易畏寒。女性可能會停經，甚至有不孕的問題。

皮膚和指甲
皮膚乾燥、全身長出柔軟的頭髮（像胎毛一般）、脆裂的指甲、容易瘀青

厭食症對身體的影響

厭食症對身體最明顯的影響，就是體重極度下降。另外也還有許多其他相關的影響，有些甚至可能會致命。

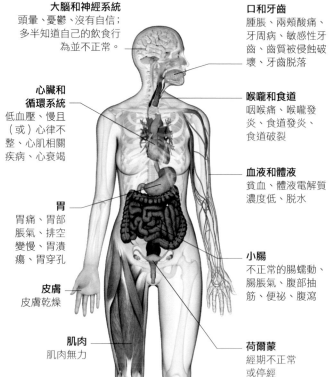

大腦和神經系統
頭暈、憂鬱、沒有自信；多半知道自己的飲食行為並不正常。

口和牙齒
腫脹、兩頰酸痛、牙周病、敏感性牙齒、齒質被侵蝕破壞、牙齒脫落

心臟和循環系統
低血壓、慢且（或）心律不整、心肌相關疾病、心衰竭

喉嚨和食道
咽喉痛、喉嚨發炎、食道發炎、食道破裂

血液和體液
貧血、體液電解質濃度低、脫水

胃
胃痛、胃部脹氣、排空變慢、胃潰瘍、胃穿孔

小腸
不正常的腸蠕動、腸脹氣、腹部抽筋、便祕、腹瀉

皮膚
皮膚乾燥

肌肉
肌肉無力

荷爾蒙
經期不正常或停經

神經性暴食症對身體的影響

神經性暴食症的外顯症狀，可能沒有厭食症這麼明顯，這類的患者通常體重正常。不過頻繁的暴飲暴食再催吐，可能會對身體造成很大的影響。

注意力不足過動症

英文縮寫為 ADHD，注意力不足過動症是一種孩童時期最常見的行為疾患。

注意力不足過動症的特徵，是難以專注和（或）過動症狀。好發於孩童，但症狀也有可能會持續到成年。注意力不足過動症有遺傳的傾向，多數的患者都受到基因的影響，帶有各種相關的基因，是目前認為最有可能的病因。不過，注意力不足過動症的基因也容易受到其他因素影響，例如在產前暴露於某種藥物（尼古丁和酒精）、產前和嬰兒時期大腦損傷，甚至是食物過敏等等。目前沒有任何證據證明養育的方式和注意力不足過動症的關係，但可能會影響疾病的嚴重度，和小孩克服症狀的策略。某些注意力不足過動症的孩子似乎具有某些大腦功能異常，例如多巴胺濃度較低。服用利他能等能夠提升大腦多巴胺濃度的藥物，有可能可以減緩症狀。症狀通常在童年的早期出現，開始上學之後，症狀會更為嚴重。因為注意力不足過動症的各種相關症狀，孩子可能會很難交到朋友、自信心較差、焦慮或是憂鬱。

不同類型的注意力不足過動症
注意力不足過動症可以根據主要的行為特徵，分為三大類型。

注意力不集中型
可能症狀包括注意力短暫、難以專注、很難聽從指導、不斷地改變正在進行的活動。

過動衝動型
坐立不安、活力過剩、行動之前不經過思考、愛說話、頻繁地打斷正在説話的人。

綜合型
綜合了另外兩種類型的症狀，例如注意力短暫、過度活躍以及行動之前不經思考。

發展遲緩

發展遲緩指的是某些嬰兒或小孩，在特定的年紀沒有像一般孩子學會特定的技能。

在出生後前幾年，孩子們都會被預期能夠在特定的年紀學會特定的事情，這些事情包括基本的體能、心理、社會和語言能力，也就是所謂的發展里程碑。孩子的發展能夠從多個面向來評估，例如：體能和運動能力、視覺、聽覺、口語和心智發展，另外還有社交能力和情緒的發育等。

整體或特定功能發展遲緩

隨著發展遲緩嚴重度不同，可能會有一個或多個領域的發展受到影響。整體發展遲緩會影響到多數的功能，起因也會跟很多因素有關。例如

自力行走

能夠自力行走是相當關鍵的發展里程碑。一般來說，小孩通常在 10 到 19 個月大的時候學會走路。

嚴重的視聽能力受損；大腦受損；學習障礙；唐氏症；患有嚴重的慢性疾病，像是心臟病、肌肉疾病或是營養相關的疾病；抑或是缺乏體能、情緒或心智上的刺激等。

發展遲緩可能也只會針對特定功能。運動和走路的發展遲緩相當常見，小孩通常終究會學會。不過這也有可能表示小孩罹患相當嚴重的疾病，像是肌肉萎縮、腦性麻痺或是神經管缺陷（詳見第 237 頁）。語言和口語的發展遲緩，有很多原因，像是缺乏刺激、聽覺缺陷或是自閉症等較為少見的狀況。其他像是罹患腦性麻痺等，對肌肉控制普遍有困難的疾病，也有可能影響到說話，同樣會造成這一方面的發展遲緩。

診斷和治療

孩子發展遲緩通常都是家長最早注意到，不過有時候也可能會在例行的發育檢查中發現。只要懷疑有某些問題，那麼應該進行全面的發育評估，將孩子轉介給特定的專家。治療則取決於發展遲緩的嚴重度和類型。有時候可能會給予一些生理機能上的輔助，例如眼鏡或助聽器等，另外也可安排語言治療或特殊教育的協助。

塗鴉和畫畫
一般來說，小孩在一歲以後會很喜歡塗鴉，大約三歲之後，多數孩子都能夠畫一條直線。

騎三輪車
能夠踩著三輪車是運動能力和體能發展的一個指標。一般來說，兩歲到三歲的孩子會具備這項能力。

發展里程碑

年齡（年）

| 0 | 1 | 2 | 3 | 4 | 5 |

肢體與運動能力
嬰兒出生之後就會有抓握等基本的反射能力。藉由試錯的過程，他們會不斷掌握各種運動能力並學會肢體協調。剛開始，嬰兒會試著學會控制身體和頭的姿勢；然後繼續發展各種肢體的能力，像是爬行、站立和行走。

- 能夠將頭抬到 45 度角
- 能夠不需要人家幫忙，自己走路
- 能夠單腳跳
- 腳能夠承受重量
- 能夠翻身
- 能夠不需要人家幫忙，自己上樓
- 能夠撐著自己的重量站起來
- 能夠單腳平衡一秒鐘
- 能夠不仰賴依靠坐著
- 能夠踩三輪車
- 能夠爬行
- 能夠踢球
- 能夠接到彈起來的球

視覺和手部靈活度
一開始，新生兒只能清楚地看到一公尺左右的範圍。視力會逐漸進步，大約六個月大左右，會漸漸清楚地看到好幾公尺以外的東西。隨著視力發展，也會有助於運動系統、肢體靈活度和手眼協調漸趨成熟。

- 把手合在一起
- 能夠照著畫出一個圓圈
- 喜歡塗鴉
- 玩自己的腳
- 能夠畫一條直線
- 能夠照著畫出一個方格
- 伸手抓住玩具
- 能夠撿起小東西
- 能夠用手指和拇指抓住東西
- 能夠畫出很粗略的人像

社交技巧與語言
出生幾週之後，嬰兒就能夠轉向聲音的來源，而且能夠自發性地微笑和尖叫。當嬰兒聽到語言的時候，會開始將這些字詞和物件連結，九個月大左右甚至會開始說 Dada 和 Mama。一旦溝通的能力開始發展後，社交能力就會進展得相當快速。

- 可以從杯子中喝水
- 一整晚保持乾爽
- 自發性的微笑
- 一整天保持乾爽
- 可以跟父母說 Dada 和 Mama
- 知道姓和名
- 尖叫
- 能夠把兩個字連在一起
- 能夠不需要幫忙，自己穿衣服
- 開始學單字
- 能夠講出完整的句子

年齡（月）
0 2 4 6 8 10 12 14 16 18 20 22 24 26 28 30 32 34 36 38 40 42 44 46 48 50 52 54 56 58 60

學習障礙

學習障礙指的是對於理解、記憶、運用或回應資訊的障礙。

目前對於學習障礙所囊括的範圍還有爭議，不過大致上來說，學習障礙也是某一種發育遲緩。一般人可能會跟學習困難搞混，學習困難特別指的是閱讀和書寫的障礙。

類型

學習障礙通常能夠分為全面型學習障礙和特殊型學習障礙。全面型學習障礙會影響全部到多數智能相關的能力，導致發育遲緩。除了智力只有中下程度之外，也會有行為問題和身體發育的問題，例如運動功能和協調上的障礙。

運算困難

運算困難的人對數學相當不擅長，是數學版本的讀寫障礙。通常是直到進了幼兒園或小學才會發現，孩子對於學習數字相關的知識、做加減法有困難。

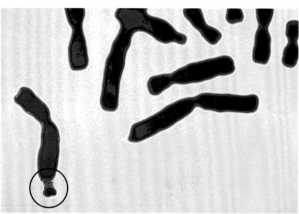

X染色體易裂症

這種症狀是導致男孩學習障礙的主要原因。男童的 X 染色體末端會收縮，使得他們的 X 染色體相當脆弱。

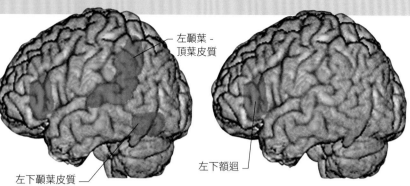

左顳葉-頂葉皮質

左下顳葉皮質

左下額迴

一般讀者

讀寫困難的讀者

讀寫困難的大腦

這兩張圖片中可以看到一般人和讀寫困難的人，閱讀的時候會活化的腦區。讀寫困難的人只有活化左下額迴，一般人則還會活化其他腦區。

特殊型學習障礙（參考下表），會影響一種或多種的心智功能，多數情況智力並不會受到影響。有學習障礙的人，可能也會有其他的症狀，像是注意力不足過動症（詳見第 246 頁）、自閉症（次頁）或是癲癇發作（詳見第 226 頁）。

病因

學習障礙可能有很多不同的病因，有可能是基因異常，像是威廉氏症候群；染色體異常，像是唐氏症（詳見第 236 頁）或 X 染色體易裂症（參見下方）等。其他像是出生前或出生時所發生、各種導致大腦發育異常的問題、在子宮裡的時候、暴露於酒精和藥物等毒物下、缺氧、過度早產或過度晚產、頭部外傷、營養不良，甚至是在很小的時候就暴露在環境毒素下（例如鉛），都可能會造成學習障礙。

如果懷疑有學習障礙的狀況，便應該即時進行發育狀況的評估。此外，聽力、視力、其他醫學和基因方面的檢測也都會協助找出學習障礙的潛在成因。

常見的特殊型學習障礙

類型	描述
讀寫障礙	無法學習閱讀和書寫。除了閱讀和拼字困難外，對於排序也有困難，例如排列日期的順序，對於整理自己的思考也有困難。
運算困難	覺得數學計算非常困難，對於學習數學的觀念覺得非常不容易，例如數量、位值和整理數字。
失樂症	又稱為音痴。即便聽覺正常，但無法像一般人一樣辨識音符、旋律和音調，也沒有辦法重複聽過的音樂。
協調困難	沒有辦法熟悉需要高準確度的動作。可能會影響空間關係的建立，像是把東西擺在正確的位置上。
特定語言缺損	無法正常理解或用口語表達，但聽覺、說話能力都正常，且沒有任何發展遲緩的現象。

行為規範障礙

行為規範障礙是一種行為疾患。罹患此症的小孩和成人，會重複且持續地做出反社會的行為。

有很多因素都會導致孩童有行為規範障礙，例如基因、不穩定和（或）暴力的家庭生活、缺乏管教、虐待以及霸凌。學習障礙（參見上方）、注意力不足過動症（詳見第 246 頁）、憂鬱症等情緒問題，也會增加相關的風險。有行為規範障礙的孩子，通常對於獎懲機制也有異常的反應。

症狀和影響

行為規範障礙的症狀因人而異，但多半包括：過於誇張的行為、肉體虐待、偷竊或持續說謊、故意破壞某些財產以及違反規定，例如逃學。有些孩子甚至會濫用酒精或藥物。雖然很多小孩在

某個時刻都會出現反社會和破壞性，但有行為規範障礙的孩子，會不斷地重複這些行為好幾個月以上，甚至更久。也因為這樣的行為，這些孩子可能會會發現他們難以交到朋友，沒有自信心，在學校的表現也差。

行為規範障礙必須要靠心理評估，來判斷小孩的行為模式才能診斷。透過會談，例如認知行為治療，來治療行為規範障礙，通常會很困難，但是早期治療效果較好。有父母參與治療相當重要。

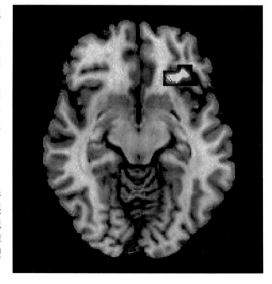

大腦活性減少

有行為規範障礙的孩子，對於某件任務的獎賞，右眶額皮質（在這張核磁共振掃描中橘色部位）所顯現的活性較低。這支持了行為規範障礙，是一種對於獎懲反應（與形塑我們的行為有關）的異常。

自閉症譜系障礙

這是一種發育疾患，特徵是溝通困難、無法建立社會關係以及重複性的行為。

自閉症譜系障礙有很多不同類型的疾患，自閉症（有時被稱為是典型自閉症）以及高功能自閉症是最主要的病症。

自閉症通常在孩童時期前期，約莫三歲之前發作。主要會有三種發育困難：極度缺乏社交技巧、溝通困難以及行為侷限。當別人在呼喚他們的名字，或是想要跟他們對話的時候，這樣的孩子無法正常回應；也會迴避眼神和肢體的接觸；回話的速度較慢，說話的節奏和語調，有些異常。對於一般社交性的表徵（像是臉部表情和聲音等）無法正常反應；會不斷地重複某些動作，例如擺動身體；會自己建立特殊的儀式性行為，如果儀式受到破壞，會極度感到不舒服；對於光線、聲音和碰觸，都異常敏感；但有時候又全然無視某些感官訊號。大約一半以上自閉症的孩子都有學習障礙，有些孩子甚至會癲癇發作。不過，也有一些自閉症的孩子，在某些領域有優異的表現，可能會過目不忘，或是具有極度早熟的閱讀能力，極少數的孩子甚至在數學等特定領域具有高度天分，稱為「學者症候群」。罹患高功能自閉

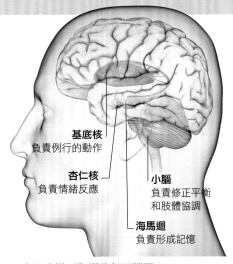

自閉症譜系影響的相關腦區
自閉症和許多大腦區域（如圖所示）的異常有關，但它們與自閉症的關係目前還不清楚。

基底核
負責例行的動作

杏仁核
負責情緒反應

小腦
負責修正平衡和肢體協調

海馬迴
負責形成記憶

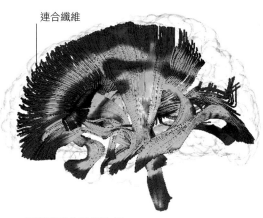

連合纖維

規則排列的神經路徑
擴散張量影像掃描可以清楚看到，一個六個月大、健康的孩子大腦中，排列整齊的神經組織路徑。如果是自閉症的孩子，這些纖維的排列會相當漫無章法。

症的孩子，雖然也有類似的症狀，但較不嚴重。很多孩子都有中上程度的智力，而且具有正常的語言和口說能力。但是他們的興趣非常狹隘，難以和同儕互動，通常對於他們自己的行為和例行事項，極度缺乏彈性。

目前對於自閉症譜系沒有任何治癒的方式。現有的治療主要是藉由支持性的特殊教育，來幫助孩子達到他／她的潛能。

自閉症譜系中的罕見疾病

類型	描述
蕾特氏症	這種自閉症譜系障礙疾病幾乎只會影響女性，病因是因為單點的基因突變。一般來說，蕾特氏症的孩子在出生之後，會有一段正常的發育時期，然後通常在六到十八個月大左右，開始出現類似自閉症的症狀。接著孩子的發展就開始遲緩，她會避開各種社交上的接觸，不再回應父母。以前會說話的孩子，會停止說話；失去雙腳的協調性；不斷重複扭動雙手的動作；不正常地大哭或大笑。
兒童崩解症	這是一種非常罕見的自閉症譜系障礙疾病，主要影響男童。像蕾特氏症一樣，在出生之後，也會有一段正常發育的期間，然後開始出現類似自閉症的症狀，之後的發育便逐漸遲緩。症狀通常好發在三到四歲，不過有的時候也會提早到兩歲左右。病童可能會幾乎完全失去之前所學得的社交行為、語言和運動技能。甚至會失禁、出現重複的特定動作、癲癇發作和嚴重智力障礙。

對臉龐的回應
這兩張核磁共振掃描中，黃色和紅色區域標記出當人們看到臉龐時大腦活躍的區域。正常人看到人臉時，顳葉的梭狀迴（圓圈處）會有活性，但自閉症患者的相對區域並沒有反應。

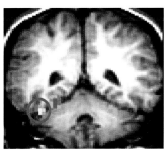

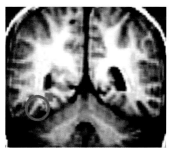

正常人的大腦　　　　　自閉症患者的大腦

對人聲的回應
這兩張核磁共振掃描中，比較了一般人和自閉症患者聽到人聲時，大腦活躍的程度。聽到人聲的時候，上顳溝（黃色與紅色區域）會活化，自閉症患者在同一區域則沒有任何反應。

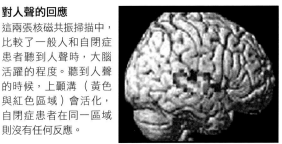

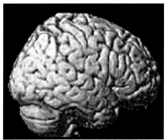

正常人的大腦　　　　　自閉症患者的大腦

天寶 · 葛蘭汀

天寶 · 葛蘭汀是世界知名作家，本身也是高功能的自閉症患者，曾用圖像化的方式，來解釋和自閉症共存的感覺。1947年天寶 · 葛蘭汀出生於美國，三歲的時候被診斷為自閉症。在接受支持性的早療教育後，她進入了一般的學校，在學校裡常常因為她的與眾不同，被其他人戲弄和挑釁。大學畢業之後，她成為研究動物科學與福祉的知名學者，也積極為自閉症患者進行倡議。她認為她的自閉症、對於刺激的高度

敏銳，以及特異的視覺化思考等能力，是擔任動物福祉學者的一大優勢，讓她能夠對家畜所承受的壓力有獨到的見解。基於她小時候的受教經驗，天寶 · 葛蘭汀也不斷呼籲自閉症孩童接受早療和特殊教育，以引導自閉症孩童運用天賦。雖然自閉症全方位地影響了她的生活，但天寶 · 葛蘭汀曾說她並不會支持能夠治癒所有自閉症譜系障礙的方法。

獨到見解
天寶 · 葛蘭汀以能夠了解動物的心情而聞名，並且運用她的獨特觀點，改善家畜的生活。現在她也持續幫助全球自閉症譜系障礙患者，有更舒適的生活。

專業術語表

A

Acalculia算術缺陷症
因為某種神經損傷，無法計算數字的缺陷症。參見 dyscalculia。

Acetylcholine乙醯膽鹼
一種神經傳導物質。對學習、記憶功能與運動神經向內臟肌傳遞訊號的過程都扮演重要角色。

Action potential動作電位
由神經元產生的電子脈衝，可能會傳遞給周邊的細胞。

Adrenaline and noradrenaline腎上腺素與正腎上腺素
由腎上腺所分泌的荷爾蒙和神經傳導物質。參見epinephrine和norepinephrine。

Afferent傳入
傳入或進入【審訂註】即所謂的感覺功能。參見 efferent。

Agonist活化劑
連結在受器上，會刺激細胞活化的分子。參見antagonist。活化劑通常是一種模仿神經傳導物質效果的化學物。

Agraphia書寫缺陷症
因為某種神經損傷，無法書寫的缺陷症。

Alexia失讀症
因為某種神經損傷，無法閱讀的缺陷症。是文盲的一種類型。

Amnesia失憶症
形容失憶的廣義用詞。

Amygdala杏仁核
顳葉邊緣系統中的一個神經核，對情緒功能相當關鍵。

Androgens雄性激素
一種固酮類的性荷爾蒙（包括睪固酮），與男性性徵成熟和典型的雄性行為特質有關。

Angular gyrus角迴
位於頂葉新皮質的隆起，鄰近顳葉和枕葉。負責身體在空間中的相對位置，以及連結聲音和聲音的意義。

Anomia忘名症
無法命名物件。

Anosmia無嗅症
失去嗅覺能力。

Anosognosia病覺缺失症
因為某種神經損傷，使患者忽視癱瘓或是眼盲等。身上某些明顯的缺陷。

ANS自主神經系統
參見 autonomic nervous system。

Antagonist拮抗劑
一種阻斷或避免受器活化的分子。

Anterior前方
前方或是向前。

Anterograde amnesia順向失憶症
對於腦傷之後發生的事情失去記憶。常見於腦震盪患者。

Apraxia肌肉運動失調症
無法維持部分或全面的運動平衡，甚至可能影響口語的能力。

Arachnoid membrane蛛網膜
三層腦膜（覆蓋大腦的膜）的中間那一層。

Arcuate fasciculus弓狀束
連接布洛卡區（Broca's area）和韋尼克區（Wernicke's area）的神經纖維路徑。

Ascending reticular formation上行網狀結構
網狀結構的一部分，負責喚醒與睡醒週期。

Association areas大腦皮質聯合區
大腦中的這個區域負責統合各種不同的資訊，以製造出一個更為全面的體驗。

Astrocyte星狀神經膠細胞
負責提供腦細胞養分和絕緣功能的支持細胞。

Ataxia運動失調
一種神經疾患，患者難以維持肢體平衡，也無法做出協調的動作。

Athetosis手足徐動症
這種疾病會讓患者的肌肉做出緩慢、非自主的扭動。某些形式的癲癇發作也會有類似的動作。

Attention deficit hyperactivity disorder（ADHD）注意力不足過動症
一種學習與行為障礙的症候群，特色是注意力的時間很短，常常會不合宜地充滿活力，做出瘋狂的行為。通常好發在孩童時期前期。

Auditory cortex聽覺皮質
這部分的大腦皮質負責接收和處理聲音相關的資訊。

Autonomic nervous system（ANS）自律神經系統
屬於周邊神經系統的一部分，負責調節內臟的各種活動。包括了交感神經系統和副交感神經系統。

Axon軸突
像纖維一般，自神經元延伸出來，負責將訊號傳往其他細胞。多數的神經元只會發出一個軸突。

B

Basal ganglia基底核
位於前腦底部的一群神經核，包含紋狀體和蒼白球。主要負責選擇和調節各種動作。

Bilateral雙側
位於身體的兩側；例如，兩側的大腦半球。

Bipolar disorder雙極性疾患（躁鬱症）
一種精神疾病，特徵是情緒會有戲劇性的擺盪。

Blindsight盲視
雖然視覺皮質受損，但並沒有因此而全盲，還是可以回應某些視覺刺激。

Blood-brain barrier血腦障蔽
位於腦部血管周遭，一群緊密接合的細胞，可避免有毒的分子進入大腦。

Bottom-up由下而上
通常指的是由初級感覺區而來較原始的資訊，而非從其他負責思考、想像和創造體驗的腦區過來的資訊。

Brainstem腦幹
位於大腦較低的區域，最終往下延伸形成脊髓。

Brainwaves腦波
大腦平常的放電形式，會形成腦波。不同的放電頻率意味著不同的心智狀態。參見electroencephalograph（EEG）。

Broca's area布洛卡區
位於額葉的腦區，負責口語發聲。

Brodmann areas布洛德曼區
由神經學家科比尼安‧布洛德曼（Korbinian Brodmann, 1868－1918）依照顯微型態差異，將大腦皮質分區、標記出來的系統。

C

Capgras delusion卡普格拉綜合症（替身綜合症）

這是一種極為罕見的症候群，患者會懷疑身邊親密的朋友或配偶被替身所取代。目前認為可能與辨識情緒相關的神經路徑受損所導致。

Caudal尾側

朝向尾巴那一側。參見 posterior。

Caudate nucleus尾核

紋狀體的一部分。

Cell body細胞本體

神經元的中心結構。

Central fissure中央溝

一道深長的腦溝，區分了頂葉和額葉。

Central nervous system（CNS）中樞神經系統

即大腦與脊髓的統稱。

Cerebellum小腦

小腦位於大腦後方，負責調節體態平衡以及協調肢體。

Cerebral cortex大腦皮質

位於大腦充滿皺褶的外層，又稱為灰質，是大腦半球的一部分。

Cerebral hemispheres大腦半球

大腦可分為兩大半球。

Cerebrospinal fluid（CSF）腦脊髓液

腦脊髓液會充滿大腦半球，為大腦帶來養分，也帶走代謝廢物。

Cerebrum大腦

腦部排除小腦和腦幹之外，最主要的部分。

Cerebellar penduncles小腦腳

由小腦延伸出來，短小的柄狀結構，藉此將小腦連結到腦幹上。

Cholinergic system乙醯膽鹼系統

使用乙醯膽鹼為神經傳導物質的神經路徑。

Cingulate cortex扣帶迴

扣帶迴位於大腦縱裂內側兩旁，與邊緣系統緊密連結。對於整合「由上到下」和「由下到上」的資訊，來引導我們的動作，相當重要。

Circadian rhythm生物鐘（日夜節律）

人類的生理和行為，大約以24小時為一天的單位所產生的變化。

Cochlea耳蝸

內耳裡螺旋狀的骨性管道，內部有毛細胞，會傳導聲音。

Cognition認知功能

大腦中各種有意識和無意識的流程，例如感知、思考、學習以及記住某些資訊。

Commisserectomy大腦聯合切開術

切開胼胝體的手術。

Computed Tomography（CT）電腦斷層

一種成像技術，用能量強度較低的X光拍出各種大腦與身體的各種影像。

Concussion腦震盪

通常是因為大腦突然受到劇烈撞擊，所導致的一種大腦創傷，甚至有可能會暫時失去意識。

Cone錐狀細胞

視網膜上一種對顏色敏感的受器細胞，主要用在白天的視覺。

Contralateral對側

在身體或是大腦的另外一側。大腦損傷通常會導致身體對側出現問題。參見 ipsilateral。

Coronal冠狀切

垂直於大腦軸線的一種切片方法，將身體切成前、後兩半。

Corpus Callosum胼胝體

一束粗厚的神經纖維，連結左右大腦半球，在兩個半球間攜帶各種資訊。

Cortex皮質

參見 cerebral cortex。

Cotard's syndrome科塔爾症候群（虛無幻想症候群、行屍症候群）

這是一種罕見疾病，患者宣稱他們自己已經死亡，且總是會聞到腐爛的肉味、覺得全身爬滿了蟲。

Cranial fossa顱窩

顱窩指的是頭骨內側各種碗狀的凹陷空間。腦幹和小腦就位於後顱窩內。

Cranial nerves顱神經

人體總共有12對顱神經，部分從腦幹中延伸出來。顱神經包括負責傳遞嗅覺訊號到大腦的嗅神經，以及傳遞視覺資訊的視神經等。

Cranium顱骨

頭顱骨。

D

Decussation（神經）交叉

來自左右兩側神經纖維交錯的地方，例如視神經交叉。

Delusion妄想；錯覺

某種錯誤的信念，即便提供足以揭露錯誤的事實，也難以根除。

Dementia失智

因為年紀漸長，大腦退化或是累積各種大腦損傷，導致大腦失去某些功能的症狀。

Dendrite樹突

從神經元延伸出來的分支，用於接收來自其他神經元的訊號。

Dentate gyrus齒狀迴

海馬迴的一部分，負責接收來自內嗅皮質的訊號。

Depression憂鬱

憂鬱是相當常見的疾患，患者的心情會感到強烈且長期的低潮，活動力也會減弱。

Diencephalon間腦

間腦是大腦的一部分，包含了丘腦（視丘）、下丘腦（下視丘）以及松果腺等。

Dopamine多巴胺

會讓人產生動力，並強烈期待愉悅的神經傳導物質。

Dorsal背部

位於背部或朝向背部（上方）。

Dorsal horn背角

由脊髓橫切面觀看，位於脊髓灰質背後突出的位置。帶著痛覺訊號的神經纖維會從背角進入脊髓，背角的神經細胞會發出軸突，將這個訊號沿著脊髓上行並傳入大腦。

Dorsal route背側路線

視覺系統中的一束神經路徑，連結視覺皮質和頂葉，也被稱為「何處」與「如何」的路徑。參見ventral route。

Dorsolateral prefrontal cortex背外側前額葉皮質

位於額葉的腦區，負責計畫、組織以及執行其他的認知功能。

Dura mater硬腦膜

包覆在大腦／脊髓外側，使其與骨頭分開的三層腦膜組織中，最外面的那一層。參見 meninges。

Dyscalculia算術障礙

算術障礙的患者智力正常，卻無法學會簡單的數學公式。

Dyslexia讀寫障礙

讀寫障礙的患者智力正常，卻對於學習閱讀和書寫有困難。

E

EEG腦電波圖

參見 electroencephalograph。

Efferent傳出

向外離開；傳出【審訂註】即所謂的運動功能。參見 afferent。

Electroencephalograph（EEG）腦電波圖

一種記錄大腦電波活動的圖表。做腦電波圖的時候，會將電極貼在頭皮上，以取得頭皮底下的電氣訊號。

Encephalin腦啡肽

一種腦內啡。

Encephalitis腦炎

大腦發炎的狀態。

Endorphins腦內啡

一大類由大腦所製造的化學物質，和嗎啡的效果相當。

Entorhinal cortex內嗅皮質

資訊進入海馬迴的主要路徑。

Epilepsy癲癇

一種疾病，主要症狀是大腦重複不正常放電、發作。

Epinephrine腎上腺素

參見 adrenaline 與 noradrenaline。

Event-related potential（ERP）事件關聯電位

因為回應某種刺激，而被腦電圖記錄下來的神經活動。

Excitatory neurotransmitter 興奮性神經傳導物質

這一類神經傳導物質會促使神經元放電。參見 inhibitory neurotransmitter。

Explicit memory外顯記憶

能夠有意識地回想起來的記憶。

F

Fissure裂；溝

很深的裂痕，例如大腦表面的腦溝。

fMRI功能性核磁共振

參見 functional magnetic resonance imaging。

Forebrain前腦

大腦的一部分。前腦包含大腦、丘腦（視丘）以及下丘腦（下視丘）。

Fornix穹窿

傳遞邊緣系統訊號的一束弓型神經路徑，源自海馬迴，投射至乳狀體。

Fovea窩；中央窩

視網膜的中心，由密集的錐狀細胞組成，是視網膜中視覺最敏銳的位置。

Frontal lobe額葉

大腦最前方的區域，負責思考、做出判斷、計畫、決策以及有意識地表達情緒。

Functional imaging功能性影像

一系列能夠測量、圖像化神經活性程度的成像技術。

Functional magnetic resonance imaging（fMRI）功能性核磁共振

一種大腦成像技術，運用核磁共振來測量血液性質的改變，及其與大腦神經活性的關聯。參見 magnetic resonance imaging。

Fusiform gyrus梭狀迴

在顳葉下側的長型突起，對於辨識各種物件和臉孔相當重要。參見 ventral route。

G

Gamma-aminobutyric acid（GABA）γ-胺基丁酸

大腦中主要的抑制性神經傳導物質。

Ganglion（神經）節

一群功能相近且緊密互動的神經細胞團。另外，位於視網膜中，負責發出軸突形成視神經的細胞也稱作節細胞。

Geschwind's territory葛斯文區

與語言功能相關的腦區。

Glial cells神經膠細胞

簡稱為膠細胞。這種腦細胞負責支持其他神經細胞，擔任清潔和供給營養等工作。也可能會協助神經元調節訊號。

Globus pallidus蒼白球

基底核的一部分，負責控制動作。參見 basal ganglia。

Glutamate麩胺酸鹽

大腦中最常見的興奮性神經傳導物質。

Grand mal大發作

參見 seizure。

Grey matter灰質

大腦中顏色較暗的組織，由密集的細胞本體組成，也就是大腦中的皮質。

Gustatory cortex味覺皮質

負責處理味覺的大腦皮質。

Gyrus（複數：gyri）腦迴

在大腦表面突起的組織。

H

Hallucination幻覺

缺乏任何感官刺激的前提下，產生的錯誤感知。

Hemiplegia半癱

身體有某一側癱瘓。

Hemisphere（大腦）半球

左右大腦的其中一半。

Hindbrain後腦

後方的大腦，連結著脊髓，包括小腦、橋腦和延腦。

Hippocampus海馬迴

邊緣系統的一部分，位於兩側顳葉內側旁。對於空間導航、形成與回憶長期記憶相當重要。

Hormones荷爾蒙

內分泌腺所分泌的化學訊息分子，能夠用來調節目標細胞的活性。對於性徵發育、代謝、成長以及許多生理現象都極為重要。

Hypothalamus下丘腦（下視丘）

控制餵食、飲水功能以及釋放各種荷爾蒙等，重要生理功能的核心。

I

Illusion錯覺

指的是錯誤的感知或是扭曲的感覺，通常發生在潛意識中。

Implicit memory內隱記憶

內隱記憶無法被刻意回想起來，不過有可能會因為是某種特殊技能或行動的一部分，或是某些在無意識下和特定事件連結的情緒，因而順帶被活化。內隱記憶和後天學習到的身體技能有關，例如打球和綁鞋帶的記憶。參見procedural memory。

Inferior內側；下方

位於（某物）下方或是內側。

Inferior colliculi下丘

中腦的神經核，主要與聽覺相關。

Inhibitory neurotransmitter 抑制性神經傳導物質

一種抑制神經元放電的神經傳導物質。參見 excitatory neurotransmitter。

Insula腦島

又被稱為腦島皮質。位於顳葉和額葉交界的深處。

Intelligence quotient（IQ）智商

一種基於各種測試，表示一個人與群體之間相對智力的分數。

Interneuron中間神經元

介於傳入和傳出神經元間的神經元。

Ipsilateral同側

指症狀發生在身體同一邊。參見 contralateral。

IQ智商

參見 intelligence quotient。

K

Korsakoff's syndrome柯沙科夫症候群

一種與慢性酒精成癮相關的大腦疾病。症狀包括譫妄、失眠、幻覺以及持續性失智。

L

Lateral側邊

側邊或是在邊上。

Lateral geniculate nucleus（LGN）外側膝狀核

丘腦（視丘）中的神經核，負責中繼視覺路徑。

Lesion傷

傷口或是細胞死亡的區域。

Limbic system邊緣系統

一組位於皮質內側邊緣的大腦結構，對於情緒、記憶和調節意識扮演重要角色。

Lobe（腦）葉

大腦中依照功能不同，可以被分為四個不同的腦葉，分別為枕葉、顳葉、頂葉與額葉。

Longitudinal fissure大腦縱裂

又稱為縱溝，是分開左右大腦半球的一道深溝。

Long-term memory長期記憶

記憶的最終階段，記憶在此可能會長存幾個小時，甚至終生。

Long-term potentiation（LTP）長期增益效應

所謂的增益效應，指的是神經元會傾向與過去一同放電過的神經元，再次一起被活化。

M

Magnetic resonance imaging（MRI）核磁共振

一種可用於大腦的成像技術，可以拍出高解析度的大腦結構。

Magnetoencephalography（MEG）腦磁圖

一種非侵入式的功能性大腦成像技術，對於腦部中突然的活性改變相當敏感。利用超導量子干涉元件（SQUIDS），記錄皮質上因為神經活動所造成的微小磁變化，並以圖像化的方式顯示結果。

Magnocellular巨細胞路徑

從大型的視網膜神經節細胞到丘腦的外側膝狀體，再至視覺皮質區的神經路徑。這條路徑對移動相當敏感。

Mamillary bodies乳狀體

邊緣系統中的一個小神經核，與情緒和記憶有關。

Medial內側

位於內側的。

Medulla延腦；延髓

延腦，也稱為延髓。是腦幹的一部分，介於橋腦之下，脊髓之上。負責維持重要的生理功能，例如呼吸和心律。

Melatonin褪黑激素

一種能夠幫助調節睡醒週期的荷爾蒙。由松果腺製造。

Meninges腦膜

介於大腦（脊髓）和頭骨（椎骨）之間，可分為三層，用來保護大腦和脊髓的結締組織。

Mesencephalon中腦

中腦介於前腦和腦幹之間，負責眼球運動、肢體運動與聽覺功能，此區也包含了基底核的部分核區。

Midbrain中腦

參見 mesencephalon。

Mind心智

包含思考、感覺、信仰、動機等等，也是大腦各種活動的一部分。

Motor cortex運動皮質

位於運動皮質的神經元，會透過間接或直接的管道，將訊號送往肌肉。在大腦表面的分布區域，就像髮箍一樣。

Motor neuron運動神經元

這種神經元的軸突會深入肌肉，使肌肉收縮或放鬆。

MRI核磁共振

參見 magnetic resonance imaging。

Myelencephalon延腦

參見 medulla。

Myelin髓磷脂

圍繞在神經元的軸突周圍，使軸突與外界絕緣的脂肪團塊。

N

Narcolepsy嗜睡症

一種發作時，會無法克制地睡著的疾病。

Near-infrared spectroscopy（NIRS）近紅外光譜儀

一種功能性成像技術，能夠藉由測量大腦組織上散發出來的近紅外光，得知大腦中各區耗氧的程度（這是一種神經活動的指標）。

Neocortex新皮質

大腦最外圍、外觀皺褶的那一層皮質，參考大腦皮質。

Nervous system神經系統

與大腦相溝通，並連結全身各處的系統。可以區分為中樞神經系統和周邊神經系統。

Neurogenesis神經新生

大腦中神經細胞的新生。

Neuron神經元

也稱為神經細胞，這種大腦細胞會藉由產生和傳遞電子訊號，來向其他細胞傳遞訊息。

Neurotransmitter神經傳導物質

神經傳導物質是由神經元分泌，可跨過突觸傳遞訊息。

Nociceptive傷害性的

回應痛苦或令人不愉快的刺激。

Norepinephrine正腎上腺素

刺激興奮性的神經傳導物質，又稱為去甲基腎上腺素。參見 adrenaline。

Nucleus神經核

為了某種特殊目的（功能），聚集在一起的一群神經細胞。

Nucleus accumbens伏隔核

邊緣系統裡的神經核，負責處理與動機和獎賞有關的資訊。

O

Occipital lobe枕葉

大腦的後側，主要負責處理視覺訊號。

Olfactory nerve／system嗅神經／嗅覺系統

負責處理嗅覺分子的神經和系統。

Opium鴉片

由罌粟子提煉而來的藥物和毒品，能夠造成極強的愉悅感，有止痛和放鬆的效果。

Optic chiasm視交叉

來自左右眼的視神經，相互交叉的交點。參見 decussation。

Optic nerve視神經

視神經是一束神經纖維，由視網膜神經節細胞的軸突聚集而成，可將感光細胞偵測到的訊號送進大腦進行處理。

Oscillations（神經）震盪

神經元某種具有節奏的放電模式。

Oxytocin催產素

與社會連結功能有關的神經傳導物質。

P

Parasympathetic nervous system 副交感神經系統

自主神經系統的一個分支，負責儲存身體的能量。副交感神經系統也會抑制交感神經系統的活性。

Parietal lobe頂葉

大腦皮質最上方的分葉，主要負責空間計算、身體方向感與專注力。

Parkinson's disease帕金森氏病

罹患帕金森氏病的患者的肢體會顫抖、行動緩慢；目前認為是因為製造多巴胺的細胞退化所導致。

Parvocellular小細胞路徑

從小型的視網膜節細胞到丘腦的外側膝狀體，再至視覺皮質區的神經路徑。對於顏色和形狀相當敏感。

Peptides胜肽

由好幾個胺基酸鏈結而成，可作為荷爾蒙或神經傳導物質。

Peripheral nervous system（PNS）周邊神經系統

除了大腦和脊髓以外的所有神經元和神經，都稱為周邊神經系統。

PET正子掃描

參見 positron emission tomography。

Phantom limb幻肢

患者在失去肢體（通常是截肢）之後，還繼續以為已經不存在的肢體是身體的一部分。

Pia matter軟腦膜

最內層的腦膜，組織最薄且具彈性，直接覆蓋在大腦和脊髓表面。

Pineal gland松果體／松果腺

豆狀大小的腺體，位於丘腦（視丘）附近的位置，負責製造褪黑激素，能夠幫助調節睡醒週期。

Pituitary gland腦下腺

位於下丘腦（下視丘）下方的內分泌腺體，會製造荷爾蒙，例如生長激素。

Plasticity（大腦）可塑性

大腦能夠改變自我結構和功能的程度。

Pons橋腦

腦幹的一部分，位於小腦前方。

Positron emission tomography（PET）正子掃描

一種功能性成像技術，藉由偵測和神經活性相連結的微量輻射物質的位置和濃度，以測量活體的大腦功能。

Posterior後方

往後或是朝向尾端，參見尾側caudal。

Postsynaptic neuron突觸後神經元

從別處接收資訊的神經元。參見 presynaptic neuron。

Prefrontal cortex前額葉皮質

大腦額葉最前方的腦區，與計畫和其他高階認知功能有關。

Premotor cortex前運動皮質

額葉的一部分，負責計畫各種動作。

Presynaptic neuron突觸前神經元

突觸前神經元負責釋放神經傳導物質，藉此將訊號傳遞給下一個神經元（即突觸後神經元）。參見 postsynaptic neuron。

Primary cortex初級皮質

大腦中第一個接收來自感覺器官資訊的腦區，例如初級視覺皮質。

Procedural memory程序記憶

一種內隱記憶的形式，與學習動作相關，例如騎腳踏車。

Proprioception本體覺

一種感知肢體平衡和身體在空間中相對位置的感覺。

Prosopagnosia失認症

無法辨識臉孔的疾病。

Psychasthenia精神衰弱

精神衰弱患者會經歷過於負向的刺激，導致慢性焦慮。

Psychedelic迷幻藥

迷幻藥物能夠扭曲感知、思考與感覺。

Psychoactive影響精神行為的

大腦功能的改變，通常與藥物有關。

Psychosis精神病

意味著患者已經失去與現實的連結。

Psychotherapy心理治療

運用心理學而非藥物，來治療心理疾病的方法。

Putamen殼核

紋狀體的一部分，也是基底核的一部分，主要負責調節運動和程序性的學習。

Pyramidal neuron錐狀細胞

一種興奮性的神經元，外型是明顯的三角形，可以在皮質、海馬迴和杏仁核發現此種細胞。

Q

Qualia感質

感官受到刺激後的主觀感覺和意識，例如痛覺、溫覺或是看到顏色的感覺。

R

Raphe nuclei縫合核

位於腦幹的細胞核，主要分泌血清素，對於心智功能有廣泛的影響。

Rapid eye movement（REM）快速動眼期

這個階段的睡眠特徵是眼睛會快速跳動，在此時期通常都在做相當鮮明的夢。

Reflex反射

不經意識參與的運動，由腦幹或脊髓的神經元控制。

Reticular formation網狀結構

一個位於腦幹、結構複雜的區域，包含了各種神經核，主要負責喚醒功能、感覺、運動，以及最基礎的生理功能，例如心律和呼吸。

Retina視網膜

視網膜上有感光細胞，會將電子訊號送往大腦視覺區，進一步處理成視覺影像。

Re-uptake回收

突觸間的神經傳導物質過多時，會啟動回收機制，利用突觸前神經元細胞膜上的運輸蛋白，將神經傳導物質回收到軸突終端。

Rhombencephalon後腦

參見 hindbrain。

Rod桿狀細胞

位於視網膜內的感光細胞。對於低強度光源較為敏感，有助於人類的夜間視覺。

Rostral吻端

向前或是身體前端。參見 anterior。

S

Sagittal矢狀

由前往後穿過大腦的垂直平面。正中矢狀切或是正中切面，則剛好將大腦分為左右兩個大腦半球。

Schizophrenia思覺失調症

患者會有間接性的精神症狀。

Seizure癲癇發作

干擾正常神經活動的不正常放電。大發作Grand mal指的是廣泛的同步神經放電，可能因此失去意識。

Seretonin血清素

血清素是一種能夠調節許多功能，例如情緒、食慾和感知的神經傳導物質。

Short-term memory短期記憶

這個階段的記憶只能留存有限的資訊，能夠停留約幾秒鐘到幾分鐘。參見 working memory。

Single photon emission computed tomography（SPECT）單光子電腦斷層掃描

這種成像方式是透過測量腦中放射物質所發射出來的單光子，來測量大腦活性。

Somatosensory cortex體感皮質

接收和處理各種體感訊號的大腦區域，例如痛覺和觸覺。

SPECT單光子電腦斷層掃描

參見 single photon emission computed tomography。

SQUIDS超導量子干涉元件

參見 magnetoencephalography。

Striate cortex紋狀皮質

也就是視覺皮質，從橫切面看，其細胞排列成條紋狀而得名。

Striatum紋狀

基底核的結構，由尾核和殼核所組成。

Sulcus（複數：sulci）腦溝

大腦表面的溝槽（腦迴的相反）。

Superior前；上

向前或向上。

Superior Colliculi上丘

位於中腦的一對神經核，負責中繼視覺資訊。【審訂註】上丘與下丘合稱四疊體。

Supplementary motor cortex運動輔助皮質區

位於運動皮質前的區域，負責讓我們的行動能夠受到內在控制，例如某些行動能夠透過記憶來完成，而非讓現在的感受引導動作。

Survival value生存價值

基於某種特定的生理或行為特質，一個人能持續生存下去的好處。

Sympathetic nervous system交感神經系統

自主神經系統的一部分，受到刺激時，會產生心跳加速、瞳孔擴張等生理效用。參見 parasympathetic nervous system。

Synaesthaesia聯覺

同一個刺激會出現兩種或兩種以上融合在一起的感覺。例如能夠看到一個形狀，也能夠「嚐到」形狀的味道。或是聲音除了能夠被聽到，也能以影像的形式被「看到」。

Synapse突觸

兩個神經元間傳遞訊號的位置，神經傳導物質會通過突觸間隙傳遞訊號。

T

Tegmentum被蓋（蓋膜）

位於中腦的下後方。

Telencephalon端腦

大腦中最大的部分。參見 cerebrum 和 forebrain。

Temporal lobe顳葉

大腦皮質的某個分區，位於頭部側面，負責聽覺、語言和記憶等功能。

Thalamus丘腦（視丘）

很大的一對灰質組織，位在大腦和腦幹之間。作為感覺資訊進入大腦前的關鍵中繼站。

TMS穿顱磁刺激

參見transcranial magnetic simulation。

Top-down由上往下（的資訊處理流程）

用經過處理的資訊或知識，來詮釋全新的感覺資訊。

Transcranial magnetic simulation（TMS）穿顱磁刺激

一種利用在頭皮上方的磁圈產生磁場，來影響大腦電氣活動的方法。

U

Unilateral單側

在身體的單側。參見 bilateral。

V

V1初級視覺皮質（紋狀皮質）

初級視覺皮質，其他的視覺皮質則依序為V2、V3、V4……以此類推。

Ventral腹側

向下、向前的表面（例如動物的腹部）。

Ventral route腹側路徑

連結視覺皮質與顳葉的神經路徑，與辨識物件和臉孔有關。

Ventral tegmental area（VTA）腹側被蓋區（腹側蓋膜區）

由一群富含多巴胺的神經元組成，是大腦獎賞機制的關鍵區域。

Ventricle腦室

富含腦脊髓液的腦部空間。

Ventromedial prefrontal cortex腹內側前額葉

前額葉的一部分，與情緒和判斷有關。

Visual cortex視覺皮質

位於枕葉的表面，負責處理視覺訊號。

W

Wernicke's area韋尼克區

主要位於顳葉的語言區，負責理解語言的內容。大多數人的韋尼克區都位於左大腦半球，靠近顳葉與頂葉交界處。

White matter白質

一種由密集的軸突所組成的大腦組織，負責將訊號傳送到其他神經元。與富含神經細胞本體的灰質不同，白質外觀顏色較淺。白質通常位於形成大腦皮質的灰質下方。

Working memory工作記憶

這個階段的記憶，只會將資訊以動態的神經活動暫時留在心上，直到被忘記，或是轉為長期記憶。

索引

Aδ 型神經纖維，疼痛訊號 107
C 型神經纖維，疼痛訊號 107
DNA 鹼基 196-197
E 型載脂蛋白 231
NeuralBASE（一個建在電腦中的人工智慧系統） 75
SAD（季節性情緒失調） 239
Tau 蛋白 215
X 光，電腦斷層掃描（CT） 12
X 染色體脆裂症 248
α 波 181
β 波與意識 181
β 澱粉樣蛋白 231
γ - 氨基丁酸 73
γ 波，創意 170
δ 波，睡眠 181

一劃

一元論 178
一致性 139
一氧化碳，憂鬱 239
乙醚 112
乙醯膽鹼 73

二劃

二元論 178
二氧化碳，呼吸調節 112
二頭肌，本體覺 104
人工海馬迴 161, 219
人工智慧 217
人為的偽病 243
人格 200-201
人格相關的腦區 200
人格疾患 245
人格測試 201
人格發育 200
人格標記 200
人群恐懼症 240
人腦計畫 75
人聲，自閉症譜系障礙 249
人類乳突狀病毒 227
人類基因組 196-197
人體地圖 192, 193

三劃

三叉神經 43, 53
三角柱 175
三磷酸腺苷 106
上丘 53, 62
上矢狀竇 56
上橄欖核，聽力 95

上癮 130
上顳溝
下丘 62, 95, 118
下丘腦（下視丘） 61, 126, 113
下視丘前核 113
下意識動作 120-121
下顎骨 53
口吃 147, 149
口哨聲，口哨語（Silbo 語） 146
口渴 115
口語 151
士兵，連結 135
大眾共同記憶 187
大麻，思覺失調症 244
大猩猩的大腦 49
大腦 109, 232 - 233
大腦「時鐘」 190
大腦三度空間成像 12
大腦分區與分隔 56 - 57
大腦尺寸 44
大腦半球 128
大腦可塑性 38
大腦皮質 55, 66-69
大腦成像 13
大腦成熟度 212
大腦的大小 44, 168, 205
大腦的成長 39
大腦的階層性 53
大腦的演化 49
大腦後頂葉皮質區 108
大腦重量 44
大腦重新形塑 197
大腦時鐘 190
大腦發育 210, 212
大腦結構 52-55
大腦萎縮 44
大腦對稱性，語言 146
大腦縱裂 66
大腦膿瘍 228
大腦變化 211, 213
大腦體積 44
女性大腦 198
小中風 228
小腦 52-53, 55, 56, 62-63, 69, 208
小腦皮質 63, 117
小腦蚓部 63
小腦腳 62
小腦葉 63
小腦髓樹 63
小腸，荷爾蒙 114
小葉結狀葉 63
小精靈 173
工作記憶 156, 157, 161
弓狀束 148, 151
才智力 168

四劃

不可能的圖像 175
不同類型的 107
不尋常的記憶 164-165
不對稱 57
中文翻譯間，意識理論 179
中央執行單位，記憶 157
中央溝，造影 29
中央窩 81
中央質塊 198
中耳 91
中毒檢測 162
中風 203, 228, 229
中腦 53, 55, 62
中樞神經系統 40-41
什麼是意識？ 178-179
內在語言，私語 39
內耳 157
內省 192
內側布洛德曼區 67
內側視前核 113, 198
內側額葉皮質 184
內嗅皮質，記憶 161
內隱記憶 157, 160
內臟疼痛 107
分子 41
分心，痛覺 109
分支，脊髓神經 42
分區和區域 56-57
分散性注意力 182
化學 96
友誼 134
反社會人格 245
反射動作 116
反應路徑 120 - 21
天門冬胺酸 73
天寶 · 葛蘭汀 249
巴拉克 · 歐巴馬 199
巴齊尼氏小體 102
巴德—邁因霍夫幫 205
幻肢痛 104, 193
幻影 181
幻覺疾患 244
心肌梗塞，轉移痛 107
心房肽 114
心律調節 112
心情 129
心理分析 222
心理病態 141
心智理論（ToM） 139
戈登 · 摩根 · 霍姆斯 9
手的靈巧，發育里程碑 247
手術 232
手勢 145
手語，靈長類動物 146

支持細胞 68, 71
文化影響力 199
文字視覺辨識區 152
文法 146
文森 · 梵谷 170 - 173
方向，注意力 183
日常對話 151
日照長度 190
月經週期 99
止痛 107, 130
毛根神經叢 102
毛細胞，耳朵 90-91, 94
毛細胞纖毛 94
水晶體 80
水痘病毒 227
水腦 237
水蟆 48
火星上的運河 174

五劃

丘腦（視丘） 60
丘腦下核 53, 55, 58
丘腦枕 158
丘腦體 60
丙基硫氧尿嘧啶 100
主觀時間 190
代理者 193
代理者和意圖 193
代理型孟喬森症候群 243
代謝速率，產熱 113
出血 225
出血型中風 229
功能性大腦造影 12
功能性核磁共振 7, 12, 13
功能性疾患 223
功能區 67
半規管，耳 90
半癱 236
卡米洛 · 高爾基 9
卡爾 · 韋尼克 9, 10
卡爾 · 榮格 187
去氧核醣核酸 196-197
古柯鹼 130
古柯鹼上癮 130
史蒂芬 · 威爾特希 164 - 165
史蒂芬 · 霍金 235
右大腦半球 53, 55
四肢癱 236
外向型人格 200
外星人 173
外側布洛德曼區 67
外側皮質脊髓徑 118
外側裂 66
外側溝（薛氏腦裂） 57, 66

外側腦葉，小腦半球 63
外側膝狀核 80-81
外旋神經 43
外顯注意力 182
失去自我 193
失去信念 172
失去控制 193
失眠 188
失張力癲癇發作 226
失智 203, 214, 230
失認症 85
失語症 149, 151
失樂症 248
失憶症，頭部外傷 225
尼古丁上癮 130, 245
尼安德塔 49
左大腦半球 53
左旋多巴胺 173
巧人 49
布洛卡區 10, 148
布洛德曼分區 67-68
布倫達 · 米爾納 9
平滑內質網 70
平衡 118
弗朗茲 · 約瑟夫 · 加爾 9, 10
打或逃反應 127, 129, 240
打哈欠 138
未分化型思覺失調症 244
未來觀點 216-217
本傑明 · 利貝 9, 11, 191, 193
本體感覺 104 - 105
本體覺 102, 104 - 105
本體覺受器 105
正子掃描 7, 12-13
正向思考 187
正念 187
正腎上腺素 73, 239
正腎上腺素受器 130
母愛 134
犯罪行為 211
瓦達試驗 146
甘胺酸 73
生命中樞 57
生物科技 218-219
生物科技與道德 218
生物胺 73
生物訊號晶片 129
生長激素 61, 114
生活方式，老化 215
生活品質 134
生理時鐘 190
生產 135
用聲音取代視覺 89
由下而上的流程 79, 87
甲狀腺 114
白日夢 186
白血球 45, 106
白質 44, 69
皮下組織，痛覺訊號 107
皮拉罕人 147
皮脂腺 102
皮節 42

皮膚 54
皮質功能 69
皮質層 68-69
皮質皺褶 69
皮質醇，壓力反應 240
矛盾情緒 137
立體視覺 83
立體圖 83
立體纖毛 90

六劃

仿生手臂 219
仿生眼 218
伊凡 · 帕夫洛夫 205
伊恩 · 麥克伊旺 244
伏隔核 115, 130
休克 225, 238
先天性無痛症 109
先天與後天 196-197
先見之明 173
光遺傳學 203
光環 172
全身型癲癇發作 226
全身麻醉 112
共濟失調型腦性麻痺 237
再生 39, 71
再極化，神經衝動 72
冰錐腦葉切除術 11
合作行為 200
合作型，與人格相關腦區 200
同步 122
同性戀 198
同理心 140-141
吐露事實 217
回溯時間 191
回憶，記憶 156
回憶，創傷後症候群 164, 241
回憶與辨識 84, 162-163
回應 139
回饋機制 114
在大腦裡的分布 158
在海馬迴的離子通道 65
在神經元中 70
在脊椎中 42, 45
在機器中的 219
多工 182
多元性成因與譜系 223
多巴胺 73
多重人格 201
多發性硬化症 71, 223, 235
多發性腦梗塞失智症 230
多感官感知 39
多極神經元 71
妄想型人格疾患 245
妄想型思覺失調症 244
字母 153
存取記憶 159
安東尼奧 · 埃加斯 · 莫尼斯 9, 11
安眠藥 189
安德雷亞斯 · 維薩里 8
安慰劑作用 109

年齡和興奮程度 214
成人大腦發展 212-213
成像技巧 6-7, 9, 12-13, 222
成像技術 9
成癮 44, 130, 211, 245
扣帶迴 64-65
扣帶溝 65
早期研究 8
早期實驗 10
有氧運動，對大腦的影響 44
有意識的動作 116-117
死亡 238
汗腺 99, 102
灰質 44
羊膜穿刺 236
老化 214, 215
老鼠，研究大腦 8
耳朵 90-95
耳咽管 90
耳軟骨 90
耳硬化症 91
耳道 94
耳廓 90, 94
耳膜 90-91, 94
耳蝸 99, 92, 94
耳蝸神經 90, 92, 94-95
耳蝸神經核 95
耳蝸植入物 91, 94
耳蝸管 90
耳聾 78, 91
肌肉記憶 120
肌肉萎縮性脊髓側索硬化症 235
肌陣攣發作 119, 226
肌腱，本體覺受器 104, 105
自下而上／自上而下的流程 79
自大妄想症 244
自主神經 40
自由意志 11, 169, 193
自我 192-193
自我和他人 138 - 139
自我意識 138-139
自私 141
自相矛盾的錯覺 175
自動導航 185
自動機 75
自殺 197
自閉症 139, 223
自閉症光譜譜系障礙 249
自發性運動 116
自戀型人格疾患 245
自體免疫疾病 235, 238
舌下神經 43
舌咽神經 43, 101
艾賓豪斯錯覺 175
血清素 73
血腫 225
血管加壓素 135
血管性失智 230
行為 129
行為規範障礙 245, 248
行為與人格 194-205
西格蒙德 · 佛洛伊德 9, 184, 222

西奧多 · 拉穆森 9

七劃

亨利 · 哈利特 · 戴爾 9
亨利 · 莫萊森 11, 159
亨廷頓氏症候群 234
亨廷頓舞蹈症 234
似曾相識 163
位置 161
作家，創意力 170
利他主義 141
卵巢，荷爾蒙 114
妥瑞氏症 243
完全性失語症 149
尾核 52, 54, 58
尾骨 42
局部發作 226
希波克拉底 222
希臘 8
形式，視覺 89
形成記憶 160-161
快速動眼期睡眠 188-189
快感 127, 130-131, 135
快樂，臉部表情 137
扭曲的錯覺 175
抑制性神經傳導物質 73, 190
投射測驗，人格 201
抗利尿激素 61, 114-115
改變意識 186
李奧納多 · 達文西 174
杏仁核 53, 74, 127, 209
杜馨氏 · 紀堯姆 137
杜馨氏微笑 137
決策 11, 169, 211
狂牛症 231
男性大腦 198
肝醣 114
肝臟，酒精中毒 245
角膜 80
豆狀核 58
身心哲學問題 178
身體內縮錯覺 174
身體記憶 157, 160
身體畸形性疾患 242
身體質量指數 246
辛醇 96
防禦，肉體 45

八劃

乳狀體 55
乳突，味蕾 100
亞伯特 · 愛因斯坦 199, 204- 205
亞里斯多德 6, 8
亞斯伯格症候群 139, 172
依賴型人格疾患 245
兒童期崩解症 249
兩棲動物的大腦 48
具有意義的 186
具髓鞘的軸突，神經衝動 72

初級運動皮層 117, 118
初級膝狀核 95
初級聽覺皮質 30, 95
刺鼠肽 115
刺激和獎賞 130
協調困難 248
協調性，多發性硬化症 235
受傷 6, 225
受損 106
受體 39, 102
周邊神經系統（PNS）40-41, 74
味覺 100 - 101
味覺厭惡學習 101
味覺與嗅覺 101
味覺聯合 101
呼吸調節 112
固執 172
垃圾 DNA 196
奈米機器人 218
奈克方塊 87
孟喬森症候群 243
季節性情緒失調（SAD） 239
孤兒 135
宗教 172
定位 92
定義 146
尚・馬汀・夏柯特 242
帕金森氏病 58, 234
延腦 53, 56, 62
忽視 85
性、愛與生存 134 - 135
性向 198
性別差異 198
性吸引力 134
性高潮 135
性荷爾蒙 114, 127
房室結 112
承諾 134
抽搐 119
放鬆 186
昏昏沉沉 188
昏迷 238
東亞文化影響 199
松果體 55, 62, 114, 178
枕骨 53-54, 66
枕骨大孔 53, 62
枕葉 66
枕葉皮質 121
治療 153
泌乳素 61, 114, 213
法蘭茲・安東・梅斯梅爾 8, 222
注意力 183
注意力不足過動症 183, 246
注意力不集中型 ADHD 246
爬蟲類大腦 48
物質世界，意識 178
物體 83
物體辨識 83
狐猴 138
盲 78
盲視 79
直立人 49

知覺 147
社交上被拒絕 139
社交大腦 134 - 143
社交行為 138 - 139
社交恐懼症 240
社會行為 138
社會意識 138 - 139, 184
社會群體 134
社會認同 184
穹窿 53, 55, 65
穹窿下器官 115
穹窿柱 64
穹窿迴 65
空間技能 157
空間記憶 162
空間意識 65
空間關係，視覺路徑 85
糾纏與斑塊 214-215
肢體語言 144
肢體語言與手勢 144-145
芭蕾舞症 119
花仙子 173
花瓶／臉龐錯覺 174
表皮，上皮 102
表情 136
表達 127, 136-137, 139
表達型失語症 149
表觀遺傳改變 197
表觀遺傳學 196-197
長期記憶 156, 158, 160-161
長期增益 197
門薩俱樂部 168
阻絕記憶 164
阿茲海默氏症 230, 231
阿斯巴甜 73
阿爾法圍棋 217
青少年的大腦 211
青春期 211
青蛙的大腦 48

九劃

侵略性 200
促甲狀腺激素（TSH） 61, 114
促腎上腺皮質素 61, 114, 240
保羅・布洛卡 9-10
保護大腦 45
信仰與和迷信 172 - 173
信任，催產素 135
信念體系 172-173
冒險 141, 197, 211
前庭耳蝸神經 43, 90
前庭脊髓徑 118
前庭管 90, 94
前頂內葉區 83
前腦 53
前聯合皮質，性別差異 198
前額葉皮層 66, 74, 209, 210- 212
品酒師 100
姿勢不穩定 119
姿勢保持反射障礙 119
威利氏環 45-46

威脅，情緒 128
威廉氏症候群 248
客觀時間 190
幽閉恐懼 240
幽默 171
幽默，精神疾病的歷史 8, 222
幽默卡通 171
建立模式 173
後中間溝 62
後天行為 129
後腦（菱腦） 53
後顱窩 55
思考 39, 166 - 175
思覺失調症 185, 203, 223, 244
持續性注意力 182
持續性植物人狀態 238
星狀神經膠細胞 71, 213
柏拉圖 8
染色體 196
查理・卓別林 199
查爾斯・達爾文 9
柯蒂氏器 90-91, 94-95
柯蒂通道 90
柯潔 217
毒物測試 162
氟烷 112
洛克斐勒廣場（紐約） 175
流 193
流產 236
看見 88
科比尼安・布洛德曼 9, 67
科技 218 - 219
穿顱磁刺激（TMS） 171, 203
突發性肌無力 238
突觸 70, 71
突觸小泡 73
突觸間隙 71, 73, 119
突變 197
約翰・希爾勒 179
紅外線，聽覺 94
紅血球生成素 114
紅核，小腦 117, 118
紅核脊髓徑 118
美國，文化影響 199
美國精神醫學學會 222
背角，疼痛訊號 106
背根神經 42
背側紋狀體 58
背側路徑，視覺 84-85, 89
胎兒 236
胎兒，聽力發育 93
胎兒大腦 208-209
胚盤 208
胞器 70
苯乙胺，「墜入愛河」 134
苯硫脲 100
英文，讀寫障礙 153
虹膜 208
計畫動作 117
計程車司機，空間記憶力 162
重症肌無力 236
重複行為 223

面部疼痛 107
韋尼克氏聽覺語言區 10, 148
韋尼克區 10, 92, 148
音色，音樂 93
音節異常理論，讀寫障礙 153
食慾素 238
食慾控制 115

十劃

個性 38, 200-215
冥想 187
原則 156-157
哲學，研究大腦 8
哺乳 135
哺乳類動物，大腦 49
唐氏症 236, 248
唐氏症篩檢 236
家庭經歷 199
庫賈氏症 231
徐動型腦性麻痺 237
恐犬症 240
恐死症 240
恐飛症 240
恐病症 240
恐蛇症 240
恐黑症 240
恐慌發作 240
恐雷症 240
恐懼 240
恐懼反應 127
恐懼症 127, 240
拳擊手腦病症候群 225
時間 190-191
時機點 129
書寫能力 152
書寫障礙 153
核 53, 58-59
核磁共振成像 7, 9, 13, 14-35, 74, 222
核醣體 70
格拉斯哥昏迷指數 238
氣味，嗅覺 96
氧氣 45
泰耶・勒莫 9
浦金氏細胞 63
浪漫的愛 134
海馬旁迴 64-65
海馬迴 53, 65, 209
海馬溝 69
海豚的大腦 49
消化系統，疼痛反應 127
烏利克・邁因霍夫 205
烏龜，大腦 48
特定型語言障礙 149
特定語言缺損 248
疲倦，慢性疲倦症候群 225
疲勞 115
疼痛 106 - 109
疼痛反應 127
疼痛訊號 106
疼痛控制 108
疼痛緩解 107

疼痛纖維 107
疾病與疾患 220-249
病理性偽病 243
真皮 102
砧骨 90
破裂 229
神祕經驗 172
神經 54
神經元 41, 70-71, 210
神經元種類 71
神經內分泌系統 114-115
神經外科 232-233
神經再生 71, 197, 212-213, 215
神經回饋 202
神經肌肉接合處 119
神經系統 40-43
神經刺激 203
神經性厭食症 246
神經性暴食症 246
神經板 208
神經的形成 208
神經肽Y 115
神經前驅細胞 71, 197
神經科學 10-11
神經科學歷史 10-11
神經核的問題 58
神經病態性疼痛 107
神經傳導 202-203
神經嵴 208
神經溝 208
神經節 68
神經路徑，在腦幹裡 62
神經管 73
神經管缺損 237
神經網路 41
神經與意識的關聯性 181
神經膠細胞 44, 68, 70-71
神經衝動 72-73
神經纖維 68
笑聲 171
紋狀體 58
紋狀體，與社交行為 200
缺乏想像力的 172
缺失 205
缺血型中風 229
缺陷 237
胰島素 114-115
胰島素生長因子 196
胰臟，荷爾蒙 114
胸神經，脊神經 42
胸部，運動神經疾病 235
胸腺 114
胸髓 53
胺基酸 73
胼胝體 52-53, 56, 74, 204, 212
能量來源 45
脂肪 44
脂肪組織 102
脂肪酸 100
脈絡膜，眼睛 81
脈絡叢，腦脊髓液 45
脊柱裂 237

脊神經 40, 42
脊椎動物，大腦的演化 48
脊髓 42, 53, 208
脊髓中央前溝 42
脊髓徑 118 - 119
脊髓脊膜膨出 237
草食動物，味覺 100
訊號速度 39
訊號傳輸 38
記憶 156, 158, 160-161
記憶受損 164
起因與動機 193
起源 146-147
迷走神經 43
迷信 172 - 173
迷宮，空間記憶 162
追求愉悅 130
追蹤視線的研究 86-87
退化性疾病 222-223
逃走反應 127, 129, 240
逃避型人格疾患 245
配對 134
針頭恐懼症 240
陣攣型發作 226
飢餓 115
飢餓素 115
飢餓調節 115
馬塞爾 · 普魯斯特 99
骨折 225
骨頭 54
高功能自閉症 249
高塔錯覺 175
高爾基氏體 70
高爾基細胞 63
鬼魂 173
鬼魅 189

十一劃

假記憶 164
偏頭痛 224
做惡夢，創傷後壓力症候群 241
做夢 189
側副溝 65
偽病症 243
副神經，顱神經 43
勒內 · 笛卡兒 6, 8, 178
動作 85
動作計畫 117
動作記憶 120
動作異常 232
動作電位 72
動作與四肢系統 144-145
動作與控制 110-123
動物磁性說 222
動脈 46-47
動脈粥樣硬化 228
動眼神經 43
動機，自我意識 193
動靜脈畸形 229
執行動作 118
基因 147

基因表現 196
基因效應 197
基因組 196-197
基因與遺傳學 196-197
基底核 58
基底神經核 53, 58, 211-212
基底膜 90
寄生蟲，大腦膿瘍 228
專心 179, 186
專注力 182-183
專注能力 183
張力性頭痛 224
強直陣攣型癲癇發作 226
強迫型人格疾患 245
強迫症 164, 241-242
強納森 · 史威夫特 205
彩色視覺 83
從上而下的處理流程 79, 87
從未聽聞 163
情愛妄想症 244
情境依賴式記憶 162
情境記憶 157, 160
情緒 39, 126-129, 139, 212, 213
情緒疾患 168
情緒路徑 128
掃描大腦 12-13, 14-35
探索大腦 8-9
控制義肢 218, 219
推進創新神經技術腦部研究 75
晝夜節律 63
桶中之腦 180
桿狀細胞，視網膜 81, 88
梅克爾觸覺受器 102
梅斯納氏小體 102
梭狀細胞 126
氫原子，核磁共振成像 13
液泡 70
深度，視覺 83, 89
混合型腦性麻痺 237
混合型想症 244
混合感覺 78
混亂型思覺失調症 244
清醒夢 189
犁鼻器（VMO） 99
現場實地酒測 104
現實，意識 178
球莖狀小體 102
理解 249
理解與老化 215
理察 · 尼克森 136
理論 139
產前憂鬱 239
異手症 57
異性戀 198
異於常人的大腦們 204-205
眶額皮質 68, 213
眶額迴 19
眼神接觸 144
眼睛 80-89
第二十一對三染色體症（唐氏症） 236
第二型血管收縮素 115
第三隻眼 178

第六感 104 - 105
粒線體 70
粗糙內質網 70
細胞分布 59
細胞本體，神經元 70, 71
細胞凋亡 209
細胞核 58-59
細胞膜 70
細胞質 70-71
細微表情 136
終紋 126
終絲 42
組織胺 73, 106
統覺性視覺失認症 85
習慣用手 57, 199
荷塞 · 戴爾嘎多 10
荷爾蒙 114, 115
莎莉與小安測驗 139
莫札特效應，聽音樂 93
莫里茲 · 柯尼利斯 · 艾雪 175
莫斯科大腦研究中心 205
處理 38
蚯蚓 48
蛋白 197
被害妄想症 244
被動，悲傷 129
被蓋；蓋膜 90
許旺氏細胞 71
透視錯覺 175
造影 27
連結性 39, 168
連結體 9, 74
閉鎖症候群 63
陳述性記憶 158, 160
陷入愛情 134
頂內溝 169
頂骨 54
頂葉 66, 69
鳥類大腦 49
麥格克效應 78
麻疹病毒 227

十二劃

創造力 170
創傷後壓力症候群 164, 241
創傷疾患 222, 223
創傷記憶 164
創意 170-179
喉嚨，語言的演化 147
喜歡 130
喪親之痛 239
單字 146
單胺 73
單極神經元 71
圍棋 217
尋求刺激 131, 200, 214
尋求新鮮事物 200
悲傷 128, 129
悲觀主義 211
惡臭 98
惡意的裝病 243

惡夢 189
惡魔，精神疾病的歷史 222
愉悅感 130, 134
提升性靈 172
換性注意力 182
斑塊，大腦老化 214-215
普立昂蛋白，庫賈氏病 231
智力 44, 168, 205
智商 168, 170
智慧 168-169
期待 127, 130
棕色脂肪細胞 113
棕色脂肪組織 113
椎骨 53
殘像 174
殘餘型思覺失調症 244
殼核 52, 54, 58
氯仿 112
氯離子，神經衝動 72
渦蟲 48
測謊 217
渴望與獎賞 130-131
湯瑪斯・威利斯 8
無法儲存 159
無脊椎動物，大腦的演化 48
無意識 192
無意識動作 116, 117, 120 - 121
無腦畸形 237
焦慮症 168, 240-241
痙攣 119
痙攣型腦性麻痺 237
痛覺 108, 109
痛覺反應 127
痛覺感受 109
痛覺經驗 109
發育 209
發育里程碑 247
發育疾患 222, 223
發育與老化 206-219
發育遲緩 247
發炎 106
發音抽搐，妥瑞氏症 243
發展 93
發展里程碑 247
發展遲緩 247
發給大腦的訊息 38
短期記憶 156, 161
短期與長期記憶 156
短路，同時間做兩件事 168
短暫性缺血型中風 228
短暫性腦缺血發作（TIA） 228
硬腦膜下 229
硬腦膜下出血 229
硬腦膜下血腫 229
程序記憶 157, 160
童年受虐 197
結構 102
結膜 80
腎上腺 114, 240
腎素 115
華特・費里曼 11
虛擬身體 193

蛛網膜下腔 56
蛛網膜下腔出血 229
蛛網膜顆粒 45
裂腦 11, 204
裂腦實驗 11
視交叉 53, 80, 88
視交叉上核（SCN） 113, 115
視放射 80, 81, 88
視知覺 84, 86-87
視徑 80
視神經 43, 80, 88, 208
視神經盤 80-81
視網膜 80-81
視網膜上的盲點 81
視網膜錐狀細胞 81, 88
視錯覺 87
視覺 80, 82, 88
視覺皮質 81, 82 - 83
視覺注意力缺陷 85
視覺神經元 78
視覺處理 79
視覺殘影 181
視覺傳導路徑 80, 84-85
視覺路徑 84 - 85
診斷 222
費尼斯・蓋吉 8. 10, 141
費洛蒙 99
超自然 173, 187
超自然經驗 173
超級公路，智力 168
超級記憶 164
超憶症 164
超聲波定位 91
軸突 68-70, 210
軸突樹突棘間突觸 71
進化 147
鈉離子 65, 72
開車 116
開始攻擊 226
開顱手術 11, 232
間腦 227
雄二烯酮 99
雄烯酮 99
雅科夫列夫扭轉 57
集體潛意識 187
韌帶，本體覺 104
飲食疾患 242, 246
黃斑部退化 218
黃體成長激素 61, 114
黃體素 114
黑色素 58
黑色素皮質素 115
黑色素細胞刺激素 61, 114
黑質 58

傷害 107
嗅，嗅覺 96
嗅徑 97
嗅神經 43, 55, 101
嗅球 64, 96, 101
嗅覺 64, 96, 98-99
嗅覺上皮 97
嗅覺皮質 101
嗅覺立體定位 98
嗅覺受器 96
嗅覺盲測 98
嗜睡症 188, 238
塞勒姆審巫案 172
奧佛帝・托瑪迪斯 93
嫉妒妄想症 244
幹細胞 197, 218
微小神經膠細胞 71
微笑 129, 137
微管 70
意識 138, 180, 192, 193
意識下的視覺 84
意識改變 186-187
意識轉換 186
意識覺醒 179-180
愚昧的愛 134
愛 134-135
愛因斯坦的大腦 205
愛羅斯・阿茲海默 9
感光受器 80-81
感受 38
感受不到痛 109
感知能力 104
感覺 39
感覺到有「東西」 172
感覺型失語症 149
感覺神經 208
感覺神經節 42
感覺訊息 79
損失情緒 128
新皮質 74, 138
新皮質的大小 138
新型庫賈氏症 231
新鮮事物 83
楔形束 62
楔前葉，成像 34
歇斯底里 242
歇斯底里型人格疾患 245
溝通 142-153
溫度，溫覺受器 102, 113
溫度控制 113
溫覺受器 102, 113
滑車神經 43
煙草，成癮 130
碎屑 188
節律器 218, 219, 243
經鼻顱底內視鏡手術 232
經鼻顱底手術 232
經歷 108-109
經顱直流電刺激術（tDCS） 203
義大利文，讀寫障礙 153
義肢 104, 218-219
聖地牙哥・拉蒙卡哈 9

腦下垂體 53, 56, 61
腦下腺 61
腦下腺腫瘤 230
腦中有水（腦積水） 237
腦皮質 68-69
腦死 238
腦性麻痺 237
腦波 181
腦炎 227
腦室 57
腦島 66
腦島皮質 108
腦脊髓液 45, 57
腦脊髓液流動 45
腦迴 54, 209
腦區 56-57
腦啡肽 107
腦深層電刺激 218, 233
腦細胞 70-71
腦部尺寸 44
腦部手術 11, 232
腦部立體定位手術 232
腦部掃描 12
腦部深度刺激 218
腦幹 52, 62-63, 208
腦幹功能 63
腦幹與小腦 62-63
腦溝 54, 209
腦葉 66
腦葉切除術 11
腦電波圖 6, 12, 202
腦磁圖 7, 12-13
腦瘤 230
腦膜炎 227
腦膜炎雙球菌 227
腦機介面 216
腦積水 237
腦膿瘍 228
腦顱 54, 66
腫瘤 230, 232
腰神經 42
腰椎 42
腰椎穿刺 227
腸道，疼痛反應 127
腹外側前額葉皮質 169
腹外側視前核 188
腹側紋狀體 128
腹側被蓋區（VTA） 115, 130
腹側路徑，視覺 84 - 85, 89
腹側橋腦症候群 63
腹語師 174
腺苷，睡醒週期 118
落後時間 191
葉酸 237
葡萄糖 45
蒂莫西・布利斯 9
裝病 243
解剖學 147
解離 186
解離性人格 201
解離的自我 193
詹姆士・法倫 141

十三劃

催眠 186, 222
催產素 61, 135
傳送資訊到丘腦 （視丘） 60
傳遞訊號 38-39
傳導型失語症 149

賈科莫 · 里佐拉蒂 9, 11
賈許溫德區 148
跨皮質運動型失語症 149
路易氏體失智症 230
路易吉 · 伽伐尼 8
運動 117
運動功能減退 119
運動皮質受損 119
運動員 196
運動疾患 119
運動神經元疾病 235
運動神經疾病 235
運動過度 119
運動障礙 119
運動遲緩 119
運算困難 248
過度換氣 127
過動衝動型 ADHD 246
道德 140-141, 210
道德上的判斷 140-141
鉀離子，神經衝動 72
電脈衝 38
電痙攣療法 202
電極 9
電腦斷層 12, 222
預設模式網路 184
預測 169, 173
預測未來 173
鼓室階 90
鼓膜 90, 94

十四劃

厭惡 128
厭惡行為 129
夢 189
夢遊 188
夢境 188-189
寡樹突神經膠細胞 69-71, 212-213
對側外傷 225
對視覺刺激的反應 120-121
對話 150-151
對稱 134
對與錯 140-141
對糖分 115
對壓力的反應 240
對聲音的感覺 92
慢性疲勞症候群 225
慣用右手 57, 198, 199
慣用左手 57, 198-199
截肢後的幻肢現象 104, 193
截癱 236
滿足 130
演化 48-49
漢斯 · 伯杰 9
漢森氏細胞 90
漸凍症，運動疾患 119
漸進性延髓萎縮 235
瑪德蓮效應，嗅覺 99
疑病症，創意 170
瘋狂，創意 170

睡眠 188
睡眠與做夢 188-189
睡眠癱瘓 189
睡醒週期 115, 188
睪固酮 199, 211, 213
碳水化合物 45
端腦 53
精神分析 222
精神分裂型人格疾患 245
精神疾病 223
精神疾病診斷準則手冊與精神疾病 222
精神疾患 211, 222-223
精神病傾向，創意 170
精神耗弱，創意 170
綠膿桿菌 228
維生系統 238
網狀板層 90
網狀活化系統（RAS） 112
網狀脊髓徑 118
網狀結構 112
網狀構造 112
網球選手 120-121
緊張 129, 240
緊張型思覺失調症 244
與之結合 135, 213
與產熱機制 113
與樂觀的關係 200
舞蹈症 58, 119, 234
蒙娜麗莎錯覺 85
蒼白球 58, 117
蒼白球外部 53-54
蓋倫 8
蜘蛛恐懼症 240
製造熱能 113
認知 163
認知性錯覺 174-175
誘發點，面部疼痛 107
語言 146, 147
語言的起源 146-147
語言的演化 147
語言相關的疾患 149
語言區 148-149
語言發育 209
語言障礙 151
語意記憶 157, 160
赫爾曼 · 馮 · 亥姆霍茲 8
輕躁，創意 170
醉事 197
障礙 149
雌激素 114
需求 130
需要具備 181
鼻前嗅覺 96-97, 101
鼻腔 53
鼻溝 65
僵直症 190
僵硬，運動障礙 119

十五劃

價值，道德 140

噁心 128
增強作用，形成記憶 158, 161, 197
墨漬測驗 201
寫作 152-153
層次 192
廣泛性焦慮症 240, 242
彈震休克 241
影像 24
影響 196
影響大腦 198-199
慮病症 242
憂慮 240
憂鬱 185, 203, 222, 223, 239
憂鬱症的憂鬱狀態 223
數字的直覺 169
數位建模 75
數位模擬 75
數感 169
數學 205
數學能力提升 203
暴食症 246
樂觀，人格特質 200
樟腦 96
模式建立 173
模組 38
模稜兩可的錯覺 174
漿果狀動脈瘤 229
潔癖 240
潘洛斯三角 175
熱，溫覺受器 102, 113
熱情的愛 134
獎賞系統 115, 130
瘙癢 102
瘦素 115
緩解 129
緩激肽 106
膝狀核 53, 60
膝蓋，彈跳反射 116
蝶骨 53, 54
蝸軸 90
衝動 241
衝擊 225
複雜的哀傷 130
複雜型局部發作癲癇 226
調查大腦 8
調節 112-113
調節心律 112
調節呼吸 112
豎毛肌 113
閱讀 152-153
閱讀早慧 153
閱讀與書寫 152-153
鞏固記憶 161
鞏膜 80-81
駕駛動作 116
魯斐尼氏小體 102
鴉片類藥物 107, 130
麩胺酸 73
齒狀核，小腦 117
齒狀迴 65, 212, 213

十六劃

學者症 164-165, 174, 249
學者症候群，自閉症 164-165, 174, 249
學習 156-157
學習障礙 248
導覽，空間記憶 162
擁有「超級味覺」的人 100
擁抱嬰兒 135
操控心智科技 216
樹突 69, 70, 71
樹突棘 71
橄欖核 53
橋腦 53, 56, 62
機器人 216-217
橫膈膜，運動神經元疾病 235
歷史上的理論 222
盧 · 賈里格症；肌萎縮性脊髓側索硬化症 235
積累在大腦裡 215
篩骨 218
糖分上癮 115
糖尿病與老化 215
興奮性神經傳導物質 73
褪黑激素 114, 178
親子關係 213
親密 134
賴斯納氏膜（前庭膜） 90
辨識 83-85, 139, 163, 209
選擇性注意 182
遺忘 156, 164
遺傳 199
錐體 53
錐體交叉 118
錯誤的記憶 164
錯覺 174-175
靜息狀態網路 184
靜脈，動靜脈畸形 229
頭骨 45, 54
頭骨骨折 225
頭部受傷 225
頭痛 224
頭痛和偏頭痛 224
頸神經 42
頸動脈 146
頸部，運動神經元疾病 235
頸部脊髓 53
頸椎 53
駭客任務（電影） 180

十八劃

儲存，記憶 158-159
壓力 199
壓力反應 240
壓力性頭痛 224
壓抑 164
嬰兒 213
嬰兒大腦 209
瞳孔，眼 80, 88, 144
聯合皮質區 68

聯合區 68
聯想性視覺失認症 85
聯覺 78, 164
膽鹼迴路 130
膿，大腦膿瘍 228
膿包 227, 228
臉盲症，面部識別能力缺乏症 85
臉部表情 127, 136
臉部對稱性 134
臉部對稱性和性吸引力 134
臉部辨識 139
臉龐 83-85, 139, 163
蕾特氏症 249
薄束 62
薦神經叢，脊神經 42
邁爾斯 ‧ 布里格斯性格分類測試 201
錘骨 90
隱性脊柱裂 237
顆粒細胞，小腦 63
叢集性頭痛 224
擴散張量影像 13
濾泡刺激素 61, 114
穢語症，妥瑞氏症 243
簡單型局部發作 226
薩爾瓦多 ‧ 達利 191
藍腦計畫 75
軀體妄想症 244
轉化症 242
轉位，染色體 236
轉移，腦癌 230
轉移痛 107
轉換大腦狀態 186
轉換形狀錯覺 174
轉換性注意力 182
轉變 186-187
雙胞胎 199
雙眼競爭 87
雙極性人格 239
雙極性疾患 223, 239
雙極神經元 71
雙語人士 149
雜食，味覺 100
雞皮疙瘩 113
雞尾酒宴會效應 92
離子，神經衝動 72-73
離子，基底神經節 （基底核） 214
離子通道 65
額下迴，視覺路徑 85
額中迴 140, 217
額骨 54, 66
額極皮質，成像 16
額葉 66, 69
額葉中間部位，數字 169
顎骨 53
顏面神經 43
顏面神經核 58
顏面骨，孔洞 54

十九劃

懷孕期間診斷用檢查 236
懷孕篩檢 236

懷爾德 ‧ 潘菲爾德 9-10, 103
懷疑論，創造模式 173
瀕死經歷 187
繪出腦圖 10, 74-75
繪畫，學者症候群 164-165, 174
羅伯特 ‧ 舒曼 239
羅夏克墨漬測驗 201
羅傑 ‧ 沃爾科特 ‧ 斯佩里 9, 11
藝術家的創意 170
譜系，精神疾病 223
邊緣系統 64-65, 74, 211
邊緣型人格疾患 245
邊緣葉 64-66
鏈球菌 228, 241
鏡像 123
鏡像幻覺，幻肢 104
鏡像書寫 153
鏡像神經元 11, 122-123, 139
關節，本體覺受器 104
關聯性 159
難題，視覺 88
顛茄 144
類別與層次 179
類型 157
類精神分裂人格疾患 245

二十劃

獼猴，語言區 147
癢 102
竇房結 112
繼承模式，先天模式 197
蘇美人 8
蘇菲亞（機器人） 216
覺察 186
觸覺 102 - 103
觸覺受器 102
警覺 186
躁鬱症 239
鐙骨 90, 91, 94

二十一劃

懼高症 240
纏結，老化的大腦 214, 215
驅魔 222

二十二劃

聽力 90, 91, 92 - 95
聽小骨，耳朵 90, 94
聽見光 94
聽神經 90
聽覺 90, 91, 94, 95
聽覺皮質 91
聽覺的頻率範圍 91
聽覺發育 93
聽覺損傷 91
讀心術 217
讀寫能力 152
讀寫障礙 149, 153, 248

顫抖 113

二十三劃

變性者，終紋 126
髓鞘 68, 70, 210, 212
髓鞘化 210-212
體內動態平衡 114
體化症 242
體重與大腦重量 44
體現的認知 138
體感（感覺）皮質 103
體感覺系統，本體感覺 104 - 105
體操選手 105
黴菌，大腦膿瘍 228

二十四劃

癱瘓 236
癲癇 181, 226
癲癇大發作 226
癲癇小發作 226
癲癇重積狀態 226
癲癇發作 226
靈性體驗 172, 173
靈魂出竅經驗 173, 187
髕反射 116
鹽，口渴 115

二十六劃

鑲嵌現象 236
顱相學 10
顱神經 42-43, 53, 55, 208
顱骨穿孔術 8, 11
顱腔 44

二十七劃

顴骨 54
顳頂交界處 69
顳葉 66

致謝

本書為第三版，出版公司（DK）要感謝達拉妮·迦尼薩（Dharini Ganesh）協助編輯工作；波哈·皮本（Pooja Pipil）和加麗瑪·阿加魯瓦爾（Garima Agarwal）協助設計工作；海倫·皮特斯（Helen Peters）幫忙編輯索引；傑米·安博思（Jamie Ambrose）擔任審稿工作。

出版公司感謝以下提供許可，讓我們得以重置各種圖片的版權所有者：

(Key: a-above; b-below/bottom; c-centre; f-far; l-left; r-right; t-top)

Edward H. Adelson: 87cr; **Alamy Images:** Alan Dawson Photography 146bl, Alan Graf / Image Source Salsa 173br, allOver photography 45tr, Bubbles Photolibrary 186cr, Mary Evans Picture Library 174br, Photo by M. Flynn / © Salvador Dali, Gala-Salvador Dali Foundation, DACS, London 2009 191t, Paul Hakimata 200tl, Barrie Harwood 202cr, Hipix 10bc, Kirsty McLaren 130c, Mira 44bc, 115cr, Robin Nelson 179c, Old Visuals 92cra, Photogenix 122tl, Pictorial Press 200-201, Stephanie Pilick / dpa picture alliance archive 181b, Simon Reddy 116t, Supapixx 153tr, Tetra Images 123tl, vario images GmbH & Co. KG 190cr; ZUMA Press, Inc. 135br; **Arionauro Cartuns:** 171cr; **Helen Dr Jason J.S. Barton:** 85cr; **George Bartzokis, M.D, UCLA Neuropsychiatric Hospital and Semel Institute:** 214cl; **Dr Theodore W Berger, University of Southern California:** 161tl; **Blackwell Publishing:** European Journal of Neuroscience Vol 25, Issue 3, pp863-871, Renate Wehrle et al, Functional microstates within human REM sleep: first evidence from fMRI of a thalamocortical network specific for phasic REM periods. © 2007 John Wiley & Sons / Image courtesy Renate Wehrle 189fcr; **© EPFL / Blue Brain Project:** 74cb, 75c, Thierry Parel 75cr; **The Bridgeman Art Library:** Archives Charmet 8ftl, 10cl, Bibliothèque de l'Institut de France 7tl, The Detroit Institute of Arts, USA / Founders Society purchase with Mr & Mrs Bert L. Smokler & Mr & Mrs Lawrence A. Fleischman funds 189bc, Maas Gallery, London 134c, Peabody Essex Museum, Salem, Massachusetts, USA 172bl, Royal Library, Windsor 174tr; **Vergleichende Lokalisationslehre der Grosshirnrinde, Dr K Brodmann:** 1909, publ: Verlag von Johann Ambrosius Barth, Leipzig 67bc; **Dr Peter Brugger:** 173tr; **Caltech Brain Imaging Center:** J. Michael Tyszka & Lynn K. Paul 204ca; **Center for Brain Training (www.centerforbrain.com):** 222bl; **Copyright Clearance Center - Rightslink:** Brain 2008 131(12):3169-3177; doi:10.1093 / brain / awn251, Iris E. C. Sommer et al, Auditory verbal hallucinations predominantly activate the right inferior frontal area. Reprinted by permission of Oxford University Press 193cra, Brain Lang 80: 296-313, 2002, Murray Grossman et al, Sentence processing strategies in healthy seniors with poor comprehension: an fMRI study (c) 2002 with permission from Elsevier 215tl, Brain Vol 125, No 8, 1808-1814, Aug 2002, Sterling C. Johnson et al, Neural correlates of self-reflection (c) 2002. Reprinted with permission of Oxford University Press 192bl, Brain, Vol. 122, No. 2, 209-217, Feb 1999, Noam Sobel et al, Blind smell: brain activation induced by an undetected air-borne chemical © 1999 by permission of Oxford University Press 98bl, Current Biology, Vol. 13, December 16, 2003, Nouchine Hadjikhani and Beatrice de Gelder, Seeing Fearful Body Expressions Activates the Fusiform Cortex and Amygdala, 2201-2205, Fig. 1, © 2003, with permission from Elsevier Science Ltd. 144br, Int J Dev Neurosci. 2005 Apr-May;23(2-3):125-41, Robert Schultz, Developmental deficits in social perception in autism: the role of the amygdala and fusiform face area © 2005, with permission from Elsevier 249cr, International Journal of Psychophysiology, V63, No 2 Feb 2007 p214-220, Michael J Wright & Robin C. Jackson, Brain regions concerned with perceptual skills in tennis, An fMRI study (c) 2007 with permission from Elsevier 121, Journal of Neurophysiology 96: 2830-2839, 2006; doi:10.1152 / jn.00628.2006, Arthur Wingfield & Murray Grossman, Language and the Aging Brain: Patterns of Neural Compensation Revealed by Functional Brain Imaging © 2006 The American Physiological Society 215, Journal of Neurophysiology Vol 82 No 3 Sept 1999 1610-1614, 128cl, Journal of Neuroscience, Aug 27, 2008 Vol 28 p8655-8657, Duerden & Laverdure-Dupont, Practice makes cortex, (c) The Society of Neuroscience 157tr, Journal of Neuroscience, May 28, 2008, 28(22):5623-5630. Todd A. Hare et al, Dissociating the Role of the Orbitofrontal Cortex and the Striatum in the Computation of Goal Values and Prediction Errors © 2008. Printed with permission from The Society for Neuroscience 169t, Journal of Neuroscience, Nov 7, 2007, 12190-12197; Hongkeun Kim, Trusting our memories: Dissociating the Neural Correlates of Confidence in Veridical versus Illusory Memories, © 2007, Society for Neuroscience 164c, Michael S Beauchamp & Tony Ro; Adapted with permission from Figure 1, Neural Substrates of Sound-Touch Synesthesia after a Thalamic Lesion; Journal of Neuroscience 2008 28:13696-13702 78bl, The Journal of Neuroscience, December 7, 2005 • 25(49):11489 –11493, Peter Kirsch et al, Oxytocin Modulates Neural Circuitry for Social Cognition and Fear in Humans 127tc, Reprinted from The Lancet, Volume 359, Issue 9305, Page 473, 9 February 2002, Half a Brain, Johannes Borgstein & Caroline Grootendorst, © 2002, with permission from Elsevier 205tr, Nature 373, 607-609 (Feb 16, 1995), Bennett A. Shaywitz et al Yale, Sex differences in the functional organization of the brain for language. Reprinted by permission from Macmillan Publishers Ltd 198cl, Nature 415, 1026-1029 (28 Feb 2002), Antoni Rodriguez-Fornells et al Brain potential and functional MRI evidence for how to handle two languages with one brain © 2002. Reprinted by permission of Macmillan Publishers Ltd 149tr, Nature 419, 269-270 (Sept 19, 2002), Olaf Blanke et al, Neuropsychology: Stimulating illusory own-body perceptions (c) 2002. Reprinted by permission from Macmillan Publishers Ltd 173cr, Nature Neuroscience 7, 801-802 (18 July 2004) | doi:10.1038 / nn1291, Hélène Gervais et al, Abnormal cortical voice processing in autism © 2004 Reprinted by permission from Macmillan Publishers Ltd / image courtesy Mônica Zilbovicius 249crb, Nature Neuroscience Vol 10, 1 Jan 2007 p119 Figure 3, Yee Joon Kim et al, Attention induces synchronization-based response in steady-state visual evoked potentials © 2007. Reprinted by permission from Macmillan Publishers Ltd. 183tr, Nature Reviews Neuroscience 4, 37-48, Jan 2003 | doi:10.1038 / nrn1009; Arthur W. Toga & Paul M Thompson, Mapping brain asymmetry © 2003. Reprinted by permission from Macmillan Publishers Ltd / image courtesy Dr Arthur W. Toga, Laboratory of Neuro Imaging at UCLA 57cr, Nature Reviews Neuroscience 7, 406-413 (May 2006) | doi:10.1038 / nrn1907, Usha Goswami, Neuroscience and education: from research to practice? © 2006. Reprinted by permission from Macmillan Publishers Ltd / courtesy Dr Guinevere Eden, Georgetown University, Washinton DC 248t, redrawn by DK courtesy Nature Reviews Neuroscience 3, 201-215 (March 2002), Maurizio Corbetta & Gordon L. Shulman, Control of goal-directed and stimulus-driven attention in the brain © 2002 Reprinted by permission from Macmillan Publishers Ltd. 183cb, NeuroImage 15: 302-317, 2002 Murray Grossman et al, Age-related changes in working memory during sentence comprehension: an fMRI study (c) 2002 with permission from Elsevier 215ftl, Neuron 6 March 2013, 77(5): 980-991, fig 6; Charles E. Schroeder et al, "Mechanisms Underlying Selective Neuronal Tracking of Attended Speech at a Cocktail Party" © 2013 with permission from Elsevier (http: // dx.doi.org / 10.1016 / j.neuron.2012.12.037) 92tr, Neuron Vol 42 Issue 4, 27 May 2004, p687-695, Jay A. Gottfried et al, Remembrance of Odors Past: Human Olfactory Cortex in Cross-Modal Recognition Memory; with permission from Elsevier 162tr, Neuron, Vol 42, Issue 2, 335-346, Apr 22, 2004, Christian Keysers et al, A Touching Sight (c) 2004 with permission from Elsevier 122bl, Neuron, vol 45 issue 5, 651-660, 3 March 2005, Helen S. Mayberg et al Deep Brain Stimulation for Treatment-Resistant Depression (c) 2005 with permission from Elsevier Science & Technology Journals 239cl, Neuron, Vol 49, Issue 6, 16 Mar 2006, p917-927, Nicholas B Turke-Browne, Do-Joon Yi & Marvin M. Chun, Linking Implicit and Explicit Memory: Common Encoding Factors and Shared Representations © 2006 with permission from Elsevier 159crb, Psychiatric Times Vol XXII No 7, May 31, 2005, Dean Keith Simonton, PhD, Are Genius and Madness Related: Contemporary Answers to an Ancient Question, (c) 2005 CMPMedica, reproduced with permission of CMPMedica 170br, Science 2010: 329 (5997): 1358-1361 "Prediction of Individual Brain Maturity Using fMRI", fig. 2, Nico U.F. Dosenbach et al (c) 2010 The American Association for the Advancement of Science - Reprinted with permission from AAAS 210cr, Science Feb 20, 2004; © 2004 The American Association for the Advancement of Science, T. Singer, B. Seymour, J. O'Doherty, H. Kaube, R.J. Dolan, C.D. Frith, Empathy for Pain involves the affective but not sensory components of pain 138br, Science, 13 July 2007, Vol 317. No. 5835, pp.215-219, fig 2, Brendan E. Depue et al, Prefrontal regions orchestrate suppression of emotional memories via a two-phase process. Reprinted with permission from AAAS 158cl, Science, Oct 10, 2003, Vol 302, No 5643 p290-292, Naomi I. Eisenberger et al, Does Rejection Hurt? An fMRI Study of Social Exclusion © 2003 The American Association for the Advancement of Science 139tl, Science, Vol 264, Issue 5162, 1102-1105 (c) 1994 by American Association for the Advancement of Science / H. Damasio, T. Grabowski, R. Frank, A.M. Galaburda & A.R. Damasio, "The return of Phineas Gage: clues about the brain from the skull of a famous patient" / Dept of Image Analysis Facility, University of Iowa 141cr, Trends in Cognitive Sciences, Vol 11 Issue 4, Apr 2007 p158-167 Naotsugu Tsuchiya & Ralph Adolphs, Emotion & consciousness © 2007 Elsevier Ltd / image: Ralph Adolphs 128tr; **Corbis:** Alinari Archives 6tl, Steve Allen 39bc, The Art Archive 8tl, 8cb, Bettmann 6tc, 6tr, 7tc, 8tc, 8bl, 8bc, 9ca, 9br, 11tr, 75br, 136cl, 136c, 136fcl, 173cra, 187br, 204-205, 205cra, Blend Images 215c, Bloomimage 186bl, Keith Brofsky 144tr, Fabio Cardoso 157c, Peter Carlsson / Etsa 96br, Christophe Boisvieux 118bl, Gianni Dagli Orti 85bl, Kevin Dodge 140l, Ecoscene / Angela Hampton 39cr, EPA 186tl, 190t, 248cla, ER Productions 222cr, Fancy / Veer 159tc, Peter M. Fisher 179tr, Robert Garvey 134tl, Rune Hellestad 196cl, Hulton Collection 99cr, Hutchings Stock Photography 104c, Image 100 157bl, Tracy Kahn 168c, Ed Kashi 151tr, Helen King 183cr, 183cr (Man using computer), Elisa Lazo de Valdez 180tl, Walter Lockwood 182cra, Tim McGuire 39t, MedicalRF.com 9tr, Mediscan 199cr, Moodboard 38br, 123tr, 157br, 182cr, Greg Newton 186fbr, Tim Pannell 186br, PoodlesRock 7tr, Premium Stock 157cr, Louie Psihoyos 99bl, Radius Images 185b, Redlink 182tr, Reuters 196-197, Lynda Richardson 159cl, Chuck Savage 138bc, 198tr, Ken Seet 135t, Sunset Boulevard 57t, Sygma 84br, 180bc, Tim Tadder 38tr, 39bl, William Taufic 172tl, 184c, 189br, TempSport 118-119, Thinkstock 38c, Visuals Unlimited 213tr, Franco Vogt 193c, Zefa 101br, 182ftr, 186bc, 192r, 214cr; **Luc De Nil, PhD:** & Kroll, R. (2000). Nieuwe inzichten in de rol van de hersenen tijdens het stotteren van volwassenen aan de hand van recent onderzoek met Positron Emission Tomography (PET). Signaal 32, 13-20. 149cr; **Dr Jean Decety:** Neuropsychologia, Vol 46, Issue 11, Sep 2008, 2607-2614, Jean Decety, Kalina J. Michalska & Yoko Akitsuki, Who caused the pain? An fMRI investigation of empathy and intentionality in children. © 2008 with permission from Elsevier. 140tr; **Dr José Delgado :** 10bl; **Brendan E. Depue:** 164b; **DACS (Design And Artists Copyright Society):** 191; **Dorling Kindersley:** Bethany Dawn 138clb, Colin Keates / Courtesy of the Natural History Museum, London 49cr; **Dreamstime.com:** Sean Pavone 175cl; Photoeuphoria 152tl; **Henrik Ehrsson et al:** Neural substrate of body size: illusory feeling of shrinking of the waist; PLoS Biol 3(12): e412, 2005 174cr; **© 2012 The M.C. Escher Company - Holland. All rights reserved. www.mcescher.com:** 175br; **Henrik Ehrsson et al:** Staffan Larsson 193bl; **Explore-At-Bristol:** 87c; **eyevine:** 11cl; **Dr Anthony Feinstein, Professor of Psychiatry, University of Toronto:** 242crb; **Professor John Gabrieli:** Stanford Report, Tuesday February 25, 2003, Remediation training improves reading ability of dyslexic children 153clb; **Getty Images:** AFP 145t, 202bl, The Asahi Shimbun 216bl, Assembly 187t, John W. Banagan 240fbl, Blend Images 247t, The Bridgeman Art Library / National Portrait Gallery, London 205cla, Maren Caruso 100cr, Pratik Chorge / Hindustan Times 216r, Comstock Images 134tr, Digital Vision 144tc, ElementalImaging 116-117, 153cr, 170bl, 185cr, Gazimal 182crb, Tim Graham 162br, Louis Grandadam 153cr, Hulton Archive 11bl, 93cr, 129b, 160-161 (girls icecream), 162-163t, 190b, 201tr, 202br, 205c, 222tl, 222tr, 242bl, International Rescue 105, Lifestock 144cb, Tanya Little 184br, Don Mason 135cb, Victoria Pearson 215tr, Peter Ginter 243t, Hulton Archive /Stringer 199fcl, Photo and Co 127cra, Photodisc 215cr, 241cr, Popperfoto 241tr, Louie Psihoyos 239tr, Purestock 215tc, Juergen Richter 175tr, Charlie Schuck 162bl, Chad Slattery 131, Henrik Sorensen 189bl, Sozaijiten / Datacraft 247cr, Tom Stoddart 119br, David Sutherland 191b, Time & Life Pictures 8crb, VCG 217bl, Bruno Vincent 235bc; WireImage 240clb, Elis Years 240bl; **Jordan Grafman PhD:** 141tl; **Dr Hunter Hoffman, U.W.:** 109t, 109c, 109cr; **Courtesy of the Laboratory of Neuro Imaging at UCLA and Martinos Center for Biomedical Imaging at MGH, Consortium of the Human Connectome Project - www.humanconnectomeproject.org ; Courtesy of the Laboratory of Neuro Imaging at UCLA and Martinos Center for Biomedical Imaging at MGH, Consortium of the Human Connectome Project - www.humanconnectomeproject.org ; Courtesy of the Laboratory of Neuro Imaging at UCLA and Martinos Center for Biomedical Imaging at MGH, Consortium of the Human Connectome Project - www.humanconnectomeproject.org ;** : 74r; **Imprint Academic:** The Volitional Brain: Towards a neuroscience of free will, Ed Benjamin Libet, Anthony Freeman & Keith Sutherland © 1999 / Cover illustration by Nicholas Gilbert Scott, Cover design by J.K.B. Sutherland 11cr; **Photographic Unit, The Institute of Psychiatry, London:** 247cl; **iStockphoto.com:** 175c, Jens Carsten Rosemann 85t, Kiyoshi Takahase Segundo 181cr; **Frances Kelly :** Lorna Selfe 174tc; **Pilyoung Kim et al:** Fig. 1 from "The Plasticity of Human Maternal Brain: Longitudinal Changes in Brain Anatomy During the Early Postpartum Period", Behavioural Neuroscience 2010, Vol 124, No. 5 695-700 (c) 2010 American Psychological Association DOI: 10.1037 / a0020884 213bl; **© 2008 Little et al. This is an open-access article distributed under the terms of the Creative Commons Attribution License, which permits unrestricted use, distribution, and reproduction in any medium, provided the original author and source are credited (see http://creativecommons.org/licenses/by/2.5/).;** : Little AC, Jones BC, Waitt C, Tiddeman BP, Feinberg DR, et al. (2008) Symmetry Is Related to Sexual Dimorphism in Faces: Data Across Culture and Species. PLoS ONE 3(5): e2106. doi:10.1371 / journal.pone.0002106 134bl; **Ian Loxley / TORRO / The Cloud Appreciation Society:** 172-173t; **Library of Congress, Washington, D.C.:** Official White House photo by Pete Souza. 199cl, Orren Jack Turner, Princeton, N.J. 199c; **Mairéad MacSweeney:** Brain. 2002 Jul;125(Pt 7):1583-93, B Woll, R Campbell, PK McGuire, AS David, SC Williams, J Suckling, GA Calvert, MJ Brammer; Neural systems underlying British Sign Language & audio-visual English processing in native users © 2002. Reprinted by permission of Oxford University Press 78cl; **Rogier B. Mars:** Rogier B. Mars, Franz-Xaver Neubert, MaryAnn P. Noonan, Jerome Sallet, Ivan Toni and Matthew F. S. Rushworth, On the relationship between the 'default mode network''and the 'social brain'; Front. Hum. Neurosci., 21 June 2012 | doi: 10.3389 / fnhum.2012.00189 184bl; **Mediscan:** 246tl; **Pierre Metivier:** 178tc; **Massachusetts Institute of Technology (MIT):** Ben Deen / Rebecca Saxe / Department of Brain and Cognitive Sciences and the McGovern Institute, MIT / Nat Comm 8, Article number: 13995 (2017) 209bc; **MIT Press Journals:** Journal of Cognitive Neuroscience Nov 2006, Vol 18, No 11, p1789-1798, Angela Bartolo et al, Humor Comprehension and Appreciation: A FMRI study, © 2006 Massachusetts Institute of Technology 171crb, Journal of Cognitive Neuroscience, Fall 1997, V9; No 5 p664-686, D. Bavelier et al, Sentence reading: a functional MRI study at 4 Tesla, © 1997 Massachusetts Institute of Technology 146br; **The National Gallery, London:** Applied Vision Research Unit / Professor Alastair Gale, Dr David Wooding, Dr Mark Mugglestone & Kevin Purdy with support of Derby University / Telling Time exhibition at National Gallery 86-87; **The Natural History Museum, London:** 103cr; **Neuramatix (www.neuramatix.com):** 75bl; **Oregon Brain Aging Study, Portland VAMC and Oregon Health & Science University:** 214-215b; **Oxford University Press:** 78; **Professor Eraldo Paulesu:** 153cla; **Pearson Asset Library:** Pearson Education Ltd / Jules Selmes 122br; **Pearson Group:** © 1991 Pearson Assessment. Reproduced with permission. 85br; **Jack Pettigrew, FRS:** 87br; **(c) Philips:** Philips Design concept dress 'Bubelle' 129cl, 129c; **Photolibrary:** David M. Dennis 8t; **PLoS Biology:** Cantlon JF, Brannon EM, Carter EJ, Pelphrey KA (2006) Functional Imaging of Numerical Processing in Adults and 4-y-Old Children. PLoS Biol 4(5): e125 doi:10.1371 / journal.pbio.0040125 169b, Gross L (2006) Evolution of Neonatal Imitation. PLoS Biol 4(9): e311, Sept 5, 2006 doi:10.1371 / journal.pbio.0040311 © 2006 Public Library of Science 11br; **PNAS, Proceedings of the National Academy of Sciences:** Based on Fig. 4 from https: // doi.org / 10.1073 / pnas.0903627106 147bc, Based on Fig. 3.from https: // doi.org / 10.1073 / pnas.0402680101 Copyright (2004) National Academy of Sciences, U.S.A. 210-211b, 103, 15623-15628, Oct 17 2006, Jordan Grafman et al, Human fronto–mesolimbic networks guide decisions about charitable donation © 2006 National Academy of Sciences, USA 141tc, June 16, 2008 (DOI: 10.1073 / pnas.0801566105) Ivanka Savic & Per Lindström, PET and MRI show differences in cerebral asymmetry and functional connectivity between homo- and heterosexual subjects © 2008 National Academy of Sciences, USA 198bl, March 19, 2002 V99, No 6 4115-4120, Jeremy R. Gray et al, Integration of emotion & cognition in the lateral prefrontal cortex © 2002 National Academy of Sciences, USA 169c, Vol 105 no. 39 15106-15111, Sept 30, 2008, Jean-Claude Dreher et al, Age-related changes in midbrain dopaminergic regulation of the human reward system, © 2008 National Academy of Sciences, USA 130bl; **Press Association Images:** 182b, **Public Health Image Library:** Sherif Zaki, MD, PhD; Wun-Ju Shieh, MD, PhD, MPH 231b; **Marcus E. Raichle, Department of Radiology, Washington University School of Medicine, St. Louis, Missouri:** 148bl; **The Random House Group Ltd:** Vintage Books, Ian McEwan, Enduring Love, 2004 244br; **Courtesy of the Rehabilitation Institute of Chicago:** 218-219b; **M. Reisert:** University Medical Center Freiburg; based on the algorithm in M. Reisert et al, Global fiber reconstruction becomes practical, NeuroImage Volume 54, Issue 2, 15 January 2011 pages 955-962 (http: / / www.ncbi.nlm.nih.gov / pubmed / 20854913) 204cl; **Courtesy of Professor Katya Rubia:** based on data published in the American Journal of Psychiatry, 2009; 166: 83-94 248b; **Kosha Ruparel & Daniel Langleben, University of Pennsylvania:** 217cra; Rex by Shutterstock: Imaginechina 232-233; **Science Photo Library:** 12c, 14, 16, 17, 18, 19, 20, 21, 22, 23, 24, 25, 26, 27, 28, 29, 30, 31, 32, 33, 34, 35, 51r, 113cl, 125r, 126cl, 174cl, 215cl, 228tr, 238bc, AJ Photo / Hop American 193cla, Anatomical Travelogue 177r, Tom Barrick, Chris Clark, SGHMS 13tr, 75cla, Dr Lewis Baxter 239bl, David Becker 81tl, Tim Beddow 244cl, Juergen Berger 218bl, Biophoto Associates 68bc, Dr Goran Bredberg 90br, BSIP VEM 238br, BSIP, Asteier-Chru, Lille 232cl, BSIP, Ducloux 96cl, BSIP, SEEMME 12br, Oscar Burriel 188cr, 187bc, Scott Camazine 12bc, CNRI 230l, 245tr, 245cr, Custom Medical Stock Photo 248cl, Thomas Deerinck, Ncmir 59, 68fbl, 126bc, 155r, Steven Needell 141crb, 141br, Department of Nuclear Medicine, Charing Cross Hospital 224bl, Eye of Science 71c, 197bc, 218bc, Don Fawcett 111r, 119tl, Simon Fraser 146tr, 237t, Simon Fraser / Royal Victoria Infirmary, Newcastle Upon Tyne 9tc, 207r, Dr David Furness, Keele University 69bl, GJLP 7bl, Pascal Goetgheluck 104br, Steve Gschmeissner 58l, 61cr, 68bl, 96t, 107bl, C.J. Guerin, PhD, MRC Toxicology Unit 57br, 60l, 63cr, 65cr, 238t, Dr M O Habert, Pitie-Salpetriere, ISM 181cl, Prof J J Hauw 234cl, Innerspace Imaging 9bl, 9-241 (sidebar), ISM 46, Nancy Kedersha 4-5, 8-256 (sidebar), 36-37, 50-51, 76-77, 110-111, 124-125, 132-133, 142-143, 154-155, 166-167, 176-177, 194-195, 206-207, 220-221, Nancy Kedersha / UCLA 68cl, James King-Holmes 91c, 109b, Mehau Kulyk 223cl, 227tr, Living Art Enterprises, LCC 12bl, 44br, 126br, Dr Kari Lounatmaa 227tl, 228tc, Dr John Mazziotta Et Al / Neurology 12tr, 93cl, Duncan Shaw 100tl, Medi-mation 232b, MIT AI Lab / Surgical Planning Lab / Brigham & Women's Hospital 10br, Hank Morgan 12cr, 181fcl, 189cl, 189cr, 189fcl, John Greim 112cr, Paul Parker 81br, Prof. P. Motta / Dept. of Anatomy / University 'La Sapienza', Rome 81bl, 91tr, National Institutes of Health 230r, National Library of Medicine 9cr, Susumu Nishinaga 94br, David Parker 77r, Alfred Pasieka 61cl, 80t, 133r, 135bc, 167r, 231t, 234t, Pasieka 170cla, Alain Pol, ISM 47, Dr Huntington Potter 231cr, C. Pouedras 58cr, Philippe Psaila 7br, 107tl, John Reader 100tr, Jean-Claude Revy ISM 12cl, Sovereign, ISM 6bl, 6bc, 6br, 13cra, 13c, 37r, 62l, 64t, 208t, Dr Linda Stannard 228tl, Andrew Syred 195r, Sheila Terry 102l, 153cb, Alexander Tsiaras 7bc, 13br, US National Library of Medicine 10tr, Wellcome Dept. of Cognitive Neurology 57bl, 127cr, 143r, 241br, Professor Tony Wright 91bc, Dr John Zajicek 71cr, 221r, Zephyr 13cr, 57bc, 119crb, 218tl, 225cra, 225cb, 227br, 228cl, 229bl, 237c; **seeingwithsound.com:** Peter B L Meijer 89br; **Roger Shepard:** Adapted from L'egs-istential Quandry, 1974, pen and ink; Published in artist's book, Mind Sights, 1990 W.H. Freeman 175bc; **Society for Neuroscience:** Fig. 8 / Nemrodov et al., "The Neural Dynamics of Facial Identity Processing: Insights from EEG-Based Pattern Analysis and Image Reconstruction" 217tc; **Stephen Wiltshire Gallery, London:** Stephen Wiltshire, Aerial view of Houses of Parliament and Westminster Abbey, 23 June 2008 164-165; **© 2009 Michael J Tarr:** 83cra; **Taylor & Francis Books (UK):** Riddoch MJ, Humphreys GW. Birmingham Object Recognition Battery (BORB). Lawrence Erlbaum Associates, 1993 85crb; **The Art Archive:** Musée Condé Chantilly / Gianni Dagli OrtiAA 11tl; **Thanks to Flickr user Reigh LeBlanc for the use of this image:** 69bc; **TopFoto.co.uk:** 173bl, Imageworks 83bl; **Peter Turkeltaub, MD, PhD:** 152cr; **UCLA Health:** 203t; **Dept of Neurology, University Hospital of Geneva :** paper, ref: Seeck et al (1998) Electroeneph 226t; **University of California, Los Angeles:** 242tl; **Dr Katy Vincent, University of Oxford:** 108c; **Image: Tor Wager:** from H. Kober et al, Neuroimage 2008 Aug 15;42(2): 998-1031, Functional grouping and cortical-subcortical interactions in emotion: a meta-analysis of neuroimaging studies, fig. 7 (http: // www.ncbi.nlm.nih.gov / pubmed / 18579414) 127cla; **Wellcome Images:** 222cra, Wellcome Photo Library 91br, Wessex Reg. Genetics Centre 236bl, 236bc; **Susan Whitfield-Gabrieli, McGovern Institute for Brain Research at MIT:** 185cl; **Wikimedia Commons:** Thomasbg 243br, Van Gogh, Starry Night, MoMA, New York 170-171t; **Wikipedia:** 10c, Histologie du Systeme Nerveux de l'Homme et des Vertebretes, Vols 1 & 2, A. Maloine. Paris 1911 9c, Sternberg, Robert J. (1986). "A triangular theory of love", Psychological Review 93 (2): 119–135, doi:10.1037 / 0033-295X.93.2.119 134ca; **John Wiley & Sons Ltd:** Chris Frith, Making up the Mind – How the brain creates our mental world, 2007 Blackwell Publishing © 2007 John Wiley & Sons Ltd / image courtesy Chiara Portas 13bc, Psychological Science, Vol 19 Issue 1, p12-17, Trey Hedden et al, Cultural Influences on Neural Substrates of Attentional Control, © 2009 Association of Psychological Science 199br, **David Williams, University of Rochester:** 81tr; **Dr Daniel R. Winberger:** 244cb; **Adapted with permission of S.F. Witelson:** Reprinted from The Lancet, Vol 353 Issue 9170, p2150, (19 June 1999), Sandra F. Witelson et al, The exceptional brain of Albert Einstein, (c) 1999 with permission from Elsevier & S.F. Witelson 205br; **Rosalie Winard / Temple Grandin:** 249br, **Jason Wolff, PhD, UNC:** 249tr; **Professor Michael J Wright:** International Journal of Psychophysiology, V63, No 2 Feb 2007 p214-220, Michael J. Wright & Robin C. Jackson, Brain regions concerned with perceptual skills in tennis, An fMRI study © 2007 with permission from Elsevier 121t; **Professor Semir Zeki:** 128br

Front & Back Endpapers: **Science Photo Library:** Innerspace Imaging

For further information see: **www.dkimages.com**